설비보전산업기사
필기 과년도 출제문제

설비보전시험연구회 엮음

 일진사

PREFACE 머리말

산업 현장에서는 생산성 향상과 고품질 및 다기능화를 요구하며 안전이 우선되는 산업 현장으로 더욱 변화하고 있다. 이에 따라 설비의 보전을 매우 중요하게 다루게 되었으며 여기에 필요한 인력 양성을 목표로 한국산업인력공단에서는 설비보전산업기사 자격 검정을 개설하였다.

특히 프로세스화되어 있는 설비 업체 및 발전소 등이 대형화, 전문화되면서 신입 사원 선발 시 설비보전산업기사 자격 취득자에게 가산점을 주는 산업체가 늘어가고 있다. 뿐만 아니라 경력 사원들에게도 설비보전산업기사 자격 취득자에게 승진 기회를 주는 등 보전 팀의 자가 능력 향상을 강력하게 요구하고 있다.

이러한 흐름에 따라 이 책은 설비보전산업기사 필기시험을 준비하는 수험생들의 합격에 도움이 되고자 새로운 국가기술자격시험 기준에 맞추어 다음과 같이 구성하였다.

첫째, 한국산업인력공단에서 제시한 공유압 및 자동 제어/설비 진단 및 관리/기계 보전, 용접 및 안전의 새로운 출제기준에 맞춰 문제를 구성하였다.
둘째, 새로운 출제기준을 분석하여 CBT 대비 실전문제 25회와 2025년도 복원문제를 함께 수록하였다.
셋째, CBT 대비 실전문제를 통해 자신의 실력을 스스로 점검하고 합격에 충분히 대비할 수 있도록 하였다.

이 책을 통하여 설비보전산업기사 자격을 취득하여 산업 사회의 유능한 기술인으로서의 소질을 기르고, 이 분야에 대한 지식과 기술의 발전에 이바지하기를 바란다. 끝으로 이 책을 출판하기까지 여러모로 도와주신 도서출판 **일진사** 관계자 여러분께 깊은 감사를 드린다.

저자 씀

설비보전산업기사 출제기준(필기)

직무분야	기계	중직무분야	기계장비 설비·설치	자격종목	설비보전산업기사	적용기간	2025.1.1.~ 2028.12.31.

○ **직무내용** : 생산시스템이나 설비(장치)의 설비보전에 관한 이론 및 실무 지식을 가지고, 설비의 장치 및 기계를 효율적으로 관리하기 위해 예측, 예방 및 사후 정비 등을 통하여 정비작업 등을 수행하는 직무이다.

필기검정방법	객관식	문제수	60문제	시험시간	1시간 30분

필기과목명	문제수	주요항목	세부항목	세세항목
공유압 및 자동 제어	20	1. 공기압 제어	1. 공기압 제어 방식 설계	1. 공기압 기초 2. 공기압 제어 3. 공기 압축기 4. 공기압 밸브 5. 공기압 액추에이터 6. 공기압 기타 기기
			2. 공기압 제어 회로 구성	1. 공기압 제어 회로 기호 2. 공기압 제어 회로
			3. 시험 운전	1. 공기압 기기 관리
		2. 유압 제어	1. 유압 제어 방식 설계	1. 유압 기초 2. 유압 제어 3. 유압 펌프 4. 유압 밸브 5. 유압 액추에이터 6. 유압 기타 기기
			2. 유압 제어 회로 구성	1. 유압 제어 회로 기호 2. 유압 제어 회로
			3. 시험 운전	1. 유압기기 관리
		3. 제어 기초	1. 제어의 기초 이론	1. 자동 제어의 기본 개념 2. 제어계의 전달 함수 3. 주파수 응답

필기과목명	문제수	주요항목	세부항목	세세항목
			4. 전기 전자 장치 조립	1. 전기 전자 장치 조립	1. 전기 전자 조립 공구와 장비 2. 전기 전자 부품
			2. 전기 전자 장치 기능 검사	1. 전류·전압·저항 측정
			3. 전기 전자 장치 안전성 검사	1. 전기 전자 장치 검사 방법 2. 계측 기기 유지 보수
		5. 센서 활용 기술	1. 센서 선정	1. 센서의 종류와 특성
			2. 센서 회로 구성	1. 신호 변환, 전송, 처리, 출력
			3. 센서 신호	1. 센서 신호 측정 방법
			4. 센서 관리	1. 센서 관리
		6. 모터 제어	1. 제어 방식 설계	1. 모터 구조와 특성
			2. 제어 회로 구성	1. 모터 제어기
			3. 시험 운전	1. 제어기 간 상호 인터페이스
			4. 유지 보수	1. 모터 관리
설비 진단 및 관리	20	1. 설비 진단	1. 설비 진단의 개요	1. 설비 진단 기술의 기초 2. 설비 진단 기법
			2. 진동 이론	1. 진동의 기초 2. 진동의 물리량
			3. 진동 측정	1. 진동 측정의 개요 2. 진동 측정 시스템 3. 진동 측정용 센서
			4. 소음 이론과 측정	1. 소음의 개요 2. 소음의 물리적 성질 3. 음의 발생과 특성
			5. 진동 소음 제어	1. 기계 진동 방지 대책 2. 공장 소음 방지 대책 3. 공장 소음과 진동 발생원

필기과목명	문제수	주요항목	세부항목	세세항목
			6. 회전기계의 진단	1. 회전기계 진단의 개요 2. 회전기계의 간이 진단 3. 회전기계의 정밀 진단
			7. 윤활 관리 진단	1. 윤활의 개요 2. 윤활의 종류와 특성 3. 윤활제의 급유·급지법 4. 윤활유의 열화와 관리 기준
		2. 설비 관리	1. 설비 관리 개요	1. 설비 관리의 이해 2. 설비의 범위와 분류 3. 설비 관리의 조직과 구성원
			2. 설비 계획	1. 설비 계획의 개요 2. 설비 배치 3. 설비의 신뢰성 및 보전성 관리 4. 설비의 경제성 평가 5. 정비 계획 수립 방법
			3. 설비 보전의 계획과 관리	1. 설비 보전과 관리 시스템 2. 설비 보전 조직과 표준 3. 설비 보전의 본질과 추진 방법 4. 설비의 예방 보전 5. 공사 관리 6. 보전용 자재 관리와 보전비 관리 7. 보전 작업 관리와 보전 효과 측정
			4. TPM	1. TPM의 개요 2. 설비 효율 개선 방법 3. 만성 손실 개선 방법 4. 제조 부문의 자주 보전 활동 5. 보전 부문의 계획 보전 활동
기계 보전, 용접 및 안전	20	1. 기계 장치 보전	1. 기계 요소 보전	1. 체결용 기계 요소 2. 축 기계 요소 3. 전동용 기계 요소 4. 제어용 기계 요소 5. 관계 기계 요소

필기과목명	문제수	주요항목	세부항목	세세항목
			2. 기계 장치 보전	1. 밸브의 점검 및 정비 2. 펌프의 점검 및 정비 3. 송풍기의 점검 및 정비 4. 압축기의 점검 및 정비 5. 감속기의 점검 및 정비 6. 전동기의 점검 및 정비
		2. 기본 측정기 사용	1. 기본 측정기 사용	1. 측정기 선정 2. 기본 측정기 사용
		3. 탭·드릴·보링 가공	1. 탭·드릴·보링 가공	1. 탭·드릴·보링 가공 작업 2. 절삭 공구의 특성과 종류 3. 공구 수명 및 마모
		4. 기계 부품 조립	1. 기계 부품 조립	1. 조립 작업 계획 2. 도면 해독 3. 공구 활용 4. 조립 측정 검사
		5. 용접 일반 이론	1. 아크 용접	1. 용접의 총론 2. 피복 금속 아크 용접 3. 서브머지드 아크 용접 4. 가스·텅스텐 아크 용접 5. 가스·금속 아크 용접 6. 플럭스 코어드 아크 용접 7. 기타 아크 용접
		6. 용접 시공	1. 용접 시공 및 검사	1. 용접 이음과 결함의 종류 2. 용접 변형과 잔류 응력 3. 용접 결함의 생성과 특성 및 방지 대책
		7. 안전관리	1. 작업 안전관리	1. 기계 작업 안전 2. 용접 및 가스 작업 안전 3. 전기 취급 안전 4. 산업 시설 안전 5. 안전 보호구 6. 산업안전보건법령

차례 CONTENTS

- 제1회 CBT 대비 실전문제 ··· 10
- 제2회 CBT 대비 실전문제 ··· 20
- 제3회 CBT 대비 실전문제 ··· 31
- 제4회 CBT 대비 실전문제 ··· 41
- 제5회 CBT 대비 실전문제 ··· 51
- 제6회 CBT 대비 실전문제 ··· 62
- 제7회 CBT 대비 실전문제 ··· 72
- 제8회 CBT 대비 실전문제 ··· 83
- 제9회 CBT 대비 실전문제 ··· 94
- 제10회 CBT 대비 실전문제 ······································· 105
- 제11회 CBT 대비 실전문제 ······································· 116
- 제12회 CBT 대비 실전문제 ······································· 127
- 제13회 CBT 대비 실전문제 ······································· 138
- 제14회 CBT 대비 실전문제 ······································· 148
- 제15회 CBT 대비 실전문제 ······································· 159
- 제16회 CBT 대비 실전문제 ······································· 170
- 제17회 CBT 대비 실전문제 ······································· 181
- 제18회 CBT 대비 실전문제 ······································· 192
- 제19회 CBT 대비 실전문제 ······································· 203
- 제20회 CBT 대비 실전문제 ······································· 214
- 제21회 CBT 대비 실전문제 ······································· 225
- 제22회 CBT 대비 실전문제 ······································· 236
- 제23회 CBT 대비 실전문제 ······································· 247
- 제24회 CBT 대비 실전문제 ······································· 257
- 제25회 CBT 대비 실전문제 ······································· 267
- 2025년 제1회 CBT 복원문제 ····································· 278
- 2025년 제2회 CBT 복원문제 ····································· 289
- 2025년 제3회 CBT 복원문제 ····································· 299

CBT 대비 실전문제

설비보전산업기사

설비보전산업기사 필기

제1회 CBT 대비 실전문제

1과목 공유압 및 자동 제어

1. 다음 중 온도가 일정할 때 절대 압력과 체적과의 관계는? [11-3]
① 공기의 체적은 절대 압력에 비례한다.
② 공기의 체적은 절대 압력에 반비례한다.
③ 공기의 체적은 절대 압력의 제곱에 비례한다.
④ 공기의 체적은 절대 압력의 제곱에 반비례한다.

해설 온도가 일정할 때 절대 압력과 체적과의 관계 : 공기의 체적은 절대 압력에 반비례한다(보일의 법칙).

2. 토출 압력의 크기로 송풍기와 압축기로 구분할 때, 압축기에 해당하는 압력(kgf/cm²)은? [17-3]
① 0.01~0.3 ② 0.3~0.5
③ 0.5~0.7 ④ 1.0 이상

해설 압축기는 압력비 2 이상, 압력 상승이 $100\,\text{kPa}(1.0\,\text{kgf/cm}^2)$ 이상의 것

3. 다음 중 전진과 후진 운동에서 같은 속도와 출력을 얻을 수 있는 실린더는? [18-2]
① 탠덤 실린더 ② 다위치 실린더
③ 차동형 실린더 ④ 양로드 실린더

4. 다음 기호의 명칭으로 맞는 것은 어느 것인가? [06-3, 11-1]

① 적산 유량계 ② 회전 속도계
③ 토크계 ④ 유면계

5. 공압 시스템에서의 고장을 빨리 발견하고 조치를 취하기 위한 방법으로 가장 거리가 먼 것은? [16-3]
① 회로도를 알기 쉬운 형태로 제작한다.
② 배관을 길게 하여 가능한 많은 수분을 응축시킨다.
③ 사용 부품은 쉽게 교체가 가능한 범용 제품을 사용한다.
④ 배관은 제어 캐비닛 배치도와 회로도가 일치하도록 한다.

해설 배관은 가능한 짧게 하고 응축수를 없애야 한다.

6. 유압기기에 적용되는 파스칼 원리에 대한 설명으로 맞는 것은? [13-2, 17-1]
① 일정한 부피에서 압력은 온도에 비례한다.
② 일정한 온도에서 압력은 부피에 반비례한다.
③ 밀폐된 용기 내의 압력은 모든 방향에서 동일하다.
④ 유체의 운동 속도가 빠를수록 배관의 압력은 낮아진다.

해설 파스칼의 원리 : 정지된 유체 내의 모든 위치에서의 압력은 방향에 관계없이 항상 같으며, 직각으로 작용한다.

정답 1. ② 2. ④ 3. ④ 4. ① 5. ② 6. ③

7. 구조가 간단하고 값이 저렴하며, 차량, 건설기계, 운반기계 등에 널리 사용되고 외접, 내접 등의 구조를 갖는 펌프는 어느 것인가? [10-2, 19-3]

① 기어 펌프   ② 베인 펌프
③ 피스톤 펌프 ④ 플런저 펌프

해설 기어 펌프의 특징
㉠ 구조가 간단하며, 다루기가 쉽고 가격이 저렴하다.
㉡ 기름의 오염에 비교적 강한 편이며, 흡입 능력이 가장 크다.
㉢ 피스톤 펌프에 비해 효율이 떨어지고, 가변 용량형으로 만들기가 곤란하다.

8. 밸브의 구조에 의한 분류에 해당되지 않는 것은? [11-1, 16-3]

① 포핏 형식   ② 스풀 형식
③ 로터리 형식 ④ 파일럿 형식

해설 파일럿 형식은 방향 제어 밸브의 조작 방식이다.

9. 유압 펌프의 종류가 아닌 것은? [10-2]

① 기어 펌프
② 베인 펌프
③ 피스톤 펌프
④ 마찰 펌프

10. 다음 유압기기 그림의 기호로 옳은 것은 어느 것인가? [18-2]

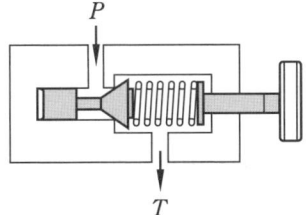

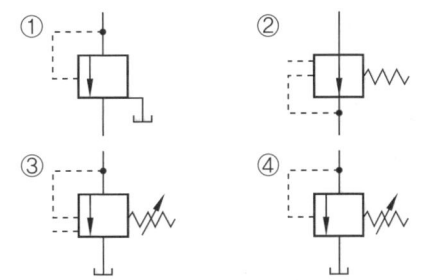

해설 이 밸브는 직동형 릴리프 밸브이다.

11. 그림과 같은 회로에 대한 설명으로 옳은 것은? [15-1]

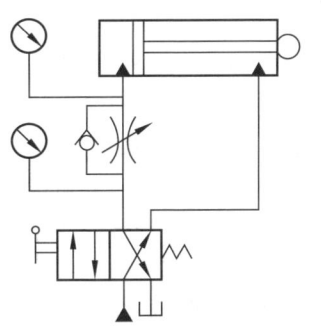

① 미터 인(meter-in) 방식의 전진 속도 조절 회로이다.
② 미터 인(meter-in) 방식의 후진 속도 조절 회로이다.
③ 미터 아웃(meter-out) 방식의 전진 속도 조절 회로이다.
④ 미터 아웃(meter-out) 방식의 후진 속도 조절 회로이다.

해설 유량 제어 밸브를 실린더의 입구 측에 설치한 미터 인 방식의 속도 조절 회로이며, 체크 밸브가 작동하여 전진 행정 시에만 속도가 제어된다.

12. 피드백 제어계에서 제어 요소를 나타낸 것으로 가장 알맞은 것은 어느 것인가? [06-1, 09-2, 11-1, 15-1, 19-3]

① 검출부와 조작부   ② 조절부와 조작부
③ 검출부와 조절부   ④ 비교부와 검출부

정답 7. ① 8. ④ 9. ④ 10. ④ 11. ① 12. ②

13. 조절계의 제어 동작 중 단일 루프 제어계에 속하지 않는 것은? [16-1]
① 비율 제어 ② 비례 제어
③ 적분 제어 ④ 미분 제어

해설 비율 제어는 복합 루프 제어계이다.

14. 전하를 축적할 목적으로 두 개의 도체 사이에 절연물 또는 유전체를 삽입한 것을 무엇이라 하는가? [12-2, 17-2]
① 저항 ② 콘덴서
③ 코일 ④ 변압기

해설 콘덴서 : 전하를 축적할 목적으로 두 개의 도체 사이에 절연물 또는 유전체를 삽입한 것으로 회로에 가해진 전기 에너지를 정전 에너지로 변환하여 축적하는 소자

15. 전압계로 전압의 측정 범위를 확대하기 위하여 전압계 내부에 배율기의 저항은 전압계와 어떻게 연결해야 하는가? [16-1]
① 전류계와 병렬로 연결한다.
② 전압계와 직렬로 연결한다.
③ 전압계와 병렬로 연결한다.
④ 전압계와 연결하지 않는다.

16. 절연저항 시험에서 인가하는 전기는 무엇인가?
① AC 전압 500 V
② DC 전압 500 V
③ AC 전압 10000 V
④ DC 전압 10000 V

해설 절연저항 시험(insulation test) : 누전 여부를 시험하는 것으로 시험에는 DC 전압(500 V 또는 1000 V)이 사용되며, 시험 결과를 [MΩ]으로 나타내어 누전 여부(감전 가능성 여부)를 알아보는 것

17. 다음 중 온도 변환기에 요구되는 기능으로 옳은 것은? [14-1]
① mA 레벨 신호를 안정하게 낮은 레벨까지 증폭할 수 있을 것
② 입력 임피던스(impedance)가 높고 장거리 전송이 가능할 것
③ 입출력 간은 교류적으로 절연되어 있을 것
④ 온도와 출력 신호의 관계를 비직선화시킬 수 있을 것

해설 온도 변환기의 요구 성능
㉠ 낮은 신호를 안정하게 높은 레벨까지 증폭할 수 있을 것
㉡ 입력 임피던스가 높고 장거리 전송이 가능할 것
㉢ 외부의 노이즈 영향을 받지 않을 것
㉣ 입출력 간은 직류적으로 절연되어 있을 것

18. 출력 측의 한쪽을 부하와 연결하고 다른 쪽 단자(공통 단자)를 0V에 접지시키는 센서는? (단, 센서 작동 시 (+)전압 출력됨) [10-1]
① NP형 ② PN형
③ NPN형 ④ PNP형

해설 PNP형의 출력은 (+), NPN형의 출력은 (−)이다.

19. 브러시와 접촉하여 전기자 권선에 유도되는 교류 기전력을 직류로 만드는 부분은? [13-3]
① 계철 ② 계자
③ 전기자 ④ 정류자

20. 서보 전동기의 노이즈 대책이 아닌 것은? [18-3]

정답 13. ① 14. ② 15. ② 16. ② 17. ② 18. ④ 19. ④ 20. ④

① 접지　　② 서지 킬러
③ 실드선 처리　　④ 인버터 사용

해설 인버터 : 주파수를 가변시켜 전동기의 속도를 고효율로 쉽게 제어하는 장치

2과목　설비 진단 및 관리

21. 설비 진단 기술의 기본 시스템 구성에서 간이 진단 기술이란? [10-2, 13-3, 19-1]
① 작업원이 실시하는 고장 검출 해석 기술
② 전문 요원이 실시하는 스트레스 정량화 기술
③ 전문 요원이 실시하는 강도, 성능의 정량화 기술
④ 현장 작업원이 사용하는 설비의 제1차 건강 진단 기술

해설 간이 진단 기술(condition monitering tech)은 설비의 제1차 건강 진단 기술로서 현장 작업원이 실시한다.

22. 마찰이나 저항 등으로 인하여 진동 에너지가 손실되는 진동은? [13-2, 20-2]
① 감쇠 진동　　② 규칙 진동
③ 선형 진동　　④ 자유 진동

해설 진동 에너지의 손실이 없는 것은 비감쇠 진동이라 한다.

23. 베어링의 결함 유무를 측정하고자 할 때 사용되는 진동 측정용 센서는? [14-2]
① 변위계　　② 속도계
③ 가속도계　　④ 레벨계

해설 베어링에서 발생시키는 주파수는 고주파이므로 고주파 측정에 적합한 센서는 가속도계이다.

24. 진동 센서 고정 방법 중 주파수 영역이 넓고 진동 측정 정확도가 가장 좋은 것은?
① 손 고정　　　　　　　　[14-1, 18-1]
② 나사 고정
③ 밀랍 고정
④ 마그네틱 고정

해설 가속도 센서 부착 방법을 공진 주파수 영역이 넓은 순서로 나열하면 나사＞에폭시 시멘트＞밀랍＞자석＞손이다.

25. 다음 중 공장 소음에서 마스킹(masking) 효과의 특징이 아닌 것은? [08-3]
① 두 음의 주파수가 비슷할 때는 마스킹 효과가 대단히 커진다.
② 두 음의 주파수가 거의 비슷할 때는 맥동이 생겨 효과가 감소한다.
③ 저음이 고음을 잘 마스킹한다.
④ 발음원이 이동할 때 그 진행 방향 쪽에서는 원래 발음원의 음보다 고음으로 나타난다.

해설 마스킹의 특징
㉠ 저음이 고음을 잘 마스킹한다.
㉡ 두 음의 주파수가 비슷할 때는 마스킹 효과가 대단히 커진다.
㉢ 두 음의 주파수가 거의 같을 때는 맥동이 생겨 마스킹 효과가 감소한다.
※ ④는 도플러 효과에 대한 설명이다.

26. 다음 중 진동 방지의 방법으로 옳지 않은 것은? [06-1, 16-1]
① 진동 전달 경로 차단
② 진동원에서의 진동 제어
③ 진동 발생 설비의 자동화
④ 외부 진동으로부터의 보호

해설 진동 방지
㉠ 진동원에서의 진동 제어

정답 21. ④　22. ①　23. ③　24. ②　25. ④　26. ③

ⓒ 외부로 진동이 전달되는 것을 방지
ⓒ 진동 전달 경로를 차단하여 방지

27. 2대의 기계가 각각 90dB의 소음을 발생시킨다면 2대가 동시에 동작할 때의 소음도는 얼마인가? [14-1, 19-2]
① 90 dB   ② 93 dB
③ 135 dB   ④ 180 dB

해설 같은 소음도를 발생하는 기계가 동시에 동작되면 소음도는 3 dB 증가한다.

28. 측정된 진동값에 대하여 정상값인지 이상값인지를 판정하는 기준의 종류가 아닌 것은? [11-3, 17-3]
① 절대 판정 기준   ② 절충 판정 기준
③ 상대 판정 기준   ④ 상호 판정 기준

해설 설비의 판정 기준으로는 절대 판정 기준, 상대 판정 기준 및 상호 판정 기준이 있다.

29. 윤활 관리의 효과에 대한 설명으로 틀린 것은? [10-3, 17-2]
① 동력비 증가
② 제품 정도의 향상
③ 보수 유지비의 절감
④ 기계의 정도와 기능 유지

해설 ㉠ 기본적 효과 : 윤활의 사고의 방지, 윤활비의 절약, 기계의 정도와 기능 유지, 구매 업무의 간소화, 제품 정도의 향상, 안전 작업의 철저, 보수 유지비의 절감, 윤활 의식의 고양(高揚), 동력비의 절감
㉡ 경제적인 효과 : 기계나 설비의 유지 관리비(수리비 및 정비 작업비) 절감, 윤활제의 구입비 절약, 완전 운전에 의한 유지비의 경감, 작업 능률 향상에 의한 이익 및 휴지 손실 방지에 따른 생산성 향상 등

30. 모세관 현상을 이용하여 윤활시키며 윤활유를 순환시켜 사용하는 급유 방법은?
① 손 급유법   [11-1]
② 가시 부상 유적 급유법
③ 패드 급유법
④ 적하 급유법

해설 패드 급유법(pad oiling) : 패킹을 가볍게 저널에 접촉시켜 급유하는 방법

31. 설비 보전의 발전 순서가 올바르게 나열된 것은? [17-1]
① 사후 보전-예방 보전-생산 보전-개량 보전-보전 예방-TPM
② 사후 보전-생산 보전-보전 예방-개량 보전-예방 보전-TPM
③ 예방 보전-사후 보전-생산 보전-개량 보전-보전 예방-TPM
④ 예방 보전-사후 보전-보전 예방-개량 보전-생산 보전-TPM

32. 설비 관리의 조직 계획상 고려할 사항이 옳게 연결된 것은? [11-3, 20-3]
① 제품의 특성-프로세스, 계속성
② 설비의 특징-입지, 분산의 비율, 환경
③ 외주 이용도-구조, 기능, 열화의 속도 및 정도
④ 인적 구성과 그의 역사적 배경-기술 수준, 관리 수준, 인간관계

해설 ㉠ 제품의 특성-원료, 반제품, 제품의 특성
㉡ 생산 형태-프로세스, 계속성
㉢ 설비의 특징-구조, 기능, 열화의 속도 및 정도

정답 27. ②　28. ②　29. ①　30. ③　31. ①　32. ④

ⓔ 외주 이용도 – 가능성과 경제성
ⓜ 지리적 조건 – 입지, 분산의 비율, 환경

33. 제품의 물리적 특성이 기계와 사람을 제품으로 가져오도록 강요하는 설비 배치 방식은? [03-3, 12-1, 20-3]
① 제품별 배치(product layout)
② 공정별 배치(process layout)
③ 정지 제품 배치(static product layout)
④ 혼합 방식 배치(mixed model layout)

해설 제품 특성으로 기계와 사람을 제품에 가져오도록 하는 방식의 배치는 정지 제품 배치로 조선업에서 주로 사용한다.

34. 경제안을 수학적으로 비교하는 방법으로 어떤 투자 활동의 수입의 현재(혹은 연간) 등가가 지출의 현재(혹은 연간) 등가와 똑같게 되는 이자율로 경제성을 평가하는 방법은? [08-3, 13-1]
① 자본 회수 기간법
② 수익률 비교법
③ 원가 비교법
④ 이익률법

35. 설비 보전 조직에 있어서 지역 보전의 특징이 아닌 것은? [08-3, 17-1]
① 근무 시간의 교대가 유기적이다.
② 생산 라인의 공정 변경이 신속히 이루어진다.
③ 1인으로 보전에 관한 전 책임을 지고 있다.
④ 보전 감독자나 보전 작업원들은 생산 계획, 생산성의 문제점, 특별 작업 등에 관하여 잘 알게 된다.

해설 1인으로 보전에 관한 전 책임을 지고 있는 것은 집중 보전의 장점이다.

36. 설비가 신품일 때와 비교하여 점차로 열화되어 가는 것을 무엇이라고 하는가?
① 절대적 열화 [09-2]
② 돌발 고장형 열화
③ 기능 정지형 열화
④ 우발적 열화

해설 절대적 열화는 노후화이다.

37. 계획 공사의 견적 공수와 현 보유 표준 능력을 비교하여 이월량이 거의 일정하게 되도록 공사 요구의 접수 조정, 예비 공사 중간 차입, 외주 발주량 조정 등을 하는 것은? [19-2]
① 일정 계획   ② 휴지 공사
③ 진도 관리   ④ 여력 관리

38. 최고 재고량을 일정량으로 정해 놓고, 사용할 때마다 사용량만큼 발주해서 언제든지 일정량을 유지하는 방식은 무엇인가? [08-3, 19-1]
① 2궤법 방식
② 정량 발주 방식
③ 정기 발주 방식
④ 사용고 발주 방식

해설 사용고 발주 방식 : 발주량과 발주의 시기가 같이 변화하는 방식으로 최고 재고량을 일정량으로 정해 놓고, 사용할 때마다 사용량만큼을 발주해서 언제든지 일정량을 유지하는 방식이다. 정량 유지 방식, 정수형 또는 예비품 방식이라고도 한다.

39. 다음 중 설비의 유효 가동률을 나타낸 것은? [09-3, 11-2, 19-2]
① 설비 유효 가동률 = $\dfrac{\text{시간 가동률}}{\text{속도 가동률}}$

정답 33. ③ 34. ② 35. ③ 36. ① 37. ④ 38. ④ 39. ②

② 설비 유효 가동률=시간 가동률×속도 가동률
③ 설비 유효 가동률=시간 가동률+속도 가동률
④ 설비 유효 가동률=시간 가동률-속도 가동률

40. "설비에 강한 작업자를 육성"하는 목적으로 7단계의 활동 내용을 가지고 있는 TPM의 활동은 무엇인가? [13-1]
① 개별 개선　② 자주 보전
③ 계획 보전　④ 품질 보전

해설 자주 보전은 설비에 강한 작업자를 육성하고 자신의 설비는 자기가 지킨다는 목적으로 초기 청소, 발생된 곤란한 요소 대책, 청소 급유 기준서 작성, 총 점검, 자주 점검, 자주 보전의 시스템화, 철저한 목표 관리 등의 7단계 활동을 가지고 있다.

3과목　기계 보전, 용접 및 안전

41. 체인을 걸 때 이음 링크를 관통시켜 임시 고정시키고 체인의 느슨한 측을 손으로 눌러보고 조정해야 하는데 아래 그림에서 $S-S'$가 어느 정도일 때 적당한가?
[08-1, 13-1, 17-1]

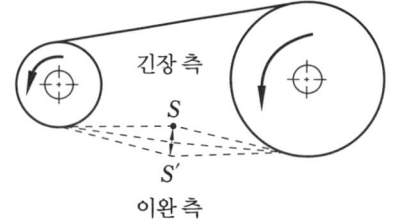

① 체인 폭의 1~2배
② 체인 폭의 2~4배
③ 체인 피치의 1~2배
④ 체인 피치의 2~4배

해설 축 사이의 거리에 따라 다르지만 느슨한 측을 손으로 눌러보고 $S-S'$가 체인 폭의 2~4배 정도면 적당하다.

42. V벨트 풀리의 홈 각이 V벨트의 각도에 비해 작은 이유로 가장 알맞은 것은? [11-2]
① V벨트가 굽혀졌을 때 단면 변화에 따른 미끄럼 발생을 방지
② V벨트가 인장력을 받아 늘어났을 때 동력 손실을 방지
③ 장기간 사용 시 마모에 의한 V벨트와 풀리 간 헐거움 방지
④ 고속 회전 시 풀리의 진동 및 소음을 방지

43. 냉간 인발로 제작된 이음매 없는 관으로 값이 비싸고 고온 강도가 약한 단점이 있으나 내식성, 굴곡성이 우수하고 전기 및 열전도성이 좋고 내압성이 있어 열 교환기, 급수, 압력계 배관, 급유관으로 널리 사용되는 관은? [12-3, 16-1]
① 주철관　② 강관
③ 가스관　④ 동관

해설 동관은 냉간 인발로 제작된 이음매 없는 관으로 값이 비싸고, 고온 강도가 약한 결점이 있다.

44. 원심 펌프의 이상 원인 중 시동 후 송출이 되지 않는 원인이 아닌 것은? [12-1]
① 회전 방향이 다를 때
② 회전 속도가 너무 빠를 때
③ 펌프 내 공기를 빼지 않았을 때
④ 흡입관 끝이 충분히 액체에 잠겨 있지 않을 때

정답 40. ② 41. ② 42. ① 43. ④ 44. ②

해설 시동 후 송출 정지의 원인
- 펌프 및 흡입관의 만수 불완전 시
- 흡입 양정이 너무 클 때
- 여분의 공기 또는 가스량 과대 시
- 흡입관에 공기 주머니가 있을 경우
- 흡입관 도중에서 갑작스런 공기 침입
- 스터핑 박스로 공기 침입
- 흡입관 끝이 충분히 액체에 잠겨 있지 않을 경우
- 흡입 밸브 폐쇄나 부분적인 개방
- 흡입관의 필터나 스트레이너에 이물질 침입
- 풋 밸브가 너무 작을 때
- 축 봉에 대한 불충분한 냉각수 공급
- 렌더링과 봉관의 위치가 부정확한 경우
- 병렬 운전이 부적합할 경우의 병렬 운전 실시
- 회전차 내에 이물질이 걸렸을 때
- 회전차가 손상되었을 때
- 메커니컬 실이 손상되어 있는 경우
- 시방서에 명시된 운전 조건이나 시공업체가 다를 경우

45. 송풍기의 회전수를 변화시키는 방법이 아닌 것은? [16-2, 20-2]
① 가변 풀리에 의한 조절
② 정류자 전동기에 의한 조절
③ 극수 변환 전동기에 의한 조절
④ 열동 과전류 계전기에 의한 조절

해설 송풍기의 회전수를 변화시키는 방법
㉠ 유도 전동기의 2차 측 저항 조절
㉡ 정류자 전동기에 의한 조절
㉢ 극수 변환 전동기에 의한 조절
㉣ 가변 풀리에 의한 조절
㉤ V벨트 풀리 지름비를 변경하는 조절

46. 압축기 부품에서 밸브의 취급 불량에 의한 고장이라고 볼 수 없는 것은? [16-2]
① 볼트의 조임 불량
② 시트의 조립 불량
③ 그랜드 패킹의 과다 조임
④ 스프링과 스프링 홈의 부적당

47. 체인식 무단 변속기의 변속 조작은 어떻게 하여야 하는가? [09-2]
① 정지 중에 한다.
② 회전 중에 한다.
③ 정지 또는 회전 중 아무 때나 한다.
④ 일시 정지 중에 한다.

해설 무단 변속기의 변속 조작은 회전 중에 한다.

48. 측정기를 측정 방법에 따라 분류할 때 미니미터, 옵티미터, 공기 마이크로미터는 어디에 포함되는가? [09-1]
① 직접 측정
② 비교 측정
③ 한계 게이지 측정
④ 계량 측정

해설 비교 측정 : 표준 치수의 게이지와 비교하여 측정기의 바늘이 지시하는 눈금에 의하여 그 차이를 읽는 것이다. 비교 측정에 사용되는 측정기에는 다이얼 게이지(dial gauge), 미니미터, 옵티미터, 공기 마이크로미터, 전기 마이크로미터 등이 있다.

49. 결정 구조의 구성이 붕소(B) 및 질소(N) 원자로 이루어져 있고 주철, 담금질강 등에 뛰어난 가공성을 가진 공구는?
① 입방정 질화 붕소(CBN)
② 다이아몬드(diamond)
③ 서멧(cermet)
④ 소결 초경 합금(sintered hard metal)

정답 45. ④ 46. ③ 47. ② 48. ② 49. ①

50. 기계를 분해할 때 주의하여야 할 사항으로 옳지 않은 것은? [12-2, 15-1]
① 무리한 힘을 가하지 않는다.
② 기계 구조를 충분히 검토한다.
③ 작은 부품은 상자나 통에 보관한다.
④ 정비 후 기어 박스에 오일을 가득 채운다.

해설 적정량의 오일을 채워야 한다.

51. 다음 그림의 밸브 기호 명칭으로 맞는 것은? [11-4]

① 게이트 밸브(gate valve)
② 체크 밸브(check valve)
③ 글로브 밸브(globe valve)
④ 버터플라이 밸브(butterfly valve)

52. 용접의 분류에서 압접에 속하는 것은?
① 스터드 용접
② 피복 아크 용접
③ 유도 가열 용접
④ 일렉트로 슬래그 용접

해설 압접은 2개의 클램프로 가열한 후 압력을 주어서 용접하는 방식으로 냉간 압접, 가스 압접, 유도 가열 용접, 초음파 용접, 마찰 용접, 저항 용접 등이 있다.

53. 다음은 서브머지드 아크 용접의 용제의 종류이다. 틀린 것은?
① 용융형 용제
② 소결형 용제
③ 혼성형 용제
④ 혼합형 용제

해설 ㉠ 용융형 용제(fusion type flux) : 원료 광석을 아크로에서 1300℃ 이상으로 가열 융해하여 응고시킨 다음, 부수어 적당한 입자를 고르게 만든 것으로 유리와 같은 광택을 가지고 있다. 사용 시 낮은 전류에서는 입도가 큰 것을, 높은 전류에서는 입도가 작은 것을 사용하면 기공의 발생이 적다.
㉡ 소결형 용제(sintered type flux) : 광물성 원료 분말, 합금 분말 등을 규산 나트륨과 같은 점결제와 더불어 원료가 융해되지 않을 정도의 비교적 저온(300~1000℃) 상태에서 소정의 입도로 소결한 것이다.
㉢ 혼성형 용제(bonded type flux) : 분말상의 원료에 점결제를 가하여 비교적 저온(300~400℃) 상태에서 소결하여 응고시킨 것으로 스테인리스강 등의 특수강 용접 시에 사용된다.

54. TIG 용접에서 교류 전원 사용 시 발생하는 직류 성분을 없애기 위하여 용접기 2차 회로에 삽입하는 것 중 틀린 것은?
① 정류기
② 직류 콘덴서
③ 축전지
④ 컨덕턴스

해설 교류에서 발생되는 불평형 전류를 방지하기 위해서 2차 회로에 직류 콘덴서(condenser), 정류기, 리액터, 축전지 등을 삽입하여 직류 성분을 제거한다.

55. 불활성 가스 아크 용접으로 용접을 하지 않는 것은?
① 알루미늄
② 스테인리스강
③ 티타늄 합금
④ 선철

해설 불활성 가스 아크 용접에 해당되는 금속은 연강 및 저합금강, 스테인리스강, 알루미늄과 그 합금, 동 및 동 합금, 티타늄(Ti) 및 티타늄 합금 등이며, 선철은 용접하지 않는다.

정답 50. ④ 51. ① 52. ③ 53. ④ 54. ④ 55. ④

56. 용접 준비사항 중 용접 변형 방지를 위해 사용하는 것은?
① 터닝 롤러(turning roller)
② 매니퓰레이트(manipulator)
③ 스트롱 백(strong back)
④ 엔빌(anvil)

해설 용접 작업 중 각 변형 방지법으로 스트롱 백을 사용하는 방법이 있다.

57. 다음 중 슬래그 섞임이 있을 때의 원인으로 맞는 것은?
① 운봉 속도는 빠르고 전류가 낮을 때
② 용착부의 급랭
③ 아크 길이, 전류의 부적당
④ 모재 속에 S이 많을 때

해설 슬래그 섞임의 원인
㉠ 슬래그 제거 불완전
㉡ 운봉 속도가 빠를 때
㉢ 전류 과소, 운봉 조작이 불완전할 때

58. 연소의 3요소가 아닌 것은?
① 산소   ② 질소
③ 점화원 ④ 가연성 물질

해설 연소의 3요소는 가연성 물질, 산소, 점화원으로 이것 중 한가지라도 없으면 화재는 발생하지 않는다.

59. 기중기의 주요 부분이나 작업장의 위험 표시, 또는 위험이 게재된 기둥 지주, 난간 및 계단을 표시하는데 사용되는 색은 어느 것인가?
① 황색과 보라색   ② 적색
③ 흑색과 백색   ④ 녹색

60. 안전 인증 대상 기계에 해당하는 것은?
① 리프트   ② 연마기
③ 분쇄기   ④ 밀링

해설 ㉠ 안전 인증 대상 기계 및 설비 : 프레스, 전단기 및 절곡기(折曲機), 크레인, 리프트, 압력용기, 롤러기, 사출성형기(射出成形機), 고소(高所) 작업대, 곤돌라
㉡ 자율 안전 확인 대상 기계 및 설비 : 연삭기(研削機) 또는 연마기(휴대형은 제외), 산업용 로봇, 혼합기, 파쇄기 또는 분쇄기, 식품가공용 기계(파쇄·절단·혼합·제면기만 해당), 컨베이어, 자동차 정비용 리프트, 공작기계(선반, 드릴기, 평삭·형삭기, 밀링만 해당), 고정형 목재 가공용 기계(둥근톱, 대패, 루타기, 띠톱, 모떼기 기계만 해당), 인쇄기

정답 56. ③ 57. ① 58. ② 59. ① 60. ①

제2회 CBT 대비 실전문제

1과목 공유압 및 자동 제어

1. 유체의 관로 중 짧은 줄임 기구로 면적을 줄인 길이가 단면 치수에 비하여 비교적 짧은 것은? [16-3, 19-2]
① 초크 ② 벤투리
③ 피토관 ④ 오리피스

해설 오리피스는 관의 길이가 짧은 교축이며, 다이어프램은 격막, 벤투리는 윤활기에서 사용된다.

2. 방향 제어 밸브의 구조에 의한 분류에 해당되지 않는 것은? [11-1]
① 포핏 형식 ② 로터리 형식
③ 파일럿 형식 ④ 스풀 형식

해설 파일럿 형식은 방향 제어 밸브의 조작 방식이다.

3. 압축공기의 건조에 사용되는 흡착식 건조기에 대한 설명 중 올바른 것은? [08-1]
① 외부 에너지 공급이 필요하지 않다.
② 사용되는 건조제는 염화리튬 수용액, 폴리에틸렌 등이다.
③ 일시적으로 사용한다.
④ 물리적 방식을 사용하여 반영구적으로 사용할 수 있다.

해설 흡착식 공기 건조기 : 습기에 대하여 강력한 친화력을 갖는 실리카겔, 활성 알루미나 등의 고체 흡착 건조제를 두 개의 타워 속에 가득 채워 습기와 미립자를 제거하여 초건조 공기를 토출하며 건조제를 재생(제습 청정)시키는 방식이다. 최대 -70℃ 정도까지의 저노점을 얻을 수 있다.

4. 다음의 변위 단계 선도에서 시스템의 동작 순서가 옳은 것은? (단, + : 실린더의 전진, - : 실린더의 후진) [04-1]

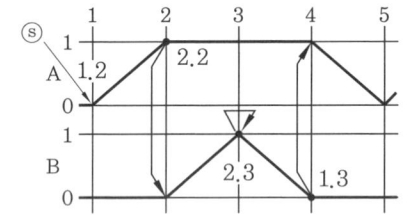

① 1+, 2+, 2-, 1- ② 1-, 2-, 2+, 1+
③ 2+, 1+, 1-, 2- ④ 2-, 1-, 1+, 2+

5. 유압 장치의 특성에 대해 잘못 설명된 것은? [12-3]
① 큰 힘을 낼 수 있다.
② 공압에 비해 작업 속도가 빠르다.
③ 무단 변속이 가능하다.
④ 균일한 속도를 얻을 수 있다.

해설 작업 속도는 유압에 비해 공압이 빠르다.

6. 단단 펌프 2개를 1개의 본체 내에 직렬로 연결시킨 펌프로, 고압의 출력이 요구되는 액추에이터의 구동에 적합한 펌프는 어느 것인가? [11-1]

정답 1. ④ 2. ③ 3. ④ 4. ① 5. ② 6. ①

① 2단 베인 펌프　② 단단 베인 펌프
③ 2연 베인 펌프　④ 복합 베인 펌프

해설 2단 베인 펌프(two stage vane pump) : 베인 펌프의 단점인 고압을 가능하게 하기 위해 용량이 같은 단단 펌프 2개를 1개의 본체 내에 직렬로 연결시킨 것으로, 고압 출력이 필요한 곳에 사용하나 소음이 발생한다. 정지 압력은 14 MPa, 최대 압력은 21 MPa까지도 발생할 수 있으며, 회전수는 600~1500 rpm 정도이다.

7. 다음은 유압 제어 밸브의 분류이다. 잘못 연결된 것은?　[12-1]
① 일의 크기-압력 제어 밸브
② 일의 방향-방향 제어 밸브
③ 일의 종류-유량 제어 밸브
④ 일의 속도-유량 제어 밸브

8. 비교적 큰 먼지를 제거할 목적으로 사용되는 기기로, 유압 회로에서 펌프의 흡입 관로에 사용되는 것은?　[14-2]
① 탱크　② 스트레이너
③ 필터　④ 어큐뮬레이터

해설 스트레이너(strainer) : 펌프를 고장 나게 할 염려가 있는 약 100메시 이상의 먼지를 제거하기 위하여 오일 필터와 조합하여 사용하며, 오일 탱크 내의 펌프 흡입 쪽에 설치되는 것으로, 케이스를 사용하지 않고 엘리먼트를 직접 탱크 내에 부착하는 구조로 되어 있다. 스트레이너의 여과 능력은 펌프 흡입량의 2배 이상이어야 하고, 여과 입도는 100~150 μm의 것이 많이 사용되고 있다. 여과 재료로는 철망이나 와이어 메시(wire mesh)가 사용되고, 압력강하는 50~100 mmHg 이하에서 사용되는 것이 바람직하다.

9. 다음 회로의 명칭은?　[06-3, 07-3, 17-1]

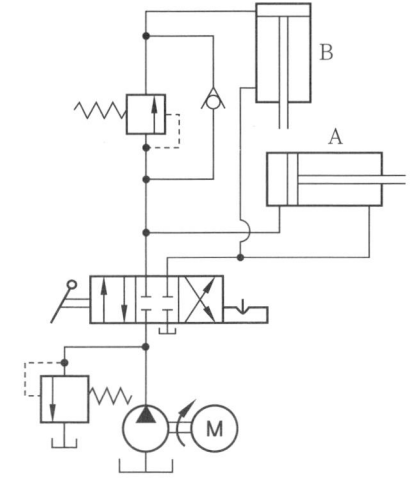

① 시퀀스 회로
② 미터 아웃 회로
③ 블리드 오프 회로
④ 카운터 밸런스 회로

해설 시퀀스 회로(sequence circuit)에는 전기, 기계, 압력에 의한 방식과 이들의 조합으로 된 것이 있다. 전기는 거리가 떨어져 있는 경우나 환경이 좋고 또한 가격면에서 조금이라도 유압 밸브를 절약하고 싶을 때, 또는 특히 시퀀스 밸브의 간섭을 받고 싶지 않을 때 사용된다. 그리고 기계 방식은 전기 방식보다 고장이 적고 작동도 확실하며, 밸브 간섭의 염려도 없다. 또한 압력 방식은 주위 환경의 영향을 좀처럼 받지 않고, 실린더 등의 작동부 가까이까지 배치하지 않아도 임의의 배관으로 가능하게 할 수 있다.

10. 전기를 이용하여 기계에서 정지 스위치를 ON하여도 기계가 정지하지 않는 고장의 원인으로 가장 적합한 것은?　[16-1]
① 과전압, 내부 누설의 감소
② 구동 동력 부족, 과부하 작동, 고압 운전

정답 7. ③　8. ②　9. ①　10. ④

③ 펌프의 흡입 불량, 내부 누설의 감소, 공기의 침입
④ 접촉자 접촉면의 오손, 접촉 불량, 푸시 버튼 장치와 제어기기의 결손 착오

11. 다음 중 자동 제어에 대한 설명으로 틀린 것은? [17-3]
① 피드백(feed back) 신호를 필요로 한다.
② 제어하고자 하는 변수가 계속 측정된다.
③ 출력이 제어 자체에 영향을 미치지 않는다.
④ 여러 개의 외란 변수가 존재할 때 사용한다.

해설 개회로 제어 시스템에서 출력이 제어 자체에 아무런 영향을 미치지 않는다.

12. 1차 지연 요소의 스텝 응답이 시정수 τ를 경과했을 때, 그 값의 최종 도달값에 대한 비율은 약 몇 %인가? [09-3, 18-3]
① 50 ② 63 ③ 90 ④ 98

해설 $t=0$에서 응답 곡선에 접선을 그리고 그것이 최종값에 도달하기까지의 시간이 시정수 τ가 된다. 또한 시정수 τ를 경과했을 때의 값은 최종 도달값의 63.2%가 된다.

13. 옥내 배선 공사에서 절연 전선의 피복을 벗길 때 사용하면 편리한 공구는?
① 드라이버   ② 플라이어
③ 압착 펜치   ④ 와이어 스트리퍼

해설 와이어 스트리퍼(wire striper)
㉠ 절연 전선의 피복 절연물을 벗기는 자동 공구이다.
㉡ 도체의 손상 없이 정확한 길이의 피복 절연물을 쉽게 처리할 수 있다.

14. 다음 중 전자 계전기의 기능이라 볼 수 없는 것은? [09-3, 12-2]
① 증폭 기능   ② 전달 기능
③ 연산 기능   ④ 충전 기능

15. 다음 중 계측된 신호를 전송할 때 발생하는 노이즈의 원인과 거리가 먼 것은 어느 것인가? [07-1, 09-2, 14-2]
① 전도   ② 정전 유도
③ 중첩   ④ 온도 변화

해설 노이즈의 발생 원인 : 전도, 정전 유도, 전자 유도, 중첩, 접지 루프, 접합 전위차

16. 온도 센서가 아닌 것은? [09-3, 16-1]
① 열전대(thermocouple)
② 서미스터(thermistor)
③ 측온 저항체
④ 홀 소자

해설 홀 소자는 자기 센서이다.

17. 하나의 제어 변수에 ON/OFF와 같이 두 가지의 값으로 제어하는 제어계는 어느 것인가? [09-2, 17-3]
① 2진 제어계   ② 동기 제어계
③ 디지털 제어계   ④ 아날로그 제어계

해설 2진 제어계 : 사이클링이 있는 제어로 하나의 제어 변수에 2가지의 가능한 값 신호의 유/무, ON/OFF, YES/NO, 1/0 등과 같은 2진 신호를 이용하여 제어하는 시스템을 의미한다.

18. 직류 전동기의 구성 요소 중 주 전류를 통하게 하며 회전력을 발생시키는 부분은? [07-3]

정답 11. ③ 12. ② 13. ④ 14. ④ 15. ④ 16. ④ 17. ① 18. ③

① 계자 ② 브러시
③ 전기자 ④ 정류자

해설 전기자 : 전동기에서 자기장으로부터 유도 기전력을 발생시키는 코일을 가진 회전하는 부분으로 전류를 흐르게 하여 회전을 얻는 부분이다.

19. 다음 중 서보 전동기용 검출기가 아닌 것은? [12-3]
① 태코제너레이터 ② 인코더
③ 리졸버 ④ 조속기

해설 조속기 : 원심 작용과 스프링 작용을 이용하여 원동기의 회전수를 하중 여하에 관계없이 항상 일정하게 유지하도록 하는 기기

20. 농형 유도 전동기의 기동법으로 사용되지 않는 것은? [07-3, 11-3]
① 전 전압 기동법 ② 기동 보상 기법
③ Y-Δ 기동법 ④ 2차 저항법

해설 농형 유도 전동기의 기동법
  ㉠ 전 전압 기동법
  ㉡ 기동 보상 기법
  ㉢ Y-Δ 기동법
  ㉣ 리액터 기동법
  ㉤ 콘도르파법

2과목 설비 진단 및 관리

21. 설비 진단 기법이 아닌 것은? [19-1]
① 진동법 ② 응력법
③ 회절법 ④ 비율 경향법

해설 설비 진단 기법 : 진동 분석법, 오일 분석법, 응력법

22. 정현파 신호의 진동 파형에서 중심으로부터 제일 높은 부분의 최댓값의 진동 크기를 나타내는 것은? [11-1]
① 편진폭 ② 양진폭
③ 실효값 ④ 평균값

해설 정현파 진동

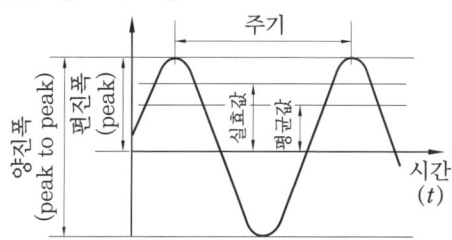

23. 디지털 신호 처리에서 일반적으로 데이터의 경향을 제거하는 방법으로 옳은 것은? [17-2]
① 최소 자승법
② 최대 자승법
③ 이산적 신호법
④ 데이터 주밍법

해설 일반적으로 데이터의 경향을 제거하는 방법은 최소 자승법을 이용하는 것이 보통이다.

24. 다음 중 설명이 옳은 것은? [08-1]
① 변위 측정-기어 및 베어링 진동 측정
② 가속도 측정-회전체의 불평형 및 구조 진동 측정
③ 속도 측정-전동기의 전기적 진동과 같이 2kHz 이하의 진동 측정
④ 절대 위상 측정-설비의 결함 원인 분석

해설 가속도를 파라미터로 한 진동 특성은 고주파 성분의 영향을 강조하는 경향이 있다. 반면에 변위를 파라미터로 하는 경우에는 저주파 성분이 상대적으로 강조된다.

정답 19. ④ 20. ④ 21. ③ 22. ① 23. ① 24. ③

25. 음의 전파 중 장애물 뒤쪽으로 음이 전파되는 현상은? [15-3]
① 음의 간섭　② 음의 굴절
③ 음의 확산　④ 음의 회절

해설 음의 회절(diffraction of sound wave) : 장애물 뒤쪽으로 음이 전파되는 현상이다. 음의 회절은 파장과 장애물의 크기에 다르며, 파장이 크고, 장애물이 작을수록 (물체의 틈 구멍에 있어서는 그 틈 구멍이 작을수록) 회절은 잘 된다.

26. 공장 소음 특히 저주파 소음을 방지할 수 있는 방법은? [08-3]
① 재료의 강성을 높여야 한다.
② 재료의 무게를 늘린다.
③ 재료의 내부 댐핑을 줄인다.
④ 재료의 무게를 줄인다.

27. 다음 중 회전기계의 진단을 위하여 적용되는 기술은 무엇인가? [06-3]
① FEM 해석 기술
② 진동 진단 기술
③ 잔류 응력 계측 기술
④ 정지 응력 계측 기술

28. 회전기계의 정격 회전 속도가 1800rpm일 때 이 설비가 5400rpm의 진동 성분을 발생한다면 이에 대한 설명으로 옳은 것은? [15-1]
① 30Hz 진동 성분이다.
② 60Hz 진동 성분이다.
③ 1차 배수 성분이다.
④ 3차 배수 성분이다.

해설 1800rpm은 정격 회전 속도이고, $\dfrac{5400\,\text{rpm}}{1800\,\text{rpm}}=$3차 배수 성분이다.

29. 윤활유를 선정할 때 가장 기본적으로 검토해야 할 사항은? [06-1, 14-3, 19-2]
① 적정 점도　② 운전 속도
③ 다양한 유종　④ 관리 방법

30. 윤활유의 열화 방지법 중 옳은 것은 어느 것인가? [09-2]
① 기름을 혼합 사용한다.
② 교환을 할 때에는 열화유와 혼합하여야 한다.
③ 기계를 새로 도입하여 사용할 경우에는 충분히 세척을 한 후 사용한다.
④ 고온에서 사용한다.

해설 윤활유의 열화 방지법
㉠ 고온은 가능한 피한다.
㉡ 기름의 혼합 사용은 극력 피한다.
㉢ 신기계 도입 시는 충분히 세척(flushing)을 행한 후 사용한다.
㉣ 교환 시 열화유를 완전히 제거한다.
㉤ 협잡물(挾雜物)(수분, 먼지, 금속 마모분, 연료유) 혼입 시는 신속히 제거한다.
㉥ 연 1회 정도는 세척을 실시하여 순환 계통을 청정하게 유지한다.
㉦ 사용유는 가능한 원심 분리기 백토 처리 등의 재생법을 사용하여 재사용한다.
㉧ 경우에 따라 적당한 첨가제를 사용한다.
㉨ 급유를 원활하게 한다.

31. 설비 관리의 조직 계획에서 분업의 방식이 아닌 것은? [12-2]
① 기능 분업
② 지역 분업
③ 직접 분업
④ 전문 기술 분업

해설 분업의 방식 : 기능 분업, 지역(제품별, 공정별) 분업, 전문 기술 분업

정답 25. ④　26. ①　27. ②　28. ④　29. ①　30. ③　31. ③

32. 공장의 증설 및 신설, 휴지 공사 등에 임시로 편성하는 설비 관리 조직은 어느 것인가? [04-3, 17-3]
① 정상 조직 ② 기능별 조직
③ 경상적 조직 ④ 프로젝트 조직

33. 설비를 배치할 때 소요 면적 산정법으로 기계 1대의 소요 면적을 계산하여 전체 면적을 산출하는 방식은? [19-1]
① 변환법 ② 계산법
③ 표준 면적법 ④ 비율 경향법

해설 계산법 : 설비 자체가 차지하는 면적, 작업이나 보전을 위한 면적, 재료나 제품을 두기 위한 면적 등을 산출하여 이것을 전부 합해 기계 1대당 소요 면적을 계산한 후 소요 기계 대수로 곱해 전체의 실질 면적을 산출한다. 그리고 여기에 서비스 면적을 더해서 전체 소요 면적을 산정한다.

34. 새 펌프를 구입하여 설치 후 시험 가동 중에 축봉부에 누설이 생겨 목표한 양정으로 올리지 못하여 메커니컬 실(mechanical seal)을 교체하여 가동하였다. 표에서 어느 구역의 고장기에 해당하는가? [03-1, 11-1]

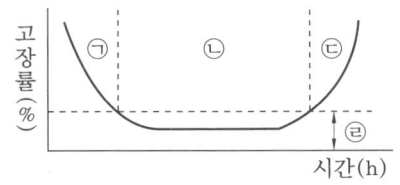

① ㉠ 구역 ② ㉡ 구역
③ ㉢ 구역 ④ ㉣ 구역

해설 ㉠ : 초기 고장, ㉡ : 우발 고장, ㉢ : 마모 고장, ㉣ : 규정 고장률

35. 설비 투자에 대한 경제성 평가 방법에 해당되지 않는 것은? [14-1]
① 비용 비교법 ② 자본 회수법
③ MTBF법 ④ MAPI법

해설 설비의 경제성 평가 방법 : 비용 비교법, 자본 회수법, MAPI 방식, 신 MAPI 방식

36. 설비 보전의 표준화가 가져오는 직접적인 이점과 가장 거리가 먼 것은? [14-2]
① 설비 보전 기술의 축적
② 설비 개량 또는 설계 능력 향상
③ 생산 제품의 불량률 증대
④ 설비 보전 작업의 효율성 증대

해설 표준화 작업 과정에서 확보되는 점검 기준, 수리 표준 또는 측정 방법 개발 등은 보전 기술의 축적을 가져오는 기초가 된다. 또한 이들은 설비 개량 또는 설계 능력 향상에 큰 역할을 하게 된다.

37. 다음 중 중점 설비 분석에 관한 설명이 잘못된 것은? [12-2]
① 현재 사용되고 있는 설비의 능력을 파악한다.
② 정지 손실의 영향이 큰 설비를 파악한다.
③ 설비 환경과 작업 조건이 열화에 미치는 영향이 큰 설비를 파악한다.
④ 원재료의 불량이 품질에 영향을 미치는 상태를 파악한다.

해설 원재료의 적합 부적합 유무는 수입 검사 항목이다.

38. 월간 사용량이 적고 단가가 높은 품목에 적용되는 보전 자재 관리법은? [12-1]
① 2궤법 ② 정량 발주법
③ 정기 발주법 ④ 사용고 발주법

정답 32. ④ 33. ② 34. ① 35. ③ 36. ③ 37. ④ 38. ④

해설 사용고 발주법 : 고가인 예비품으로 불출 빈도는 낮고, 돌발 고장 대책으로서 일정량을 재고로 두고 사용하면 사용한 양만큼 즉시 보충해 두는 것과 같은 경우에 널리 사용 되는 방법으로, 정량 발주 방식의 변형이라고도 할 수 있다.

39. TPM에서 자주 보전에 해당되는 것은?
① 특수한 기능을 요하는 것 [16-2]
② 오버홀을 요하는 것
③ 분해, 부착이 어려운 것
④ 일상 점검

40. 자주 보전의 7전개 단계 중 마지막 단계에 해당되는 것은? [16-1]
① 자주 관리의 철저
② 자주 보전의 시스템화
③ 발생 원인 · 곤란 개소 대책
④ 점검 급유 기준의 작성과 실시

해설 자주 보전의 전개 단계
㉠ 제1단계 : 초기 청소
㉡ 제2단계 : 발생 원인 · 곤란 개소 대책
㉢ 제3단계 : 점검 · 급유 기준의 작성과 실시
㉣ 제4단계 : 총 점검
㉤ 제5단계 : 자주 점검
㉥ 제6단계 : 자주 보전의 시스템화
㉦ 제7단계 : 자주 관리의 철저

3과목 기계 보전, 용접 및 안전

41. 다음 플랜지에 볼트 8개의 조임 순서로 가장 적합한 것은? [10-2, 16-2]

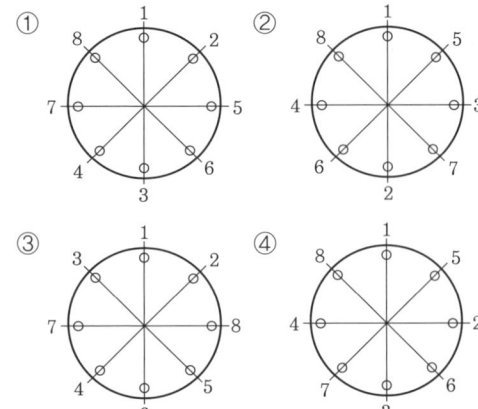

42. 코일 스프링에서 스프링 지수 C를 4 이하로 하는 것은 좋지 못하다. 다음 중 옳은 것은?
① 스프링의 종횡비를 크게 하여 좌굴을 발생시킨다.
② 왈의 응력 수정계수 K의 값을 작게 하여 인장력을 증가시킨다.
③ 스프링 상수 값을 적게 하여 변형량이 작아지기 때문이다.
④ 전단력을 크게 하는 결과가 되어 제작할 때 손상이 생기기 쉽다.

해설 스프링 지수가 작아지면 국부 응력이 커져 가공성이 나빠진다. 스프링 지수는 열간으로 성형하는 경우에는 4~15, 냉간으로 성형하는 경우에는 4~22의 범위에서 선택해야 한다.

43. 배관 정비에서 누설에 관한 설명으로 틀린 것은? [13-3, 18-2]
① 나사부의 정비 등으로 탈 · 부착을 반복함으로써 나타난 마모는 누설과 관계가 없다.
② 나사부에서 증기, 물 등의 누설은 관의 나사 부분을 부식시켜 강도 저하, 균열, 파단의 원인이 된다.

정답 39. ④ 40. ① 41. ② 42. ④ 43. ①

③ 배관 이음쇠 용접부의 일부에 균열이 생겨 누설이 진행되면 파단에 이르기도 하므로 조기 발견이 중요하다.
④ 비틀어 넣기부 배관의 나사부에서 누설 시 그 상태로 밸브나 관을 더 조이면 반드시 반대 측의 나사부에 풀림이 생겨 누설 개소가 이동한다.

해설 반복적인 나사부 탈·부착에 의한 마모는 누설의 원인이 된다.

44. 펌프의 회전수를 변화시킬 때 양정은 어떻게 변하는가? [09-3, 16-1]
① 회전수에 비례한다.
② 회전수의 제곱에 비례한다.
③ 회전수의 세제곱에 비례한다.
④ 회전수의 네제곱에 비례한다.

해설 크기가 일정하고 회전수(N)만 변하는 경우 양정(H)은 회전수의 제곱에 비례한다.

$$H_2 = H_1 \left(\frac{N_2}{N_1}\right)^2$$

45. 다음 중 원심식 압축기의 장점이 아닌 것은? [07-3, 09-3]
① 설치 면적이 비교적 적다.
② 기초가 견고하지 않아도 된다.
③ 고압의 압축공기를 발생시킬 수 있다.
④ 압력 맥동이 없다.

해설 원심식 압축기는 회전체의 원심력에 의하여 압송하는 기계로 운전 시 어느 풍량 이하가 되면 서징(surging)이 발생한다.

46. 입력 축과 출력 축에 드라이브 콘을 설치하고 그 바깥 가장자리에 강구를 접촉시켜 변속하는 변속기는? [10-3, 14-3]

① 컵 무단 변속기
② 디스크 무단 변속기
③ 링 원추 무단 변속기
④ 플랜지 디스크 가변 변속기

47. 윤활제의 부족에 의한 윤활 불량, 베어링 조립 불량, 체인, 벨트 등의 팽팽함, 커플링의 중심내기 불량이나 적정 틈새가 없어 추력을 받을 때 발생되는 전동기의 고장 현상은 무엇인가? [12-1, 15-3]
① 과열   ② 코일 소손
③ 기동 불능   ④ 기계적 과부하

해설 과열 현상은 3상 중 1상의 퓨즈가 융단되므로 단상이 되어 과전류가 흐름, 과부하 운전, 빈번한 기동 및 정지, 냉각 불충분, 베어링부에서의 발열이 원인이며, 이 중 베어링부에서의 발열은 윤활제의 부족에 의한 윤활 불량, 베어링 조립 불량, 체인, 벨트 등의 지나친 팽팽함, 커플링의 중심내기 불량이나 적정 틈새가 없어 스러스트를 받을 때 발생되는 것이다.

48. 기준량을 준비하고 이것을 피측정량과 평행시켜 기준량의 크기로부터 피측정량을 간접적으로 알아내는 방법은? [14-1, 18-2]
① 편위법   ② 영위법
③ 치환법   ④ 보상법

해설 영위법 : 측정하려고 하는 양과 같은 종류로서 크기를 조정할 수 있는 기준량을 준비하여 기준량을 측정량과 평형시켜 계측기의 지시가 0 위치에 나타날 때 기준량의 크기로부터 측정량의 크기를 간접적으로 측정하는 방식이다. 편위법보다 정도가 높은 측정을 할 수 있으며 마이크로미터나 휘트스톤 브리지, 전위차계 등에 사용된다.

정답 44. ② 45. ③ 46. ① 47. ① 48. ②

49. 마이크로미터를 설명한 사항 중 틀린 것은? [11-3]
① 보통의 마이크로미터 스핀들 나사의 피치는 0.5mm이고 딤블은 원주를 50등분하였다.
② 앤빌과 스핀들 사이에 측정물을 넣어 딤블을 가볍게 회전시켜 측정한다.
③ 마이크로미터의 측정 범위는 0~50mm, 50~100mm와 같이 50mm 간격으로 되어 있다.
④ 마이크로미터 래칫 스톱을 2회 이상 공전시킨 후 눈금을 읽는다.

해설 마이크로미터의 측정 범위는 25mm 간격으로 되어 있다.

50. 절삭 공구를 재연삭하거나 새로운 절삭 공구로 바꾸기 위한 공구 수명 판정 기준으로 거리가 먼 것은?
① 가공면에 광택이 있는 색조 또는 반점이 생길 때
② 공구 인선의 마모가 일정량에 달했을 때
③ 완성 치수의 변화량이 일정량에 달했을 때
④ 주철과 같은 메진 재료를 저속으로 절삭했을 시 균열형 칩이 발생할 때

해설 공구 수명 판정 기준
㉠ 날끝 마모가 일정량에 달했을 때
㉡ 가공 표면에 광택 있는 색조나 반점이 생길 때
㉢ 완성품의 치수 변화가 일정 허용 범위에 있을 때
㉣ 주분력의 변화 없이 배분력, 횡분력이 급격히 증가했을 때

51. 베어링 체커의 사용에 대한 설명으로 맞는 것은? [08-4, 11-4, 19-2]
① 회전을 정지시키고 사용한다.
② 그라운드 잭은 지면에 연결한다.
③ 동력 전달 상태를 알 수 있다.
④ 입력 잭을 베어링에서 제일 가까운 곳에 접촉시킨다.

해설 베어링 체커는 베어링의 그리스 양을 측정하는 것으로 회전 중에 그라운드 잭은 기계의 몸체에, 입력 잭은 축에 접촉시켜 사용한다.

52. 축 정렬 작업을 위하여 그림과 같이 다이얼 게이지를 설치하고 두 축을 동시에 회전시켜 상, 하(0°, 180°)를 측정하였더니 10μm 눈금의 차이가 발생했다면 두 축의 상, 하 편심량은?

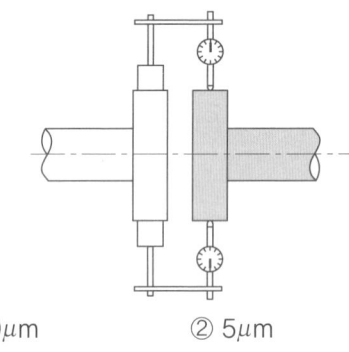

① 0μm   ② 5μm
③ 10μm ④ 20μm

해설 편심량 = 10μm/2 = 5μm

53. 불활성 가스 텅스텐 아크 용접법의 명칭이 아닌 것은?
① 비용극식 불활성 가스 아크 용접법
② 헬륨-아크 용접법
③ 아르곤 아크 용접법
④ 시그마 용접법

해설 시그마(sigma) 용접법은 MIG 용접법의 상품명으로 그 외에 에어코매틱(air comatic) 용접법, 필러 아크(filler arc)

용접법, 아르고노트(argonaut) 용접법 등이 있다.

54. 다음 중 MIG 용접의 특징이 아닌 것은?
① 아크 자기 제어 특성이 있다.
② 정전압 특성, 상승 특성이 있는 직류 용접기이다.
③ 반자동 또는 전자동 용접기로 속도가 빠르다.
④ 전류밀도가 낮아 3mm 이하 얇은 판 용접에 능률적이다.

해설 MIG 용접은 CO_2 가스 아크 용접에 비해 스패터의 발생이 적어 깨끗한 비드를 얻고, 수동 피복 아크 용접에 비해 용접 속도가 빠르며, 전류밀도가 매우 크고, 판 두께 3mm 이상에 적합하다.

55. 다음은 플럭스 코어드 아크 용접에 대한 설명이다. 틀린 것은?
① 전자세의 용접이 가능하고 탄소강과 합금강의 용접에 가장 많이 사용된다.
② 전류밀도가 낮아 용착 속도가 빠르며 위보기 자세에는 탁월한 성능을 보인다.
③ 일부 금속에 제한적(연강, 합금강, 내열강, 스테인리스강 등)으로 적용되고 있다.
④ 용접 중에 흄의 발생이 많고 복합 와이어는 가격이 같은 재료의 와이어보다 비싸다.

해설 전류밀도가 높아 필릿 용접에서는 솔리드 와이어에 비해 10% 이상 용착 속도가 빠르고 수직이나 위보기 자세에서는 탁월한 성능을 보인다.

56. 플라스마 용접 장치의 특징 중 틀린 것은?
① 중간형 아크는 반이행형 아크 방식으로 이행형 아크와 비이행형 아크 방식을 병용한 방식이며, 파일럿 아크는 용접 중 계속적으로 통전되어 전력 손실이 발생한다.
② 아크는 노즐 및 플라스마 가스의 열적 핀치력에 의해 좁아진다.
③ 플라스마 아크의 넓어짐은 작고 TIG 아크의 약 1/4 정도에서 전류밀도가 현저하게 높아진 아크가 된다.
④ 아크가 좁아지는 플라스마 아크의 전압은 대·중전류역에서 TIG 아크에 비해 낮지만 소전류역에서는 반대로 높아진다.

해설 아크가 좁아지는 플라스마 아크의 전압은 대·중전류역에서 TIG 아크에 비해 높지만 소전류역에서는 반대로 낮아진다.

57. 용접부의 노치 인성을 조사하기 위해 시행되는 시험법은?
① 맞대기 용접부의 인장 시험
② 샤르피 충격 시험
③ 저사이클 피로 시험
④ 브리넬 경도 시험

해설 파괴 시험법 중 충격 시험은 샤르피식(U형 노치에 단순보(수평면))과 아이조드식(V형 노치에 내다지보(수직면))이 있고, 충격적인 하중을 주어서 파단시키는 시험법으로 흡수 에너지가 클수록 인성이 크다.

58. 드릴 머신에서 얇은 판에 구멍을 뚫을 때 가장 좋은 방법은?
① 손으로 잡는다.
② 바이스에 고정한다.
③ 판 밑에 나무를 놓는다.
④ 테이블 위에 직접 고정한다.

정답 54. ④ 55. ② 56. ④ 57. ② 58. ③

해설 얇은 판에 구멍을 뚫을 때 밑에 나무를 놓고 뚫으면 판이 갈라지거나 회전하는 일이 적다.

59. 다음 중 고무 장화를 사용하여야 할 작업장은 어디인가?
① 열처리 공장
② 화학약품 공장
③ 조선 공장
④ 기계 공장

해설 화학약품 공장에서는 고무 장화를 착용함으로써 약품이 스며드는 것을 막아주어야 한다.

60. 중대재해가 발생할 경우 사업주가 재해 발생 상황을 관할 지방고용노동관서의 장에게 전화, 팩스 등으로 보고하여야 할 시기는?
① 지체 없이 ② 24시간 이내
③ 72시간 이내 ④ 7일 이내

해설 산업안전보건법 시행규칙 제67조(중대재해 발생 시 보고)

사업주는 중대재해가 발생한 사실을 알게 된 경우에는 법 제54조제2항에 따라 지체 없이 다음 각 호의 사항을 사업장 소재지를 관할하는 지방고용노동관서의 장에게 전화·팩스 또는 그 밖의 적절한 방법으로 보고해야 한다.
1. 발생 개요 및 피해 상황
2. 조치 및 전망
3. 그 밖의 중요한 사항

정답 59. ② 60. ①

설비보전산업기사 필기

제3회 CBT 대비 실전문제

1과목   공유압 및 자동 제어

1. A_1의 면적은 30 cm²이고 유속 V_1은 2 m/s이다. A_2의 면적이 10 cm²일 때 유속 V_2[m/s]는 얼마인가?   [18-2]

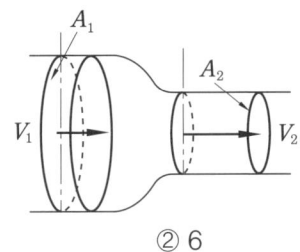

① 3   ② 6
③ 12   ④ 24

해설 $Q = A_1 V_1 = A_2 V_2$

2. 다음 압축기의 종류 중 왕복 피스톤 압축기에 해당되는 것은?   [08-3]

① 원심식   ② 다이어프램식
③ 스크루식   ④ 베인식

해설 왕복 피스톤 압축기에는 피스톤 압축기, 격판 압축기(다이어프램식)가 있으며, 고압 성향은 피스톤 압축기이다.

3. 피스톤에 공기 압력을 급격하게 작용시켜 피스톤을 고속으로 움직이며 이때의 속도 에너지를 이용한 실린더는?   [17-2]

① 충격 실린더
② 로드리스 실린더
③ 다위치 제어 실린더
④ 텔레스코프 실린더

4. 유공압 기호에서 온도계 기호로 옳은 것은?   [14-2]

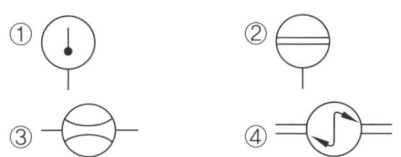

해설 ②는 유면계, ③은 유량계, ④는 토크계이다.

5. 공유압 변환기와 에어 하이드로 실린더를 조합하여 사용할 때의 주의사항으로 옳은 것은?   [15-3]

① 공유압 변환기는 수평으로 설치한다.
② 공유압 변환기는 수직으로 설치한다.
③ 공유압 변환기는 30° 경사를 주어 설치한다.
④ 공유압 변환기는 45° 경사를 주어 설치한다.

해설 공유압 변환기의 사용상 주의점
㉠ 공유압 변환기는 액추에이터보다 높은 위치에 수직 방향으로 설치한다.
㉡ 액추에이터 및 배관 내의 공기를 충분히 뺀다.
㉢ 열원의 가까이에서 사용하지 않는다.

6. 유압 시스템의 파워 유닛에 속하지 않는 것은?   [10-2]

① 릴리프 밸브   ② 유량 제어 밸브
③ 펌프   ④ 오일 탱크

해설 파워 유닛 : 오일 탱크, 릴리프 밸브, 펌프

정답 1. ②   2. ②   3. ①   4. ①   5. ②   6. ②

7. 높은 압력과 많은 토출량을 필요로 하는 유압 장치에 적합한 펌프는? [14-3]
① 기어 펌프   ② 나사 펌프
③ 베인 펌프   ④ 회전 피스톤 펌프

해설 피스톤 펌프는 고압 대유량에 좋다.

8. 피스톤이 없이 로드 자체가 피스톤 역할을 하는 것으로 로드가 굵기 때문에 좌굴 하중을 받을 수 있고, 공기 구멍을 두지 않아도 되는 유압 단동 실린더는? [16-2]
① 램형 실린더(ram cylinder)
② 디지털 실린더(digital cylinder)
③ 양로드 실린더(double rod cylinder)
④ 텔레스코프 실린더(telescope cylinder)

해설 램형 실린더(ram type cylinder)는 피스톤 지름과 로드 지름의 차가 없는 가동부를 갖는 구조, 즉 피스톤 없이 로드 자체가 피스톤의 역할을 하게 된다. 로드는 피스톤보다 약간 작게 설계한다. 로드의 끝은 약간 턱이 지게 하거나 링을 끼워 로드가 빠져 나가지 못하도록 한다. 이 실린더는 피스톤형에 비하여 로드가 굵기 때문에 부하에 의해 휠 염려가 적으며, 패킹이 바깥쪽에 있기 때문에 실린더 안 벽의 긁힘이 패킹을 손상시킬 우려가 없고, 같은 크기의 실린더일 때 로드의 좌굴 하중을 가장 크게 받을 수 있는 실린더로 공기 구멍을 두지 않아도 된다. 공압용으로는 사용 빈도가 적다.

9. 다음 기호의 명칭으로 적합한 것은 어느 것인가? [15-3]

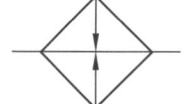

① 냉각기   ② 온도 조절기
③ 가열기   ④ 드레인 배출기

10. 다음 회로에서 점선 안에 있는 제어기의 명칭은? [17-1]

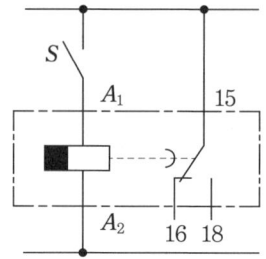

① 카운터   ② 플리커 릴레이
③ ON 지연 타이머   ④ OFF 지연 타이머

11. 제어량을 목표값으로 유지하기 위해 조작량이 너무 크거나 작아 진동이 생길 수 있어 실제로는 동작 간격(히스테리시스 : hysteresis)을 가지며, 정밀도가 높은 공정 제어에는 사용이 곤란한 제어는? [09-1]
① 비례 제어   ② 온/오프 제어
③ 비례 적분 제어   ④ 비례 미분 제어

해설 프로세스 공압에 사용되는 탱크 내의 압력은 일정 범위 내에서만 있으면 만족되는 경우가 많다. 예를 들면 계장용 공기 탱크 내의 필요 압력은 $6\sim 7\,\mathrm{kgf/cm^2}$ 사이의 압력이면 되므로 제어 회로를 ON-OFF 회로로 해도 좋다.

12. 제어 요소의 동작 중 연속 동작이 아닌 것은? [15-2, 19-1]
① 미분 동작   ② ON-OFF 동작
③ 비례 미분 동작   ④ 비례 적분 동작

해설 액위 제어에 ON-OFF 제어와 연속 제어가 있다.

정답 7. ④ 8. ① 9. ③ 10. ④ 11. ② 12. ②

13. 직류기의 3대 요소는? [10-2, 17-1, 19-3]
① 계자, 전기자, 보수
② 전기자, 보수, 정류자
③ 계자, 전기자, 정류자
④ 전기자, 정류자, 보상 권선

해설 직류 발전기의 3요소
  ㉠ 자속을 만드는 계자(field)
  ㉡ 기전력을 발생하는 전기자(armature)
  ㉢ 교류를 직류로 변환하는 정류자 (commutator)

14. 입력 신호가 주어지고 일정 시간 경과 후에 내장된 접점을 ON, OFF시키는 시퀀스 제어용 기기는? [16-3]
① 스위치   ② 타이머
③ 릴레이   ④ 전자 개폐기

15. 범위(0.1~10Ω)의 저항을 측정할 때 가장 적합한 계기는? [11-1]
① 절연 저항계   ② 코올라시 브리지
③ 켈빈 더블 브리지   ④ 휘트스톤 브리지

16. 내전압 시험에서 인가하는 전기는?
① AC 전압   ② DC 전압
③ 3상 전압   ④ 단상 DC 9V

해설 내전압 시험은 AC 전압을 이용하여 제품의 누전 여부뿐만 아니라 외부의 어느 정도 전기적 충격에도 견딜 수 있는지를 미리 시험해 보아 품질 보증과 함께 수명 보장, 안전성을 보장한다.

17. 제어 시스템에서 쓰이는 트랜지스터 연산 증폭기 노튼 앰프의 공통적인 역할로 타당한 것은? [09-3]
① 신호 저장   ② 신호 제한
③ 신호 증폭   ④ 신호의 선형화

해설 신호 증폭은 대개 트랜지스터(transistor) 나 연산 증폭기(operational amplifier) 등을 이용하여 수행되는데 온도에 따른 변화가 적은 연산 증폭기를 이용하는 방법이 정확한 측정을 위하여 좋은 방법이다.

18. 자동화를 위한 센서의 선정 기준이 아닌 것은? [09-1]
① 생산 원가의 절감
② 생산 공정의 합리화
③ 생산 설비의 자동화 생산
④ 체제의 전형화

해설 센서가 자동화 시스템에서 사용되는 목적
  ㉠ 자동화 시스템의 고장 진단
  ㉡ 고장 발생 개소의 진단
  ㉢ 노화 공구의 검출
  ㉣ 제어 및 조정에 의한 생산 공정 최적화에 요구되는 측정값 제공
  ㉤ 품질 향상을 위한 정보의 수집
  ㉥ 자재 관리 및 물류 과정의 감시
  ㉦ 유연 자동화에서 제품의 판별

19. 직류 전동기에서 정류자와 접촉해서 전기자 권선과 외부 회로를 연결하여 주는 것은? [09-2, 18-2]
① 계자   ② 전기자
③ 브러시   ④ 계자 철심

20. 전동기 구동 동력이 부족할 때 발생하는 현상은? [13-3]
① 실린더 추력이 감소된다.
② 작동유가 과열된다.
③ 토출 유량이 많아진다.
④ 유압유의 점도가 높아진다.

정답 13. ③ 14. ② 15. ④ 16. ① 17. ③ 18. ④ 19. ③ 20. ①

2과목 설비 진단 및 관리

21. 효율적으로 설비 보전 활동을 위하여 설비의 열화나 고장, 성능 및 강도 등을 정량적으로 관측하여 그 장래를 예측하는 것은 무엇인가? [09-3, 17-2]
① 신뢰성 기술
② 정량화 기술
③ 설비 진단 기술
④ 트러블 슈팅 기술

해설 설비 진단 기술의 개념

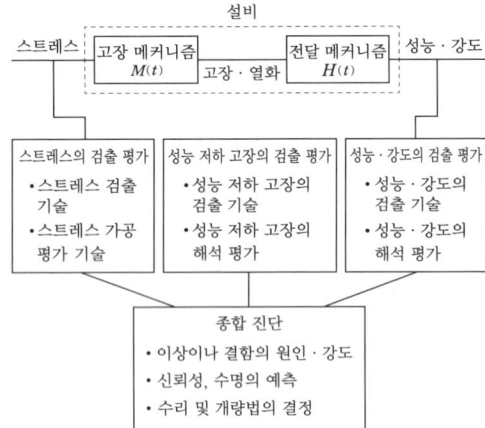

22. 정현파 신호에서 양진폭(peak to peak)은 피크 진폭값의 몇 배인가? [15-1]
① $\frac{1}{\sqrt{2}}$ 배
② $\sqrt{2}$ 배
③ 1배
④ 2배

해설 양진폭은 편진폭(피크값)의 2배이다.

23. 기어, 베어링 및 축 등으로부터의 검출된 시간 영역의 여러 진동 신호를 주파수 영역의 신호로 변환하는 분석기는? [10-2]
① 디지털 신호 분석기
② FFT 분석기
③ 소음 분석기
④ 유 분석기

24. 다음 중 속도 센서로 널리 사용되는 동전형 센서의 측정에 사용하는 법칙 혹은 효과는 무엇인가? [06-3, 11-3, 17-2]
① 압전의 법칙
② 렌츠의 법칙
③ 오른 나사의 법칙
④ 패러데이의 전자 유도 법칙

해설 동전형 센서는 가동 코일이 붙은 추가 스프링에 매달려 있는 구조로 진동에 의해 가동 코일이 영구자석의 자계 내를 상하로 움직이면 코일에는 추의 상대 속도에 비례하는 기전력이 발생하는 Faraday의 전자 유도 법칙을 이용한 것이며, 기전력 e는 $e \propto B \times V$이다.

25. 음향 진단에서 주파수를 나타내는 관계식으로 옳은 것은? [07-1]
① $\frac{소리 속도}{파장}$
② $\frac{파장}{소리 속도}$
③ $\frac{밀도}{소리 속도}$
④ $\frac{소리 속도}{밀도}$

해설 주파수(frequency) : 한 고정점을 1초 동안에 통과하는 마루(산) 또는 골(곡)의 평균 수 또는 1초 동안의 사이클(cycle) 수를 말하며, 그 표시 기호는 f, 단위는 [Hz(cycle/s)]이다.
$$f = \frac{1}{T} = \frac{c}{\lambda}$$

26. 다음의 진동 방지 방법 중 고주파 진동

정답 21. ③ 22. ④ 23. ② 24. ④ 25. ① 26. ③

제어에는 효과적이나 저주파 진동 제어에서는 역효과를 줄 수 있는 방법은? [16-2]
① 진동 차단기 사용
② 거더(gorder)의 사용
③ 2단계 차단기의 사용
④ 기초의 진동을 제어하는 방법

해설 2단계 진동 제어는 고주파 진동 제어에 대단히 효과적이지만 저주파 진동 제어에는 역효과를 줄 수 있다.

27. 산업 현장에서 소음의 증가 원인으로 해석할 수 있는 사항은? [06-3]
① 종류가 같은 기계를 출력이 큰 기계로 교체했다.
② 같은 기계를 회전 속도를 낮추어 작업을 하였다.
③ 밸런싱 작업을 하여 불균형을 바로 잡았다.
④ 소음 방지를 위해 항상 수지 기어로 교체했다.

28. 기계 진동의 가장 일반적인 원인으로서 진동 특성의 $1f$ 성분이 탁월한 회전기계의 열화 원인은 무엇인가? (단, f=회전 주파수) [06-1, 08-1, 11-1, 16-1, 19-3]
① 공진
② 언밸런스
③ 기계적 풀림
④ 미스얼라인먼트

해설 언밸런스(unbalance) : 로터의 축심 회전의 질량 분포의 부적정에 의한 것으로 회전 주파수($1f$)가 발생한다.

29. 다음 중 윤활 관리의 최종적인 목적은 무엇인가? [06-3]

① 올바른 급유
② 정기적 급유
③ 고장의 감소
④ 생산성 향상

30. 산소 가스를 압축할 때 사용하는 윤활제는? [14-1]
① 점도가 높은 압축기유를 사용한다.
② 점도가 낮은 압축기유를 사용한다.
③ 황 성분이 적은 윤활유를 사용한다.
④ 급유를 하지 않거나 물을 사용한다.

해설 산소는 기름과 접촉하면 고압에서 폭발의 위험이 있으므로 무급유 압축기 또는 윤활제로 물이나 글리세린을 사용한다.

31. 시스템 구성 요소와 설비 시스템을 서로 연결하여 놓은 것 중 잘못된 것은? [09-3]
① 투입-원료
② 산출-제품
③ 처리기구-설비
④ 관리-제품 특성의 측정치

해설 구성 요소는 투입, 산출, 처리기구, 관리, 피드백이며, 제품 특성의 측정치는 피드백에 속한다.

32. 설비 관리 업무에 있어서 최고 부하(peak load)를 없애는 방법에 해당되지 않는 것은? [16-2]
① OSI(on stream inspection) : 기계 장치 운전 중 검사
② OSR(on stream repair) : 기계 장치 운전 중 수리
③ SD(shut down) : 부분적으로 설비를 정지시켜 수리
④ CD(cost down) : 원가 절감을 위한 오버홀(overhaul) 실시

해설 원가 절감을 위한 오버홀은 실시하지 않으며 개량 보전에서 이루어져야 한다.

정답 27. ① 28. ② 29. ④ 30. ④ 31. ④ 32. ④

33. 다음 특징의 설비 배치 형태는? [15-3]

- 유사한 기계 설비나 기능을 한 곳에 모아 배치함
- 각 주문 작업은 가공 요건에 따라 필요한 작업장이나 부서를 찾아 이동하므로 작업 흐름이 서로 다르고 혼잡함
- 단속 생산이나 개별 주문 생산과 같이 다양한 제품이 소량으로 생산되고 각 제품의 작업 흐름이 서로 다른 경우에 적합함

① 공정별 배치   ② 제품별 배치
③ 혼합형 배치   ④ 고정 위치 배치

[해설] 기능별 배치(process layout, functional layout) : 일명 공정별 배치라고도 하는 이 배치는 주문 생산과 표준화가 곤란한 다품종 소량 생산일 경우에 알맞은 배치 형식으로 생산 효율을 극대화하기 위해서 운반 거리의 최소화가 주안점이 된다.

34. 신뢰도와 보전도를 종합한 평가 척도로 "설비가 어느 특정 순간에 기능을 유지하고 있는 확률"로 정의할 수 있는 용어는?

① 유용성   [09-2, 18-3]
② 보전성
③ 경제성
④ 설비 가동률

[해설] ㉠ 보전성(保全性, maintainability) : 보전에 대한 용이성(容易性)을 나타내는 성질
㉡ 고장률 : 일정 기간 중에 발생하는 단위 시간당 고장 횟수로 1000시간당의 백분율
㉢ 신뢰성(reliability) : 어떤 특정 환경과 운전 조건 하에서 어느 주어진 시점 동안 명시된 특정 기능을 성공적으로 수행할 수 있는 확률
㉣ 유용성(availability) : 어떤 보전 조건 하에서 규정된 시간에 수리 가능한 시스템이나 설비 제품 부품 등이 기능을 유지하여 만족 상태에 있을 확률

35. 고정 자산의 구입 가격에서 법정 잔류 가치를 뺀 차액을 법정 내용 연수 기간 동안에 매년 분할하여 손금(損金)의 일종으로 취급하는 비용은? [14-3]

① 자본 회수비   ② 감가 상각비
③ 이익 할인비   ④ 처분 가치비

36. 설비 보전 표준 설정의 직접 기능에 속하지 않는 것은? [06-3, 08-1, 11-3, 19-3]

① 설비 검사   ② 설비 정비
③ 설비 수리   ④ 설비 교체

[해설] 직접 기능은 설비 검사, 설비 정비, 설비 수리의 3가지로 대별된다.

37. 아래 그림은 최적 수리 주기를 나타낸 것으로 (   ) 안에 들어갈 내용은? [14-3]

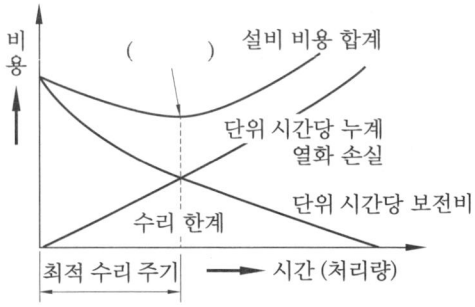

① 최소 비용점   ② 최소 수리점
③ 적정 비용점   ④ 최고 효율점

[해설] 경제적인 관리는 불합리한 보전비의 삭감보다는 보전비와 설비의 열화에 따른 기회 손실(열화 손실)의 합계를 최소한으로 줄이는 것이 가장 효과적이다.

정답 33. ①   34. ①   35. ②   36. ④   37. ①

38. 보전비의 요소 중 수리비와 가장 관계가 깊은 것은? [11-2]
① 열화의 방지 ② 열화의 측정
③ 열화의 회복 ④ 열화의 경향

해설 ㉠ 열화의 방지 : 일상 보전
㉡ 열화의 측정 : 검사비
㉢ 열화의 회복 : 수리비

39. 설비의 보전 효과를 측정하는 방법에는 여러 가지가 있다. 다음 중 보전 효과 측정 항목 중 틀린 것은? [16-3]

① 평균 고장 간격 = $\dfrac{1}{고장률}$

② 고장 도수율 = $\dfrac{고장\ 횟수}{부하\ 시간} \times 100$

③ 고장 빈도 회수율 = $\dfrac{보전비\ 총액}{생산량}$

④ 설비 가동률 = $\dfrac{정미\ 가동\ 시간}{부하\ 시간} \times 100$

해설 제품 단위당 보전비 = $\dfrac{보전비\ 총액}{생산량}$

40. 프로세스형 설비의 로스는 9대 로스로 구분된다. 그 중 이론 사이클 시간과 실제 사이클 시간의 차이를 나타내는 것은 어떤 로스를 말하는가? [11-1, 15-2]
① 계획 정지 로스 ② shut down 로스
③ 순간 정지 로스 ④ 속도 저하 로스

3과목 기계 보전, 용접 및 안전

41. 다음 중 축에 고정된 기어, 커플링, 풀리 등을 분해하려고 할 때 가장 적절한 방법은? [08-3, 20-3]

① 기어 풀러를 사용한다.
② 황동 망치로 가볍게 두드린다.
③ 쇠붙이를 대고 쇠망치로 두드린다.
④ 가열하여 팽창되었을 때 충격을 주어 빼낸다.

해설 기어 풀러(gear puller) : 축에 고정된 기어, 커플링, 풀리 등의 분해가 곤란할 때 사용한다.

42. 다음 중 V벨트에 관한 설명으로 옳은 것은? [14-3, 18-1]
① V벨트는 벨트 풀리와의 마찰이 없다.
② V벨트의 종류는 M, A, B, C, D, E 여섯 가지이다.
③ 풀리의 홈 모양의 크기는 V벨트 크기에 관계없이 일정하다.
④ V벨트의 형상은 V벨트 풀리와 밀착성을 높이기 위해 38°(도)의 마름모꼴 형상이다.

해설 V벨트는 벨트 풀리와의 마찰이 평벨트보다는 작지만 존재하고, 풀리의 홈 모양의 크기는 V벨트 크기에 비례하며, V벨트의 형상은 40°의 마름모꼴 형상이다.

43. 고정 원판식 코일에 전류를 통하면, 전자력에 의하여 회전 원판이 잡아 당겨져 브레이크가 걸리고, 전류를 끊으면 스프링 작용으로 원판이 떨어져 회전을 계속하는 브레이크는?
① 밴드 브레이크
② 디스크 브레이크
③ 전자 브레이크
④ 블록 브레이크

44. 밸브의 호칭경과 단위에 대한 설명 중 옳지 않은 것은? [06-1, 13-3]

정답 38. ③ 39. ③ 40. ④ 41. ① 42. ② 43. ③ 44. ④

① 밸브의 크기는 호칭경으로 나타내며 강관이나 이음쇠의 호칭경 치수와 일치한다.
② 호칭경을 mm로 나타낸 것을 A열, 인치(inch) 단위로 나타낸 것을 B열이라고 한다.
③ 관과의 접속 끝이나 밸브 시트부의 유로경을 구경이라고 한다.
④ 대형, 고압, 선박용 밸브는 호칭경보다 구경을 약간 크게 한다.

해설 해당 밸브의 설계에 따라 다르다.

45. 시로코 통풍기의 베인 방향으로 옳은 것은? [11-3, 14-3, 19-2]
① 경향 베인   ② 수직 베인
③ 전향 베인   ④ 후향 베인

해설 원심형 통풍기의 종류

종류	베인 방향	압력 (mmHg)	특징
시로코 통풍기 (sirocco fan)	전향 베인	15~200	• 풍량 변화에 풍압 변화가 적다. • 풍량이 증가하면 동력은 증가한다.
플레이트 팬 (plate fan)	경향 베인	50~250	• 베인의 형상이 간단하다.
터보 팬 (turbo fan)	후향 베인	350~500	• 효율이 가장 좋다.

46. 다음 변속기 중 유성 운동을 하는 원추 판을 반경 방향으로 이동시켜 접시형 스프링을 가진 한 쌍의 태양 플랜지와 접촉시켜 유성 원추 판의 공전을 출력 축으로 빼내는 구조로 된 것은? [17-3]

① 가변 변속기
② 컵 무단 변속기
③ 디스크 무단 변속기
④ 체인식 무단 변속기

47. 측정값이 참값에 얼마나 가까운지를 나타내는 것은? [20-2]
① 감도   ② 오차
③ 정도   ④ 확도

해설 ㉠ 감도 = $\dfrac{\text{지시량의 변화}}{\text{측정량의 변화}}$
㉡ 오차 = 측정값 - 참값
㉢ 정도 : 측정 또는 이론적 추정이나 근사 계산에 있어서의 정확성과 정밀도
㉣ 확도 : 계기 등에서의 측정의 정확성을 양적으로 나타내는 것, 즉 측정값의 평균과 참값의 차

48. 가열 끼움에서 사용하는 가열법이 아닌 것은? [06-1, 09-2, 18-2]
① 수증기로 가열하는 법
② 전기로로 가열하는 법
③ 가스 토치로 가열하는 법
④ 자연광으로 가열하는 법

해설 가열법
㉠ 가스 버너나 가스 토치로 가열
㉡ 열박음 노(爐)에서 가열
㉢ 수증기로 가열
㉣ 기름으로 가열
㉤ 전기로로 가열

49. 스프링의 제도 방법 중 옳지 않은 것은? [09-2, 16-2]
① 하중이 가해진 상태에서 그려서 치수 기입 시에는 하중을 기입한다.

② 도면에서 특별히 지시가 없는 코일 스프링은 오른쪽 감김을 나타낸다.
③ 겹판 스프링은 스프링 판이 수평된 상태에서 그리는 것을 원칙으로 한다.
④ 부품도, 조립도 등에서 양 끝을 제외한 동일 모양 부분을 생략하는 경우에는 가는 실선으로 표시한다.

해설 부품도, 조립도 등에서 생략하는 경우에는 가는 1점 쇄선 또는 가는 2점 쇄선으로 표시한다.

50. 스톱 링 플라이어에 대한 설명 중 틀린 것은? [07-1]
① 스냅 링의 부착이나 분해용으로 사용한다.
② 리테이너의 부착이나 분해용으로 사용한다.
③ 축용은 손잡이를 쥐면 벌어지는 것으로 S-0에서 S-8까지의 종류가 있다.
④ 구멍용은 손잡이를 쥐면 닫히는 것으로 H-0에서 H-8까지의 종류가 있다.

해설 스톱 링 플라이어(stop ring plier) : 스냅 링(snap ring) 또는 리테이닝 링(retaining ring)의 부착이나 분해용으로 사용하는 플라이어이다.

51. 일반적인 용접의 특징으로 틀린 것은?
① 작업 공정수가 적어 경제적이다.
② 재료가 절약되고, 중량이 가벼워진다.
③ 품질 검사가 쉽고 변형이 발생되지 않는다.
④ 소음이 적어 실내에서의 작업이 가능하며 복잡한 구조물의 제작이 쉽다.

해설 품질 검사가 곤란하고, 제품의 변형 및 잔류 응력이 발생 및 존재한다.

52. 미그(MIG) 용접 등에서 용접 전류가 과대할 때 주로 용융풀 앞 기슭으로부터 외

기가 스며들어, 비드 표면에 주름진 두꺼운 산화막이 생기는 것을 무엇이라 하는가?
① 퍼커링(puckering) 현상
② 퍽 마크(puck mark) 현상
③ 핀 홀(pin hole) 현상
④ 기공(blow hole) 현상

해설 ㉠ 퍽 마크(puck mark) : 서브머지드 아크 용접에서 용융형 용제의 산포량이 너무 많으면 발생된 가스가 방출되지 못하여 기공의 원인이 되고 비드 표면에 퍽 마크가 생긴다.
㉡ 핀 홀(pin hole) : 용접부에 남아 있는 바늘과 같은 것으로 찌른 것 같은 미소한 가스의 기공이다.

53. CO_2 용접의 장점 중 틀린 것은?
① 전류밀도가 높아 용입이 낮고 용접 속도를 빠르게 할 수 있다.
② 용착 금속 중 수소량이 적으며, 내균열성 및 기계적 성질이 우수하다.
③ 단락 이행에 의하여 박판도 용접이 가능하며 전자세 용접이 가능하다.
④ 용제를 사용하지 않아 슬래그의 혼입이 없고, 용접 후의 처리가 간단하다.

해설 CO_2 용접의 장점
㉠ 전류밀도가 높아 용입이 깊고 용접 속도를 빠르게 할 수 있다.
㉡ 용착 금속 중 수소량이 적으며, 내균열성 및 기계적 성질이 우수하다.
㉢ 단락 이행에 의하여 박판도 용접이 가능하며 전자세 용접이 가능하다.
㉣ 아크 발생률이 높으며, 용접 비용이 싸기 때문에 경제적이다.
㉤ 용제를 사용하지 않아 슬래그 혼입의 결함 발생이 없고, 용접 후의 처리가 간단하다.

정답 50. ④ 51. ③ 52. ① 53. ①

54. 용접 금속에 생기는 기포를 말하는 것으로 용접 금속 내부에 존재하는 것은?
① 기공　　　② 피트
③ 은점　　　④ 언더필

> **해설** 기공은 용착 금속 내의 가스로 인하여 남아 있는 구멍이다.

55. 용접 시 발생되는 용접 변형의 주 발생 원인으로 가장 적합한 것은?
① 용착 금속부의 취성에 의한 변형
② 용접 이음부의 결함 발생으로 인한 결함
③ 용착 금속부의 수축과 팽창으로 인한 변형
④ 용착 금속부의 경화로 인한 변형

> **해설** 용접 가열 중 팽창과 냉각 중 수축으로 인해 용접 후 변형이 발생된다.

56. 아크 용접 시 용접 이음의 용융부 밖에서 아크를 발생시킬 때 모재 표면에 결함이 발생하는 것은?
① 아크 스트라이크　　② 언더필
③ 스캐터링　　　　　④ 은점

> **해설** 아크 스트라이크(arc strike) : 용접 이음 부위 밖에서 아크를 발생시킬 때 아크 열로 인해 모재에 결함이 생기는 것

57. 회전 중인 숫돌의 위험 방지를 위한 적절한 안전 장치는?
① 급정지 장치를 한다.
② 집진 장치를 한다.
③ 기동 스위치에 시정 장치를 한다.
④ 복개 장치를 한다.

> **해설** 연삭기의 안전 장치는 복개 장치이며, 숫돌 바퀴의 교환 적임자는 지정된 자이어야 한다.

58. 가스 용접 시 사용하는 가스 집중 장치는 화기를 사용하는 설비로부터 얼마의 간격을 유지하여야 하는가?
① 약 5m 이상　　② 약 4m 이상
③ 약 3m 이상　　④ 약 2m 이상

59. 다음 중 누전 차단기의 사용 목적이 아닌 것은?
① 단선 방지
② 감전으로부터 보호
③ 누전으로 인한 화재 예방
④ 전기 설비 및 전기기기의 보호

60. 제독 작업에 필요한 보호구의 종류와 수량을 바르게 설명한 것은?
① 보호복은 독성가스를 취급하는 전 종업원 수의 수량을 구비할 것
② 보호 장갑 및 보호 장화는 긴급 작업에 종사하는 작업원 수의 수량만큼 구비할 것
③ 소화기는 긴급 작업에 종사하는 작업원 수의 수량을 구비할 것
④ 격리식 방독 마스크는 독성가스를 취급하는 전 종업원의 수량만큼 구비할 것

정답 54. ①　55. ③　56. ①　57. ④　58. ①　59. ①　60. ④

설비보전산업기사 필기

제4회 CBT 대비 실전문제

1과목 공유압 및 자동 제어

1. 단위 질량당 유체의 체적(SI 단위) 또는 단위 중량당 유체의 체적(중력 단위)을 무엇이라 하는가? [12-1]

① 비중 ② 비체적 ③ 밀도 ④ 비중량

해설 밀도는 단위 체적당 질량, 비중량은 단위 체적당 중량을 의미한다.

2. 절대 습도를 구하는 식은? [15-2]

① $\dfrac{\text{습공기 중의 공기의 중량(g)}}{\text{습공기 중의 건공기의 중량(g)}} \times 100$

② $\dfrac{\text{습공기 중의 건공기의 중량(g)}}{\text{습공기 중의 공기의 중량(g)}} \times 100$

③ $\dfrac{\text{습공기 중의 건공기의 중량(g)}}{\text{포화 수증기량(g)}} \times 100$

④ $\dfrac{\text{포화 수증기량(g)}}{\text{습공기 중의 건공기의 중량(g)}} \times 100$

3. 공기 탱크와 공압 회로 내의 공기압을 규정 이상으로 상승되지 않도록 하며 주로 안전 밸브로 사용되는 밸브는? [13-2, 17-1]

① 감압 밸브 ② 교축 밸브
③ 릴리프 밸브 ④ 시퀀스 밸브

해설 릴리프 밸브 : 직동형 압력 제어 밸브에 보완 장치를 갖춘 것으로 시스템 내의 압력이 최대 허용 압력을 초과하는 것을 방지해 주며, 교축 밸브의 아래쪽에는 압력이 작용하도록 하여 압력 변동에 의한 오차를 감소시키며, 주로 안전 밸브로 사용된다.

4. 서비스 유닛을 구성하는 기기의 순서가 올바른 것은? [15-3]

① (유입 측)-필터-윤활기-압력 조절기-(유출 측)
② (유입 측)-필터-압력 조절기-윤활기-(유출 측)
③ (유입 측)-압력 조절기-필터-윤활기-(유출 측)
④ (유입 측)-압력 조절기-윤활기-필터-(유출 측)

5. 다음 회로도의 명칭으로 가장 적합한 것은? [13-3]

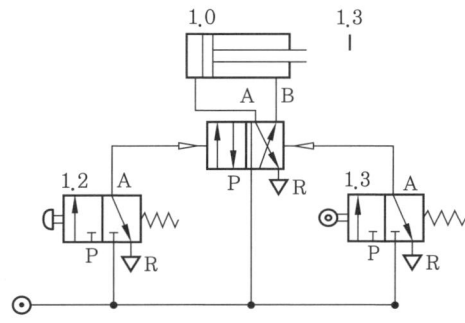

① 단동 실린더 전진 회로
② 복동 실린더 자동 복귀 회로
③ 미터 인 회로
④ 차동 회로

해설 1.2 푸시 버튼을 ON하면 실린더가 전진하고, 1.3 롤러 리밋 스위치가 ON되면서 자동적으로 후진한다.

정답 1. ② 2. ① 3. ③ 4. ② 5. ②

6. 유압기기에서 유압 펌프(hydraulic pump)의 특성은 어떠한 것이 좋은가? [04-1]
① 토출량에 따라 속도가 변할 것
② 토출량에 따라 밀도가 클 것
③ 토출량의 맥동이 적을 것
④ 토출량의 변화가 클 것

해설 맥동은 고장의 원인이다.

7. 공동 현상(cavitation)의 발생 원인 중 거리가 먼 것은? [06-3]
① 펌프를 규정 속도 이상으로 고속 회전시켰을 때
② 패킹부에 공기 흡입
③ 흡입 필터가 막히거나 유온이 저하된 경우
④ 과부하이거나 급격히 유로를 차단한 경우

해설 공동 현상은 기포가 발생하는 현상으로 회전 날개의 과도한 침식과 노킹, 진동에 의한 소음을 유발하고 유동 형태를 변화시켜 효율을 급격히 감소시킨다. 물의 온도가 높을 때 발생된다.

8. 다음 중 압력 제어 밸브가 아닌 것은?
① 교축 밸브 [08-3]
② 감압 밸브
③ 시퀀스 밸브
④ 카운터 밸런스 밸브

해설 교축 밸브는 유량 제어 밸브이다.

9. 오일의 점도를 알맞게 유지하기 위해 온도를 제어하는 곳은? [16-3]
① 필터   ② 가열기
③ 윤활기 ④ 축압기

10. 다음 그림의 회로 명칭으로 맞는 것은? [11-1, 13-3]

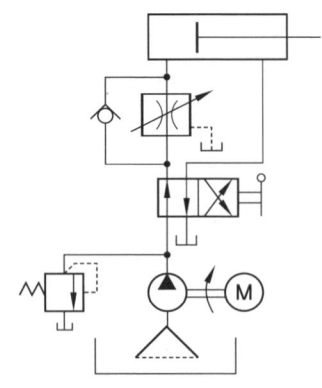

① 미터-아웃 회로
② 미터-인 회로
③ 블리드-아웃 회로
④ 블리드-인 회로

해설 미터-인 회로는 실린더에 직렬로 유량 제어 밸브를 실린더의 입구 측에 달아 유량을 조절하며, 항상 실린더의 소요 유량 이상의 압유를 송출해야 한다. 속도 제어에 필요한 압유 이외의 기름은 릴리프 밸브를 통해 탱크로 돌아간다. 실린더에 인장 하중의 작용 시 카운터 밸런스 회로를 필요로 하며, 전진 운동 시 실린더에 작용하는 부하 변동에 따라 속도가 달라진다.

11. 실린더가 불규칙적으로 작동할 경우, 고려해야 할 고장 원인으로 적합하지 않은 것은? [12-2]
① 작동유 점성 감소
② 밸브의 작동 불량
③ 펌프의 성능 불량
④ 배관 내의 공기 흡입

해설 실린더가 불규칙적으로 작동하는 원인 : 공기 흡입, 밸브의 작동 불량, 펌프의 성능 불량, 배관 내의 공기 흡입, 마찰 저항 증대, 과부하 작동, 축압기 압력 변화, 작동유 점성 증대

정답 6. ③ 7. ③ 8. ① 9. ② 10. ② 11. ①

12. 그림과 같은 액면계에서 $q(t)$를 입력, $h(t)$를 출력으로 했을 때 전달 함수는? [06-1]

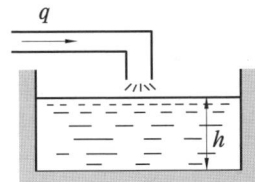

① Ks ② K/s
③ $K/1+s$ ④ $1+Ks$

13. 일반적인 제어계의 기본적 구성에서 조절부와 조작부로 표현되는 것은? [07-1]
① 비교부 ② 외란
③ 제어 요소 ④ 작동 신호

14. 단위 유닛 제작을 할 때 사용되는 것으로 납땜을 원활하게 해 주는 역할을 하며, 고온에서 작업하는 인두 팁은 시간이 지나면 산화하게 되어 납이 잘 붙지 않게 되는데, 이를 방지하는 역할을 하는 것은?
① 솔더 위크 ② 솔더 압착기
③ 솔더 스트리퍼 ④ 솔더링 페이스트

해설 ㉠ 솔더링 페이스트 : 납땜을 원활하게 해 주는 역할을 한다. 고온에서 작업하는 인두 팁은 시간이 지나면 산화하게 되어 납이 잘 붙지 않게 되는데, 이를 방지하는 역할을 하게 된다.
㉡ 솔더 위크 : 납 흡입기를 쓸 수 없는 환경에서 쉽게 납을 제거하는 일종의 심지이다.

15. 압력계의 설치 장소를 선정할 때의 고려 사항이 아닌 것은?
① 진동이 적고 가능한 청결한 곳
② 주위 온도 변화가 적고 전송기 허용 온도 범위 내
③ 도압관의 길이는 가능한 짧게
④ 보수, 점검이 용이하게

해설 도압관은 일반적으로 내경은 6~10mm이고 길이는 3~5m이다.

16. 전자 회로에서 온도 보상용으로 많이 사용되는 소자는? [12-1]
① 사이리스터 ② 콘덴서
③ 다이오드 ④ 서미스터

해설 서미스터(thermistor) : 온도 변화에 의해서 소자의 전기저항이 크게 변화하는 대표적 반도체 감온 소자로 열에 민감한 저항체(thermal sensitive resistor)를 이용한다.

17. 2진 신호 8bit로 표현할 수 있는 신호의 최대 개수는?
① 4 ② 16
③ 128 ④ 256

해설 8bit 사용 시 분해능 $=2^8=256$개

18. 다음 그림의 아라고(Arago)의 회전 원판 실험과 같이 비자성체인 알루미늄 또는 구리로 만들어진 원판 위에서 화살표 방향으로 영구자석을 회전시키면 원판도 자석의 방향으로 함께 회전하는 원리를 이용한 전동기는? [10-1]

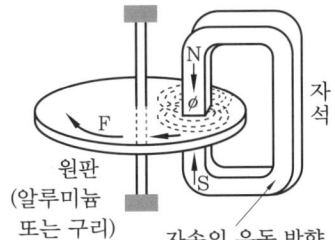

① 유도 전동기 ② 직류 전동기
③ 스테핑 전동기 ④ 선형 전동기

정답 12. ② 13. ③ 14. ④ 15. ③ 16. ④ 17. ④ 18. ①

해설 아라고의 원판(Arago's disk) : 와전류는 일정한 자계 내에 있으면 발생한다. 아라고의 원판은 축을 중심으로 원판이 회전할 수 있는 구조로 말굽자석이 정지된 상태에서 왼쪽으로 회전하면 자석이 움직이는 앞쪽에는 자속이 증가하는데, 렌츠의 법칙에 의해 자속의 증감을 반대하는 쪽으로 유도 기전력에 의한 전류가 형성되어야 하므로 와전류가 발생하며, 자석의 뒤편에는 반대 방향, 즉 접선 방향의 와전류가 형성되어 금속체 전체에 축 방향의 합성 전류가 흐르게 된다. 결국 이 전류와 자계에 의하여 금속 도체 역시 자석 방향으로 회전을 하는 유도 전동기, 적산 전력계와 같은 원리이다. 이 와전류에 의한 발진 진폭의 감쇄에 따른 감지 거리는 감도 조정기에 의해 스위칭되는 기준 레벨을 바꾸는 것에 의해 변경될 수 있다.

19. 10~15kW 정도의 3상 농형 유도 전동기의 기동 방식으로 사용하는 것은? [17-3, 20-3]
① 반발 기동
② Y-Δ 기동
③ 전 전압 기동
④ 기동 보상기를 사용한 기동

20. 3상 유도 전동기가 운전 중 갑자기 정지하였다. 대책 방법이 아닌 것은? [11-3]
① 전원의 정전 유무를 조사한다.
② 전동기 전원을 다시 넣어 전동기가 운전되면 그냥 사용한다.
③ 전동기를 기동해 보아 이상이 없는가를 조사한다.
④ 전동기 단자의 전압을 측정한다.

2과목 설비 진단 및 관리

21. 설비 진단 방법 중 금속 성분 특유의 발광 또는 흡광 현상을 이용하는 방법은?
① 진동법 [14-2, 18-2]
② 응력법
③ SOAP법
④ 페로그래피법

해설 SOAP법 : 시료유를 채취하여 연소시킨 뒤 그때 생기는 금속 성분 특유의 발광 또는 흡광 현상을 분석하는 것으로 특정 파장과 그 강도에서 오일 속의 마모 성분과 농도를 알 수 있다.

22. 정현파 신호에서 진동의 크기를 표현하는 방법으로 피크값의 $\frac{2}{\pi}$배인 값은 무엇인가? [09-3]
① 편진폭
② 양진폭
③ 실효값
④ 평균값

23. 진동 측정용 센서 중 접촉형은 어느 것인가? [09-1, 15-1]
① 압전형
② 용량형
③ 와전류형
④ 전자광학식

해설 변위 센서는 비접촉식으로 와전류식, 전자광학식, 정전 용량식 등이 있고, 그 외는 접촉형이다.

24. 서로 다른 파동 사이의 상호 작용으로 나타나는 음의 현상은 무엇인가? [12-2]
① 음의 반사
② 음의 굴절
③ 음의 간섭
④ 음의 회절

해설 두 개 이상의 음파가 서로 다른 파동 사이의 상호 작용으로 나타나는 현상으로

정답 19. ② 20. ② 21. ③ 22. ④ 23. ① 24. ③

서 음파가 겹쳐질 경우 진폭이 변하는 상태를 음의 간섭이라 한다. 음의 간섭에는 보강 간섭, 소멸 간섭 및 맥놀이 현상이 있다.

25. 직접적인 공기의 압력 변화에 의한 유체역학적 원인에 의해 난류음을 발생시키는 것은? [12-1, 17-2]
① 압축기 ② 송풍기
③ 진공 펌프 ④ 엔진 배기음

해설 압축기, 진공 펌프, 엔진 배기음은 맥동음을 발생시킨다.

26. 소음을 거의 완전하게 투과시키는 유공판의 개공율과 효과적인 구멍의 크기 및 배치 방법은? [08-1, 16-1]
① 개공율 30%, 많은 작은 구멍을 균일하게 분포
② 개공율 10%, 많은 작은 구멍을 균일하게 분포
③ 개공율 30%, 몇 개의 큰 구멍을 균일하게 분포
④ 개공율 50%, 몇 개의 큰 구멍을 균일하게 분포

해설 30% 정도의 개공률은 소음을 거의 완전히 통과시킨다. 동일한 개공률에 대해서는 몇 개의 큰 구멍을 주는 것보다 많은 작은 구멍을 균일하게 분포시키는 것이 일반적으로 더욱 효과적이다.

27. 회전기계 진동에서 고주파의 발생 원인으로 적합한 것은? [06-3]
① 오일 휩 ② 미스얼라인먼트
③ 언밸런스 ④ 유체음, 진동

해설 고주파에서 발생하는 이상 현상 : 유체음, 베어링 진동, 공동 현상

28. 회전기계에서 발생하고 있는 진동을 측정할 때 변위, 속도, 가속도의 측정 변수 선정에 대한 설명 중 옳은 것은? [09-3]
① 주파수가 높을수록 변위의 검출 감도가 높아진다.
② 주파수가 낮을수록 가속도의 검출 감도가 높아진다.
③ 주파수가 낮을수록 속도의 검출 감도가 높아진다.
④ 주파수가 높을수록 가속도의 검출 감도가 높아진다.

해설 주파수가 낮을수록 변위의 검출 감도가 높아지며, 주파수가 높을수록 가속도의 검출 감도가 높아진다.

29. 다음 윤활유에 관한 설명 중 올바르지 않은 것은? [08-1]
① 윤활유의 비중은 성능에는 관계없고 물과 비교한 무게비이다.
② 절대 점도는 동점도를 윤활유의 밀도로 나눈 값을 나타낸다.
③ 윤활유의 온도를 낮추게 되면 유동성이 없어지고 응고되며 유동성을 잃기 직전의 온도를 유동점이라고 한다.
④ 점도는 윤활유의 기본이 되는 성질이며 점도의 단위로는 절대 점도와 동점도 단위를 사용한다.

해설 점도란 윤활유가 유동할 때 나타나는 내부 저항의 크기를 나타낸 것이다. 동점도는 스톡(stoke)을 사용하며 $[cm^2/s]$로 나타낸다.

$$동점도 = \frac{절대\ 점도}{밀도}$$

절대 점도는 푸아즈(poise)를 사용하여 표시하며 $[g/cm \cdot s]$의 중력 단위로 나타내고 동점도×밀도이다.

정답 25. ② 26. ① 27. ④ 28. ④ 29. ②

30. 석유 제품의 산성 또는 알칼리성을 나타내는 것으로써 산화 조건 하에서 사용되는 동안 기름 중에 일어난 변화를 알기 위한 척도로 사용되는 것은? [15-3, 19-1]
① 점도 ② 중화가
③ 산화 안정도 ④ 혼화 안정도

해설 중화가(neutralization number) : 석유 제품의 산성 또는 알칼리성을 나타내는 것으로써 산화 조건 하에서 사용되는 동안 기름 중에 일어난 변화를 알기 위한 척도로 사용된다(중화가란 산가와 알칼리성가의 총칭).

31. 다음 [보기]에서 설비의 탄생에서 사멸까지의 라이프 사이클(life cycle) 4단계 순서를 바르게 나열한 것은? [18-3]

| 보기 |
① 설비 개념의 구성과 규격의 결정
⑥ 제작·설치
⑥ 설비의 설계·개발
② 설비의 운용·유지

① ① → ⑥ → ⑥ → ②
② ① → ⑥ → ⑥ → ②
③ ⑥ → ① → ⑥ → ②
④ ⑥ → ② → ⑥ → ①

해설 설비 관리의 라이프 사이클

광의의 설비 관리							
					협의의 설비 관리		
조사	연구	설계	제작	설치	운전	보전	폐기
설비 투자 계획 과정		건설 과정			조업 과정		
시스템 해석		시스템 공학			시스템 관리		

32. 유형 고정 자산이 아닌 것은? [06-3]
① 토지, 건물
② 유틸리티(utility) 설비
③ 원료
④ 생산 설비

33. 다음 중 제품별 설비 배치의 장점이 아닌 것은? [20-3]
① 정체 시간이 짧기 때문에 재공품이 적다.
② 공정이나 설비가 집중되고 소요 면적이 적어진다.
③ 작업자의 간접 작업이 적어지므로 실질적 가동률이 향상된다.
④ 작업의 융통성이 적고 공정계열이 다르면 배치를 바꾸어야 한다.

해설 ④는 제품별 설비 배치의 단점

34. 제품에 대한 전형적인 고장률 패턴은 욕조 곡선으로 나타낼 수 있다. 욕조 곡선은 크게 초기 고장 기간, 우발 고장 기간 그리고 마모 고장 기간으로 구분된다. 다음 중 우발 고장 기간에 발생될 수 있는 원인과 관계가 없는 것은? [10-1]
① 안전계수가 낮은 경우
② 스트레스가 기대 이상인 경우
③ 사용자 과오가 발생한 경우
④ 디버깅 중에 발견된 고장이 발생된 경우

해설 불충분한 디버깅을 하였을 경우는 초기 고장의 발생 원인이다.

35. 특수한 고장 이외에는 사용하지 않는 예비품은? [20-2]
① 부품 예비품
② 라인 예비품
③ 단일 기계 예비품

정답 30. ② 31. ② 32. ③ 33. ④ 34. ④ 35. ②

④ 부분적 세트(set) 예비품

해설 예비품에는 부품 예비품, 부분적 세트 예비품, 단일 기계 예비품, 라인 예비품 등이 있다. 라인 예비품은 특수한 고장을 제외하면 없으나 단일 기계 예비품은 전 공장에 영향을 미치는 동력 설비에서 많이 볼 수 있다.

36. 다음 그림은 어떤 보전 조직을 나타낸 것인가? [09-3, 14-2, 19-1]

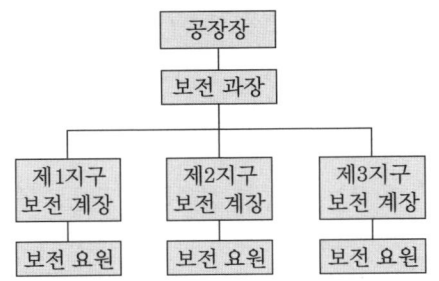

① 집중 보전 조직   ② 부분 보전 조직
③ 절충 보전 조직   ④ 지역 보전 조직

37. 보전비를 들여 설비를 안정된 상태로 유지하기 위하여 발생되는 생산 손실을 무엇이라 하는가? [16-1]
① 단위 원가   ② 기회 원가
③ 열화 원가   ④ 수리 한계 초과

해설 기회 손실 : 보전비를 사용하여 설비를 만족한 상태로 유지하여 막을 수 있었던 생산성의 손실로, 기회 원가(opportunity cost)라고도 한다.

38. 정기 발주법에서 발주 목표가 100개이고 현 재고가 30개, 이미 발주된 자재가 40개이다. 이번에 몇 개를 발주해야 하는가? [05-3]
① 30개   ② 40개   ③ 90개   ④ 110개

해설 $100-(40+30)=30$개

39. TPM 관리와 전통적 관리의 차이점 중 TPM 관리에 속하지 않는 것은? [19-1]
① 결과 측정
② 사전 활동
③ 원인 추구 시스템
④ 전사적 조직과 전 사원 참여

해설 결과 측정은 전통적인 방법이다. 이에 반하여 TPM 관리는 손실을 측정하며 사전에 문제를 제거하려고 예방 활동을 추진한다.

40. 다음 중 만성 로스의 대책으로 틀린 것은? [17-2]
① 현상의 해석을 철저히 한다.
② 관리해야 할 요인계를 철저히 검토한다.
③ 원인이 명확하므로 표면적인 요인만 해결한다.
④ 요인 중에 숨어 있는 결함을 표면으로 끌어낸다.

해설 만성 로스의 대책
㉠ 현상의 해석을 철저히 한다.
㉡ 관리해야 할 요인계를 철저히 검토한다.
㉢ 요인 중에 숨어 있는 결함을 표면으로 끌어낸다.

3과목   기계 보전, 용접 및 안전

41. 어떤 볼트를 조이기 위해 50kgf·cm 정도의 토크가 적당하다고 할 때 길이 10cm의 스패너를 사용한다면 가해야 하는 힘은 약 얼마 정도가 적정한가? [19-2]
① 5kgf   ② 10kgf   ③ 50kgf   ④ 100kgf

해설 $T=FL$
$\therefore F=\dfrac{T}{L}=\dfrac{50}{10}=5\,\text{kgf}$

정답 36. ④   37. ②   38. ①   39. ①   40. ③   41. ①

42. 축의 손상이나 파손되는 형태의 여러 가지 요소 중 가장 많이 발생하는 고장 원인은 무엇인가? [10-2, 15-2]
① 불가항력 ② 자연 열화
③ 설계 불량 ④ 조립·정비 불량

43. 관의 이음에서 신축 이음(flexible joint)을 하는 이유로 부적당한 것은? [13-2]
① 온도 변화에 따라 열팽창에 대한 관의 보호
② 열 영향으로부터 관을 보호
③ 배관 측의 변위 고정, 진동에 대한 관의 보호
④ 매설관 등 지반의 부동침하에 따른 관의 보호

해설 신축 이음을 하는 이유
㉠ 열에 의한 관의 수축 허용
㉡ 팽창 열 응력으로부터 관의 보호
㉢ 축 방향 과도한 응력 발생 방지
㉣ 매설관 등 지반의 부동침하에 따른 관의 보호

44. 펌프의 보수 관리에 있어서 베어링의 과열 현상을 일으키는 원인으로 가장 거리가 먼 것은? [15-2]
① 조립·설치 불량
② 흡입 유량의 부족
③ 윤활유 질의 부적합
④ 윤활유 및 그리스 양의 부족

45. 송풍기 축은 압축열이나 취급하는 가스의 온도 등의 영향으로 운전 중에 축 방향으로 신장하려고 한다. 다음 중 온도 상승에 의하여 송풍기 축의 길이가 변할 때의 대책으로 옳은 것은? [15-3]

① 신장되지 못하도록 제한한다.
② 축을 전동기 측 방향으로 신장되도록 한다.
③ 축을 전동기 측 반대 방향으로 신장되도록 한다.
④ 축을 전동기 측과 전동기 측 반대 방향 양쪽 모두 신장되도록 한다.

46. 압축기에서 발생한 고온의 압축공기를 그대로 사용하면 패킹의 열화를 촉진하거나 기기에 나쁜 영향을 주므로 이 압축공기를 냉각하는 기기는? [07-1]
① 애프터 쿨러 ② 필터
③ 공기 건조기 ④ 방열기

47. 흐르는 전류를 검출하여 전동기를 보호하는 것은? [10-1, 11-3]
① 전자 릴레이 ② 과전류 계전기
③ 전자 개폐기 ④ 누전 차단기

48. 직접 측정의 장점이 아닌 것은? [20-2]
① 제품의 치수가 고르지 못한 것을 계산하지 않고 알 수 있다.
② 양이 적고 종류가 많은 제품을 측정하기에 적합하다.
③ 측정물의 실제 치수를 직접 잴 수 있다.
④ 측정 범위가 다른 측정 범위보다 넓다.

해설 ①은 비교 측정의 장점이다.

49. 다음 중 다이얼 게이지를 응용한 측정이 아닌 것은? [12-3]
① 바깥지름 측정 ② 두께 측정
③ 피치 측정 ④ 높이 측정

해설 바깥지름, 높이, 두께, 길이, 직각도, 흔들림 등은 다이얼 게이지를 응용하여 측정한다.

정답 42. ④ 43. ③ 44. ② 45. ③ 46. ① 47. ② 48. ① 49. ③

50. 열박음 작업 중 가열 조립 작업 시 주의 사항이 아닌 것은? [16-1]
① 천천히 정확하게 조립한다.
② 조립 후 냉각할 때는 급랭하지 않는다.
③ 둘레에서 중심으로 서서히 균일하게 가열한다.
④ 가열 도중 구멍 내경을 수시로 측정하여 팽창량을 점검한다.

해설 신속 정확하게 조립해야 한다.

51. V벨트에 대한 설명 중 틀린 것은 어느 것인가? [16-4]
① V벨트는 단면의 형상에 따라 6종류로 구분한다.
② 평벨트보다 미끄럼이 적어 큰 회전력을 전달할 수 있다.
③ V벨트는 V벨트 풀리의 바닥 홈에 접하고 있어야 한다.
④ 풀리에 홈 각을 V벨트보다 더 작은 각도로 가공해야만 동력 손실을 줄일 수 있다.

해설 V벨트는 V벨트 풀리의 바닥 홈에 접하지 않아야 접촉 면적이 커서 미끄럼이 적어진다.

52. 기어, 커플링, 풀리 등이 축에 고착되었을 때 분해하려고 한다. 다음 중 가장 적절한 방법은? [08-3, 10-1]
① 황동 망치로 가볍게 두드린다.
② 쇠붙이를 대고 쇠망치로 두드린다.
③ 풀러(puller)를 이용한다.
④ 가열하여 팽창되었을 때 충격을 주어 빼낸다.

해설 기어 풀러(gear puller) : 축에 고정된 기어, 커플링, 풀리 등의 분해가 곤란할 때 사용한다.

53. 다음 용접 방법 중 전기적 에너지에 의한 용접 방법이 아닌 것은?
① 아크 용접 ② 저항 용접
③ 테르밋 용접 ④ 플라스마 용접

해설 테르밋 용접은 테르밋 반응에 의해 생성되는 열을 이용하여 금속을 용접하는 방법으로, 전기가 필요 없다.

54. 아크 용접기의 구비 조건으로 틀린 것은?
① 구조 및 취급 방법이 간단해야 한다.
② 큰 전류가 흘러 용접 중 온도 상승이 커야 한다.
③ 아크 발생 및 유지가 용이하고 아크가 안정해야 한다.
④ 사용 중에 역률 및 효율이 좋아야 한다.

해설 일정한 전류가 흘러 사용 중에는 온도 상승이 작아야 한다.

55. 서브머지드 아크 용접에서 와이어 돌출 길이는 와이어 지름의 몇 배 전후가 적당한가?
① 2배 ② 4배 ③ 6배 ④ 8배

해설 와이어 돌출 길이는 팁 선단에서부터 와이어 선단까지의 거리로 이 길이가 길면 와이어의 저항열이 많아져 와이어 용융량이 증가하고, 용입은 불균일에 다소 감소하므로 와이어 지름의 8배 전후가 좋다.

56. 용접부의 내부 결함 중 용착 금속의 파단면에 고기 눈 모양의 은백색 파단면을 나타내는 것은?
① 피트(pit)
② 은점(fish eye)

정답 50. ① 51. ③ 52. ③ 53. ③ 54. ② 55. ④ 56. ②

③ 슬래그 섞임(slag inclusion)
④ 선상 조직(ice flower structure)

[해설] 용착 금속의 파단면에 고기 눈 모양의 결함은 수소가 원인으로 은점과 헤어 크랙, 기공 등의 결함이 나타난다.

57. 용접 비드의 끝에서 발생하는 고온 균열로서 냉각 속도가 지나치게 빠른 경우에 발생하는 균열은?

① 종 균열 ② 횡 균열
③ 호상 균열 ④ 크레이터 균열

[해설] 크레이터 균열은 용접 비드의 끝에서 발생하는 고온 균열로 고장력강이나 합금 원소가 많은 강에서 볼 수 있으며, 용접 금속의 수축력에 의해 별 모양, 가로 방향, 세로 방향의 형태로 균열이 나타나므로 아크를 끊을 때 반드시 아크 길이를 짧게 하여 비드의 높이와 최대한 같게 해준다.

58. CO_2 가스 아크 용접 시 이산화탄소의 농도가 3~4%이면 일반적으로 인체에는 어떤 현상이 일어나는가?

① 두통, 뇌빈혈을 일으킨다.
② 위험 상태가 된다.
③ 치사(致死)량이 된다.
④ 아무렇지도 않다.

[해설] 이산화탄소가 인체에 미치는 영향
㉠ 3~4% : 두통, 뇌빈혈
㉡ 15% 이상 : 위험 상태
㉢ 30% 이상 : 극히 위험 상태

59. 산업 안전 보건 표지 중 지시 표지의 색채로 옳은 것은?

① 바탕-흰색, 관련 그림-녹색
② 바탕-녹색, 관련 그림-흰색
③ 바탕-파란색, 관련 그림-흰색
④ 바탕-흰색, 관련 그림-빨간색

[해설] 지시 표지의 종류별 용도·설치·부착 장소, 형태 및 색체

지시 표지	보안경 착용	보안경을 착용해야만 작업 또는 출입할 수 있는 장소	그라인더 작업장 입구	파란색 바탕 관련 그림 흰색
	방독 마스크 착용	방독 마스크를 착용해야만 작업 또는 출입할 수 있는 장소	유해물질 작업장 입구	
	방진 마스크 착용	방진 마스크를 착용해야만 작업 또는 출입할 수 있는 장소	분진이 많은 곳	
	보안면 착용	보안면을 착용해야만 작업 또는 출입할 수 있는 장소	용접실 입구	

60. 산업재해가 발생한 경우 산업재해 조사표를 작성하여 관할 지방고용노동관서의 장에게 제출하여야 하는 기간은 발생일로부터 언제까지인가?

① 지체 없이 ② 1주 이내
③ 2주 이내 ④ 1개월 이내

[해설] 사업주는 산업재해로 사망자가 발생하거나 3일 이상의 휴업이 필요한 부상을 입거나 질병에 걸린 사람이 발생한 경우에는 법 제57조 제3항에 따라 해당 산업재해가 발생한 날부터 1개월 이내에 별지 제30호 서식의 산업재해 조사표를 작성하여 관할 지방고용노동관서의 장에게 제출(전자문서로 제출하는 것을 포함한다)해야 한다.

정답 57. ④ 58. ① 59. ③ 60. ④

제5회 CBT 대비 실전문제

1과목 | 공유압 및 자동 제어

1. 다음 중 단위 면적에 작용하는 수직 방향의 힘을 무엇이라 하는가? [07-1]
① 압력 ② 하중
③ 실린더 ④ 피스톤

해설 $P = \dfrac{F}{A}$

2. 다음 중 공압 시스템의 특징으로 틀린 것은? [20-2]
① 과부하에 대하여 안전하다.
② 에너지로서 저장성이 있다.
③ 사용 에너지를 쉽게 구할 수 있다.
④ 방청과 윤활이 자동으로 이뤄진다.

해설 공압 시스템에 방청과 윤활이 되려면 윤활기에서 오일이 공급되어야 한다.

3. 아래 그림과 같이 2개의 회전자를 서로 90° 위상으로 설치하고, 회전기 간의 미소한 틈을 유지하고 역방향으로 회전시키는 방식의 공기 압축기는? [16-1]

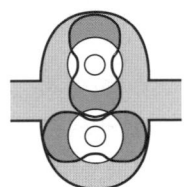

① 루츠 블로어
② 베인형 공기 압축기
③ 축류식 공기 압축기
④ 회전식 공기 압축기

4. 다음 그림과 같이 두 개의 복동 실린더가 한 개의 실린더 형태로 조립되어 있고 실린더의 지름이 한정되고 큰 힘을 요하는 곳에 사용되는 실린더는? [13-1, 17-3]

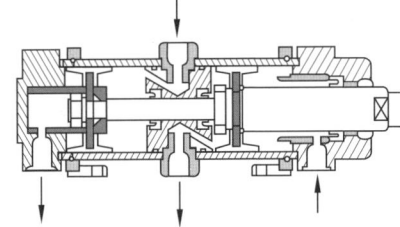

① 탠덤 실린더
② 양로드형 실린더
③ 쿠션 내장형 실린더
④ 텔레스코프형 실린더

해설 탠덤 실린더 : 꼬치 모양으로 연결된 복수의 피스톤을 n개 연결시켜 n배의 출력을 얻을 수 있도록 한 것이다.

5. 공압 모터의 설치 및 유의사항에 대한 설명으로 틀린 것은? [14-1, 17-3]
① 윤활기를 반드시 설치하여야 한다.
② 저온에서 사용할 경우 빙결(氷結)에 주의한다.
③ 배관 및 밸브는 될 수 있는 한 유효 단면적이 큰 것을 사용한다.
④ 밸브는 될 수 있는 한 공압 모터에서 멀리 떨어지도록 설치한다.

정답 1.① 2.④ 3.① 4.① 5.④

해설 공압 모터의 사용상 주의사항
㉠ 배관과 밸브는 되도록 유효 단면적이 큰 것을 사용하고, 밸브는 공압 모터 가까이에 설치한다.
㉡ 루브리케이터를 반드시 사용하고, 윤활유 부족 등으로 토크 저하, 융착, 내구성 저하, 소결 등을 일으키지 않도록 한다.
㉢ 공압 모터의 내부는 압축공기의 단열 팽창으로 냉각되므로 빙결에 주의하고, 공기 건조기를 사용하도록 한다.
㉣ 실제 사용 공압의 70~80%의 토크 출력, 공기 소비율은 최대 출력의 70~80% 정도로 하며 회전수 영역도 같은 방법으로 용량을 선정한다.
㉤ 공압 모터에 사용되는 소음기는 연속 배기이므로 큰 유효 단면적을 가진 것을 사용하며, 브레이크를 같이 사용하여 로킹이 되도록 한다.
㉥ 공기 압축기는 이론 토출량에 효율을 곱한 실토출량으로 선정하고, 장시간 무부하 운전 시 수명이 단축되므로 가급적 피한다.
㉦ 공압 모터의 출력 축에 발생된 하중은 허용 용량값 이내로 사용하며 필요에 따라 적당한 커플링을 사용한다.
㉧ 관로 내부를 깨끗이 청소한 후 배관하고 필터를 반드시 사용하며, 저속 사용 시 스틱 슬립 현상으로 최소 사용 회전수가 제한되어 있으므로 확인한 후 사용한다.
㉨ 베인형 공기 모터는 시동할 때나 저속 회전 시에 공기 누설로 인한 토크 저하를 시동 특성에 비교하여 확인한 후 설치하여 사용한다.

6. 기능을 나타내는 기호와 용도가 옳게 연결된 것은? [06-1, 08-1, 10-3]
① ▷ : 유압
② ▶ : 공압
③ M : 스프링
④ ⋈ : 교축

해설 ▷ : 공압, ▶ : 유압

7. 유압 장치의 구성 요소와 해당 기기의 연결이 옳은 것은? [19-3]
① 동력원-전동기, 엔진, 윤활기
② 동력 장치-오일 탱크, 유압 모터
③ 구동부-실린더, 유압 펌프, 요동 액추에이터
④ 제어부-압력 제어 밸브, 유량 제어 밸브, 방향 제어 밸브

해설 ① 동력원-전동기, 엔진
② 동력 장치-오일 탱크, 유압 펌프
③ 구동부-실린더, 유압 모터, 요동 액추에이터

8. 동관 이음을 할 때 관 끝 모양을 접시 모양으로 넓혀서 이음하는 방식은? [08-3]
① 플랜지(flange) 이음
② 나사(screw) 이음
③ 압축(compressed) 이음
④ 플레어리스(flareless) 이음

9. 유압 실린더의 실린더 전진과 후진 속도를 일정하게 하는 방법으로 옳은 것은? [19-3]
① 양로드 실린더를 사용한다.
② 브레이크 회로를 사용한다.
③ 블리드 오프 회로를 사용한다.
④ 카운터 밸런스 회로를 사용한다.

10. 유압 프레스를 설계하려고 한다. 사용 압력은 24MPa, 필요한 힘은 500kN일 경우 유압 실린더의 직경(cm)으로 가장 적합한 것은? [11-2, 18-3]
① 17 ② 27 ③ 37 ④ 47

정답 6. ④ 7. ④ 8. ④ 9. ① 10. ①

해설 $F=PA$이므로

$$d=\sqrt{\frac{4F}{\pi P}}=\sqrt{\frac{4\times 500\times 10^3}{\pi \times 24}}$$
$$=163\text{mm}≒17\text{cm}$$

여기서, $A=\frac{\pi d^2}{4}$

11. 다음 공·유압 기호의 명칭은? [19-2]

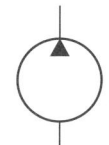

① 공압 펌프　② 유압 펌프
③ 유압 모터　④ 요동 모터

12. 다음 그림의 시스템 방식은? [18-3]

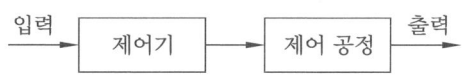

① 서보 시스템(servo system)
② 피드백 제어 시스템(feedback control system)
③ 개회로 제어 시스템(open oop control system)
④ 폐회로 제어 시스템(closed control system)

13. 그림과 같은 논리 회로의 동작 설명으로 옳은 것은? [12-3, 15-3]

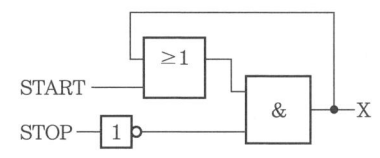

① STOP을 누를 때만 출력 X에 신호가 나온다.
② START를 누를 때만 출력 X에 신호가 나온다.
③ START를 한 번 누르면 출력 X에는 펄스 신호가 발생한다.
④ START를 한 번 누르면 STOP 버튼을 누르기 전까지 출력 X에는 신호가 존재한다.

해설 이 논리 회로는 OFF 우선 방식의 자기 유지 회로를 말한다.

14. 소자 상태에서 트랜지스터의 이미터와 컬렉터 사이의 이상적인 저항값(Ω)은 얼마인가? [13-1, 17-3]
① 0　② 20　③ 50　④ ∞

15. 다음 중 케이블 절연 진단 방법이 아닌 것은?
① 교류 전류 시험
② 부분 방전 시험
③ 내전압 시험
④ 연동 시험

16. 검출 물체가 센서의 작동 영역(감지 거리 이내)에 들어올 때부터 센서의 출력 상태가 변화하는 순간까지의 시간 지연을 무엇이라 하는가? [14-1, 18-1]
① 동작 주기　② 복귀 시간
③ 응답 시간　④ 초기 지연

해설 응답 시간 : 입력이 가해진 뒤에 출력이 표시될 때까지의 시간

17. 다음 중 센서에 대한 설명으로 잘못된 것은? [05-1]
① 물리적인 값을 전기 신호로 변환하는 장치이다.
② 자동화 시스템에서 중요한 역할을 한다.
③ 정보의 전달을 기계적으로 수행하는 장치이다.

정답 11. ②　12. ③　13. ④　14. ④　15. ④　16. ③　17. ③

④ 사람의 오감과 같은 역할을 하는 제어 시스템 요소이다.

해설 정보의 전달을 전기적으로 수행하는 장치이다.

18. 센서 선정 시 고려해야 할 사항으로 거리가 먼 것은? [10-3]
① 센서의 재질
② 정확성
③ 감지 거리
④ 반응 속도

해설 센서에 요구되는 특성

항목	내용
특성	검출 범위, 감도 검출 한계, 선택성, 구조의 간략화, 과부하 보호, 다이내믹 레인지, 응답 속도, 정도, 복합화, 기능화
신뢰성	내환경성, 경시 변화, 수명
보수성	호환성, 보수, 보존성
생산성	제조 산출률, 제조 원가

19. 전동기의 과부하 보호 장치로 사용되는 계전기는? [15-2, 20-3]
① 지락 계전기(GR)
② 열동 계전기(THR)
③ 부족 전압 계전기(UVR)
④ 래칭 릴레이(LR)

해설 열동 계전기(THR) : 과부하 발생 시 전동기의 코일 소손 방지 목적

20. 전기기기에서 히스테리시스손을 경감시키기 위한 방법은 다음 중 어느 것인가?
① 성층 철심 사용 [12-2]
② 보상 권선 설치
③ 규소 강판 사용
④ 보극 설치

2과목 설비 진단 및 관리

21. 설비 진단 기술의 정의로 가장 적합한 것은? [15-3, 18-3]
① 설비를 규정하는 것
② 설비의 경제성을 평가하는 것
③ 설비를 투자할 것인지 결정하는 것
④ 설비의 상태를 정량적으로 관측하여 예측하는 것

22. 내연기관이 작동할 때 주로 발생하는 진동은 어떤 진동인가? [12-1, 16-1]
① 자유 진동
② 이상 진동
③ 불규칙 진동
④ 강제 진동

해설 어떤 계가 외력을 받고 진동한다면 강제 진동이다.

23. 진동 측정을 할 때 사용하는 진동 센서의 종류가 아닌 것은? [13-1]
① 가속도 검출형 센서
② 속도 검출형 센서
③ 변위 검출형 센서
④ 고주파 검출형 센서

해설 진동 센서의 종류에는 속도, 가속도, 변위 검출형이 있다.

24. 다음 중 소음의 크기를 나타내는 단위로 맞는 것은? [13-2]
① Hz
② dB
③ ppm
④ fc

25. 진동 방지 대책으로 스프링 차단기 위에 놓아 고유 진동수를 낮추는 역할을 하는 것은? [24-2]

정답 18. ① 19. ② 20. ③ 21. ④ 22. ④ 23. ④ 24. ② 25. ①

① 거더　　　　② 고무
③ 패드　　　　④ 파이버 글라스

26. 기계 진동의 발생에 따른 문제점으로 가장 관련성이 적은 것은? [14-1, 17-1]
① 기계의 수명 저하
② 고유 진동수의 증가
③ 기계 가공 정밀도의 저하
④ 진동체에 의한 소음 발생

해설 기계 진동으로 인하여 진동체에 의한 소음 발산, 기계 가공 정도 문제 및 기계 수명에 영향을 미친다.

27. 다음 중 회전기계의 진동 측정 방법 중 변위를 측정해야 하는 경우로 가장 적합한 것은? [08-1, 18-1]
① 회전축의 흔들림　② 캐비테이션 진동
③ 베어링 홈 진동　　④ 기어의 홈 진동

해설 진동 측정 변수

측정 변수	이상의 종류	예
변위	변위량 또는 움직임의 크기가 문제로 되는 이상	공작기계의 떨림 현상, 회전축의 흔들림
속도	진동 에너지나 피로도가 문제로 되는 이상	회전기계의 진동
가속도	충격력 등과 같이 힘의 크기가 문제로 되는 이상	베어링의 홈 진동, 기어의 홈 진동

28. 윤활 관리 목적에 대한 설명과 관련이 가장 적은 것은? [18-3]
① 기계에 대한 올바른 급유
② 고점도유 사용으로 누유 방지
③ 정기적 점검을 통한 고장 감소
④ 시설 관리의 절감과 생산성 향상

해설 윤활 관리의 목적은 기계에 올바른 급유를 하고 정기적(定期的)인 점검을 하여 고장 감소와 윤활한 가동을 도모하여 그 효과를 시설 관리의 절감과 생산성의 향상에 반영(反映)시키는 것이다.

29. 순환 급유를 할 수 없는 곳에 사용하는 윤활유 급유법은? [16-3]
① 체인 급유법　　② 칼라 급유법
③ 패드 급유법　　④ 사이펀 급유법

해설 비순환 급유법의 적하 급유법에 사이펀 급유법, 바늘 급유법 등이 있다.

30. 설비를 주기적으로 검사하여 유해한 성능 저하 상태를 미리 발견하고 성능 저하의 원인을 제거하거나 원상태로 복구시키는 보전은? [07-3, 08-1, 12-3]
① 보전 예방　　② 개량 보전
③ 생산 보전　　④ 예방 보전

해설 예방 보전 : 주기적인 점검으로 이상 상태를 발견하고 복구시키는 보전 기법

31. 다음의 설비 관리 조직은? [16-3]

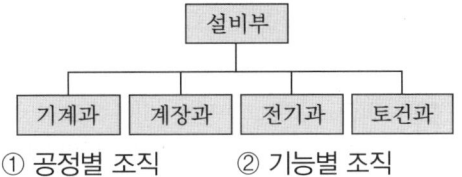

① 공정별 조직　　② 기능별 조직
③ 제품별 조직　　④ 전문 기술별 조직

32. 다음 중 설비 배치를 하는 목적이 아닌 것은? [10-2]
① 생산량 및 원가의 증가
② 작업 환경 및 공장 환경의 정비

정답 26. ②　27. ①　28. ②　29. ④　30. ④　31. ④　32. ①

③ 공간의 경제적 사용
④ 우량품의 제조 및 설비비의 절감

해설 설비 배치의 목적은 생산 원가의 감소에 있다.

33. 고장 분석에서 설비 관리의 목적인 최소 비용으로 최대 효율을 얻기 위해 계획, 진행하는 것과 관계없는 것은? [15-3, 20-3]
① 경제성의 향상 : 가능한 비용을 절감한다.
② 신뢰성의 향상 : 설비의 고장을 없게 한다.
③ 유용성의 향상 : 설비의 가동률을 높인다.
④ 보전성의 향상 : 고장에 의한 휴지 시간을 단축한다.

해설 유용성(有用性, availability) : 신뢰도와 보전도를 종합한 평가 척도로서 '어느 특정 순간에 기능을 유지하고 있는 확률'

34. 설비 경제성 평가 방법 중 평균 이자법에서 연간 비용 산출식으로 옳은 것은? [18-2]
① 연간 비용=정액 상각비+세금+연평균 가동비
② 연간 비용=설비 구입비+평균 이자+연평균 가동비
③ 연간 비용=정액 상각비+평균 이자+연평균 가동비
④ 연간 비용=정액 상각비+평균 이자+정지 손실비

해설 평균 이자법 : 연간 비용으로서 정액제에 의한 상각비와 평균 이자 및 가동비를 취한 방법이며, 연간 비용은 상각비+평균 이자+가동비로 구한다.

35. 제조 원가를 추정하기 위해서는 제조 직접비와 제조 간접비를 산출해야 한다. 일반적으로 간접비라고 할 수 없는 항목은 무엇인가? [11-2]
① 간접 자재비
② 외주 및 임가공 비용
③ 생산 보전비
④ 간접 노무비

해설 ②는 직접비에 포함되는 비용이다.

36. 보전 작업 관리의 특징을 설명한 것 중 틀린 것은? [12-2]
① 다양성 및 복잡성   ② 가혹한 조건
③ 투입 비용 과다   ④ 표준화 곤란

해설 표준화의 이점이 많다.

37. 다음 설비 보전 활동 중 필요한 수리, 정비, 개수 등을 위한 제 기능을 수행하여 설비에 투입되는 비용을 최소화하는데 목적을 두고 있는 것은?
① 공사 관리   ② 부하 관리
③ 외주 관리   ④ 일정 관리

해설 공사 관리 : 미리 정해진 사양에 따라 소정의 기일까지 가장 경제적으로 공사를 수행하는데 필요한 일시 계획을 세우고 공사를 항상 통제, 감독, 조정해서 공사의 실적 집계, 결과, 검토, 공사 수행의 문제점을 분석하여 항상 최경제적인 공사를 실시하는 것이다.

38. 설비 보전에서 효과 측정을 위한 척도로서 널리 사용되는 지수 중 고장 도수율의 공식은? [14-3, 17-2]
① (정미 가동 시간/부하 시간)×100
② (고장 횟수/부하 시간)×100
③ (고장 정지 시간/부하 시간)×100
④ (보전비 총액/생산량)×100

해설 고장 도수율=$\dfrac{\text{고장 횟수}}{\text{부하 시간}}\times 100$(신뢰성)

정답 33. ③ 34. ③ 35. ② 36. ④ 37. ① 38. ②

39. 가공 및 조립 설비에서 부품 막힘, 센서의 오작동에 의한 일시적인 설비 정지 또는 설비만 공회전함으로써 발생되는 로스에 해당하는 것은? [12-3, 20-2]
① 고장 로스
② 속도 저하 로스
③ 수율 저하 로스
④ 순간 정지 로스

40. 설비 가동 부문의 운전자들이 소집단 활동을 중심으로 운전자 또는 작업자 스스로 전개하는 생산 보전 활동을 무엇이라고 하는가? [10-3, 14-2]
① 일상 보전　② 예방 보전
③ 자주 보전　④ 개량 보전

3과목　기계 보전, 용접 및 안전

41. 체결 후 장기간 방치한 볼트와 너트가 고착되는 가장 주된 원인은? [20-2]
① 조임 시 적절한 체결용 공구를 사용하지 않았을 때
② 너트 조임 시 수용성 절삭유를 사용하지 않고 조임했을 때
③ 볼트와 너트 가공 시 재질이 고르지 않고 표면 거칠기가 클 때
④ 틈새로 수분, 부식성 가스가 침입하거나 가열 시 산화철이 발생했을 때

해설 볼트를 분해하려고 할 경우 때에 따라서는 굳어서 쉽게 풀리지 않는다. 이것은 너트를 조일 때 나사 부분에 반드시 틈이 발생하는데 이 틈새로 수분, 부식성 가스, 부식성 액체가 침입해서 녹이 발생하여 고착의 원인이 된다. 녹은 산화철이며, 이것은 원래 체적의 몇 배나 팽창하기 때문에 틈새를 메워서 너트가 풀리지 않게 된다. 또한 높은 온도로 가열했을 때도 산화철이 생기므로 풀리지 않게 된다.

42. 축의 직접적인 고장 원인이 아닌 것은?
① 윤활 불량　　　　　　　　　　[17-3]
② 응력 분산
③ 키 홈 마모
④ 끼워 맞춤 불량

해설 축 고장의 자연 열화 원인과 대책

직접원인	주요 원인	조치 요령
자연 열화	끼워 맞춤 부위 마모, 녹, 홈, 변형, 휨 등이 발생	외관 검사로 판명, 수리 또는 교체

43. 그림과 같이 교차하는 두 축에 동력을 전달할 때 사용하며, 잇줄이 곡선이고 모직선에 비하여 비틀려 있고, 제작이 어려우나 이의 물림이 좋아 조용한 전동을 할 수 있는 기어는? [12-3, 15-1]

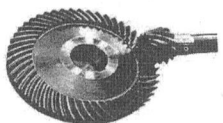

① 직선 베벨 기어
② 크라운 베벨 기어
③ 제롤 베벨 기어
④ 스파이럴 베벨 기어

44. 관의 직경이 비교적 크고, 내압이 비교적 높은 경우에 사용되며, 분해 조립이 편리한 관 이음은? [09-2, 11-2, 15-3, 19-2]

① 나사 이음   ② 용접 이음
③ 플랜지 이음   ④ 턱걸이 이음

해설 플랜지 이음
㉠ 부어 내기 플랜지 : 주철관이며, 관과 일체로 플랜지를 주물로 부어 내서 만들어 진 것이다.
㉡ 나사형 플랜지 : 관용 나사로 플랜지를 강관에 고정하는 것이며, 지름 200mm 이하의 저압 저온 증기나 약간 고압 수관에 쓰인다.
㉢ 용접 플랜지 : 용접에 의해 플랜지를 관에 부착하는 방법이며 맞대기 용접식, 꽂아 넣기 용접식 등이 있다.
㉣ 유합(遊合) 플랜지 : 강관, 동관, 황동관 등의 끝 부분의 넓은 부분을 플랜지로 죄는 방법이다.

45. 다음 중 일반적인 밸브의 취급 방법으로 틀린 것은? [09-3, 13-3, 18-2]
① 이종 금속으로 된 밸브는 열팽창에 주의하여 취급한다.
② 밸브를 열 때는 기기의 이상 유무를 확인하면서 천천히 연다.
③ 손으로 돌리는 밸브는 회전 방향을 정확히 확인한 후 핸들을 돌려 개폐한다.
④ 밸브를 열고 닫을 때는 누설을 방지하기 위해 빨리 조작한다.

해설 밸브를 열고 닫을 때와 누설 방지와는 관계가 없다.

46. 물의 낙차를 이용하여 흐르는 물을 갑자기 차단함으로써 순간적으로 관 내의 압력이 상승하게 되는데 이와 같이 압력을 이용하여 낮은 곳의 물을 높은 곳으로 퍼 올리는 그림과 같은 펌프는? [13-1]

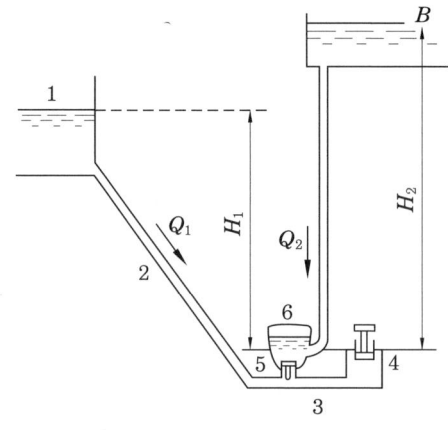

① 수격 펌프   ② 베인 펌프
③ 피스톤 펌프   ④ 진공 펌프

해설 수격 펌프는 무동력 펌프라고도 하며, 비교적 저낙차의 물을 긴 관으로 이끌어 그 관성 작용을 이용하여 높은 곳으로 수송하는 펌프이다.

47. 통풍기의 압력 범위는? [20-3]
① 0.1kgf/cm² 이하   ② 0.1~10kgf/cm²
③ 10kgf/cm² 이상   ④ 20kgf/cm² 이상

해설 압력에 의한 분류

구분	압력		기압(atm) (표준)
	mAq(수두)	kgf/cm²	
통풍기	1 이하	0.1 이하	0.1
송풍기	1~10	0.1~1.0	0.1~1.0
압축기	10 이상	1.0 이상	1.0 이상

48. 정비용 측정기구 중 베어링의 윤활 상태를 측정하는 기구는? [09-3, 16-3]
① 록 타이트   ② 그리스 컵
③ 베어링 체커   ④ 스트로브스코프

해설 베어링 체커(bearing checker) : 베어링의 그리스 윤활 상태를 측정하는 측정 기구로서 운전 중에 베어링에 발생하는 윤활 고장을 알 수 있다. 안전, 주의, 위

험 세 단계로 표시하며, 그라운드 잭은 기계 장치 몸체에 부착하고, 입력 잭은 베어링에서 제일 가까운 회전체에 회전을 시키면서 접촉하여 측정한다.

49. 드릴의 각부 명칭과 역할을 설명한 것으로 잘못 짝지어진 것은?
① 생크(shank) - 드릴을 드릴 머신에 고정하는 부분
② 사심(dead center) - 드릴 끝에서 절삭날이 이루는 각도
③ 홈 나선각(helix angle) - 드릴의 중심축과 홈의 비틀림이 이루는 각
④ 마진(margin) - 드릴의 홈을 따라서 나타나는 좁은 날이며, 드릴을 안내하는 역할

해설 ㉠ 사심 : 드릴 끝에서 절삭날이 만나는 점
㉡ 드릴 끝각 : 드릴 끝에서 절삭날이 이루는 각

50. 절삭 공구 수명의 설명 중 틀린 것은?
① 절삭 속도가 느리면 길어진다.
② 이송이 느리면 길어진다.
③ 공구 경도가 높으면 짧아진다.
④ 공구 수명의 판정은 날끝의 마멸 정도로 정한다.

해설 공구 경도가 높으면 수명이 연장된다.

51. 열박음에서 끼워 맞춤 가열 온도를 구하는 식으로 옳은 것은? (단, T : 가열 온도, Δd : 죔새(축 지름-구멍 지름), α : 열팽창 계수, D : 구멍 지름) [20-3]
① $T = \dfrac{\Delta d}{D}$
② $T = \dfrac{\alpha \times D}{\Delta d}$
③ $T = \dfrac{\Delta d}{\alpha \times D}$
④ $T = \dfrac{D}{\Delta d}$

52. 헬리컬 기어의 정면도에서 이의 비틀림 방향을 나타내는 선의 종류는? [13-4]
① 일점 쇄선
② 이점 쇄선
③ 가는 실선
④ 굵은 실선

53. 리벳 이음에 비교한 용접 이음의 특징을 열거한 것 중 틀린 것은?
① 이음 효율이 높다.
② 유밀, 기밀, 수밀이 우수하다.
③ 공정의 수가 절감된다.
④ 구조가 복잡하다.

해설 리벳 이음에 비해 작업 공정을 적게 할 수 있다.

54. 용접기의 일상 점검이 아닌 것은?
① 케이블의 접속 부분에 절연 테이프나 피복이 벗겨진 부분은 없는지 점검한다.
② 케이블 접속 부분의 발열, 단선 여부 등을 점검한다.
③ 전원 내부의 송풍기가 회전할 때 소음이 없는지 점검한다.
④ 전원의 케이스에 접지선이 완전 접지되었는지 점검하고 이상 발견 시 보수를 한다.

해설 ①, ②, ③ 외에 용접 중에 이상한 진동이나 타는 냄새의 유무를 확인해야 하며, ④는 3~6개월 점검 내용이다.

55. 서브머지드 아크 용접에 사용되는 용제가 갖추어야 할 성질 중 잘못된 것은?
① 아크 발생이 잘 되고 지속적으로 유지시키며 안정된 용접을 할 수 있을 것
② 용착 금속에 합금 성분을 첨가시키고 탈산, 탈황 등의 정련 작업을 하여 양호한 용착 금속을 얻을 수 있을 것

정답 49. ② 50. ③ 51. ③ 52. ③ 53. ④ 54. ④ 55. ④

③ 적당한 용융 온도와 점성 온도 특성을 가지며 슬래그의 이탈성이 양호하고 양호한 비드를 형성할 것
④ 적당한 입도가 필요 없이 아크의 보호성이 좋을 것

해설 적당한 입도를 가져 아크의 보호성이 좋을 것

56. CO_2 가스 아크 용접에서 아크 전압이 높을 때 나타나는 현상으로 맞는 것은?
① 비드 폭이 넓어진다.
② 아크 길이가 짧아진다.
③ 비드 높이가 높아진다.
④ 용입이 깊어진다.

해설 아크 전압과의 관계

아크 전압이 낮을 때	아크 전압이 전류에 비하여 높을 때
• 볼록하고 좁은 비드를 형성한다. • 와이어가 녹지 않고 모재 바닥에 부딪치며 토치를 들고 일어나는 현상이 발생한다. • 아크가 집중되기 때문에 용입은 약간 깊어진다.	• 아크가 길어지고 와이어가 빨리 녹아 비드 폭이 넓어지며 높이는 납작해지고 기포가 발생한다. • 용입은 약간 낮아진다.

57. 용접 변형을 경감하는 방법으로 용접 전 변형 방지책은?
① 역 변형법
② 빌드업법
③ 캐스케이드법
④ 점진 블록법

해설 용접 변형의 방지 대책 중 용접 요령 이외의 유의사항
㉠ 판 가장자리가 밴딩되었을 때는 반대쪽으로 휘어지도록 용접한다.
㉡ 판의 치수가 커지는 것을 방지하기 위해 부분적으로 조절하여 용접한다.
㉢ 전체적으로 정밀도가 중요할 경우 각 부분의 정밀도를 높여 최종 조립 시 오차를 줄인다.
㉣ 가장 중요한 부위는 가장 나중에 용접이 되도록 한다.
㉤ 용착 금속의 수축률 허용치를 고려하여 용접한다.
㉥ 홈은 V형보다 X형 또는 H형으로 하고, 앞뒤 용착량 비를 6 : 6 또는 7 : 3이 되도록 한다.
㉦ 수축률 기타 한도를 너무 벗어났을 때에는 기계 가공 여유를 둔다.
※ 용접 전 변형 방지책으로는 억제법, 역 변형법을 쓴다.

58. 연삭 작업의 경우 작업 시작 전 및 연삭 숫돌 교체 후 시험 운전 시간으로 옳은 것은?
① 작업 시작 전 : 1분 이상, 연삭 숫돌 교체 후 1분 이상
② 작업 시작 전 : 1분 이상, 연삭 숫돌 교체 후 2분 이상
③ 작업 시작 전 : 1분 이상, 연삭 숫돌 교체 후 3분 이상
④ 작업 시작 전 : 2분 이상, 연삭 숫돌 교체 후 5분 이상

해설 연삭숫돌을 사용하는 작업의 경우 작업을 시작하기 전 1분 이상, 연삭 숫돌을 교체한 후에는 3분 이상 시험 운전을 하고 해당 기계에 이상이 있는지를 확인하여야 한다.

정답 56. ① 57. ① 58. ③

59. 아세틸렌 용접 장치의 안전에 관한 것 중 틀린 것은?
① 출입구의 문은 두께 1.5mm 이상의 철판이나 그 이상의 강도를 가진 구조로 해야 한다.
② 발생기실은 화기를 사용하는 설비로부터 1.5m를 초과하는 장소에 설치하여야 한다.
③ 옥외에 발생기실을 설치할 경우 그 개구부는 다른 건축물로부터 1.5m를 초과하는 장소에 설치하여야 한다.
④ 용접 작업 시 게이지 압력이 127kPa을 초과하는 압력의 아세틸렌을 발생시켜 사용해서는 안 된다.

해설 가스 용접의 안전 대책
㉠ 아세틸렌 용접 장치를 사용하여 금속의 용접·용단 또는 가열 작업을 하는 경우에는 게이지 압력이 127kPa을 초과하는 압력의 아세틸렌을 발생시키지 않아야 한다.
㉡ 발생기실은 건물의 최상층에 위치하여야 하며, 화기를 사용하는 설비로부터 3m를 초과하는 장소에 설치하여야 한다.
㉢ 발생기실을 옥외에 설치한 경우에는 그 개구부를 다른 건축물로부터 1.5m 이상 떨어지도록 하여야 한다.
㉣ 발생기실의 출입구의 문은 불연성 재료로 하고 두께 1.5mm 이상의 철판이나 그 밖에 그 이상의 강도를 가진 구조로 하여야 한다.

60. 안전모나 안전대의 용도로 가장 적당한 것은?
① 작업 능률 가속용
② 전도(轉倒) 방지용
③ 작업자 용품의 일종
④ 추락 재해 방지용

해설 추락, 충돌 시 머리를 보호할 수 있는 안전모와 안전대를 착용한다.

정답 59. ② 60. ④

제6회 CBT 대비 실전문제

1과목 공유압 및 자동 제어

1. 공압에서 사용되는 압축공기에는 오염된 물질이 혼입되는 경우가 있다. 시스템 외부에서 혼입되는 오염물질로 볼 수 없는 것은? [13-3]

① 먼지(분진, 매연, 모래먼지 등)
② 유해 가스(황화수소, 아황산가스 등)
③ 파이프의 부식물(필터의 부스러기, 마모분 등)
④ 유해 물질(습기, 염분 등)

해설 파이프의 부식물은 시스템 내부에서 혼입된다.

2. 다음의 진리표와 관계있는 밸브는 다음 중 어느 것인가? [14-3, 16-2]

S1	S2	H
0	0	0
0	1	0
1	0	0
1	1	1

① 2압 밸브　　② OR 밸브
③ 교축 밸브　　④ 체크 밸브

해설 AND 논리는 2개의 입력을 가질 때 연결도 가능하며, 이때에 모든 입력 신호가 만족되어야만 출력이 발생한다.

3. 윤활유를 분무 급유하는 루브리케이터(lubricator)의 작동 원리는? [12-2]

① 파스칼 원리　　② 베르누이의 원리
③ 벤투리 원리　　④ 연속의 원리

해설 윤활기는 벤투리 원리를 이용한 것으로 전량식과 선택식 등이 있고, 전량식에는 고정 벤투리식, 가변 벤투리식이 있다.

4. 다음 기호의 명칭으로 옳은 것은 어느 것인가? [14-1]

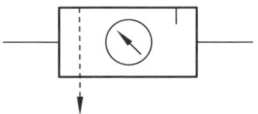

① 루브리케이터　　② 공기압 조정 유닛
③ 드레인 배출기　　④ 기름 분무 분리기

5. 다음 회로에서 단동 실린더의 후진 속도를 증속시키기 위해 비어 있는 부분에 사용해야 할 요소는? [09-3]

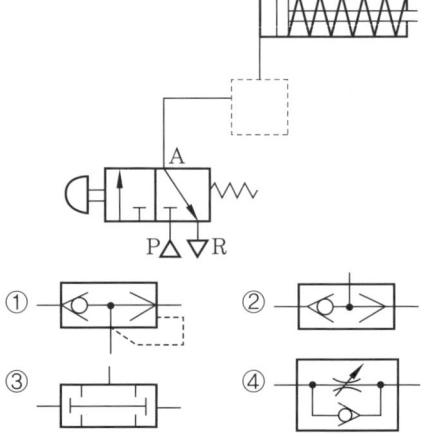

해설 급속 배기 밸브에 의한 후진 속도 증가 회로이다.

정답 1. ③　2. ①　3. ③　4. ②　5. ①

6. 유체의 교축에서 관의 면적을 줄인 부분의 길이가 단면 치수에 비하여 비교적 긴 경우의 교축을 무엇이라 하는가? [13-1]
① 오리피스(orifice)
② 다이어프램(diaphragm)
③ 벤투리(venturi)
④ 초크(choke)

해설 오리피스는 관의 길이가 짧은 교축이며, 초크는 관의 길이가 비교적 긴 교축이다. 다이어프램은 격막, 벤투리는 윤활기에서 사용된다.

7. 다음 유압 밸브 중 주 회로의 압력보다 저압으로 사용할 경우 쓰이는 밸브는? [18-2]
① 감압 밸브
② 릴리프 밸브
③ 무부하 밸브
④ 시퀀스 밸브

8. 오일 탱크의 바닥면과 지면의 최소 유지 간격으로 가장 바람직한 것은? [11-1]
① 300mm
② 250mm
③ 150mm
④ 100mm

해설 오일 탱크의 구비 요건
㉠ 오일 탱크 내에서는 먼지, 절삭분, 윤활유 등의 이물질이 혼입되지 않도록 주유구에는 여과망과 캡 또는 뚜껑을 부착하고 오일로부터 분리할 수 있는 구조이어야 한다.
㉡ 공기(빼기) 구멍에는 공기 청정기를 부착하여 먼지의 혼입을 방지하고 오일 탱크 내의 압력을 언제나 대기압으로 유지하는데 충분한 크기인 것으로 비말 유입(飛沫流入)을 방지할 수 있어야 한다. 공기 청정기의 통기 용량은 유압 펌프 토출량의 2배 이상이면 된다.
㉢ 소형 오일 탱크는 에어블리저가 주유구를 공용시켜도 무방하고, 오일 탱크의 용량은 장치 내의 작동유가 모두 복귀하여도 지장이 없을 만큼의 크기를 가져야 한다.
㉣ 오일 탱크 내에는 방해판으로 펌프 흡입 측과 복귀 측을 구별하여 오일 탱크 내에서의 오일의 순환 거리를 길게 하고 기포의 방출이나 오일의 냉각을 보존하며 먼지의 일부가 침전될 수 있도록 한다.
㉤ 오일 탱크의 바닥면은 바닥에서 최소 간격 15cm를 유지하는 것이 바람직하다.
㉥ 운전 중에도 보기 쉬운 곳에 유면계를 설치하고 최고와 최저 위치를 표시한다.
㉦ 오일 탱크는 완전히 세척할 수 있도록 제작한다.
㉧ 오일 탱크에는 스트레이너의 삽입이나 분리를 용이하게 할 수 있는 출입구를 만든다.
㉨ 스트레이너의 유량은 유압 펌프 토출량의 2배 이상의 것을 사용한다.
㉩ 오일 탱크의 내면은 방청과 수분의 응축을 방지하기 위하여 양질의 내유성 도료를 도장 또는 도금한다.
㉪ 업세팅 운반용으로서 적당한 곳에 훅을 단다.
㉫ 정상적인 작동에서 발생한 열을 발산할 수 있어야 한다.

9. 다음의 그림은 무엇을 나타내는 것인가? [07-3]

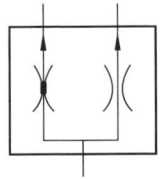

① 집류 밸브
② 분류 밸브
③ 스톱 밸브
④ 감압 밸브

정답 6. ④ 7. ① 8. ③ 9. ②

해설 분류 밸브(flow dividing valve) : 유압원으로부터 2개 이상의 유압 관로로 나누어 흐르게 할 때 각각의 관로 압력의 크기에 관계없이 일정 비율로 유량을 분할시켜서 흐르게 하는 밸브

10. 유압 펌프 전체 송출량의 작동유가 필요하지 않게 되었을 때 오일을 저압으로 하여 탱크에 귀환시키는 회로는? [14-1]

① 시퀀스 회로 ② 신호 설정 회로
③ 언로드 회로 ④ 저압 제어 회로

11. 유압 작동유에 공기가 침입할 경우 발생하는 현상으로 적절한 것은? [14-1, 19-3]

① 작동유의 과열
② 토출 유량의 증대
③ 비금속 실(seal)의 파손
④ 실린더의 불규칙적인 작동

해설 많은 공기 침입은 펌프 각 부품들의 불규칙적인 운동의 원인이 된다.

12. 적분 요소의 전달 함수는? [08-1, 10-2]

① Ts ② $\dfrac{1}{Ts}$

③ $\dfrac{K}{1+Ts}$ ④ K

해설 미분 요소는 $T_D s$, 1차 지연 요소는 $\dfrac{1}{1+Ts}$, 비례 요소는 K, 2차 지연 요소는 $\dfrac{1}{(1+T_1 s)(1+T_2 s)}$, 불감 시간 요소는 e^{-Ls}이다.

13. 끊어진 회로를 연결하는데 사용하는 것으로, 테스트되는 회로 보호를 위해 퓨즈 용량 이상의 것은 사용하지 말아야 하는 것은?

① 저항계
② 점프 와이어
③ 테스트 램프
④ 자체 전원 테스트 램프

해설 계기를 이용한 점검 중 점프 와이어는 끊어진 회로를 연결하는데 사용된다. 개방(open)된 회로를 통과할 때는 점프 와이어를 사용한다. 테스트되는 회로 보호를 위해 퓨즈 용량 이상의 것은 사용하지 말아야 한다.

14. 전류계의 측정 범위를 확대하기 위하여 사용하는 것은? [08-3]

① 분류기   ② 검진기
③ 배율기   ④ 전류기

해설 분류기 : 큰 전류를 측정하고자 하는 경우 가동 코일과 병렬로 저항을 접속시켜 저항을 통해 전류의 일부를 분류시킨 것

15. 히스테리시스(hysteresis) 차에 의한 오차에 해당되는 것은? [16-3]

① 이론 오차   ② 관측 오차
③ 계측기 오차   ④ 환경적 오차

해설 계측기 오차에는 측정기 본래의 기기차에 의한 것과 히스테리시스 차에 의한 것이 있다.

16. 측온 저항 온도계에서 사용되는 금속 저항체가 아닌 것은? [10-1, 17-3]

① 백금   ② 니켈
③ 안티몬   ④ 구리

해설 측온 저항체는 백금, 니켈, 구리 등의 순금속을 사용한다.

정답 10. ③ 11. ④ 12. ② 13. ② 14. ① 15. ③ 16. ③

17. 공업 계측에서 측정량의 쉬운 변환과 확대, 증폭이나 전송에 편리한 기본 신호가 아닌 것은? [18-3]
① 변위 ② 전압
③ 압력 ④ 주파수

18. 8비트의 2진 신호로 표현되는 0~10V의 아날로그 값의 최소 범위는? [15-3]
① 0.039V ② 0.042V
③ 0.045V ④ 0.048V

해설 ㉠ 8bit 사용 시 분해능 = 2^8 = 256
㉡ 0~10V의 최소 범위 = $\frac{10}{256}$ = 0.039V

19. 회전 방향을 바꿀 수 없고 기동 토크와 효율이 낮으나 구조가 간단하여 전자 밸브, 녹음기 및 가정용 전동기에 많이 사용되는 것은? [06-3, 09-3, 10-1, 12-3]
① 반발 기동형 전동기
② 셰이딩 코일형 전동기
③ 콘덴서 기동형 전동기
④ 분상 기동형 전동기

20. 다음의 그림은 3상 유도 전동기의 단자를 표시한 것이다. 이 전동기를 △로 결선하고자 한다면? [15-2, 18-1]

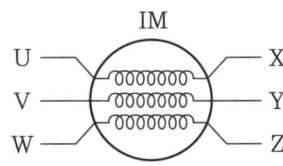

① X-Y-Z, U-V-W를 연결한다.
② U-W, Z-Y, V-X를 연결한다.
③ U-Y, V-W, X-Z를 연결한다.
④ U-Y, V-Z, W-X를 연결한다.

해설 Y 결선은 X, Y, Z를 연결한다.

2과목 설비 진단 및 관리

21. 열화상 측정 장비(thermography)를 이용하여 발견하기에 가장 적절한 결함은?
① 구조적 헐거움(looseness) [09-1]
② 공진
③ 회전체의 질량 불균형
④ 과전압 차단기의 고정 상태 불량

22. 정현파 신호에서 진동의 크기를 표현하는 방법으로 피크값의 2/π인 값은 어느 것인가? [09-3, 18-1]
① 편진폭 ② 양진폭
③ 평균값 ④ 실효값

해설 평균값(ave) : 순간 측정값 자체의 시간 평균을 구하는 것이며, 정현파의 경우 $\frac{2A_p}{\pi}$ 이고, 시간에 대한 변화량을 표시하지만 실제적으로 사용 범위가 국한되어 있다.

23. 진동 측정용 센서 중 비접촉형으로 변위 검출용에 사용되는 센서가 아닌 것은? [16-3]
① 용량형 센서 ② 동전형 센서
③ 와전류형 센서 ④ 전자광학형 센서

해설 동전형 속도 센서의 측정에 사용하는 법칙은 발생 기전력이 도체의 속도에 비례하는 패러데이의 전자 유도 법칙을 사용한 것이다.

24. 음의 한 파장이 전파되는데 소요되는 시간을 무엇이라 하는가? [07-1]
① 파장 ② 주파수
③ 주기 ④ 변위

정답 17.④ 18.① 19.② 20.④ 21.④ 22.③ 23.② 24.③

해설 주기(period) : 한 파장이 전파되는데 소요되는 시간을 말하며 그 표시 기호는 T, 단위는 초(s)이다.
$$T = \frac{1}{f}[s]$$

25. 다음 중 재료의 흡음률(α)을 나타내는 것은? [11-3]

① $\alpha = \dfrac{입사\ 에너지}{흡수된\ 에너지}$

② $\alpha = \dfrac{흡수된\ 에너지}{입사\ 에너지}$

③ $\alpha = \dfrac{흡수된\ 에너지}{투과\ 에너지}$

④ $\alpha = \dfrac{입사\ 에너지}{투과\ 에너지}$

26. 차음벽이 고유 진동 모드의 주파수로 입사한 소음과 공진하는 영향 요소와 거리가 먼 것은? [12-2]
① 차음벽의 강성   ② 차음벽의 무게
③ 차음벽의 표면   ④ 내부 댐핑

해설 결정 요소 : 차음벽 재료의 강성, 차음벽의 무게, 내부 댐핑, 공진 현상, 소음의 주파수

27. 회전기계에서 발생한 불균형(unbalance)이나 축 정렬 불량(misalignment) 시 널리 사용되는 설비 진단 기법은? [13-2]
① 진동법
② 페로그래피 진단 기술
③ 오일 SOAP법
④ 응력법

28. 다음은 진동 주파수에 대한 설명이다. 틀린 것은? [09-1, 10-3]

① 회전체가 불평형 시 그 물체의 회전 주파수의 정수배와 동일한 진동수를 유발시킨다.
② 기계 부품 이완 시 축 회전 주파수의 정수배와 동일한 진동수를 형성한다.
③ 베어링에 손상이 있는 경우 베어링 회전에 해당하는 고주파의 진동을 일으킨다.
④ 진동 주파수는 단위 시간당 사이클의 횟수이다.

해설 ㉠ 회전체가 불평형일 경우는 그 물체의 회전 속도와 동일한 진동수($1f$)를 유발시킨다.
㉡ 기계 부품이 이완되었을 경우는 회전 속도의 정수배와 동일한 진동수($2f$)를 형성한다.
㉢ 베어링이나 기어에 손상이 있을 경우는 베어링 회전당 도는 기어 잇수에 해당하는 고주파의 진동을 일으킨다.

29. 방청유의 종류에 해당되는 것은? [09-2]
① 절삭유   ② 연삭유
③ 압연유   ④ 지문 제거형

해설 지문 제거형 방청유(KS M 2210) : 기계 일반 및 기계 부품 등에 부착된 지문 제거 및 방청용

종류	기호	막의 성질	주 용도
1종	KP-0	저점도 유막	기계 일반 및 기계 부품

30. 다음 중 윤활유의 열화 방지법이 아닌 것은? [11-1]
① 고온은 가능한 피한다.
② 기름의 혼합 사용은 극력 피한다.
③ 신기계 도입 시는 충분히 세척 후 사용한다.
④ 교환 시는 열화유를 조금 남기고 교환한다.

해설 교환 시 열화유를 완전히 제거한다.

정답 25. ② 26. ③ 27. ① 28. ① 29. ④ 30. ④

31. 1950년 미국의 GE사에서 제창한 것으로 생산성을 높이기 위한 보전으로 경제성을 강조하는 보전 방식은? [12-2]
① 예방 보전 ② 생산 보전
③ 개량 보전 ④ 보전 예방

해설 생산 보전(PM) : 생산성이 높은 보전, 즉 최경제 보전

32. 다음 그림과 같은 설비 관리 조직의 형태를 무엇이라 하는가? [11-3, 18-2]

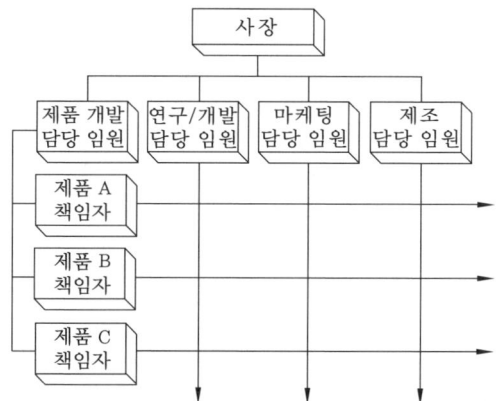

① 기능 중심 매트릭스(matrix) 조직
② 제품 중심 매트릭스(matrix) 조직
③ 대상별 조직
④ 전문 기술별 조직

33. 유사한 부품 그룹의 가공 공정이 같아서 가공의 흐름이 동일한 경우의 설비 배치로서 대량 생산에서의 흐름 생산 형식에 가깝고, GT 설비 배치 중 가장 바람직하며 생산 효율도 높은 것은? [12-3]
① GT 셀 ② GT 흐름 라인
③ GT 센터 ④ GT 계획

해설 ㉠ GT 셀 : 여러 종류의 기계 그룹에서 속하는 모든 부품, 또는 부분의 부품 가공을 할 수 있는 경우의 설비 배치

㉡ GT 센터 : 어느 한 종류의 작업에서 가공 방법이 유사한 부품의 그룹을 가공할 수 있도록 같은 성능의 기계를 각각 모아서 배열한 설비 배치로 GT 설비 배치 중 가장 수준이 낮은 것

34. 다음 중 조업 시간을 올바르게 표현한 것은? [10-1]
① 부하 시간+무부하 시간+기타 시간
② 부하 시간+정미 가동 시간+정지 시간+기타 시간
③ 정미 가동 시간+무부하 시간+기타 시간
④ 부하 시간+정지 시간+무부하 시간+기타 시간

해설 조업 시간이란 잔업을 포함한 실제 가동 시간을 말하며, 부하 시간+무부하 시간+기타 시간으로 나타낸다.

35. 정비 계획 수립 시 고려할 사항이 아닌 것은? [09-2, 11-3, 20-3]
① 수리 요원 ② 제품 성분 분석
③ 생산 계획 확인 ④ 설비 능력 파악

해설 정비 계획 수립 시 고려할 사항
㉠ 정비 및 보전 비용
㉡ 수리 시기 및 시간
㉢ 수리 요원
㉣ 설비 능력
㉤ 생산 및 수리 계획
㉥ 일상 점검 및 주간, 월간, 연간 등의 정기 수리 구분

36. 설비 표준의 종류가 아닌 것은? [18-3]
① 설비 성능 표준
② 시운전 검수 표준
③ 설비 보전원 표준
④ 설비 자재 검사 표준

정답 31. ② 32. ② 33. ② 34. ① 35. ② 36. ③

해설 설비 보전 표준 : 설비 설계 규격 표준, 설비 성능 표준, 설비 자재 구매 규격 표준, 설비 자재 검사 표준, 시운전 검수 표준, 설비 보전 표준, 보전 작업 표준 등

37. 예방 보전의 효과가 가장 높게 나타나는 시기는? [14-1, 17-3]
① 새로운 원료를 투입할 때
② 설비를 새로 제작하여 시운전할 때
③ 설비가 유효 수명을 초과하여 가동 중일 때
④ 설비가 유효 수명 내에서 정상 가동 중일 때

해설 예방 보전의 효과가 높은 시기는 유효 수명이 지난 마모 고장기이다.

38. 상비품 보전 자재에 대한 발주 방식에 관한 설명으로 맞는 것은? [06-1, 09-3]
① 사용하면 사용한만큼 즉시 보충하는 방식은 정량 발주 방식이다.
② 발주 시기는 일정하고 소비의 실적 및 예상 변화에 따라 발주 수량을 바꾸는 방식은 사용고 발주 방식이다.
③ 발주량을 항상 일정하게 하는 방식은 정기 발주 방식이다.
④ 재고량이 항상 일정한 방식은 사용고 발주 방식이다.

39. TPM의 목표인 "맨, 머신, 시스템(man, machine, system)을 극한 상태까지 높일 것"에서 머신이 고장, 일시정지를 발생시키지 않도록 하여 최대한 설비 가동률을 높이고자 할 때의 방법으로 틀린 것은? [17-3]
① 현장의 체질 개선
② 설비의 성능을 항상 최고 상태로 유지
③ 설비의 성능을 최고로 하여 장기간 유지
④ 주기적인 오버홀(overhaul)을 수행하여 생산량 증가

40. 문제 해결 방식에 대한 순서로 (   ) 내용으로 옳은 것은? [07-3, 15-1]

테마 선정-(㉠)-목표 설정-활동 계획의 입안-요인 분석-대책 검토 및 실시-(㉡)-표준화 및 사후 관리

① ㉠ 현상 파악, ㉡ 효과 파악
② ㉠ 문제 분석, ㉡ 데이터 정리
③ ㉠ 문제 분석, ㉡ 개선 활동
④ ㉠ 현상 파악, ㉡ 개선 활동

해설 문제 해결의 기본 단계

순서	기본 스텝(단계)
1	테마 선정
2	현상 파악 및 목표 설정
3	활동 계획의 입안
4	요인 분석
5	대책 검토 및 실시
6	효과 확인
7	표준화와 관리의 정착

3과목 기계 보전, 용접 및 안전

41. M22 볼트를 스패너로 체결할 경우 가장 적절한 죔 방법은? [19-1]
① 팔꿈치의 힘으로 돌린다.
② 손목의 힘만 사용하여 돌린다.
③ 팔의 힘을 충분히 벌리고 체중을 써서 돌린다.
④ 발을 충분히 벌리고 체중을 실어서 돌린다.

42. 벨트 풀리와 벨트 사이의 접촉면에 치형의 돌기가 있어 미끄럼을 방지하고 맞물려 전동할 수 있는 벨트는? [12-3, 19-1]
① 평벨트   ② V벨트

정답 37. ③ 38. ④ 39. ④ 40. ① 41. ④ 42. ③

③ 타이밍 벨트   ④ 체인 벨트

해설 타이밍 벨트는 풀리와 벨트에 기어형의 돌기가 있어 미끄럼이 없이 동력을 전달할 수 있다.

43. 배관 계통의 정비를 위하여 분해할 필요가 있는 곳에 사용하는 관 이음쇠로 맞는 것은?　　[10-3, 12-1, 17-1]
① 니플　　② 엘보우
③ 리듀서　　④ 유니언

해설 ㉠ 영구관 이음쇠 : 주로 용접, 납땜에 의하여 관을 연결하는 것
㉡ 착탈관 이음쇠 : 나사관 이음쇠, 유니언 조인트관, 플랜지관 이음쇠
㉢ 신축관 이음쇠

44. 다음 중 일반적인 밸브의 취급 방법으로 틀린 것은?　　[09-3, 13-3, 18-2]
① 이종 금속으로 된 밸브는 열팽창에 주의하여 취급한다.
② 밸브를 열 때는 기기의 이상 유무를 확인하면서 천천히 연다.
③ 손으로 돌리는 밸브는 회전 방향을 정확히 확인한 후 핸들을 돌려 개폐한다.
④ 밸브를 열고 닫을 때는 누설을 방지하기 위해 빨리 조작한다.

해설 밸브를 열고 닫을 때와 누설 방지와는 관계가 없다.

45. 왕복 펌프의 종류가 아닌 것은?　[17-1]
① 기어 펌프　　② 피스톤 펌프
③ 플런저 펌프　　④ 다이어프램 펌프

해설 기어 펌프는 회전 펌프이며, 왕복 펌프의 종류에는 피스톤 펌프, 플런저 펌프, 다이어프램 펌프, 윙 펌프 등이 있다.

46. 압축기 부품 중 밸브의 분해 조립에 대한 설명으로 틀린 것은?　　[17-2]
① 밸브 볼트의 너트는 규정값으로 조인다.
② 밸브 볼트의 와셔는 재사용한다.
③ 스프링의 내외주가 스프링 홈 벽과 잘 맞는지 확인한다.
④ 밸브 플레이트의 리프트는 규정값에 들어 있는가를 틈새로 확인한다.

해설 와셔는 재사용 시 체결력이 떨어지므로 재사용하지 않는다.

47. 교류 3상 유도 전동기의 회전 방향을 바꾸려면 어떻게 하는가?　　[09-1, 16-3]
① 접지선을 단락시킨다.
② 전원 3선 중 1선을 단락시킨다.
③ 전원 3선 중 1선을 교체하여 결선한다.
④ 전원 3선 중 2선을 서로 교체하여 결선한다.

48. 측정하고자 하는 양과 일정한 관계가 있는 다른 종류의 양을 각각 직접 측정으로 구하여, 그 결과로부터 계산에 의해 측정량의 값을 결정하는 측정 방법은?　[17-3]
① 일반 측정　　② 비교 측정
③ 절대 측정　　④ 간접 측정

해설 간접 측정 : 측정량과 일정한 관계가 있는 몇 개의 양을 측정하고 이로부터 계산에 의하여 측정값을 유도해 내는 측정 방법을 말하며, 예로서 변위와 이에 소요된 시간을 측정하여 속도를 구하는 경우와 사인 바에 의한 각도 측정 등이 있다.

49. 외측 마이크로미터를 0점 조정하고자 한다. 딤블(thimble)과 슬리브(sleeve)의 0점이 딤블의 한 눈금 간격에 1/2 정도 어긋나 있다면 어떻게 조정하는가?　　[14-2]

정답 43. ④　44. ④　45. ①　46. ②　47. ④　48. ④　49. ②

① 앤빌을 돌려서 0점을 맞춘다.
② 슬리브를 돌려서 0점을 맞춘다.
③ 스핀들을 돌려서 0점을 맞춘다.
④ 래칫 스톱을 돌려서 0점을 맞춘다.

해설 적은 범위 이내의 0점을 조정할 경우 훅 스패너를 이용하여 슬리브를 돌려서 0점을 맞춘다.

50. 주축을 이동시키면서 대형의 공작물을 가공하기 편리한 드릴 머신은 어느 것인가?
① 탁상 드릴 머신
② 직립 드릴 머신
③ 다축 드릴 머신
④ 레이디얼 드릴 머신

해설 레이디얼 드릴링 머신(radial drilling machine) : 비교적 큰 공작물의 구멍을 뚫을 때 쓰이며, 공작물을 테이블에 고정시켜 놓고 필요한 곳으로 주축을 이동시켜 구멍의 중심을 맞추어 사용한다.

51. 노치(notch) 붙음 둥근 나사 체결용으로 적합한 것은? [10-1]
① 훅 스패너   ② 더블 오프셋 렌치
③ 몽키 스패너   ④ 기어 풀러

해설 훅 스패너(hook spanner) : 둥근 너트 등 원주면에 홈이 파져 있는 부분을 체결할 때 사용하는 공구

52. TIG 용접 재료 중 마그네슘 합금의 특성 중 틀린 것은?
① 마그네슘 합금은 화학적으로 매우 활성이기 때문에 용접에 있어서 불활성 가스로 대기를 차단할 필요가 있으며, 모재 표면의 오염이나 산화피막을 제거해야 한다.
② 산화피막 제거는 와이어 브러시에 의한 기계적인 방법, 유기 용제 탈지 후 5% 정도의 NaOH으로 세정하고 크로뮴산, 질산나트륨, 불화칼슘 등의 혼합산에서 산 세척하는 등의 화학적인 방법이 있다.
③ 표면에 산화피막으로 대부분의 용접은 청정 작용을 위해 교류 전원 또는 직류 정극성을 적용한다.
④ 두께 5mm 이하에는 직류 역극성을 적용하기도 하지만 두꺼운 판에 깊은 용입을 얻기 위해서는 교류 전원을 선택한다.

해설 표면에 산화피막으로 대부분의 용접은 청정 작용을 위해 교류 전원 또는 직류 역극성을 적용한다.

53. 불활성 가스 아크 용접법의 특성 중 틀린 것은?
① 아르곤 가스 사용 직류 역극성 시 청정 효과(cleaning action)가 있어 강한 산화막이나 용융점이 높은 산화막이 있는 알루미늄(Al), 마그네슘(Mg) 등의 용접이 용제 없이 가능하다.
② 직류 정극성 사용 시는 폭이 좁고 용입이 깊은 용접부를 얻으며 청정 효과도 있다.
③ 교류 사용 시 용입 깊이는 직류 역극성과 정극성의 중간 정도이고 청정 효과가 있다.
④ 고주파 전류 사용 시 아크 발생이 쉽고 안정되며 전극의 소모가 적어 수명이 길고 일정한 지름의 전극에 대해 광범위한 전류의 사용이 가능하다.

해설 직류 정극성 사용 시는 폭이 좁고 용입이 깊은 용접부를 얻으나 청정 효과가 없다.

54. 핀치 효과에 의해 열에너지의 집중도가 좋고 고온이 얻어지므로 용입이 깊고 비드 폭이 좁은 접합부가 형성되며, 용접 속도가 빠른 것이 특징인 용접은?

정답 50. ④ 51. ① 52. ③ 53. ② 54. ①

① 플라스마 아크 용접
② 테르밋 용접
③ 전자 빔 용접
④ 원자 수소 아크 용접

해설 플라스마 아크 용접에서 이행형 아크는 전극과 모재 사이에서 아크를 발생시키고 핀치 효과를 일으키며, 열 효율이 높고 모재가 도전성 물질이어야 한다.

55. 용접 변형의 종류에서 면의 변형의 종류에 속하는 것은?
① 세로 굽힘 변형
② 수축 변형
③ 좌굴 변형
④ 비틀림 변형

해설 ㉠ 면내 변형 : 수축 변형(가로 방향 수축, 세로 방향 수축), 회전 변형
㉡ 면 외 변형(디플렉션) : 굽힘 변형(가로 방향 굽힘 변형(각 변형), 세로 방향 굽힘 변형), 좌굴 변형, 비틀림 변형

56. 용접의 시점과 끝나는 부분에 용입 불량이나 각종 결함을 방지하기 위해 주로 사용되는 것은?
① 엔드텝   ② 포지셔너
③ 회전 지그   ④ 고정 지그

해설 엔드텝(end tab) : 용접 결함이 발생하기 쉬운 용접 비드의 시작과 끝에 부착하는 강판으로 수동 35 mm, 반자동 40 mm, 자동 70 mm이고 엔드텝을 사용하는 경우 용접 길이를 모두 인정한다.

57. 정 작업을 하면 안 되는 재료는?
① 연강   ② 구리
③ 두랄루민   ④ 담금질된 강

58. 폭발 한계 농도의 하한값이 10% 이하 또는 상한값과 하한값의 차이가 20% 이상인 가스를 무엇이라 하는가?
① 가연성 가스   ② 폭발성 가스
③ 인화성 가스   ④ 산화성 가스

해설 가연성 가스 : 수소, 일산화탄소, 암모니아, 메탄, 에탄, 에틸렌, 아세틸렌 등 폭발 한계의 하한이 10% 이하의 것과 폭발 한계의 상한과 하한의 차가 20% 이상의 것

59. 방진 안경의 빛의 투과율은 얼마가 좋은가?
① 70% 이상   ② 75% 이상
③ 80% 이상   ④ 90% 이상

해설 렌즈의 구비 조건
㉠ 줄이나 홈, 기포, 비틀어짐이 없을 것
㉡ 빛의 투과율은 90% 이상이 좋고 70% 이하가 아닐 것
㉢ 광학적으로 질이 좋아 두통을 일으키지 않을 것
㉣ 렌즈의 양면은 매끈하고 평행일 것

60. 고용노동부장관이 실시하는 안전 및 보건에 관한 직무 교육을 반드시 받아야 하는 대상자는?
① 사업주   ② 설계직 종사자
③ 안전관리자   ④ 생산직 종사자

해설 산업안전보건법 제32조(관리책임자 등에 대한 교육) : 다음 각 호의 자는 고용노동부장관이 실시하는 안전·보건에 관한 직무교육(이하 "직무교육"이라 한다)을 받아야 한다.
1. 관리책임자, 제15조에 따른 안전관리자 및 제16조에 따른 보건관리자
2. 재해예방 전문지도기관의 종사자

정답 55. ② 56. ① 57. ④ 58. ① 59. ④ 60. ③

설비보전산업기사 필기

제7회 CBT 대비 실전문제

1과목 　　**공유압 및 자동 제어**

1. 밀도의 의미로 옳은 것은?　　[18-2]
① 단위 용적당 면적
② 단위 면적당 체적
③ 단위 체적당 질량
④ 단위 질량당 점성계수

해설 단위 질량당 체적으로 밀도의 역수는 비체적, 단위 체적당 중량은 비중량이다.

2. 공기가 왕복 운동을 하는 피스톤 부분과 직접 접촉하지 않기 때문에 공기에 기름이 섞이지 않으므로 깨끗한 공기를 필요로 하는 식료품 가공, 제약기계, 화학 공업에 사용되는 압축기는?　　[12-2]
① 피스톤 압축기　　② 격판 압축기
③ 베인 압축기　　④ 스크루 압축기

해설 격판 압축기는 토출되는 압축공기가 왕복 운동을 하는 피스톤과 직접 접촉하지 않아 주로 깨끗한 환경에서 사용된다. 스크루 압축기는 일종의 헬리컬 기어를 케이싱 내에서 맞물리게 한 것으로 고속 회전이 가능하고 저주파 소음이 없어서 소음 대책이 필요 없으며 연속적으로 압축공기가 토출되므로 맥동이 적다.

3. 전기 신호로 전자석을 조작해서 그 힘으로 전자 밸브 내의 스풀(spool)을 변환시켜 공기의 흐름 방향을 제어하는 것은?　　[16-2]
① 배압 센서　　② 리밋 스위치
③ 공기압 실린더　　④ 솔레노이드 밸브

4. 제한된 공간상에서 긴 행정 거리가 요구되는 곳에서 사용하며 외부와 피스톤 사이의 강한 자력에 의해 운동을 전달하므로 내·외부의 실링 효과가 우수하고 비접촉식 센서에 의해서 위치 제어가 가능한 실린더는?
① 텔레스코프 실린더　　[08-1]
② 케이블 실린더
③ 로드리스 실린더
④ 충격 실린더

해설 로드리스 실린더 : 실린더의 설치 면적을 최소화하기 위해 로드 없이 영구 자석이 내장되어 있어 내·외부의 실링 효과가 우수하며 케이블 실린더 등이 있다. 제한된 공간상에 최대 10m의 긴 행정 거리를 가지고 있고 비접촉식 센서의 의해 위치 제어가 가능하다.

5. ISO 1219 규정(문자식 표현)에 의한 공압 표시 밸브의 연결구 표시 방법 중 작업 라인을 나타내는 것은?　　[09-2]
① P　　② A, B, C
③ R, S, T　　④ X, Y, Z

해설 밸브의 기호 표시법

라인	ISO 1219	ISO 5509/11
작업 라인	A, B, C -	2, 4, 6 -
공급 라인	P	1
배기구	R, S, T	3, 5, 7
제어 라인	Y, Z, X	10, 12, 14

정답 1. ③　2. ②　3. ④　4. ③　5. ②

6. 공압 시스템에서 공급 유량 부족으로 인한 고장 발생 상황으로 옳은 것은? [15-1]
① 갑작스런 압력강하로 실린더가 충분한 추력을 발생시킬 수 없다.
② 밸브가 고착을 일으켜 제로 동작이 일어나지 못하게 한다.
③ 과도한 마찰이나 스프링의 손상으로 기계적 스위칭 동작에 이상이 발생한다.
④ 반지름 방향의 하중이 작용하면 피스톤 로드 베어링이 빨리 마모된다.

7. 점성계수의 단위로 옳은 것은? [19-2]
① kgf · m ② kgf/cm²
③ kgf · s/m² ④ kgf/s · m⁴

8. 고압 소용량 펌프 및 저압 대용량 펌프와 릴리프 밸브, 무부하 밸브, 체크 밸브를 1개의 본체에 조합시킨 펌프로 오일의 온도 상승을 방지하는 효율적인 펌프이나 가격이 고가이고 체적이 큰 단점이 있는 펌프는? [09-1]
① 다단 펌프 ② 다련 펌프
③ 기어 펌프 ④ 복합 펌프

해설 복합 베인 펌프(combination vane pump) : 고압 소용량 펌프로 저압 대용량 펌프와 릴리프 밸브, 언로드 밸브, 체크 밸브를 1개의 본체에 조합시킨 펌프이다. 압력 제어가 자유롭고 온도 상승을 방지할 수 있으나 가격이 비싸고 체적이 크다.

9. 전진 및 후진 완료 위치에서 가해지는 충격을 방지하기 위한 유압 실린더는? [20-3]
① 충격 실린더
② 탠덤 실린더
③ 양로드 실린더
④ 쿠션 내장형 실린더

해설 쿠션 내장형 실린더는 충격 방지용 실린더이다.

10. 어큐뮬레이터의 용도로 적합하지 않은 것은? [08-1, 12-1, 19-1]
① 압력 증대용
② 에너지 축적용
③ 펌프 맥동 완화용
④ 충격 압력의 완충용

해설 압력 증대용 기기는 증압기이다.

11. 다음 유압 밸브에서 알 수 없는 것은? [06-1, 11-3, 18-1]

① 3위치 ② 4포트
③ 개스킷 ④ 오픈 센터

해설 이 밸브는 센터 4port 3way 밸브로 open center 타입이다.

12. 자동 제어의 분류 중에 폐루프 제어에 해당되는 내용으로 적합한 것은? [16-3]
① 시퀀스 제어 시스템이다.
② 피드백(feed back) 신호가 요구된다.
③ 출력이 제어에 영향을 주지 않는다.
④ 외란에 대한 영향을 고려할 필요가 없다.

13. 구조는 간단하나 잔류 편차가 생기는 제어 요소는? [07-1, 10-1, 10-3, 18-1]
① 적분 제어 ② 미분 제어
③ 비례 제어 ④ 온/오프 제어

해설 비례 제어 : 압력에 비례하는 크기의 출력을 내는 제어 동작을 비례 동작(proportional action) 또는 P 동작이라

정답 6. ① 7. ③ 8. ④ 9. ④ 10. ① 11. ③ 12. ② 13. ③

한다. 조절계의 출력값은 제어 편차에 대응하여 특정한 값을 취하므로 편차 0일 때의 출력값에 상당하는 조작량에 의해 제어량이 목표값에 일치되지 않는 한 잔류 편차가 발생한다.

14. 계전기(relay) 접점의 불꽃을 소거할 목적으로 사용하는 반도체 소자는 어느 것인가? [08-3, 09-2, 15-1, 16-3]
① 배리스터　　② 서미스터
③ 터널 다이오드　④ 버랙터 다이오드

해설 DC 전자석을 이용하는 기기를 사용할 때는 스파크가 발생되지 않도록 스파크 방지 회로를 채택해 주어야 한다. 그 방법에는 저항 이용법, 저항과 커패시터의 조합 방법, 다이오드 사용법, 제너 다이오드 사용법, 배리스터 사용법 등이 있다.

15. 다음 중 오실로스코프로 측정할 수 없는 것은? [09-1, 12-1]
① 주파수　　② 전압
③ 위상　　　④ 임피던스

해설 오실로스코프는 일반 계기로는 측정할 수 없는 주파수, 펄스 전압, 충격성 전압, 주기, 파형 등을 측정할 수 있는 계기이다.

16. 만능 회로 시험기를 사용하여 AC 전압에 관련된 시험 측정의 설명 중 틀린 것은?
① 저압 전로 개폐기 차단 후 정전 확인한다.
② 감전 재해 조사 시 인체 접촉부(두 지점 사이)의 전압(전위차)을 측정한다.
③ 교류 아크 용접기는 2차 측 무부하 전압을 측정한다.
④ 검사 대상 설비의 출력 전압을 측정한다.

해설 검사 대상 설비의 입력 전압 측정

17. 센서 선정 시 고려해야 할 기본사항으로 틀린 것은? [18-2]
① 정밀도　　② 응답 속도
③ 검출 범위　④ 폐기 비용

해설 센서에 요구되는 특성

항목	내용
특성	검출 범위, 감도 검출 한계, 선택성, 구조의 간략화, 과부하 보호, 다이내믹 레인지, 응답 속도, 정도, 복합화, 기능화
신뢰성	내환경성, 경시 변화, 수명
보수성	호환성, 보수, 보존성
생산성	제조 산출률, 제조 원가

18. 다음 중 접지선의 색은? [15-1]
① 청색　　② 적색
③ 황색　　④ 녹색

19. 직류 전동기의 회전수를 일정하게 유지하기 위해 전압을 변화시킨다. 이때 회전수는 자동 제어계의 구성에서 무엇과 같은가? [05-1]
① 제어 대상　② 제어량
③ 조작량　　④ 입력값

20. 다음 중 직류 전동기의 과열의 원인이 아닌 것은? [11-1, 14-2]
① 퓨즈의 융단　② 베어링 조임 과다
③ 전동기 과부하　④ 브러시 압력 과다

해설 직류 전동기 과열의 원인
㉠ 과부하
㉡ 스파크
㉢ 베어링 조임 과다
㉣ 코일 단락
㉤ 브러시 압력 과다

정답　14. ①　15. ④　16. ④　17. ④　18. ④　19. ②　20. ①

2과목　설비 진단 및 관리

21. 설비 진단 기술의 목적으로 틀린 것은?　[17-3]
① 설비의 상태를 파악한다.
② 설비의 미래 상태를 예측한다.
③ 설비를 분해하여 열화를 찾는다.
④ 설비의 이상이나 고장의 원인을 파악한다.

22. 진동 에너지를 표현하는데 가장 적합한 것은?　[07-3, 14-3]
① 피크값　② 평균값　③ 실효값　④ 최댓값

해설 실효값(rms) : 시간에 대한 변화량을 고려하고, 에너지량과 직접 관련된 진폭을 표시하는 것으로 진동의 에너지를 표현하는데 가장 적합한 값이다. 정현파의 경우는 피크값의 $\frac{1}{\sqrt{2}}$배이다.

23. 다음 중 가속도 센서로 가장 널리 사용되는 형식은?　[10-3]
① 압전형 가속도 센서
② 와전류형 가속도 센서
③ 용량형 가속도 센서
④ 광학형 가속도 센서

해설 와전류식, 전자광학식, 정전 용량식은 변위 센서이다.

24. 진동 센서를 설비에 설치하는 경우 정확도와 장기성 안정성이 가장 좋은 설치 방법은?　[17-2]
① 자석 고정　② 밀랍 고정
③ 나사 고정　④ 에폭시 고정

해설 가속도 센서 부착 방법을 공진 주파수 영역이 넓은 순서로 나열하면 나사＞에폭시 시멘트＞밀랍＞자석＞손이다.

25. 소음의 물리적인 성질에 대한 설명 중 올바른 것은?　[09-3, 11-3]
① 음원에서 모든 방향으로 동일한 에너지를 방출할 때 발생하는 파는 정재파이다.
② 대기 온도차에 의한 음의 굴절은 온도가 높은 쪽으로 굴절한다.
③ 음파가 한 매질에서 다른 매질로 통과할 때 구부러지는 현상을 음의 회절이라 한다.
④ 서로 다른 파동 사이의 상호 작용은 음의 간섭이다.

해설 음원에서 모든 방향으로 동일한 에너지를 방출할 때 발생하는 파는 구형파이고, 대기 온도차에 의한 음의 굴절은 온도가 낮은 쪽으로 굴절하며, 음파가 한 매질에서 다른 매질로 통과할 때 구부러지는 현상은 음의 굴절이라 한다.

26. 진동 차단기의 기본 요구 조건과 가장 거리가 먼 것은?　[12-2, 19-2]
① 온도, 습도, 화학적 변화 등에 견딜 수 있어야 한다.
② 강성을 충분히 크게 하여 차단 능력이 있어야 한다.
③ 차단기의 강성은 그에 부착된 진동 보호 대상체의 구조적 강성보다 작아야 한다.
④ 차단기의 강성은 차단하려는 진동의 최저 주파수보다 작은 고유 진동수를 가져야 한다.

해설 강성은 충분히 작아서 차단 능력이 있어야 한다.

27. 다음 중 진동 소음에 관한 설명으로 옳은 것은?　[14-1, 20-2]
① 소음은 진동과 전혀 상관없다.
② 공진은 고유 진동수와 상관없다.
③ 투과 손실은 반사값만 계산한다.

정답　21. ③　22. ③　23. ①　24. ③　25. ④　26. ②　27. ④

④ 이론상으로 차음벽 무게를 2배 증가시키면 투과 손실은 6 dB 증가한다.

[해설] 이론상으로 차음벽 무게를 2배 증가시키면 투과 손실은 6 dB 증가하나 실제로는 4~5 dB 증가한다.

28. 다음 중 회전기계에서 발생하는 진동을 측정하는 경우 측정 변수를 선정하는 내용에 대한 설명으로 맞는 것은? [09-1]

① 낮은 주파수에서는 가속도, 중간 주파수에서는 속도, 높은 주파수에서는 변위를 측정 변수로 한다.
② 진동 에너지나 피로도가 문제가 되는 경우 측정 변수는 속도로 한다.
③ 주파수가 낮을수록 가속도의 검출 감도가 높아진다.
④ 주파수가 높을수록 변위의 검출 감도가 높아진다.

[해설] ㉠ 낮은 주파수에서는 변위를, 중간 주파수에서는 속도를, 높은 주파수에서는 가속도를 측정 변수(parameter)로 한다.
㉡ 주파수가 낮을수록 변위의 검출 감도가 높아지며, 주파수가 높을수록 가속도의 검출 감도가 높아진다.

29. 윤활 상태를 표현하는 유체 윤활에 대한 설명으로 적합한 것은? [13-2]

① 유막에 의하여 윤활면이 완전히 분리되어 베어링 간극 중에서 균형을 이루는 상태
② 유온 상승 혹은 하중의 증가로 점도가 떨어져 유압만으로 하중을 지탱할 수 없는 상태
③ 유막이 파괴되어 금속 간의 접촉이 일어나는 상태
④ 금속에 융착과 소부 현상이 발생하여 극압제인 유기 화합물의 첨가가 필요한 상태

30. 패킹을 저널에 가볍게 접촉시켜 급유하는 방법으로 모세관 현상을 이용하여 윤활시키며 윤활유를 순환시켜 사용하는 급유 방법은? [18-2]

① 손 급유법
② 패드 급유법
③ 적하 급유법
④ 가시 부상 유적 급유법

[해설] 패드 급유법(pad oiling) : 패킹을 가볍게 저널에 접촉시켜 급유하는 방법으로 모사(毛絲) 급유법의 일종이며, 패드의 모세관 현상에 의하여 각 윤활 부위에 직접 접촉하여 공급하는 형태의 급유 방식으로 경하중용 베어링에 많이 사용된다.

31. 설비 관리 기능을 일반 관리 기능, 기술 기능, 실시 기능 및 지원 기능으로 분류할 때 일반 관리 기능이라고 볼 수 없는 것은 어느 것인가? [09-1]

① 보전 정책 결정 및 보전 시스템 수립
② 자산 관리와 연동된 설비 관리 시스템 수립
③ 보전 업무의 경제성 및 효율성 분석
④ 측정 보전 업무 분석 및 보전 기술 개발

[해설] 일반 관리 기능
㉠ 보전 정책 기능
㉡ 보전 조직과 시스템 수립
㉢ 보전 업무의 일정 계획 및 통제
㉣ 보전 요원의 교육 훈련 및 동기 부여
㉤ 보전 자재 관리 및 공구와 보전 설비의 대체 분석
㉥ 보전 업무를 위한 외주 관리
㉦ 공급망 관리(supply chain management)에서의 설비 역할 규명

[정답] 28. ② 29. ① 30. ② 31. ④

ⓘ 자산 관리와 연동된 설비 관리 시스템 수립
ⓙ 예산 관리
ⓚ 보전 전산화 계획 및 관리
ⓕ 보전 업무의 경제성 및 효율성 분석·측정 및 평가
ⓔ TPM에 대한 추진 및 지원

32. 다음 중 설비 관리 업무의 특징으로 거리가 먼 것은? [04-3]
① 작업량의 변동이 크다.
② 다직종에 걸쳐 숙련된 노동력이 필요하다.
③ 전문 기술을 갖춘 기술자가 필요하다.
④ 생산 설비를 관리하기 위한 숙련된 작업자가 필요하다.

해설 설비 관리 업무의 특징
㉠ 휴지 공사나 신·증설 공사 등 작업량의 변동이 크다.
㉡ 배관, 용접, 전기 등 여러 직종에 걸쳐 경험이 풍부한 숙련 노동력을 필요로 한다.
㉢ 기계, 전기, 계장, 토건, 화학 등 많은 전문 기술을 갖춘 기술자를 필요로 한다.

33. 제품의 크기, 무게 및 기타 특성 때문에 제품 이동이 곤란한 경우에 생기는 배치 형태로 자재, 공구, 장비 및 작업자가 제품이 있는 장소로 이동하여 작업을 수행하는 설비 배치의 형태는? [13-3, 18-1]
① 공정별 배치
② 제품별 배치
③ 혼합형 배치
④ 제품 고정형 배치

해설 제품 고정형 배치(fixed position layout) : 주 재료와 부품이 고정된 장소에 있고 사람, 기계, 도구 및 기타 재료가 이동하여 작업이 행하여진다.

34. 유용도는 부하 시간에서 설비가 실제로 얼마나 가동되는가를 나타내는 것으로 설비의 고유 유용도(inherent availability)라고 한다. 다음 중 유용도 함수(A)를 정확히 나타낸 수식은 어느 것인가? (단, MTTR = mean time to repair, MTBF = mean time between failure, MTBM = mean time between maintenance, MTFF = mean time to first failure이다.) [13-3]

① $A = \dfrac{MTTR}{MTTR+MTBF}$

② $A = \dfrac{MTFF}{MTFF+MTTR}$

③ $A = \dfrac{MTBF}{MTBF+MTTR}$

④ $A = \dfrac{MTBM}{MTBM+MTTR}$

35. 다음 중 설비 투자의 합리적인 투자 결정에 필요한 경제성 평가 방법이 아닌 것은? [10-1, 12-1, 17-2]
① MAPI법
② 자본 회수법
③ 비용 비교법
④ 처분 가치법

해설 처분 가치법은 설비 투자의 경제성 평가 방법이 아니다.

36. 다음 그림과 같은 보전 조직은? [18-1]

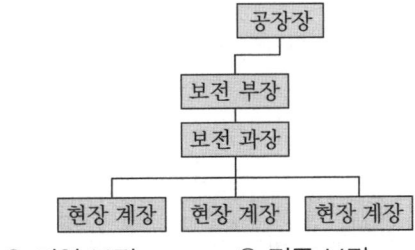

① 지역 보전
② 집중 보전
③ 부문 보전
④ 절충 보전

정답 32. ④ 33. ④ 34. ③ 35. ④ 36. ②

해설 집중 보전(central main) : 모든 보전 작업 및 보전원을 한 관리자 밑에 두며, 보전 현장도 한 곳에 집중된다. 또한 설계나 공사 관리, 예방 보전 관리 등이 한 곳에서 집중적으로 이루어진다.

37. 설비의 열화 현상의 종류 중 방치에 의한 녹 발생, 절연 저하 등 재질 노후화에 의해 발생되는 열화는? [10-3, 16-1]
① 사용 열화 ② 자연 열화
③ 재해 열화 ④ 강제 열화

해설 자연 열화 : 방치에 의한 녹 발생, 방치에 의한 절연 저하 등 재질 노후화

38. 보전용 상비품의 품목 결정 요인으로 옳지 않은 것은? [09-2]
① 여러 공정의 부품에 공통적으로 사용될 것
② 사용량이 비교적 적으며 일시적으로 사용될 것
③ 단가가 낮을 것
④ 보관에 지장이 없을 것

해설 사용량이 많고 계속적으로 사용되는 부품일 것

39. 다음 중 자재를 취급하는데 공간적인 면에서 가장 유연성이 우수한 장비는? [14-2]
① 자동 저장/반출 시스템(AS/RS)
② 호이스트(hoist)
③ 무인 반송차(AGV)
④ 팰릿 트럭(pallet truck)

해설 팰릿 트럭은 작업자가 걷거나 탈 수 있고 유연성이 우수한 자재 취급 장비이다.

40. 로스 계산 방법 중 설비의 종합 이용 효율과 관계가 가장 먼 것은? [17-1]

① 양품률 ② 에너지 효율
③ 시간 가동률 ④ 성능 가동률

3과목 기계 보전, 용접 및 안전

41. 다음 중 설계 불량에 속하는 것은 어느 것인가? [02-3]
① 급유 불량 ② 휜 축 사용
③ 재질 불량 ④ 끼워 맞춤 불량

해설 축 고장의 설계 불량 원인과 대책

직접 원인	주요 원인	조치 요령
재질 불량	마모, 휨은 단시간에 피로 파괴 발생	재질 변경 (주로 강도)
치수 강도 부족	마모, 휨은 단시간에 피로 파괴 발생	크기 변경
형상 구조 불량	노치 또는 응력 집중에 의한 파단	노치부 형상 개선
	한쪽으로 치우침, 발열 파단	개선

42. 기어의 모듈이 M, 잇수를 Z라고 할 때 피치원 지름 D[mm]를 구하는 공식은 어느 것인가? [16-3]

① $D = \dfrac{Z}{M}$ ② $D = MZ$

③ $D = \dfrac{Z}{\pi M}$ ④ $D = \dfrac{\pi Z}{M}$

해설 이 크기 기준의 상호 관계
㉠ $D[\text{mm}] = 25.4 D_{in}$
㉡ $P = \dfrac{\pi D}{Z}[\text{mm}]$ 또는 $P = \dfrac{\pi D_{in}}{Z}$
㉢ $M = \dfrac{D}{Z}$ 또는 $M = \dfrac{25.4 D_{in}}{Z}$

정답 37. ② 38. ② 39. ④ 40. ② 41. ③ 42. ②

㉣ $D_P = \dfrac{Z}{D_{in}}$ 또는 $D_P = \dfrac{25.4Z}{D}$

   여기서, D : 피치원 지름(mm), D_{in} : 피치원 지름(in), Z : 이의 수, M : 모듈, P : 원주 피치, D_P : 지름 피치

43. 관의 직경이 비교적 크고, 내압이 비교적 높은 경우에 사용되며, 분해 조립이 편리한 관 이음은? [09-2, 11-2, 15-3, 19-2]
① 나사 이음   ② 용접 이음
③ 플랜지 이음 ④ 턱걸이 이음

해설 플랜지 이음
 ㉠ 부어 내기 플랜지 : 주철관이며, 관과 일체로 플랜지를 주물로 부어 내서 만들어 진 것이다.
 ㉡ 나사형 플랜지 : 관용 나사로 플랜지를 강관에 고정하는 것이며, 지름 200mm 이하의 저압 저온 증기나 약간 고압 수관에 쓰인다.
 ㉢ 용접 플랜지 : 용접에 의해 플랜지를 관에 부착하는 방법이며 맞대기 용접식, 꽂아 넣기 용접식 등이 있다.
 ㉣ 유합(遊合) 플랜지 : 강관, 동관, 황동관 등의 끝 부분의 넓은 부분을 플랜지로 죄는 방법이다.

44. 다음 중 기어 펌프의 특징으로 맞는 것은? [09-3, 18-3]
① 효율이 낮다.
② 소음과 진동이 적다.
③ 기름 속에 기포가 발생하지 않는다.
④ 점성이 큰 액체에서는 회전수를 크게 해야 한다.

해설 기어 펌프 : 유압 펌프로 사용할 수 있으나 효율이 낮고 소음과 진동이 심하며 기름 속에 기포가 발생한다는 결점이 있다. 보통 송출량 2~5m³/h, 모듈 3~5를 사용하고, 회전수 900~1200rpm의 윤활유 펌프에 많이 이용되고 있으며 점성이 큰 액체에서는 회전수를 적게 해야 한다.

45. 보통 PIV라고도 하며 한 쌍의 베벨 기어에 강제 링크 체인을 연결하여 유효 반경을 바꿈으로써 회전수를 조절하는 무단 변속기는? [11-3, 16-3]
① 벨트형 무단 변속기
② 체인형 무단 변속기
③ 링크형 무단 변속기
④ 디스크형 무단 변속기

해설 체인형은 무단 변속기 중에서 고토크 전달이 가능하다.

46. 원심형 통풍기의 정기 검사 항목에 해당되지 않는 것은? [15-2]
① 풍속과 흡기 온도
② 흡기·배기의 능력
③ 통풍기의 주유 상태
④ 덕트 접촉부의 풀림

해설 원심형 통풍기의 정기 검사 항목
 ㉠ 후드 덕트의 마모, 부식, 움푹 패임, 기타의 손상 유무 및 그 정도
 ㉡ 덕트 배풍기의 먼지 퇴적 상태
 ㉢ 통풍기의 주유 상태
 ㉣ 덕트 접촉부의 풀림
 ㉤ 통풍기 벨트의 작동
 ㉥ 흡기·배기의 능력
 ㉦ 여포식 제진 장치에서는 여포의 파손 또는 풀림
 ㉧ 기타 성능 유지상의 필요사항

정답 43. ③   44. ①   45. ②   46. ①

47. 회전축의 흔들림 점검, 공작물의 평형도 측정 및 표준과의 비교 측정에 이용되는 측정기기는? [07-3, 08-1]
① 스트레인 게이지 ② 다이얼 게이지
③ 서피스 게이지 ④ 게이지 블록

해설 다이얼 게이지는 랙과 기어의 운동을 이용하여 작은 길이를 확대하여 표시하게 된 비교 측정기이며, 회전체나 회전축의 흔들림 점검, 공작물의 평행도 및 평면 상태의 측정, 표준과의 비교 측정 및 제품 검사 등에 사용된다.

48. 드릴링 머신에 의해 접시 머리 나사의 머리 부분이 묻히도록 원뿔 자리를 만드는 작업은?
① 스폿 페이싱 ② 카운터 싱킹
③ 보링 ④ 태핑

해설 ㉠ 스폿 페이싱 : 너트 또는 볼트 머리와 접촉하는 면을 고르게 하기 위하여 깎는 작업
㉡ 보링 : 드릴을 사용하여 뚫은 구멍이나 이미 만들어진 구멍을 넓히는 작업
㉢ 태핑 : 드릴을 사용하여 뚫은 구멍의 내면에 탭을 사용하여 암나사를 가공하는 작업

49. 가열 끼워 맞춤 작업의 설명으로 잘못된 사항은? [09-1]
① 가열 시에는 골고루 서서히 가열한다.
② 가열할 때는 200~250℃ 이하로 가열한다.
③ 베어링은 120℃ 이상 가열해서는 안 된다.
④ 조립 후 죔새를 유지하기 위해 급랭한다.

해설 둘레에서 중심으로 서서히 균일하게 가열하고 조립 후 냉각할 때 급랭해서는 안 된다.

50. 다음 중 기어에 대하여 올바르게 설명한 것은? [10-4]
① 하이포이드 기어는 두 축의 중심선이 서로 교차한다.
② 웜 기어는 역회전이 가능하며 소음과 진동이 적다.
③ 피치면이 평행인 베벨 기어를 크라운 기어라고 한다.
④ 스큐 기어는 큰 힘을 전달하는데 적합하다.

해설 하이포이드 기어는 두 축이 평행하지도 않고 만나지도 않는 경우이며, 웜 기어는 소음과 진동이 적고 역전을 방지하는 기능이 있다. 스큐 기어는 큰 힘을 전달하는데 적합하지 않다.

51. 용접 용어 중 용착부를 만들기 위해 녹여서 첨가하는 금속을 무엇이라 하는가?
① 용제
② 용접 금속
③ 용가제
④ 덧살

해설 융착 금속을 만들기 위해 녹여서 첨가하는 금속은 용가제이다.

52. 서브머지드 아크 용접(SAW)의 단점으로 틀린 것은?
① 아크가 보이지 않으므로 용접의 좋고 나쁨을 확인하면서 용접할 수가 없다.
② 일반적으로 용입이 깊으므로 요구되는 용접 홈 가공의 정도가 심하다.
③ 용입이 크므로 모재의 재질을 신중하게 선택한다.
④ 특수한 장치를 사용하지 않는 한 용접 자세가 아래보기, 수직, 수평 필릿에 한정된다.

정답 47. ② 48. ② 49. ④ 50. ③ 51. ③ 52. ④

해설 서브머지드 아크 용접의 특징
㉠ 용융 속도 및 용착 속도가 빠르며 용입이 깊다.
㉡ 특수한 지그를 사용하지 않는 한 아래보기나 수평 필릿에 한정된다.
㉢ 불가시 용접으로 용접 도중 용접 상태를 육안으로 확인할 수 없다.
㉣ 용접선의 길이가 짧거나 복잡한 곡선에는 비능률적이다.
㉤ 유해광선 발생이 적다.
㉥ 개선각을 작게 하여 용접의 패스수를 줄일 수 있다.
㉦ 열에너지의 손실이 적어 후판 용접에 적합하다.

53. MIG 용접 시 사용되는 전원은 직류의 무슨 특성을 사용하는가?
① 수하 특성
② 동전류 특성
③ 정전압 특성
④ 정극성 특성

해설 MIG 용접은 직류 역극성을 이용한 정전압 특성의 직류 용접기를 사용한다.

54. CO_2 용접 토치 부속 장치의 연결 순서로 맞는 것은?
① 노즐 → 팁 → 절연관 → 가스 디퓨저 → 토치 바디
② 노즐 → 팁 → 가스 디퓨저 → 절연관 → 토치 바디
③ 노즐 → 절연관 → 팁 → 가스 디퓨저 → 토치 바디
④ 팁 → 절연관 → 노즐 → 가스 디퓨저 → 토치 바디

해설 CO_2 용접 토치 부속 장치의 연결은 끝에서부터 노즐 → 팁 → 절연관 → 가스 디퓨저 → 토치 바디 순서이다.

55. 비드 바로 밑에서 용접선과 평행하게 모재 열 영향부에 발생하는 균열은?
① 층상 균열
② 비드 밑 균열
③ 크레이터 균열
④ 라미네이션 균열

해설 비드 밑 균열 : 저합금의 고장력강에 쉽게 발생하며 용접 비드 바로 밑에서 용접선과 근접하여 거의 평행하게 모재 열 영향부에 발생하는 균열

56. 맞대기 용접 이음에서 각 변형이 가장 크게 나타날 수 있는 홈의 형상은?
① H형   ② V형
③ X형   ④ I형

해설 V형 홈 가공은 비교적 쉬우나 판의 두께가 두꺼워지면 용착 금속의 양이 증가하고 각 변형이 발생될 위험이 있어 판재의 두께에 따른 홈 선택에 신중해야 한다.

57. 교류 아크 용접기의 방호 장치는?
① 급정지 장치   ② 자동 전격 방지기
③ 비상 정지 장치   ④ 리밋 스위치

해설 전격 방지기는 용접기의 무부하 전압을 25~30V 이하로 유지하고, 아크 발생 시에는 언제나 통상 전압(무부하 전압 또는 부하 전압)이 되며, 아크가 소멸된 후에는 자동적으로 전압을 저하시켜 감전을 방지하는 장치이다.

58. 안전 표지 중 응급 치료소, 응급 처치용 장비를 표시하는 색은?
① 적색   ② 백색
③ 녹색   ④ 흑색

해설 녹색 : 안전 위생 표식

정답 53. ③ 54. ① 55. ② 56. ② 57. ② 58. ③

59. 다음 중 1mm 두께의 보통 유리로 차단할 수 있는 것은?
① 300μm 이하의 자외선
② 300~400μm의 자외선
③ 400~700μm의 가시광선
④ 700~4000μm의 자외선

해설 300μm 이하의 자외선과 4000μm 이상의 적외선은 1mm 두께의 보통 유리로 차단된다. 따라서, 이를 목적으로 보통 유리를 차광 렌즈 또는 플레이트와 같이 사용하는 것이다.

60. ILO 기준에 적합한 안전대의 규격 기준은?
① 폭 10cm, 두께 5mm, 파단강도 1100kgf
② 폭 11cm, 두께 6mm, 파단강도 1150kgf
③ 폭 12cm, 두께 6mm, 파단강도 1200kgf
④ 폭 12cm, 두께 6mm, 파단강도 1150kgf

해설 ④의 규격에 맞아야 하고, 끈은 상질의 마닐라 로프 또는 동등 이상의 강도를 지닌 재료로서 1150kgf의 최대 파단강도를 지녀야 한다.

정답 59. ① 60. ④

설비보전산업기사 필기

제8회 CBT 대비 실전문제

1과목 　공유압 및 자동 제어

1. 압축공기가 가지고 있는 특징을 설명한 것이다. 맞지 않는 것은?　　[07-3]
① 비압축성이다.
② 난연성이다.
③ 저장성이 좋다.
④ 공기 중으로 배출할 수 있다.

해설 공압은 압축성 때문에 균일한 속도를 얻을 수 없다.

2. 일반적으로 압축기에서 압축의 정도를 나타낼 때에는 흡입 공기 압력과 배출 공기 압력의 비를 사용한다. 압축기는 얼마의 압력비로 압축된 것을 말하는가?　　[07-3]
① 0.1~0.3　　② 0.5~1.1
③ 1.3~1.8　　④ 2.0 이상

해설 압력비 = $\dfrac{토출\ 절대\ 압력}{흡입\ 절대\ 압력}$

3. 다음 중 공압 포핏식 밸브의 단점으로 옳은 것은?　　[09-1, 14-1]
① 이물질의 영향을 잘 받는다.
② 윤활이 필요하고 수명이 짧다.
③ 짧은 거리에서 개폐를 할 수 있다.
④ 다방향 밸브일 때는 구조가 복잡하다.

해설 포핏 밸브(poppet valves)
㉠ 구조가 간단하여 이물질의 영향을 잘 받지 않는다.
㉡ 짧은 거리에서 밸브의 개폐를 할 수 있다.
㉢ 시트(seat)는 탄성이 있는 실에 의해 밀봉되기 때문에 공기가 새어나가기 어렵다.
㉣ 활동부가 없어 윤활이 불필요하고 수명이 길다.
㉤ 공급 압력이 밸브에 작용하기 때문에 큰 변환 조작이 필요하다.
㉥ 다방향 밸브로 되면 구조가 복잡하게 된다.

4. 공기 저장 탱크의 기능 중 잘못된 것은?
① 저장 기능　　　　　　　　　　[13-2]
② 냉각 효과에 의한 수분 공급
③ 공기 압력의 맥동을 제거
④ 압력 변화를 최소화

해설 공기 저장 탱크는 수분을 포함한 드레인을 공기와 분리하여 제거시킬 수 있다.

5. 다음 회로의 속도 제어 방식으로 옳은 것은?　　[17-2]

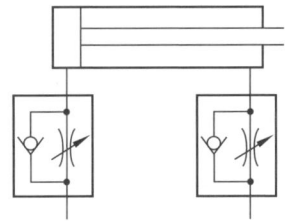

① 전진 시 미터 인, 후진 시 미터 인 제어 회로
② 전진 시 미터 인, 후진 시 미터 아웃 제어 회로

정답 1. ①　2. ④　3. ④　4. ②　5. ④

③ 전진 시 미터 아웃, 후진 시 미터 인 제어 회로
④ 전진 시 미터 아웃, 후진 시 미터 아웃 제어 회로

6. 공압 배관 연결 작업이나 용접 작업 시 발생되는 이물질이 공압 시스템으로 유입되어 고장이 발생하는데, 이로 인한 고장으로 가장 거리가 먼 것은? [14-3]
① 압력 스프링 손상으로 누설이 생긴다.
② 슬라이드 밸브의 고착 현상이 생긴다.
③ 포핏 밸브의 시트부에 융착되어 누설이 생긴다.
④ 유량 제어 밸브에 융착되어 속도 제어를 방해한다.

7. 유체의 흐름은 층류와 난류가 있다. 배관 내에서 유체 흐름의 형태를 결정짓는 것은? [20-3]
① 레이놀즈 수
② 베르누이 정리
③ 파스칼의 원리
④ 토리첼리의 정리

해설 난류는 유체의 레이놀즈 수가 큰 경우, 즉 점성계수가 작고 유속이 굵은 관을 흐를 때 일어나기 쉬우며, 에너지를 많이 소비한다. 층류는 유체의 동점도가 크고 유속이 비교적 작으며 가는 관이나 좁은 틈새를 통과할 때, 레이놀즈 수가 작을 때, 즉 점성계수가 큰 경우 잘 일어나며, 유체의 점성만이 압력 손실의 원인이 된다.

8. 유압 제어 밸브 중 회로의 최고 압력을 제한하는 밸브는? [18-3]
① 감압 밸브
② 릴리프 밸브
③ 시퀀스 밸브
④ 카운터 밸런스 밸브

해설 릴리프 밸브 : 실린더 내의 힘이나 토크를 제한하여 부품의 과부하(over load)를 방지하고 최대 부하 상태로 최대의 유량이 탱크로 방출되기 때문에 작동 시 최대의 동력이 소요된다.

9. 유압을 피스톤의 한쪽 면에만 공급해 주는 실린더는? [12-3, 16-1]
① 복동 실린더
② 단동 실린더
③ 탠덤 실린더
④ 양로드 실린더

10. 다음 중 유압 작동유의 구비 조건으로 맞는 것은? [06-1]
① 압축성일 것
② 녹이나 부식의 발생을 촉진시킬 것
③ 적당한 유막 강도를 가질 것
④ 휘발성이 좋을 것

11. 다음 유압 회로의 명칭은? [11-3]

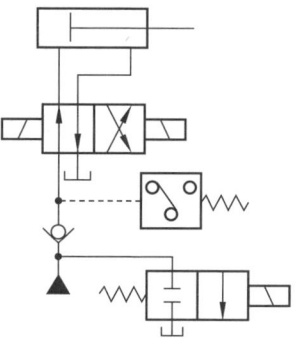

① 최대 압력 제한 회로
② 단락에 의한 무부하 회로
③ Hi-Lo에 의한 무부하 회로
④ 탠덤 센터 밸브에 의한 무부하 회로

정답 6. ① 7. ① 8. ② 9. ② 10. ③ 11. ②

12. 유압 펌프가 기름을 토출하지 못하고 있다. 점검항목이 아닌 것은? [08-1]
① 오일 탱크에 규정량의 오일이 있는지 확인
② 흡입 측 스트레이너 막힘 상태
③ 유압 오일의 점도
④ 릴리프 밸브의 압력 설정

해설 릴리프 밸브가 잠겨 있는 경우 유압 토출이 안 된다.

13. 단위 계단 함수 $u(t)$의 라플라스 변환은 어느 것인가? [11-2]
① e ② $\frac{1}{s}e$ ③ $\frac{1}{e}$ ④ $\frac{1}{s}$

해설 $F(s) = \int_0^\infty e^{-st} u(t) dt$
$= -\frac{1}{s}[e^{-st}]_0^\infty = \frac{1}{s}$

14. 다음 공구 중 조립용 공구가 아닌 것은?
① 드라이버 [09-2, 12-2]
② 기어 풀러
③ 스패너
④ 파이프 렌치

해설 기어 풀러는 분해용 공구이다.

15. 절연 저항기의 사용법 중 틀린 것은?
① 사용 전압보다 낮은 외부 전압을 인가하여 발생하는 누설 전류를 역으로 계산하여 저항으로 표시
② 전원 미차단 시에는 측정 회로에 계측기에서 발생한 전압의 인가 불가
③ 전원이 인가되지 않은 상태에서만 절연저항 측정이 가능하므로 반드시 전원을 차단한 상태에서 측정
④ 계측기 발생 전압이 DC 500V 이상이므로 인체에 직접 접촉 금지

해설 외부 전원이 인가되지 않은 전로의 대지 간에 사용 전압보다 높은 외부 전압 DC 500V 또는 1000V 계측기에서 인가하여 발생하는 누설 전류를 역으로 계산하여 저항으로 표시

16. 계측계의 동작 특성 중 다음 그림과 같이 시간 지연에 의해 임의의 순간에 입력 신호값과 출력 신호값의 차(E)가 발생하는 동특성은? (단, I: 입력 신호, M: 출력 신호) [10-1]

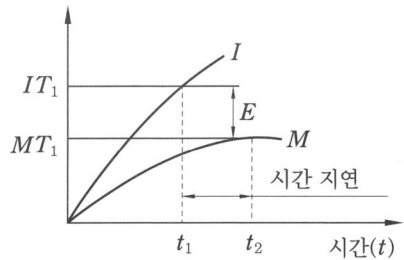

① 시간 지연과 동오차
② 시간 지연과 정오차
③ 히스테리시스 오차
④ 입출력 신호의 직선성

해설 동오차 : 임의의 순간에 참값과 지싯값 사이의 차

17. 열전대에 사용하는 열전쌍의 조합이 틀린 것은? [12-1, 12-2, 14-2, 15-3, 19-2]
① 구리-백금
② 철-콘스탄탄
③ 크로멜-알루멜
④ 크로멜-콘스탄탄

해설 열전쌍의 조합 : 백금-로듐, 크로멜-알루멜, 철-콘스탄탄, 구리-콘스탄탄, 크로멜-콘스탄탄 등

정답 12. ④ 13. ④ 14. ② 15. ① 16. ① 17. ①

18. 0~5V 사이의 아날로그 입력을 8bit 출력으로 변환할 때 아날로그 입력이 2V라면 디지털 출력값은 얼마인가? [13-3]

① 20　② 51　③ 102　④ 204

해설 8bit 사용 시 분해능=2^8=256이며, 최댓값인 5V까지 변환하기 위한 최소 전압값의 범위=$\frac{5}{256}$=0.01953V이 되고 입력 2V를 나타내기 위해서는 $\frac{2}{0.01953}$≒102.4가 된다.

19. 산업용 로봇의 관절기구같이 임의의 회전각을 제어하기 위하여 주로 사용되고 있는 모터는? [10-3]

① 동기 전동기　② 농형 유도 전동기
③ 스테핑 모터　④ 리니어 모터

해설 스테핑 모터는 구조가 간단하고 완전한 브리스 모터로 견고하며 신뢰성이 높고, 펄스수에 비례하는 회전 각도를 얻을 수 있다. 일정한 회전각 위치 제어가 필요한 경우 사용하며 D/A 변환기, 디지털 플로터, 정확한 회전각이 요구되는 CNC 공작기계 등에 이용되고 있다.

20. 다음 설명 중 틀린 것은? [14-2]

① 3상 유도 전동기는 운전 중 전원이 1선 단선되어도 운전이 계속된다.
② 단상 유도 전동기는 기동을 위해 보조 권선을 사용한다.
③ 콘덴서 전동기는 콘덴서에 의해 역률이 높고, 토크가 균일하며 소음이 적다.
④ 분상 기동형 단상 유도 전동기의 회전 방향 변경은 전원의 접속을 바꾼다.

해설 분상 기동형 유도 전동기(phase split start type induction motor) : 전기각이 90°인 곳에 기동형 권선을 감고 여기에 저항을 직렬로 연결하여 이의 자속에 의하여 불완전한 2상의 회전자계를 만들어 농형 회전자를 가동하는 유도 전동기로 기동 후에는 원심력 스위치가 개방된다. 단상 유도 또는 동기 전동기에서는 주 권선이나 보조 권선 어느 한쪽의 접속을 반대로 하면 회전 방향이 변경된다.

2과목　설비 진단 및 관리

21. 설비의 진단 기술 중 진동 진단 기술로 알 수 있는 것은? [10-1]

① 펌프 축의 불평형
② 윤활유의 열화
③ 전력 케이블의 절연 상태
④ 균열 및 부식

해설 진동 진단 기술은 회전기계에 생기는 각종 이상(언밸런스, 미스얼라인먼트 등)을 검출·평가한다.

22. 순간순간의 신호 레벨을 서로 더해 측정 시간으로 나눈 값은? [06-1]

① 실효값　② 편진폭값
③ 양진폭값　④ 평균값

23. 베어링이 스러스트 하중을 받고 있는 경우 진동 센서는 어느 방향으로 부착하는 것이 좋은가? [12-3]

① 수직 방향　② 수평 방향
③ 축 방향　④ 45° 방향

해설 베어링이 스러스트 하중을 받고 있는 경우 진동 센서는 축 방향에 부착되는 쪽이 감도가 좋다.

정답 18. ③　19. ③　20. ④　21. ①　22. ④　23. ③

24. dB 단위로 음압 레벨(SPL)의 정의로 맞는 것은? (단, P는 측정값, P_0는 최저 가청 압력이다.) [12-2]

① $SPL = 20\log\left(\dfrac{P}{P_0}\right)$[dB] ($P_0 = 20\mu Pa$)

② $SPL = 10\log\left(\dfrac{P}{P_0}\right)$[dB] ($P_0 = 20\mu Pa$)

③ $SPL = 20\log\left(\dfrac{P}{P_0}\right)$[dB] ($P_0 = 2\times10^{-6} N/m^2$)

④ $SPL = 10\log\left(\dfrac{P}{P_0}\right)$[dB] ($P_0 = 2\times10^{-6} N/m^2$)

25. 두 물체의 고유 진동수가 같을 때 한쪽을 울리면 다른 쪽도 울리는 현상은? [11-1]
① 음의 지향성 ② 공명
③ 맥동음 ④ 보강 간섭

해설 공명은 2개의 진동체의 고유 진동수가 같을 때 한쪽을 진동시키면, 다른 쪽도 진동하는 현상이다.

26. 팽창식 체임버의 소음 흡수 능력을 결정하는 기본 요소는? [07-1, 09-3]
① 진동비 ② 체적비
③ 면적비 ④ 소음비

해설 팽창식 체임버의 소음 흡수 능력을 결정하는 기본 요소는 면적비(m)이다.

27. 회전체의 무게 중심이 축 중심과 일치하지 않아 회전 주파수 성분이 높게 나타났을 때 발생하는 현상은? [16-3]
① 풀림
② 압력 맥동
③ 언밸런스
④ 미스얼라인먼트

28. 다음 중 회전기계에서 발생하는 진동을 측정하는 경우 측정 변수를 선정하는 내용에 대한 설명으로 맞는 것은? [20-3]
① 주파수가 높을수록 변위의 검출 감도가 높아진다.
② 진동 에너지나 피로도가 문제가 되는 경우 측정 변수는 속도로 한다.
③ 회전축의 흔들림이나 공작기계의 떨림 현상이 문제가 되는 경우 측정 변수로 가속도를 이용한다.
④ 낮은 주파수에서는 가속도, 중간 주파수에서는 속도, 높은 주파수에서는 변위를 측정 변수로 한다.

해설 ㉠ 높은 주파수에서는 가속도, 중간 주파수에서는 속도, 낮은 주파수에서는 변위를 측정 변수로 한다.
㉡ 회전축의 흔들림이나 공작기계의 떨림 현상이 문제가 되는 경우 측정 변수로 변위를 이용한다.
㉢ 주파수가 낮을수록 변위의 검출 감도가 높아지며, 주파수가 높을수록 가속도의 검출 감도가 높아진다.

29. 다음 중 동점도를 나타내는 단위로 옳은 것은? [14-2, 20-2]
① cm^2/s ② s/cm^2 ③ m/s^2 ④ s/m^2

30. 그리스의 내열성을 평가하는 기준이 되는 것은? [12-1]
① 전산가 ② 알칼리가
③ 산화 안정도 ④ 적하점

해설 적하점은 그리스의 내열성 및 사용 온도를 결정하는 기준이다.

31. 다음 중 유틸리티 설비와 관계없는 것은? [20-3]

정답 24. ① 25. ② 26. ③ 27. ③ 28. ② 29. ① 30. ④ 31. ②

① 급수 설비 ② 하역 설비
③ 수처리 시설 ④ 증기 발생 장치

해설 유틸리티란 증기, 전기, 공업 용수, 냉수, 불활성 가스, 연료 등을 말하며, 유틸리티 설비는 증기 발생 장치 및 배관 설비, 발전 설비, 공업용 원수·취수 설비, 수처리 시설(공업, 식수용 등), 냉각탑 설비, 펌프 급수 설비 및 주 배분관 설비, 냉동 설비 및 주 배분관 설비, 질소 발생 설비, 연료 저장 수송 설비, 공기 압축 및 건조 설비 등이 있다.

32. 다음 그림과 같은 설비 관리의 조직 형태는? [12-1, 18-1]

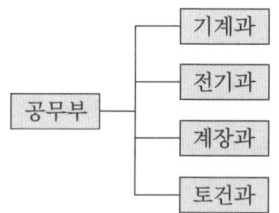

① 기능별 조직
② 대상별 조직
③ 전문 기술별 조직
④ 매트릭스(matrix) 조직

33. 설비의 정비 계획 시에 주간 보전 계획의 6S 활동이 아닌 것은? [08-1]

① 정리 ② 의식화
③ 분석 ④ 청소

해설 정기 점검은 기계 정지 중에 주로 행해지며 각종 계측기를 사용하여 설비의 정도 유지, 부품의 사전 교환을 목적으로 정비원을 중심으로 행해진다. 각 설비마다 점검표(check list)를 작성하고 그 점검 결과를 자료로 저장하여 이 자료들을 해석하고 검토하여 교환 주기, 분해 점검 주기 등을 정확히 판단해서 정비 계획을 경제성이 높게 수립하는 것이 정비원에게 부여된 중요한 임무이다. 6S 활동은 정리, 정돈, 청소, 청결, 습관화, 안전 운동을 말한다.

34. 설비 배치 계획이 필요하지 않은 것은?

① 신제품을 개발할 때 [13-2]
② 공장을 증설할 때
③ 작업 방법을 개선할 때
④ 작업장을 축소할 때

해설 설비 배치 계획이 필요한 경우
㉠ 새 공장의 건설
㉡ 새 작업장의 건설
㉢ 작업장의 확장
㉣ 작업장의 축소
㉤ 작업장의 이동
㉥ 신제품의 제조
㉦ 설계 변경
㉧ 작업 방법의 개선 등

35. 신뢰성의 평가 척도에 관한 설명으로 잘못된 것은? [13-1]

① 평균 고장 간격이란 전 고장 수에 대한 전 사용 시간의 비이다.
② 평균 고장 시간이란 사용 시간에 대한 평균 고장 시간의 비율이다.
③ 평균 고장 간격은 고장률의 역수이다.
④ 고장률은 일정 기간 중 발생하는 단위 시간당 고장 횟수이다.

해설 평균 고장 시간 : 시스템이나 설비가 사용되어 최초 고장이 발생할 때까지의 평균 시간

36. 다음 중 설비 보전 표준의 분류에 포함되지 않는 것은? [15-1, 18-2, 20-3]

① 수리 표준
② 정비 표준
③ 설비 검사 표준
④ 설비 성능 표준

해설 ㉠ 설비 성능 표준은 설비 사양서라고도 한다.
㉡ 설비 보전 표준 : 설비 열화 측정(점검 검사), 열화 진행 방지(일상 보전) 및 열화 회복(수리)을 위한 조건의 표준이다.
㉢ 설비 보전 표준의 분류
  • 설비 검사 표준
  • 보전 표준
  • 수리 표준

37. 설비의 열화 현상 중 돌발 고장의 현상이 아닌 것은? [17-1]
① 기계 축 절단
② 전기 회로 단선
③ 압축기 피스톤 링 마모
④ 과부하로 인한 모터 소손

38. 보전 자재 관리상의 특징으로 틀린 것은? [09-1, 18-1]
① 불용 자재의 발생 가능성이 적다.
② 자재 구입 품목, 구입 수량, 구입 시기 계획을 수립하기 곤란하다.
③ 보전 기술 수준 및 관리 수준이 보전 자재의 재고량을 좌우하게 된다.
④ 보전 자재의 연간 사용 빈도가 낮으며, 소비 속도가 늦은 것이 많다.

해설 보전용 자재의 관리상 특징
㉠ 보전용 자재는 연간 사용 빈도 또는 창고로부터의 불출 횟수가 적으며, 소비 속도가 늦은 것이 많다.
㉡ 자재 구입의 품목, 수량, 시기의 계획을 수립하기 곤란하다.
㉢ 보전 기술 수준 및 관리 수준이 보전 자재의 재고량을 좌우하게 된다.
㉣ 불용 자재의 발생 가능성이 크다.
㉤ 소모, 열화되어 폐기되는 것과 예비기 및 예비 부품과 같이 순환 사용되는 것이 있다.
㉥ 재고 유지비와 수리 기간 중의 정지 손실비의 합계를 최소화시키는 형식과 소재, 부품 기기 또는 완성품 중 어떤 형식으로 재고해 두는 것이 가장 경제적인가에 따라 결정한다.

39. 생산 설비나 시스템의 생애 주기 동안에 회사의 모든 조직과 기능이 설비의 효율 극대화를 위하여 추진하는 전사적인 생산 보전을 무엇이라고 하는가? [12-2]
① 6Sigma   ② PQC
③ TPM   ④ LCC

해설 종합적 생산 보전(TPM)이란 설비의 효율을 최고로 높이기 위하여 설비의 라이프 사이클을 대상으로 한 종합 시스템을 확립하고, 설비의 계획 부문, 사용 부문, 보전 부문 등 모든 부문에 걸쳐 최고 경영자로부터 제일선의 작업자에 이르기까지 전원이 참가하여 동기 부여 관리, 다시 말해서 소집단의 자주 활동에 의하여 생산 보전을 추진해 나가는 것을 말한다.

40. 설비의 만성 로스의 대책 중 잘못된 것은? [12-1]
① 현상 해석 철저
② 관리 요인계 철저한 검토
③ 요인 중 숨어 있는 결함의 표면화
④ 속도 저하 로스 극대화

해설 ㉠ 만성 로스의 대책
  • 현상의 해석을 철저히 한다.

정답 37. ③   38. ①   39. ③   40. ④

- 관리해야 할 요인계를 철저히 검토한다.
- 요인 중에 숨어 있는 결함을 표면으로 끌어낸다.

ⓒ 미소 결함을 발견하는 방법
- 원리, 원칙에 의해 다시 본다.
- 영향도에 구애받지 않는다.

3과목 기계 보전, 용접 및 안전

41. 너트 풀림 방지용으로 사용되는 와셔로 적절하지 않은 것은? [20-3]
① 사각 와셔   ② 스프링 와셔
③ 이붙이 와셔 ④ 혀붙이 와셔

해설 사각 와셔는 목재용이다.

42. 일반 산업기계에서 축의 구부러짐으로 발생하는 현상으로 볼 수 없는 것은? [14-3]
① 베어링의 발열
② 기어의 이상 마모
③ 축의 경도 저하
④ 축의 진동 및 소음

해설 축에 구부러짐이 있으면 기어에 흔들림이 발생되고 기어에 흔들림이 일어나면 진동 및 소음, 이의 이상 마모의 원인이 된다. 또한 커플링, 풀리, 스프로킷 등에서도 흔들림이 발생되어 베어링의 발열이 발생된다.

43. V벨트 풀리의 홈 각이 V벨트의 각도에 비해 작은 이유로 옳은 것은? [15-2]
① 고속 회전 시 풀리의 진동 및 소음 방지
② 미끄럼 발생 방지에 의한 동력 손실 감소
③ V벨트가 인장력을 받아 늘어났을 때 동력 손실 방지
④ 장기간 사용 시 마모에 의한 V벨트와 풀리 간 헐거움 방지

해설 V벨트가 굽혀졌을 때 단면 변화에 따른 미끄럼 발생을 방지하기 때문이다.

44. 다음은 스프링의 기능을 나타낸 것이다. 맞지 않는 것은?
① 응력 집중 완화
② 하중의 측정 및 조정
③ 에너지의 축적
④ 진동 완화와 충격 에너지 흡수

45. 배관 정비에서 누설에 관한 설명으로 틀린 것은? [13-3, 18-2]
① 나사부의 정비 등으로 탈·부착을 반복함으로써 나타난 마모는 누설과 관계가 없다.
② 나사부에서 증기, 물 등의 누설은 관의 나사 부분을 부식시켜 강도 저하, 균열, 파단의 원인이 된다.
③ 배관 이음쇠 용접부의 일부에 균열이 생겨 누설이 진행되면 파단에 이르기도 하므로 조기 발견이 중요하다.
④ 비틀어 넣기부 배관의 나사부에서 누설 시 그 상태로 밸브나 관을 더 조이면 반드시 반대 측의 나사부에 풀림이 생겨 누설 개소가 이동한다.

해설 반복적인 나사부 탈·부착에 의한 마모는 누설의 원인이 된다.

46. 송풍기의 축 설치와 조정 방법 중 옳은 것은? [17-1]
① 베어링 케이스와 축 관통부 축과의 틈새의 차가 0.5mm 이하이어야 한다.

정답 41. ① 42. ③ 43. ② 44. ① 45. ① 46. ④

② 베어링 케이스와 축 관통부 축과의 틈새의 차가 0.5mm 이상이어야 한다.
③ 전동기 축과 반전동기 축의 수평부에 수준기를 놓고 수준기의 좌·우의 구배의 차가 0.2mm 이하이어야 한다.
④ 전동기 축과 반전동기 축의 수평부에 수준기를 놓고 수준기의 좌·우의 구배의 차가 0.05mm 이하이어야 한다.

해설 축의 설치와 조정 : 임펠러가 붙여질 축(구름 베어링의 경우는 베어링 또는 베어링 케이스도 함께 붙여 둔다)을 설치한 후 전동기 축과 반전동기 축의 수평부에 수준기를 놓고 수준기의 좌·우의 구배의 차가 0.05mm 이하 또한 베어링 케이스와 축 관통부의 축과의 틈새의 차가 0.2mm 이하로 되도록 베드 밑쪽에 라이너로 조정한다.

47. 압축기 부품에서 밸브의 취급 불량에 의한 고장이라고 볼 수 없는 것은? [11-3]
① 리프트의 과소
② 볼트의 조임 불량
③ 시트의 조립 불량
④ 스프링과 스프링 홈의 부적당

48. 전동기의 운전 중 점검항목으로 볼 수 없는 것은? [12-2, 17-2]
① 전압 상태
② 회전수 상태
③ 베어링 온도 상태
④ 브러시 습동 상태

해설 브러시 습동 상태는 전동기 분해 후 점검항목이다.

49. 나사의 회전각과 딤블(thimble) 지름의 눈금으로 확대하여 측정하는 측정기는 무엇인가? [07-3]
① 게이지 블록
② 다이얼 게이지
③ 버니어 캘리퍼스
④ 마이크로미터

해설 마이크로미터의 원리는 길이의 변화를 나사의 회전각과 딤블 지름의 눈금으로 확대한 것이다.

50. 절삭 공구로 사용되는 재료가 아닌 것은?
① 페놀
② 서멧
③ 세라믹
④ 초경 합금

해설 절삭 공구 재료의 종류에는 탄소 공구강(STC), 합금 공구강(STS), 고속도강(SKH), 주조 경질 합금, 초경 합금, 서멧, 세라믹, 다이아몬드 등이 있다.

51. 다음 중 배관용 공기구에 해당되지 않는 것은? [10-2]
① 오스터
② 기어 풀러
③ 플레어링 툴 세트
④ 유압 파이프 벤더

해설 ㉠ 오스터(oster) : 파이프에 나사를 내는 공구이다.
㉡ 플레어링 툴 세트(flaring tool set) : 파이프 끝을 플레어링하는 기구로서 플레어 툴(flare tool), 콘 프레스(cone press), 파이프 커터(pipe cutter)로 구성되어 있다.
㉢ 유압 파이프 벤더 : 지름이 큰 파이프 굽힘에 사용하며 유압 작동을 이용한 공구이다.
※ 기어 풀러는 분해용 공구이다.

정답 47. ① 48. ④ 49. ④ 50. ① 51. ②

52. 용접 용어에 대한 정의를 설명한 것으로 틀린 것은?
① 모재 : 용접 또는 절단되는 금속
② 다공성 : 용착 금속 중 기공이 밀집한 정도
③ 용락 : 모재가 녹은 깊이
④ 용가재 : 용착부를 만들기 위하여 녹여서 첨가하는 금속

해설 ㉠ 용락 : 모재가 녹아 쇳물이 떨어져 흘러내리면서 구멍이 생기는 것
㉡ 용입 : 모재가 녹은 깊이

53. 원격 제어 장치로는 유선식과 무선식이 있는데 다음 중 틀린 것은?
① 전동기 조작형은 소형 모터로 용접기의 전류 조정 핸들을 움직여 전류를 조정할 수 있다.
② 가포화 리액터형은 가변 저항기 부분을 분리시켜 작업자 위치에 놓고 용접 전류를 원격 조정한다.
③ 가포화 리액터형은 소형 모터로 작업자 위치에 놓고 용접 전류를 원격 조정한다.
④ 무선식은 제어용 전선을 사용하지 않고 용접용 케이블 자체를 제어용 케이블로 병용하는 것이다.

해설 가포화 리액터형은 용접기에서 멀리 떨어진 장소에서 전류를 조절할 수 있는 원격 제어 장치이다.

54. 서브머지드 아크 용접에 대한 설명 중 틀린 것은?
① 용접선이 복잡한 곡선이나 길이가 짧으면 비능률적이다.
② 용접부가 보이지 않으므로 용접 상태의 좋고 나쁨을 확인할 수 없다.
③ 일반적으로 후판의 용접에 사용되므로 루트 간격이 0.8mm 이하이면 오버랩(overlap)이 많이 생긴다.
④ 용접 홈의 가공은 수동 용접에 비하여 정밀도가 좋아야 한다.

해설 루트 간격이 0.8mm보다 넓을 때는 처음부터 용락을 방지하기 위해 수동 용접에 의해 누설 방지 비드를 만들거나 뒷받침을 사용해야 한다.

55. 가스 보호 플럭스 코어드 아크 용접의 장점 중 틀린 것은?
① 용착 속도가 빠르며 전자세 용접이 불가능하다.
② 용입이 깊기 때문에 맞대기 용접에서 면취 개선 각도를 최소 한도로 줄일 수 있고, 용접봉의 소모량과 용접 시간을 현저하게 줄일 수 있다.
③ 용접성이 양호하며 사용하기 쉽고, 스패터가 적으며, 슬래그 제거가 빠르고 용이하다.
④ 용착 금속은 균일한 화학 조성 분포를 가지며, 모재 자체보다 양호하게 균일한 분포를 갖는 경우도 있다.

해설 용착 속도가 빠르며 전자세 용접이 가능하다.

56. 용접부 윗면이나 아랫면이 모재의 표면보다 낮게 되는 것으로 용접사가 충분히 용착 금속을 채우지 못하였을 때 생기는 결함은?
① 오버랩
② 언더필
③ 스패터
④ 아크 스트라이크

해설 언더필(underfill, 덧살 부족, 용착 부족) : 용융 금속이 모재 표면 높이 이하로 용가재 금속이 덜 채워진 형상, 즉 용접부의 외부 면이 완전히 채워지지 않은 상태를 말한다.

정답 52. ③ 53. ③ 54. ③ 55. ① 56. ②

57. 다음 중 균열이 가장 많이 발생할 수 있는 용접 이음은?
① 십자 이음
② 응력 제거 풀림
③ 피닝법
④ 냉각법

해설 용접 이음 부분이 많을수록 열의 냉각이 빨라 균열이 생기기 쉽다.

58. 전기기계·기구의 조작 부분을 점검하거나 보수하는 경우에는 안전하게 작업할 수 있도록 전기기계·기구로부터 폭은 몇 센티미터(cm) 이상의 작업 공간을 확보하여야 하는가?
① 3cm
② 50cm
③ 70cm
④ 100cm

해설 전기 기계·기구의 조작 시 등의 안전조치 : 전기기계·기구의 조작 부분을 점검하거나 보수하는 경우에는 안전하게 작업할 수 있도록 전기기계·기구로부터 폭 70cm 이상의 작업 공간을 확보하여야 한다. 단, 작업 공간을 확보하는 것이 곤란하여 근로자에게 절연용 보호구를 착용하도록 한 경우에는 그러하지 아니하다.

59. 공사 중이거나 번잡한 곳의 출구를 표시한 안전등의 빛깔은 무엇인가?
① 빨강
② 노랑
③ 초록
④ 자주색

해설 노란색이 주의를 잘 끈다.

60. 사무직 종사 근로자가 받아야 하는 정기 안전·보건 교육은 매반기 몇 시간 이상인가?
① 3시간
② 6시간
③ 8시간
④ 16시간

해설 안전·보건 정기교육

교육 대상		교육 시간
사무직 종사 근로자		매반기 6시간 이상
사무직 종사자 외의 근로자	판매 업무에 직접 종사하는 근로자	매반기 6시간 이상
	판매 업무에 직접 종사하는 근로자 외의 근로자	매반기 12시간 이상
관리감독자의 지위에 있는 사람		연간 16시간 이상

정답 57. ① 58. ③ 59. ② 60. ②

설비보전산업기사 필기

제9회 CBT 대비 실전문제

1과목   공유압 및 자동 제어

1. 압축성이 좋은 것부터 차례로 나열한 것은 어느 것인가? [12-1]
① 액체 → 고체 → 기체
② 기체 → 액체 → 고체
③ 고체 → 액체 → 기체
④ 기체 → 고체 → 액체

해설 압축성이란 압축률을 나타내는 것으로 체적이 감소한 비율을 말한다.

2. 다음 중 용적형 공기 압축기가 아닌 것은? [19-1]
① 격판 압축기   ② 베인 압축기
③ 터보 압축기   ④ 피스톤 압축기

해설 터보형은 유량 압축기이다.

3. 다음의 그림은 복동 실린더를 나타낸 것이다. 번호가 붙여진 부분 중에서 7, 8, 9번 위치의 명칭으로 맞는 것은? [06-3]

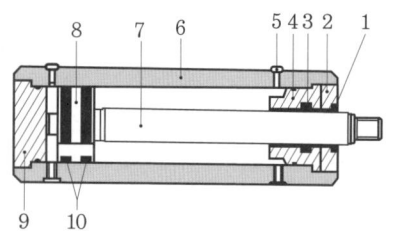

① 와이퍼 실-실린더 배럴-피스톤 실
② 엔드캡-피스톤 로드-피스톤 로드 실
③ 피스톤-피스톤 실-공기빼기 스크립
④ 피스톤 로드-피스톤-엔드캡

4. 공압 회로에서 얻어지는 압력보다 큰 압력이 필요할 때 사용하는 것은? [19-2]
① 증압기
② 공기 배리어
③ 어큐뮬레이터
④ 하이드로릭 체크 유닛

해설 증압기는 공압 회로에서 압력을 증대시켜 큰 힘을 얻고 싶을 때 사용하는 기기로, 공작물의 지지나 용접 전의 이송 등에 사용된다.

5. 다음 밸브의 설명으로 틀린 것은? [10-2, 16-2]

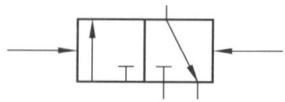

① 메모리형   ② 3/2way 밸브
③ 정상 상태 닫힘형   ④ 유압에 의한 작동

해설 이 밸브는 공압에 의한 작동이다.

6. I.E.C(국제전기표준회의)에서 권고하고 있는 전기 릴레이 회로의 작성에 대한 설명으로 맞는 것은? [03-3]
① 종속선은 위에서 아래로 신호 흐름을 갖는다.
② 전원의 모선을 좌측과 우측에 그린다.
③ 전원 부분을 실제의 위치에 그린다.
④ 제어의 순서에 따라 위에서 아래로 그린다.

해설 접속선은 동작 순서별로 좌에서 우로 또는 위에서 아래로 순서적으로 표시한다.

정답   1. ②   2. ③   3. ④   4. ①   5. ④   6. ③

7. 서비스 유닛의 구성 중 윤활기 내에 있는 윤활유가 과도할 경우 발생되는 사항이 아닌 것은? [10-2]
① 진동 소음 발생
② 공기압 부품의 오동작
③ gumming 현상 발생
④ 작업장 내 환경오염

8. 유체의 동역학에 대한 설명 중 옳은 것은 어느 것인가? [06-1, 09-2]
① 유체의 속도는 단면적이 큰 곳에서는 빠르다.
② 점성이 없는 비압축성의 액체가 수평관을 흐를 때 압력 수두+위치 수두+속도 수두=일정하다.
③ 유속이 크고 굵은 관을 통과할 때 층류가 발생한다.
④ 유속이 작고 가는 관을 통과할 때 난류가 발생한다.

9. 유압 펌프에 관련되는 용어로서 가변 용량형 펌프를 올바르게 설명한 것은? [09-2]
① 토출 에너지가 일정한 펌프 토출량을 변화시킬 수 있는 펌프
② 기어가 내접 물림하는 형식의 펌프
③ 기어가 외접 물림하는 형식의 펌프
④ 가변형은 토출량을 조절할 수 있는 것

10. 유압 실린더를 선정함에 있어서 유의할 사항이 아닌 것은? [19-2]
① 행정 길이
② 설치 형식
③ 실린더 색상
④ 튜브의 안지름

11. 실린더의 부하가 급격히 감소하더라도 피스톤이 급속히 전진하는 것을 방지하기 위하여 귀환 쪽에 일정한 배압을 걸어 주기 위한 회로를 구성하고자 한다. 이때 가장 적합하게 사용할 수 있는 밸브는? [10-2]

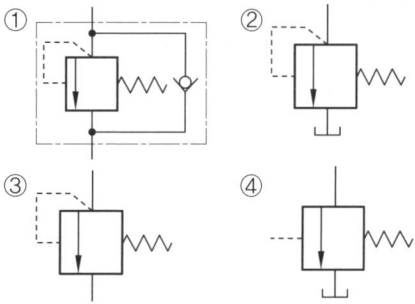

해설 이 밸브는 카운터 밸런스 밸브이다.

12. 컴퓨터를 도입한 디지털 제어에 대한 설명으로 맞는 것은? [12-1]
① 연속적인 정보를 가지고 있다.
② 제어 정보는 카운터, 레지스터 등의 기구를 통해 입력된다.
③ 아날로그 신호를 사용한다.
④ 온도, 속도 등의 값이 포함된다.

해설 ㉠ 아날로그 제어계 : 이 제어 시스템은 연속적 물리량의 온도, 속도, 길이, 조도, 질량 등의 정보가 아날로그 신호로 처리되는 시스템을 말한다.
㉡ 디지털 제어계 : 이 시스템은 정보의 범위를 여러 단계로 등분하여 각각의 단계에 하나의 값을 부여한 디지털 제어 신호에 의하여 제어되는 시스템으로 입력 정보는 카운터, 레지스터, 메모리 등을 통해 입력된다.

13. 다음 중 잔류 편차가 발생하는 제어계는? [07-1, 10-1, 19-2]
① 비례 제어계
② 적분 제어계

③ 비례 적분 제어계
④ 비례 적분 미분 제어계

해설 비례 제어 : 압력에 비례하는 크기의 출력을 내는 제어 동작을 비례 동작(proportional action) 또는 P 동작이라 한다. 조절계의 출력값은 제어 편차에 대응하여 특정한 값을 취하므로 편차 0일 때의 출력값에 상당하는 조작량에 의해 제어량이 목표값에 일치되지 않는 한 잔류 편차가 발생한다.

14. 전압과 주파수를 가변시켜 전동기의 속도를 고효율로 쉽게 제어하는 장치로 사용되는 것은? [12-3, 17-3]
① 인버터
② 다이오드
③ 배선용 차단기
④ 카운터

15. 200V를 사용하는 가정집 전압의 최댓값은 약 몇 V인가? [09-1]
① 220V
② 283V
③ 346V
④ 440V

해설 실효값 V와 최댓값 V_m의 관계
$V_m = \sqrt{2}\,V = \sqrt{2} \times 200 = 282.8\text{V}$
※ 문제에서 교류 200V란 실효값이다.

16. 교류 전류 시험으로 할 수 있는 것 중 틀린 것은?
① 코일 단락
② 절연물의 열화 정도
③ 전류 급증률
④ 전류 급증 전압

해설 교류 전류 시험으로 전류 급증 전압 및 전류 급증률로부터 절연물의 흡습 및 열화의 정도를 알 수 있다.

17. 도체에 변형을 가하면 길이와 단면적의 변화에 의해 저항률이 바뀌는 원리를 이용하여 압력 센서로 사용되는 것은? [16-2]
① 홀 센서
② 서미스터
③ 리드 스위치
④ 스트레인 게이지

18. 회전체의 회전 속도를 검출할 수 있는 로터리 인코더의 취급 시 주의사항이 아닌 것은? [04-3]
① 떨어뜨리거나 무리한 충격을 가해서는 안 된다.
② 체인, 타이밍 벨트 및 톱니바퀴와 결합하는 경우는 커플링을 사용하여야 한다.
③ 커플링의 결합 시 회전축 간의 결합 오차(편심, 편각)는 어느 정도 있어야 한다.
④ 인코더 케이블의 실드(차폐)선은 0V에 접속하거나 접지시켜야 한다.

해설 결합 오차가 발생하면 정확한 정보를 수집할 수 없고, 정밀 제어가 불가능하다.

19. 스테핑 전동기는 1개의 펄스를 부여하면 정해진 각도만큼 회전하며 이 각도를 스텝각이라 한다. 극수가 8, 회전자의 치수가 6인 4상 스테핑 전동기의 스텝각은 얼마인가? [04-3]
① 10°
② 15°
③ 20°
④ 25°

해설 스텝각 $= \dfrac{360°}{6 \times 4} = 15°$

20. 직류 직권 전동기의 벨트 운전을 금하는 이유는? [12-2, 17-1]

정답 14. ① 15. ② 16. ① 17. ④ 18. ③ 19. ② 20. ③

① 손실이 많이 발생하므로
② 출력이 감소하므로
③ 벨트가 벗겨지면 무구속 속도가 되므로
④ 과전압이 유기되므로

2과목 설비 진단 및 관리

21. 다음 중 간이 진단의 기능과 거리가 먼 것은? [08-3]
① 설비에 걸리는 스트레스의 경향 관리
② 설비에 걸리는 스트레스의 측정 계산 및 평가
③ 설비의 열화나 고장의 경향 관리와 이상의 조기 발견
④ 설비의 성능 효율 등의 경향 관리와 이상의 조기 발견

해설 설비 진단 기술의 기본 시스템

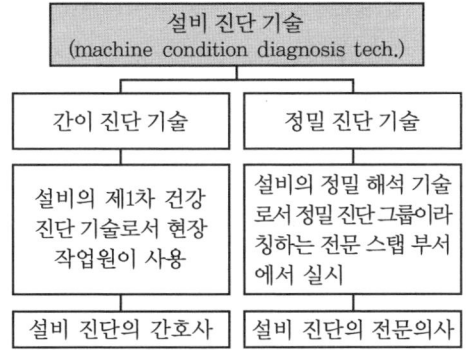

22. 다음 중 진동의 변위를 측정할 때 사용되는 값은? [07-3]
① 속도값   ② 평균값
③ 실효값   ④ 피크-피크

해설 피크-피크(양진폭, 전진폭) : 정측의 최댓값에서 부측의 최댓값까지의 값으로 정현파의 경우는 피크값의 2배이다.

23. 다음 가속도계 센서 부착 방법 중 사용 주파수 영역이 가장 좁은 방법은? [20-3]
① 손 고정   ② 밀랍 고정
③ 자석 고정   ④ 나사 고정

해설 주파수 영역 : 나사 고정 31kHz, 접착제 29kHz, 비왁스 28kHz, 마그네틱 7kHz, 손 고정 2kHz

24. 진동을 측정할 때 축을 기준으로 진동 센서를 부착하여 측정하려 한다. 사용되는 측정 방향이 아닌 것은? [07-3]
① 축 방향   ② 수직 방향
③ 임의 방향   ④ 수평 방향

해설 진동 센서를 이용하여 기계 설비의 진동을 측정하는 경우에 수평(H) 방향, 수직(V) 방향, 축(A) 방향으로 측정한다.

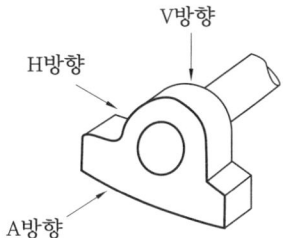

25. 정상적인 사람이 들을 수 있는 가청 음압의 변화 범위는 얼마인가? [08-1]
① $20\mu Pa - 200Pa$
② $11\mu Pa - 15Pa$
③ $2\mu Pa - 10Pa$
④ $0.1\mu Pa - 1Pa$

해설 사람이 들을 수 있는 소리의 크기는 최저 가청 압력인 $2 \times 10^{-5} N/m^2$에서 통증을 느끼기 시작하는 압력인 $200 N/m^2$까지 광범위하기 때문에 소리의 압력 자체로서 소리의 크기를 정의하는데는 불편이 따른다.

정답 21. ② 22. ④ 23. ① 24. ③ 25. ①

26. 진동 방지재 중 실리콘 합성고무의 가장 큰 약점은? [06-1]
① 값이 비싸다.
② 시간에 따라 강성이 변한다.
③ 무게가 무겁다.
④ 미끄럽다.

27. 다음 진동 시스템에 대한 댐핑 처리 중 옳지 않은 방법은? [05-1]
① 시스템이 그의 고유 진동수에서 강제 진동을 하는 경우
② 시스템이 많은 주파수 성분을 갖는 힘에 의해 강제 진동되는 경우
③ 시스템이 충격과 같은 힘에 의해서 진동되는 경우
④ 시스템이 고유 진동수에서 자유 진동되는 경우

해설 진동 시스템에 대한 댐핑 처리가 효과적인 경우
  ㉠ 시스템이 그의 고유 진동수에서 강제 진동을 하는 경우
  ㉡ 시스템이 많은 주파수 성분을 갖는 힘에 의해서 강제 진동되는 경우
  ㉢ 시스템이 충격과 같은 힘에 의해서 진동되는 경우

28. 7개의 깃을 가진 축류 펌프가 2400rpm으로 회전하고 있을 때 깃 통과 주파수는 얼마인가? [20-2]
① 40Hz   ② 80Hz
③ 280Hz   ④ 310Hz

해설 $f = \dfrac{N \times RPM}{60} = \dfrac{7 \times 2400}{60} = 280 \text{Hz}$

29. 다음 중 윤활유를 사용하는 목적이 아닌 것은? [17-1, 19-3]
① 감마 작용   ② 냉각 작용
③ 방청 작용   ④ 응력 집중 작용

해설 윤활유의 작용 : 감마 작용, 냉각 작용, 응력 분산 작용, 밀봉 작용, 청정 작용, 녹 및 부식 방지, 방청 작용, 방진 작용, 동력 전달 작용

30. 윤활제의 공급 방식 중 순환 급유법으로만 짝지어진 것은? [10-2]
① 패드 급유법, 사이펀 급유법
② 체인 급유법, 비말 급유법
③ 원심 급유법, 손 급유법
④ 바늘 급유법, 나사 급유법

해설 순환 급유법에는 패드 급유법, 체인 급유법, 유륜식 급유법, 원심 급유법, 나사 급유법, 비말 급유법, 중력 순환 급유법, 강제 순환 급유법 등이 있다.

31. 설비 관리의 목표인 생산성을 나타내는 것은? [14-1]
① $\dfrac{투입}{산출}$ ② $\dfrac{산출}{투입}$
③ $\dfrac{제품 생산량}{보전비}$ ④ $\dfrac{보전비}{제품 생산량}$

해설 ㉠ 생산성 = $\dfrac{생산량}{사람 수}$
= $\dfrac{자본 투자}{사람 수} \times \dfrac{생산 능력}{자본 투자} \times \dfrac{생산량}{생산 능력}$
㉡ 생산성 = $\dfrac{산출}{투입}$

32. 운전 중에 실시되는 수리 작업을 무엇이라고 하는가? [20-2]
① SD(shut down)
② 유닛(unit) 방식

정답 26. ② 27. ④ 28. ③ 29. ④ 30. ② 31. ② 32. ③

③ OSR(on stream repair)
④ OSI(on stream inspection)

해설 OSR : 기계 장치 운전 중 수리 작업

33. 교량이나 선박 제작 시 주 재료와 부품이 고정되고 사람이나 도구가 이동하여 작업을 행하는 설비 배치는? [04-3]
① 기능별 설비 배치
② 제품별 설비 배치
③ GT 설비 배치
④ 제품 고정형 설비 배치

해설 제품 고정형 배치(fixed position layout) : 주 재료와 부품이 고정된 장소에 있고 사람, 기계, 도구 및 기타 재료가 이동하여 작업이 행하여진다.
㉠ 제품 특성 : 소량의 개별 특정 제품
㉡ 작업 흐름의 유형 : 작업 흐름이 거의 없고 필요에 따라 공구·작업자의 현장 작업
㉢ 작업 숙련도 : 작업 숙련도가 높음
㉣ 관리 지원 : 일정 계획의 고도화, 작업별 조정 필요
㉤ 운반 관리 : 운반의 형태가 다양하고 일반 범용 운반구 필요
㉥ 재고 현황 : 생산 기간이 길어 재고 발생이 많음
㉦ 면적 가동률 : 옥외 생산의 경우는 예외나 옥내 생산의 경우는 이용률이 낮음
㉧ 자본 소요와 설비 특징 : 다목적 설비 및 공정이므로 이동 작업에 필요한 특징을 갖고 있음

34. 설비를 구성하고 있는 부품의 피로, 노화 현상 등에 의해서 시간의 경과와 함께 고장률이 증가하는 시기는? [12-2, 19-3]
① 초기 고장기
② 우발 고장기
③ 마모 고장기
④ 라이프 사이클

해설 마모 고장기 : 설비를 구성하고 있는 부품의 마모나 피로, 노화 현상 등 열화에 의하여 고장이 증가하는 고장률 증가형으로 사전에 열화 상태를 파악하고 청소, 급유, 조정 등 일상 점검을 잘 해두면 열화 속도는 현저히 늦어지고, 부품의 수명은 길어진다. 또한 미리 어느 시간에서 마모가 시작되는가를 예지하여 사전 교체를 하면 고장률을 낮출 수 있다. 예방 보전의 효과는 마모 고장기에서 가장 높으며, 초기 고장기나 우발 고장기에서는 큰 효과가 없다.

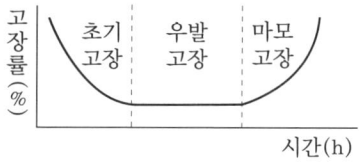

35. 보전 계획을 수립할 때 검토해야 할 사항이 아닌 것은? [16-1, 18-3]
① 보전 비용
② 수리 시간
③ 운전원 역량
④ 생산 및 수리 계획

해설 정비 계획 수립 시 고려할 사항
㉠ 정비 및 보전 비용
㉡ 수리 시기 및 시간
㉢ 수리 요원
㉣ 설비 능력
㉤ 생산 및 수리 계획
㉥ 일상 점검 및 주간, 월간, 연간 등의 정기 수리 구분

36. 설비 보전 관리 시스템의 지속적인 개선을 위한 사이클로 맞는 것은? [14-1, 17-1]

정답 33. ④ 34. ③ 35. ③ 36. ②

① P(계획)-D(실시)-A(재실시)-C(분석)
② P(계획)-D(실시)-C(분석)-A(재실시)
③ P(계획)-A(재실시)-C(분석)-D(실시)
④ P(계획)-A(재실시)-D(실시)-C(분석)

해설 지속적인 관리 사이클은 P-D-C-A 이다.

37. 다음 중 설비의 열화 중 피로 현상의 원인은? [09-3, 19-1]
① 사용에 의한 열화
② 자연적인 열화
③ 재해에 의한 열화
④ 비교적인 열화

해설 설비의 열화 현상과 원인 : 설비의 성능 열화(性能劣化)는 사용에 의한 열화, 자연 열화, 재해에 의한 열화(폭풍, 침수, 지진 등)로 대별할 수 있으며, 이들의 결과에 의하여 마모, 부식 등의 감모(減耗), 충격, 피로 등에 의한 파손(破損), 원료 부착, 진애(塵埃) 등에 의한 오손(烏孫) 현상이 일어난다.

사용열화	운전조건	온도, 압력, 회전수, 설비 기능과 재질, 마모, 부식, 충격, 피로, 원료 부착, 진애
	조작방법	취급, 반자동 등의 오조작

38. 합리적인 공사 일정 계획을 세우기 위한 항목과 가장 거리가 먼 것은? [19-4]
① 납기의 정확화
② 공사 기간의 단축
③ 작업량의 안정화
④ 관계된 각 업무의 독립화

해설 공사 일정의 합리적인 일정 계획을 세우기 위해서는 납기의 정확화, 관계된 각 업무의 동기화, 작업량의 안정화, 공사 기간의 단축 등이 필요하다.

39. 보수 자재 예비 부품 관리에서 재고율 분석사항으로 틀린 것은? [16-3]
① 상비품 재고량의 적합성
② 상비품 항목의 타당성
③ 예비품의 사용고 발주 방식 표준화
④ 보관 창고 배치나 공간 효율 등의 적합성

해설 예비품의 사용고 발주 방식은 발주 시기, 발주량이 정해져 있지 않기 때문에 표준화를 할 수 없다.

40. 설비의 효율화를 저해하는 가장 큰 로스(loss)는? [08-3, 13-3, 16-3, 19-2]
① 고장 로스
② 조정 로스
③ 일시 정체 로스
④ 초기 수율 로스

해설 고장 로스 : 돌발적 또는 만성적으로 발생하는 고장에 의하여 발생, 효율화를 저해하는 최대 요인으로 고장 제로를 달성하기 위한 7가지 대책이 필요하다.
㉠ 강제 열화를 방치하지 않는다.
㉡ 청소, 급유, 조임 등 기본 조건을 지킨다.
㉢ 바른 사용 조건을 준수한다.
㉣ 보전 요원의 보전 품질을 높인다.
㉤ 긴급 처리만 끝내지 말고 반드시 근본적인 조치를 취한다.
㉥ 설비의 약점을 개선한다.
㉦ 고장 원인을 철저히 분석한다.
※ 현상을 잘 봐야 하는 것은 일시 정체 로스, 불량 수정 로스에 해당된다.

정답 37. ① 38. ④ 39. ③ 40. ①

3과목   기계 보전, 용접 및 안전

41. 나사부의 녹에 의한 고착을 방지하기 위한 방법으로 잘못된 것은? [08-1]
① 산화 연분을 기계유로 반죽하여 나사부에 칠한다.
② 나사부에 유성 페인트를 칠한다.
③ 나사부에 개스킷을 사용한다.
④ 스테인리스강 등의 내식성 금속을 사용한다.

42. 롤러 체인을 스프로킷 휠이 부착된 평행 축에 평행 걸기를 할 때 거는 방법으로 적합한 것은? [14-2, 20-3]
① 긴장 측에 긴장 풀리를 사용하여 건다.
② 이완 측에 이완 풀리를 사용하여 건다.
③ 긴장 측은 위로, 이완 측은 아래로 하여 건다.
④ 긴장 측은 아래로, 이완 측은 위로 하여 건다.
해설 이완 측에 긴장 풀리를 사용하여 건다.

43. 수도, 가스, 배수관 등에 사용하는 주철관이 강관에 비하여 우수한 점은 무엇인가? [11-1, 14-1, 19-2]
① 충격에 강하고 수명이 길다.
② 내약품성, 열전도성, 용접성이 좋다.
③ 비중이 작고 높은 내압에 잘 견딘다.
④ 내식성이 우수하고 가격이 저렴하다.
해설 주철관은 강관보다 무겁고 약하나, 내식성이 풍부하고, 내구성이 우수하며 가격이 저렴하여 수도, 가스, 배수 등의 배설관에 사용된다.

44. 밸브의 조립에 관한 설명으로 틀린 것은? [13-3]
① 실린더 밸브 홈의 시트 패킹의 오물은 청소한 후 조립한다.
② 시트 패킹을 물고 있지는 않은가 밸브를 좌우로 회전시켜 확인한다.
③ 밸브 홀더 볼트는 각각 서로 다른 토크(torque)로 잠근다.
④ 밸브 조립 불량에 의한 고장의 이유로는 조립 순서의 불량을 들 수 있다.
해설 밸브 홀더 볼트는 같은 토크로 잠근다.

45. 물의 낙차를 이용하여 흐르는 물을 갑자기 차단함으로써 순간적으로 관 내의 압력이 상승하게 되는데 이와 같이 압력을 이용하여 낮은 곳의 물을 높은 곳으로 퍼 올리는 그림과 같은 펌프는? [13-1]

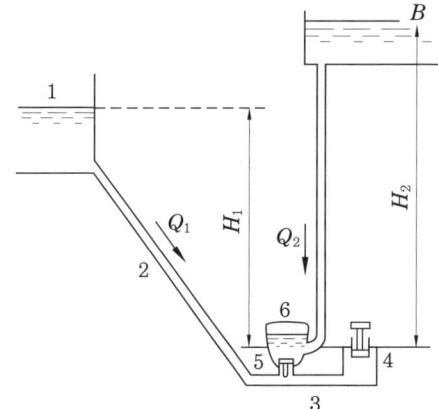

① 수격 펌프
② 베인 펌프
③ 피스톤 펌프
④ 진공 펌프
해설 수격 펌프는 무동력 펌프라고도 하며, 비교적 저낙차의 물을 긴 관으로 이끌어 그 관성 작용을 이용하여 높은 곳으로 수송하는 펌프이다.

정답   41. ③   42. ③   43. ④   44. ③   45. ①

46. 전동기의 고장에서 과열 현상의 원인이 아닌 것은? [09-2]
① 서머 릴레이 작동
② 과부하 운전
③ 빈번한 기동 정지
④ 냉각 불충분

해설 서머 릴레이의 작동은 기동 불능의 원인이 된다.

47. 다음 중 압축기의 설치 장소로 적절하지 않은 것은? [20-3]
① 습기가 적은 곳
② 지반이 견고한 곳
③ 유해물질이 적은 곳
④ 우수, 염풍, 일광이 있는 곳

해설 우수, 염풍, 일광의 직접 노출을 피해야 한다.

48. 선반에서 나사 절삭 바이트의 설치 및 측정에 사용되며 게이지 위에 있는 스케일은 인치당 나사수를 정하는데 사용되는 것으로 맞는 것은? [14-3]
① 블록 게이지
② 틈새 게이지
③ 센터 게이지
④ 스크루 피치 게이지

49. 탭 및 다이스 가공에 대한 설명 중 틀린 것은?
① 탭 작업은 구멍에 암나사를 가공하는 공작법이다.
② 보통 탭과 다이스에 의한 작업은 지름 25cm 정도까지 할 수 있다.
③ 환봉의 바깥쪽에 수나사를 가공할 때 사용하는 공구는 다이스이다.
④ 탭은 1~3번의 3개가 1조로 구성되어 있고, 작업은 번호 순서대로 탭을 사용하여 가공한다.

해설 탭 및 다이스는 작은 부품을 가공하는 데 주로 사용되며, 지름 25cm보다 작은 부품을 가공할 때 사용된다.

50. 다음 중 합금 공구강의 KS 재료 기호는?
① SKH   ② SPS
③ STS   ④ GC

해설 ① SKH : 고속도강
② SPS : 스프링강
④ GC : 회주철

51. 기계 분해 작업 시 이상 상황에 대한 주의사항으로 틀린 것은? [16-3]
① 부착물 등을 파악하고 확인한다.
② 분해 중 이상이 없는지 점검한다.
③ 표면이 손상되지 않도록 주의한다.
④ 회전 방지 로크(lock)는 철저히 확인한다.

52. 다음 중 몽키 스패너의 규격을 나타내는 것은? [07-1]
① 무게
② 전체의 길이
③ 입의 최대 너비
④ 적용 가능한 볼트의 최대 지름

해설 몽키 스패너(monkey spanner)는 조절 렌치라고 하며, 입의 크기를 조정할 수 있는 공구로 규격은 전체 길이로 표시한다.

53. 다음 중 용접의 장점이 아닌 것은?
① 두께의 제한이 없다.

정답 46. ① 47. ④ 48. ③ 49. ② 50. ③ 51. ④ 52. ② 53. ③

② 기밀성, 수밀성, 유밀성이 우수하다.
③ 재질의 변형 및 잔류 응력이 존재하지 않는다.
④ 공정수가 감소되고 시간이 단축된다.

해설 재질의 변형과 잔류 응력이 존재한다.

54. 아크 용접기 설치 시에 피해야 할 장소 중 틀린 것은?
① 휘발성 기름이나 가스가 있는 곳
② 수증기 또는 습도가 높은 곳
③ 옥외의 비바람이 치는 곳
④ 주위 온도가 10℃ 이하인 곳

해설 아크 용접기를 설치하지 않는 곳
㉠ 먼지가 매우 많은 곳
㉡ 옥외의 비바람이 치는 곳
㉢ 수증기 또는 습도가 높은 곳
㉣ 휘발성 기름이나 가스가 있는 곳
㉤ 진동이나 충격을 받는 곳
㉥ 주위 온도가 -10℃ 이하인 곳
㉦ 유해한 부식성 가스가 존재하는 장소
㉧ 폭발성 가스가 존재하는 장소

55. 가스 텅스텐 아크 용접기의 용접 장치 및 구성 중 틀린 것은?
① 전원 장치
② 제어 장치
③ 가스 공급 장치
④ 전격 저주파 방지 장치

해설 가스 텅스텐 아크 용접기의 주요 장치로는 전원을 공급하는 전원 장치(power source), 용접 전류 등을 제어하는 제어 장치(controller), 보호 가스를 공급, 제어하는 가스 공급 장치(shield gas supply unit), 고주파 발생 장치(high frequency testing equipment), 용접 토치(welding torch) 등으로 구성되고, 부속 기구로는 전원 케이블, 가스 호스, 원격 전류 조정기 및 가스 조정기 등으로 구성된다.

56. 이산화탄소 아크 용접에서 일반적인 용접 작업(약 200A 미만)에서의 팁과 모재 간 거리는 몇 mm 정도가 가장 적당한가?
① 0~5   ② 10~15
③ 30~40 ④ 40~50

해설 이산화탄소 아크 용접에서 팁과 모재 간의 거리는 저전류(약 200A)에서는 10~15mm 정도, 고전류 영역(약 200A 이상)에서는 15~25mm 정도가 적당하며, 일반적으로 용접 작업에서의 거리는 10~15mm 정도이고 눈으로 보는 실제 거리는 눈이 바로 보는 시각의 차이로 5~7mm 정도이다.

57. 용접 후처리에서 변형을 교정할 때 가열하지 않고 외력만으로 소성 변형을 일으켜 교정하는 방법은?
① 형재에 대한 직선 수축법
② 가열한 후 해머로 두드리는 법
③ 변형 교정 롤러에 의한 방법
④ 박판에 대한 점 수축법

해설 변형 교정 방법은 얇은 판에 이용하는 점 수축법, 형재에 대한 직선 수축법, 가열한 후 해머질하는 방법, 두꺼운 판에 대하여 가열 후 압력을 걸고 수랭하는 방법, 롤러에 거는 방법, 피닝법, 절단에 의해 변형하고 재용접하는 방법 등이 있다. 가열하지 않고 외력만으로만 소성 변형을 일으켜 교정하는 방법은 롤러에 거는 방법이다.

정답 54. ④ 55. ④ 56. ② 57. ③

58. 프레스에 양수 조작식 방호 장치를 설치하는 경우 누름 버튼의 상호 간 내측 거리는 얼마 이상이어야 하는가?
① 100mm ② 200mm
③ 300mm ④ 400mm

해설 양수 조작식 방호 장치를 설치하는 경우 누름 버튼 또는 조작 레버의 상호 간 내측 거리는 300mm 미만일 경우 작업자가 한 손으로 조작할 위험성이 있어 300mm 이상으로 한다.

59. 다음 중 암모니아 가스의 제독제로 올바른 것은?
① 물 ② 가성소다
③ 탄산소다 ④ 소석회

해설 암모니아는 물에 약 800~900배 용해된다.

60. 다음 중 그림과 같은 '수리중'의 표식판 색깔은?

① 녹색 바탕에 빨간 글씨
② 흰 바탕에 흰 글씨
③ 청색 바탕에 흰 글씨
④ 빨간 바탕에 청색 글씨

정답 58. ③ 59. ① 60. ③

설비보전산업기사 필기

제10회 CBT 대비 실전문제

1과목 공유압 및 자동 제어

1. 공압 장치가 유압 장치에 비해 특히 좋은 점은? [12-2]
① 온도에 민감하다.
② 저압이기에 효율이 좋다.
③ 공기를 사용하기 때문에 인화의 위험이 없다.
④ 작동 요소의 구조가 복잡하다.

2. 압축공기의 출입구가 있는 본체에 끝 부분이 원추 형상을 한 조절 나사가 설치되어 밸브 본체 통로와 원추체 간의 틈새를 변화시켜 양방향으로 공기량을 조절 가능하게 한 밸브는? [09-1]
① 스톱 밸브
② 스로틀 밸브
③ 체크 밸브
④ 파일럿 작동 체크 밸브
[해설] 스로틀 밸브는 유량 제어 밸브이다.

3. 공기압 회로에서 압축공기를 대기 중으로 방출할 경우 배기 속도를 줄이고 배기음을 작게 하기 위하여 사용되는 것은 무엇인가? [10-3, 19-3]
① 소음기   ② 완충기
③ 진공 패드   ④ 원터치 피팅
[해설] 소음기 : 소음기는 일반적으로 배기 속도를 줄이고 배기음을 저감하기 위하여 사용되고 있으나, 소음기로 인한 공기의 흐름에 저항이 부여되고 배압이 생기기 때문에 공기압 기기의 효율면에서는 좋지 않다. 이것은 자동차의 머플러를 제거하면 마력이 증가하는 것으로도 알려졌지만 배기음이 높아지므로 부득이 소음기를 설치해야 한다.

4. 다음 기호는 무엇을 나타내는 기호인가? [03-3]

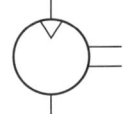

① 공기 압축기   ② 공기압 모터
③ 유압 펌프   ④ 진공 펌프
[해설]
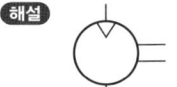 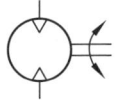
한 방향 공기압 모터   양방향 공기압 모터

5. 다음 그림의 논리 회로에서 램프에 불이 들어올 수 있는 경우를 S_1, S_2의 순서로 표시한 것으로 맞는 것은? [12-3]

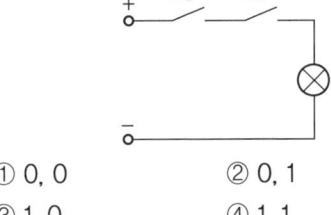

① 0, 0   ② 0, 1
③ 1, 0   ④ 1, 1

정답 1. ③ 2. ② 3. ① 4. ② 5. ④

해설 두 스위치가 동시에 눌러져야 램프에 불이 들어온다.

6. 공압 시스템에 있어서 윤활유 등과 섞여 에멀전(emulsion) 상태나 수지 상태가 되어 밸브의 동작을 가로막을 우려가 있는 고장은? [07-1, 17-2]
① 수분으로 인한 고장
② 이물질로 인한 고장
③ 공급 유량 부족으로 인한 고장
④ 배관 불량에 의한 공기의 유출로 인한 고장

해설 수분으로 인한 고장 : 부식 및 고착으로 밸브 오동작

7. 유압 펌프인 가변 용량 베인 펌프의 토출량을 변화시키는 방법 중 가장 바람직한 것은? [03-3]
① 로터 회전 중심을 고정하고 캠 링을 움직인다.
② 로터 회전 중심을 움직이고 캠 링을 고정시킨다.
③ 로터 회전 중심과 캠 링을 고정시킨다.
④ 로터 회전 중심을 움직이든가 캠 링을 움직인다.

해설 가변 체적형 베인 펌프(variable delivery vane pump) : 로터의 중심과 캠 링의 중심이 편심되어 있어 기계적으로 편심량을 바꿈으로써 토출량을 변화시킬 수 있는 비평형 펌프로 유압 회로에 필요한 유량만 토출하고, 회로 내의 효율을 증가시킬 수 있으며, 오일의 온도 상승이 억제되어 전체 에너지를 유효한 일량으로 변화시킬 수 있는 펌프이나 수명이 짧고 소음이 많다.

8. 펌프의 캐비테이션에 대한 설명으로 틀린 것은? [08-3]
① 캐비테이션은 펌프의 흡입저항이 크면 발생하기 쉽다.
② 캐비테이션의 방지를 위하여 흡입관의 굵기는 펌프 본체 연결구의 크기보다 작은 것을 사용한다.
③ 캐비테이션의 방지를 위하여 펌프 흡입 라인을 가능한 한 짧게 한다.
④ 캐비테이션의 방지를 위하여 펌프의 운전 속도를 규정 속도 이상으로 해서는 안 된다.

해설 캐비테이션의 방지를 위하여 흡입관의 굵기는 유압 펌프 본체 연결구의 크기와 같은 것을 사용해야 한다.

9. 무부하 밸브(unloading valve)에 대한 설명으로 틀린 것은? [18-1]
① 동력을 절감시키는 역할을 한다.
② 유압의 상승을 방지하는 역할을 한다.
③ 실린더의 부하를 감소시키는 역할을 한다.
④ 펌프 송출량을 탱크로 되돌리는 역할을 한다.

해설 무부하 밸브(언로드 밸브, unloader pressure control valve) : 일정한 조건으로 펌프를 무부하로 주기 위해 사용되는 밸브

10. 오일 히터의 최대 열용량 와트 밀도로 적당한 것은? [12-2]
① 2W/cm^2 이하
② 5W/cm^2 이하
③ 7W/cm^2 이하
④ 10W/cm^2 이하

11. 다음 회로의 명칭으로 적합한 것은 어느 것인가? [10-1]

정답 6. ① 7. ① 8. ② 9. ③ 10. ① 11. ①

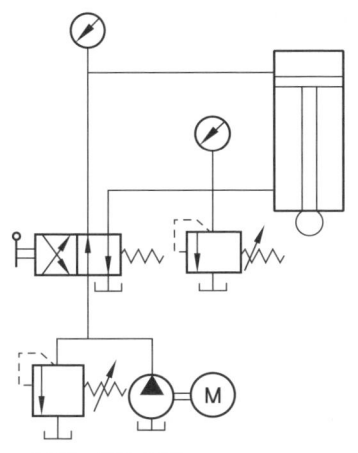

① 최고 압력 제한 회로
② 블리드 오프 회로
③ 무부하 회로
④ 증압 회로

[해설] 릴리프 밸브는 주로 회로의 최고 압력을 결정하는데 사용되며, 실린더의 하강, 상승의 최고 압력을 별개로 설정하여 각각의 기능을 하도록 한다. 고압과 저압의 2종의 릴리프 밸브를 사용하여 상승 중에는 저압용 릴리프 밸브로 제어하여 동력의 절약, 발열 방지, 과부하 방지 등의 역할을 하고, 실제로 일을 하는 하강에서는 고압용 릴리프 밸브로 회로 압력을 제어한다.

12. 유압 펌프가 기름을 토출하지 않고 있다. 다음 중 검사 방법이 적합하지 않은 것은? [17-3]
① 펌프의 온도를 측정한다.
② 펌프의 흡입 쪽을 검사한다.
③ 펌프의 상태를 검사한다.
④ 펌프의 회전 방향을 확인한다.

[해설] ㉠ 펌프의 회전 방향 확인
㉡ 흡입 쪽 검사 : 오일 탱크에 오일량의 적정량 여부, 석션 스트레이너의 막힘 여부, 흡입관으로 공기를 빨아들이지 않는지, 점도의 적정 여부
㉢ 펌프의 정상 상태 검사 : 축의 파손 여부, 내부 부품의 파손 여부를 위한 분해·점검, 분해 조립 시 부품의 누락 여부

13. 블록 선도에서 블록을 잇는 선은 무엇을 표시하는가? [11-3, 17-1]
① 변수의 흐름
② 상의 흐름
③ 공정의 흐름
④ 신호의 흐름

[해설] 블록 : 입출력 사이의 전달 특성을 나타내는 신호 전달 요소로 4각의 블록과 화살표 선을 가지고 있다.

14. 다음 중 소형 분전반이나 배전반을 고정시키기 위하여 콘크리트에 구멍을 뚫어 드라이브 핀을 박는 공구는?
① 드라이베이트 툴
② 익스팬션
③ 스크루 앵커
④ 코킹 앵커

[해설] 드라이베이트 툴(driveit tool)
㉠ 큰 건물의 공사에서 드라이브 핀을 콘크리트에 경제적으로 박는 공구이다.
㉡ 화약의 폭발력을 이용하기 때문에 취급자는 보안상 훈련을 받아야 한다.

15. 전자 유도에 의한 잡음 대책인 것은?
① 편조 케이블을 사용한다.
② 실드 케이블을 사용한다.
③ 트위스트 케이블을 사용한다.
④ 습기나 수분을 제거한다.

정답 12. ① 13. ④ 14. ① 15. ③

해설 노이즈 대책

노이즈 대책	효과
실드 사용	정전 유도 제거
관로 사용	자기 유도 사용
연선 사용	자기 유도 사용
저임피던스 신호원 사용	CMNR의 증대
신중한 배선	유도 장애의 경감
필터의 사용	정상 모드 노이즈의 제거

16. 전기로의 온도를 900℃로 일정하게 유지시키기 위하여 열전 온도계의 지싯값을 보면서 전압 조정기로 전기로에 대한 인가 전압을 조절하는 장치가 있다. 이 경우 열전 온도계는 어디에 해당하는가? [11-1]

① 제어량 ② 외란
③ 목표값 ④ 검출부

해설 열전 온도계 : 측온 저항체와 같이 비교적 안정되고 정확하며 일부 원격 전송 지시를 할 수 있는 특징이 있다.

17. 신호 처리 중 최근 DSP(digital signal processing) 기술의 발달로 음향기기, 통신, 제어 계측 등의 분야에 응용되는 신호 형태는? [16-3]

① 계수 신호(counting signal)
② 연속 신호(coutinuous signal)
③ 아날로그 신호(analog signal)
④ 이산 시간 신호(discrete-time signal)

해설 이산 시간 신호(discrete-time signal) : 아날로그 신호를 일정한 간격의 표본화를 통하여 정보를 얻을 수 있으며, 시간은 불연속, 정보는 연속적인 신호이다.

18. 접지에 의하여 노이즈를 개선할 때의 주의할 점으로 맞는 것은? [10-1]

① 한 점으로 접지한다.
② 가능한 가는 선을 사용한다.
③ 직렬 배선을 한다.
④ 실드 피복은 접지하지 않는다.

19. 3상 유도 전동기의 회전 방향을 시계 방향에서 반시계 방향으로 변경하는 방법은? [18-3]

① 3상 전원선 중 1선을 단락시킨다.
② 3상 전원선 중 2선을 단락시킨다.
③ 3상 전원선 모두를 바꾸어 접속한다.
④ 3상 전원선 중 임의의 2선의 접속을 바꾼다.

해설 3상 유도 또는 동기 전동기를 역전시키려면 3가닥선 중에서 임의의 2가닥선의 접속을 바꾸어 접속하면 된다. 이렇게 하면 회전 자기장의 방향이 반대로 되고 회전자도 반대 방향으로 회전한다.

20. 다음 중 단상 유도 전동기의 기동 방법으로 틀린 것은? [08-3, 19-3]

① 분상 기동형 ② 직권 기동형
③ 셰이딩 코일형 ④ 콘덴서 기동형

해설 단상 유도 전동기 : 분상 기동형, 콘덴서 기동형, 반발 기동형, 셰이딩 코일형 특수 전동기

2과목 설비 진단 및 관리

21. 설비의 노화를 나타내는 파라미터에 해당되지 않는 것은? [07-1, 18-3]

① 진동 ② 소음
③ 가격 ④ 기름의 오염도

정답 16. ④ 17. ④ 18. ① 19. ④ 20. ② 21. ③

22. 다음 중에서 진동의 기본량에 대한 설명 중 옳은 것은? [06-3]
① 진폭은 일정한 정점에 대하여 다른 정점의 순간적인 위치 및 시간의 지연이다.
② 진동수 f는 진동 주기 T의 역수이다.
③ 위상이란 진동의 크기를 알아내는데 매우 중요하며, 진폭 표시의 파라미터로서는 변위, 속도, 가속도가 있다.
④ 주파수란 단위 시간당 사이클의 횟수에 대한 역수이다.

23. 신호 처리를 하는 경우 최소 주파수와 최고 주파수 구간을 설정하여 사용하는 필터는? [15-2]
① 로우 패스 필터(low pass filter)
② 밴드 제거 필터(band stop filter)
③ 하이 패스 필터(high pass filter)
④ 밴드 패스 필터(band pass filter)

24. 음파가 한 매질에서 타 매질로 통과할 때 구부러지는 현상을 무엇이라 하는가?
① 파면 [19-2]
② 음선
③ 음의 굴절
④ 음의 회절

해설 음이 다른 매질을 통과할 때 구부러지는 현상을 음의 굴절이라 한다.

25. 공장에서 소음을 방지하기 위한 방법이 아닌 것은? [07-3]
① 흡음과 차음
② 진동원의 차단
③ 소음원의 차단
④ 소음기의 제거

26. 소음을 차단시키기 위하여 차음벽을 설치하였더니 소음이 증가하였다. 소음이 증가하는 요인으로 적당한 것은? [13-1]
① 차음벽 재료의 강성이 크다.
② 차음벽에 공진이 발생한다.
③ 차음벽의 무게가 무겁다.
④ 차음벽의 내부 댐핑이 크다.

해설 차음벽의 고유 진동수가 소음 주파수와 일치할 때 공진이 발생하며 소음이 증가한다.

27. 회전기계에서 발생하는 이상 현상 중 언밸런스나 베어링 결함 등의 검출에 가장 널리 사용되는 설비 진단 기법은?
① 진동법 [14-3, 17-1]
② 오일 분석법
③ 응력 해석법
④ 페로그래피법

28. 모터와 펌프의 두 축심을 어긋난 상태로 연결했을 때 발생하는 이상 진동 현상으로 회전 주파수의 $2f(2X)$ 성분이 크게 발생하는 것은? [09-2]
① 언밸런스(unbalance)
② 미스얼라인먼트(misalignment)
③ 기계적 풀림(looseness)
④ 공동(cavitation)

해설 미스얼라인먼트(misalignment)는 커플링 등에서 서로의 회전 중심선(축심)이 어긋난 상태로서 일반적으로는 정비 후에 발생하는 경우가 많다. 이때 야기된 진동은 항상 회전 주파수의 $2f(3f)$의 특성으로 나타나며, 높은 축 진동이 발생한다. 어긋난 축이 볼 베어링에 의하여 지지된 경우 특성 주파수가 뚜렷이 나타나며 미스얼라인먼트의 주요 발생 원인은 다음과 같다.

정답 22. ② 23. ④ 24. ③ 25. ④ 26. ② 27. ① 28. ②

㉠ 휨 축이거나 베어링의 설치가 잘못되었을 경우
㉡ 축 중심이 기계의 중심선에서 어긋났을 경우

따라서 미스얼라인먼트 측정은 축 방향에 센서를 설치하여 측정되므로 축 진동의 위상각은 180°가 된다.

29. 다음 중 금속 가공유에 속하지 않는 것은? [13-3]

① 절삭유 ② 연삭유
③ 압연유 ④ 방청유

해설 금속 가공용 윤활유에는 절삭유, 연삭유, 열처리유, 압연유 등이 있다.

30. 유체 윤활 상태가 유지될 때 마찰에 가장 큰 영향을 주는 윤활유의 성질은? [09-3]

① 비중 ② 유동점
③ 점도 ④ 인화점

해설 점도(viscosity)는 윤활유의 물리·화학적 성질 중 가장 기본이 되는 성질 중의 하나이고, 점도의 의미는 액체가 유동할 때 나타나는 내부 저항을 말한다. 기계 윤활에 있어서 기계의 조건이 동일하다면 마찰 손실, 마찰열, 기계적 효율이 점도에 의해 크게 좌우된다.

31. 고장이 없고, 보전이 필요하지 않은 설비를 설계, 제작하기 위한 설비 관리 방법은? [07-3, 17-2]

① 사후 보전(BM) ② 생산 보전(PM)
③ 개량 보전(CM) ④ 보전 예방(MP)

해설 보전 예방(MP) : 신 설비의 PM 설계, 고장이 없고, 보전이 필요하지 않은 설비를 설계, 제작 또는 구입하는 것

32. 설비 관리 요원이 가져야 할 근무 자세로 옳은 것은? [05-3]

① 전문 기술 영역이나 작업량 증가 시 외주 업체를 이용한다.
② 중요 설비의 최고 부하(peak load)를 없앤다.
③ 보전 요원의 능력을 개발한다.
④ 긴급 돌발이 발생하지 않도록 조치한다.

해설 설비 관리 업무와 요원 대책
㉠ 최고 부하(peak load)를 없앤다.
  • OSI(on stream inspection) : 기계 장치 등의 운전 중에 실시되는 검사
  • OSR(on stream repair) : 운전 중에 실시되는 수리
  • 부분적 SD(shut down)
  • 유닛 방식 : 예비 유닛을 갖춘 후 유닛을 교체하고, 교체한 유닛을 운전 중에 보전하도록 한다.
㉡ 긴급 돌발적인 것을 없앤다.
㉢ 작업자(operator)의 협력 자세
㉣ 보전 관리 요원의 능력 개발
㉤ 외주업자의 이용
㉥ IE적 연구

33. 설비 배치 계획이 필요한 경우가 아닌 것은? [17-1]

① 시제품 제조 ② 작업장 축소
③ 새 공장 건설 ④ 작업 방법 개선

해설 설비 배치 계획이 필요한 경우
㉠ 새 공장의 건설
㉡ 새 작업장의 건설
㉢ 작업장의 확장
㉣ 작업장의 축소
㉤ 작업장의 이동
㉥ 신제품의 제조
㉦ 설계 변경
㉧ 작업 방법의 개선 등

정답 29. ④ 30. ③ 31. ④ 32. ④ 33. ①

34. 설비의 신뢰성 평가 척도에 대한 설명으로 적절한 것은? [07-1]
① 평균 고장 간격이란 신뢰성의 대상물이 사용되어 처음 고장이 발생할 때까지의 평균 시간을 말한다.
② 평균 고장 시간이란 설비의 고장 수에 대한 전 사용 시간의 비율을 말한다.
③ 고장률이란 일정 기간 동안 발생하는 단위 시간당 고장 횟수를 말한다.
④ 보전성이란 어느 특정 순간에 기능을 유지하고 있는 확률을 말한다.

해설 ㉠ 평균 고장 간격(mean time between failures, MTBF) : 어떤 신뢰성의 대상물에 대해 전체 고장 수에 대한 전체 사용 시간의 비로 고장률의 역수이다.

$$\text{MTBF} = \frac{1}{F(t)}$$

여기서, $F(t)$: 고장률

㉡ 평균 고장 시간 : 대상물을 사용하여 처음 고장이 발생할 때까지의 평균 시간을 나타낸다.
㉢ 고장률 : 일정 기간 동안 발생하는 단위 시간당 고장 횟수로 1000시간당의 백분율을 나타낸다.

$$\text{고장률}(\lambda) = \frac{\text{고장 횟수}}{\text{총 가동 시간}}$$

㉣ 유용성 : 어느 특정 순간에 기능을 유지하고 있는 확률

35. 정비의 시기에 맞추어 필요한 예비품을 준비해 두어야 하는데 해당되는 예비품이 아닌 것은? [14-1, 17-3]
① 부품 예비품
② 연료 예비품
③ 라인 예비품
④ 부분적 세트(set) 예비품

해설 예비품은 ①, ③, ④ 외에 단일 기계 예비품이 있다.

36. 일반적인 집중 보전의 특징으로 옳은 것은? [17-3]
① 일정 작성이 용이하다.
② 긴급 작업을 신속히 처리할 수 있다.
③ 작업 의뢰와 완성까지의 시간이 매우 짧다.
④ 자본과 새로운 일에 대하여 통제가 불확실하다.

해설 집중 보전(central maintenance) : 공장의 모든 보전 요원을 한 사람의 관리자인 보전 부문의 장 밑에 두고, 모든 보전 요원을 집중 관리하는 보전 방식으로 기동성, 이원 배치의 유연성, 보전비 통제의 확실성, 보전 요원 1인이 보전에 관한 전 책임성이 좋으나, 보전 요원이 공장 전체에서 작업을 하기 때문에 적절한 관리 감독이 어렵고, 전 요원이 생산 작업에 대하여 우선순위를 가질 수 있으며, 작업 표준을 위한 시간 손실이 많고, 일정 작성 및 조정이 곤란하다.

37. 설비 보전의 효과가 아닌 것은? [15-2]
① 보전비 및 제작 불량 감소
② 가동률 향상 및 자본 투자 감소
③ 제조 원가 절감 및 보험료 증가
④ 재고품 및 납기 지연 감소

해설 설비 보전의 효과
㉠ 설비 고장으로 인한 정지 손실 감소(특히 연속 조업 공장에서는 이것에 의한 이익이 크다)
㉡ 보전비 감소
㉢ 제작 불량 감소
㉣ 가동률 향상

정답 34. ③ 35. ② 36. ② 37. ③

ⓜ 예비 설비의 필요성이 감소되어 자본 투자 감소
ⓑ 예비품 관리가 좋아져 재고품 감소
ⓢ 제조 원가 절감
ⓞ 종업원의 안전, 설비의 유지가 잘 되어 보상비나 보험료 감소
ⓩ 고장으로 인한 납기 지연 감소

38. 보전 자재 관리의 경제성을 보증하는 시스템 설계에서 기본적으로 고려해야 할 사항이 아닌 것은? [08-1, 12-3]
① 자재의 표준화
② 자재 조달과 사용의 실태에 맞는 자재 관리 방식 적용
③ 자재의 재고 비용보다 자재 품질로 인한 비용을 크게 함
④ 자재 관리에 관계하는 각 부서 업무의 적절한 분배

해설 자재의 재고 비용과 품질에 따른 비용은 적정하게 균형을 유지해야 한다.

39. 설비 관리에 있어서 TPM은 여러 가지 측면에서 전통적인 관리 시스템과 차이가 있다. 다음 중 TPM 관리와 가장 거리가 먼, 즉 전통적 관리 개념은 어떤 것인가? [12-1]
① 원인 추구 시스템
② 현장에서의 사실에 입각한 관리
③ 문제가 발생한 후 해결하려는 접근 방식
④ 로스(loss) 측정

해설 문제가 발생한 후 해결하려는 접근 방식은 전통적인 방법이다. 이에 반해 TPM 관리에서는 사전에 문제를 제거하려고 예방 활동을 추진한다.

40. 품질 보전의 전개에 있어서 요인 해석의 방법에 해당하지 않는 것은? [10-2, 11-3]

① FMECA 분석   ② PM 분석
③ 특성 요인도   ④ 경제성 분석

해설 경제성 분석은 건설, 설비 구입, 생산 보전 등에서 고려할 사항이다.

3과목 기계 보전, 용접 및 안전

41. 다음 중 볼트 너트에 녹이 발생하여 고착을 일으키는 원인으로 거리가 먼 것은?
① 수분 침투   [07-3, 13-1]
② 부식성 가스 침투
③ 부식성 액체 혼입
④ 첨가제 혼합 사용

해설 고착의 원인 : 볼트를 분해하려고 할 경우 때에 따라서는 굳어서 쉽게 풀리지 않는다. 이것은 너트를 조일 때 나사 부분에 반드시 틈이 발생하는데 이 틈새로 수분, 부식성 가스, 부식성 액체가 침입해서 녹이 발생하여 고착의 원인이 된다. 녹은 산화철이며, 이것은 원래 체적의 몇 배나 팽창하기 때문에 틈새를 메워서 너트가 풀리지 않게 된다. 또한 높은 온도로 가열했을 때도 산화철이 생기므로 풀리지 않게 된다.

42. 축이 휘었을 경우 짐 크로(jim crow)로 수정을 가할 수 있다. 이 짐 크로에 의한 일반적인 축의 수정 한계는 얼마인가?
① 0.01~0.02mm   [08-3]
② 0.1~0.2mm
③ 0.05~0.1mm
④ 0.5~1mm

해설 이 방법은 철도 레일을 굽히기 위한 방법이었으며, 신중히 하면 0.1~0.2mm 정도까지 수정할 수 있다.

정답 38. ③   39. ③   40. ④   41. ④   42. ②

43. 압력계의 지침이 흔들리며 불안정한 경우의 원인으로 적합한 것은? [09-2, 16-3]
① 펌프의 선정 잘못
② 밸브나 관로가 막힘
③ 펌프가 공회전할 때
④ 캐비테이션이 발생하거나 공기 흡입

해설 캐비테이션이 발생하면 소음과 진동이 수반되며 펌프의 성능이 저하되고 더욱 압력이 저하되면 양수가 불가능해진다. 더욱 이러한 현상이 심하면 운전이 어렵게 된다. 또한 이 현상이 오래 지속되면 발생부 근처에 여러 개의 홈집이 생겨 재료를 손상시킨다. 이것을 점 침식이라 하며, 이는 캐비테이션에 의해 생긴 여러 기포가 터질 때 충격의 반복으로 발생한다.

44. 변속기 중 유성 운동을 하는 원추 판을 가진 변속기는? [13-3]
① 가변 변속기
② 디스크 무단 변속기
③ 하이나우 H 드라이브 무단 변속기
④ 컵 무단 변속기

45. 3상 유도 전동기의 구조에 속하지 않는 것은? [10-2, 13-2, 19-2]
① 정류기
② 회전자 철심
③ 고정자 철심
④ 고정자 권선

해설 3상 유도 전동기는 회전자의 구조에 따라 농형과 권선형으로 구분하며, 그 구조는 회전하는 부분의 회전자와 정지하고 있는 부분의 고정자로 되어 있다.

46. 회전축을 1회전시켰을 때 다이얼 게이지 눈금이 0.6mm 이동하였다. 편심량은 얼마인가? [06-3]

① 0.3mm
② 0.6mm
③ 1.2mm
④ 0.06mm

해설 편심량은 눈금의 1/2이 된다.

47. 다음 보링 머신 중에서 매우 빠른 절삭 속도를 주어 정밀도가 높은 가공면을 얻는 것은?
① 지그 보링 머신
② 정밀 보링 머신
③ 수평 보링 머신
④ 수직 보링 머신

해설 정밀 보링 머신 : 다이아몬드 또는 초경 합금 공구를 사용하여 고속도와 미소 이송, 얕은 절삭 깊이에 의하여 구멍 내면을 매우 정밀하고 깨끗한 표면으로 가공하는데 사용한다.

48. 절삭 공구의 절삭면에 평행하게 마모되는 것으로 측면과 절삭면과의 마찰에 의해 발생하는 것은?
① 치핑
② 온도 파손
③ 플랭크 마모
④ 크레이터 마모

해설 플랭크 마모(여유면 마모)는 공구의 플랭크(측면)가 절삭면에 평행하게 마모되는 것을 말하며 마찰에 의하여 일어난다.

49. 열박음에서 가열 끼움 방법이 아닌 것은? [18-3]
① 수증기로 가열하는 법
② 기름으로 가열하는 법
③ 액화질소로 가열하는 법
④ 가스 토치로 가열하는 법

해설 가열법
㉠ 가스 버너나 가스 토치로 가열

정답 43. ④ 44. ② 45. ① 46. ① 47. ② 48. ③ 49. ③

ⓒ 열박음 노(爐)에서 가열
ⓒ 전기로에서 가열
ⓔ 수증기로 가열
ⓜ 기름으로 가열
ⓗ 고주파 유도 가열

50. 다음 열거하는 설비 결함을 가장 쉽게 발견할 수 있는 기기는? [09-4]

> 베어링 결함, 파이프 누설, 저장 탱크 틈새, 공기 누설, 왕복동 압축기 밸브 결함

① 초음파 측정기
② 진동 측정기
③ 윤활 분석기
④ 소음 측정기

51. 용접법의 분류 중에서 융접에 해당하지 않는 것은?

① 저항 용접
② 스터드 용접
③ 피복 아크 용접
④ 서브머지드 아크 용접

[해설] 저항 용접은 압접이다.

52. 서브머지드 아크 용접에 대한 설명으로 틀린 것은?

① 용접 전류를 증가시키면 용입이 증가한다.
② 용접 전압을 증가하면 비드 폭이 넓어진다.
③ 용접 속도가 증가하면 비드폭과 용입이 감소한다.
④ 용접 와이어 지름이 증가하면 용입이 깊어진다.

[해설] 서브머지드 아크 용접에서 전류 및 전압이 동일한 조건에서 용접 와이어 지름이 작으면 용입이 깊고 비드 폭이 좁아진다. 와이어 지름이 증가하면 용입이 얕고 비드 폭이 넓어진다.

53. 불활성 가스 텅스텐 아크 용접을 할 때 주로 사용되는 가스는?

① H_2 ② Ar   ③ CO_2 ④ C_2H_2

[해설] 불활성 가스 텅스텐 아크 용접에 이용되는 가스는 주로 Ar과 He이다.

54. 플라스마 아크 용접법의 장단점 중 틀린 것은?

① 플라스마 제트는 에너지 밀도가 크고, 안정도가 높으며 보유 열량이 크다.
② 비드 폭이 좁고 용입이 깊고 용접 속도가 빠르며 용접 변형이 적다.
③ 용접 속도가 크게 되면 가스의 보호가 불충분하다.
④ 일반 아크 용접기에 비하여 높은 무부하 전압(약 1~2배)이 필요하다.

[해설] ㉠ 장점
- 플라스마 제트는 에너지 밀도가 크고, 안정도가 높으며 보유 열량이 크다.
- 비드 폭이 좁고 용입이 깊다.
- 용접 속도가 빠르고 용접 변형이 적다.
- 아크의 방향성과 집중성이 좋다.

㉡ 단점
- 용접 속도가 크게 되면 가스의 보호가 불충분하다.
- 보호 가스가 2중으로 필요하므로 토치의 구조가 복잡하다.
- 일반 아크 용접기에 비하여 높은 무부하 전압(약 2~5배)이 필요하다.
- 맞대기 용접에서는 모재 두께가 25 mm 이하로 제한되며, 자동에서는 아래보기와 수평 자세로 제한하고 수동에서는 전자세 용접이 가능하다.

정답 50. ① 51. ① 52. ④ 53. ② 54. ④

55. V형에 비해 홈의 폭이 좁아도 작업성이 좋으며 한쪽에서 용접하여 충분한 용입을 얻으려 할 때 사용하는 이음 형상은?

① U형　② I형
③ X형　④ K형

해설 U형의 홈은 두꺼운 판의 양면 용접을 할 수 없는 경우에 가공하는 방법으로 V형에 비해 홈의 폭이 좁아도 되고, 루트 간격을 0으로 해도 작업성과 용입이 좋으며, 용착 금속의 양도 적으나 홈 가공이 다소 어렵다.

56. 용접 변형 방지법 중 용접부의 뒷면에 물을 뿌려주는 방법은?

① 살수법
② 수랭 동판 사용법
③ 석면포 사용법
④ 피닝법

해설 살수법 : 용접부의 뒷면에 물을 뿌려주는 용접 변형 방지법

57. 기계 작업에서 적당하지 않은 것은?

① 구멍 깎기 작업 시에는 기계 운전 중에도 구멍 속을 청소해야 한다.
② 운전 중에는 다듬면 검사를 하지 않는다.
③ 치수 측정은 운전 중에 하지 않는다.
④ 베드 및 테이블의 면을 공구대 대용으로 쓰지 않는다.

해설 운전 중에는 구멍 속을 청소하지 않는다.

58. 연소 가스의 폭발이 발생되는 가장 큰 원인은?

① 물이 지나치게 많을 때
② 증기 압력이 지나치게 높을 때
③ 중유가 불완전 연소할 때
④ 연소실 내에 미연소 가스가 충만해 있을 때

59. 방독 마스크를 선택할 때 주의를 요하는 사항은 무엇인가?

① 얼굴에 대한 압박감
② 온도 조절
③ 흡수 필터가 유효한 대상 가스
④ 기상 조건

해설 방독 마스크는 유해 가스로부터 호흡을 보호하기 위함이다.

60. 다음은 중대재해에 관련된 내용이다. 괄호에 알맞은 내용은?

(㉠)개월 이상의 요양이 필요한 부상자가 동시에 (㉡)명 이상 발생한 재해를 중대재해라 한다.

① ㉠ 1, ㉡ 1　② ㉠ 2, ㉡ 2
③ ㉠ 3, ㉡ 2　④ ㉠ 3, ㉡ 3

해설 중대재해의 범위
㉠ 사망자가 1명 이상 발생한 재해
㉡ 3개월 이상의 요양이 필요한 부상자가 동시에 2명 이상 발생한 재해
㉢ 부상자 또는 직업성 질병자가 동시에 10명 이상 발생한 재해

정답 55. ①　56. ①　57. ①　58. ④　59. ③　60. ③

제11회 CBT 대비 실전문제

1과목 공유압 및 자동 제어

1. 공압 장치의 구성 요소 중 공압 발생 장치와 거리가 먼 것은? [09-2]
① 압축기 ② 냉각기
③ 공기 탱크 ④ 레귤레이터

해설 공압 발생 장치에는 압축기, 공기 탱크, 냉각기, 건조기 등이 있으며 레귤레이터는 공기압 조정기기, 필터는 공기 청정화 기기이다.

2. 압축기는 변동하는 공기의 수요에 공급량을 맞추기 위해 적절한 조절 방식에 의해 제어된다. 다음 중 무부하 조절 방식이 아닌 것은? [06-1]
① 배기 조절 방식 ② 흡입량 조절 방식
③ 차단 조절 방식 ④ 그립-암 조절 방식

해설 무부하 조절 방식에는 배기 제어, 차단 제어, 그립-암 제어가 있다.

3. 다음의 기호가 나타내는 것은? [11-1]

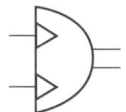

① 요동형 공기압 펌프
② 요동형 공기압 모터
③ 요동형 공기압 압축기
④ 요동형 공기압 실린더

4. 실린더의 지지 방식 중 피스톤 로드의 중심선에 대해서 직각으로 이루는 실린더의 양측으로 뻗은 1개의 원통상의 피벗으로 지탱하는 설치 형식은 무엇인가? [07-3, 16-2]
① 풋형 ② 용접형
③ 플랜지형 ④ 트러니언형

해설 트러니언형은 축심 요동형이다.

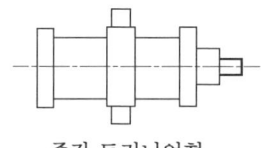

중간 트러니언형

5. 다음 중 슬라이드 밸브에서의 고장이 아닌 것은? [07-3]
① 배기공의 막힘으로 인한 배압 발생
② 실링 손상으로 인한 누설의 발생
③ 압력 스프링의 손상으로 누설의 발생
④ 밸브의 위치가 정확하지 않을 때

해설 슬라이드 밸브에서의 고장
㉠ 과도한 마찰이나 스프링 손상으로 기계적 스위칭 오동작
㉡ 배기공의 막힘으로 배압 발생
㉢ 실 손상으로 누설 발생
㉣ 평판 슬라이드 밸브의 압력 스프링 손상으로 누설 발생

6. 유체의 성질에 대한 다음 설명 중 옳은 것은? [17-3]
① 유체의 속도는 단면적이 큰 곳에서는 빠르다.

정답 1. ④ 2. ② 3. ② 4. ④ 5. ④ 6. ④

② 유속이 느리고 가는 관을 통과할 때 난류가 발생된다.
③ 유속이 빠르고 굵은 관을 통과할 때 층류가 발생한다.
④ 점성이 없는 비압축성의 유체가 수평관을 흐를 때 압력, 위치, 속도 에너지의 합은 일정하다.

7. 유압 펌프의 형식 중 비용적형에 해당되는 것은? [09-2]
① 베인 펌프   ② 원심 펌프
③ 로브 펌프   ④ 피스톤 펌프

해설 원심 펌프는 비용적형이다.

8. 유압 모터 중 가장 간단하며 출력 토크가 일정하고 정·역회전이 가능하지만 정밀 서보기구에는 부적합한 모터는 무엇인가?
① 기어 모터   [08-1, 19-1]
② 베인 모터
③ 레이디얼 피스톤 모터
④ 액시얼 피스톤 모터

해설 기어 모터(gear motor) : 유압 모터 중 구조면에서 가장 간단하며 유체 압력이 기어의 이에 작용하여 토크가 일정하고, 또한 정회전과 유체의 흐름 방향을 반대로 하면 역회전이 가능하다. 그리고 기어 펌프의 경우와 같이 체적은 고정되며, 압력 부하에 대한 보상 장치가 없다.

9. 방향 전환 밸브의 포트 수와 위치 수가 그림과 일치하지 않는 것은? [15-2]
① 2포트 2위치 :
② 3포트 2위치 :
③ 4포트 2위치 :
④ 4포트 3위치 :

해설 ②의 밸브는 존재하지 않는다.
3포트 2위치 밸브는   이다.

10. 다음 중 메모리 기능이 없고 여러 입·출력 요소가 있을 때는 논리적인 해결을 위해 불 대수가 이용되므로 논리 제어라고도 하는 것은? [03-1, 04-3, 14-1]
① 조합 제어   ② 파일럿 제어
③ 시퀀스 제어 ④ 메모리 제어

해설 파일럿 제어 : 입력 조건이 만족되면 그에 상응하는 출력 신호가 발생하는 형태의 제어이며, 논리 제어라고도 한다.

11. 전달 함수 $G(s) = \dfrac{1}{s+1}$인 제어계 응답을 시간 함수로 맞게 표현한 것은? [12-2]
① e^{-t} ② $1 + e^{-t}$
③ $1 - e^{-t}$ ④ $e^{-t} - 1$

해설 1차 지연 요소의 전달 함수는 $\dfrac{1}{1+Ts}$이며, 1차 지연 요소의 스텝 응답은 $y = R(1 - e^{-t/T})$ 곡선이다.

12. 잔류 편차를 제거하기 위해 사용하는 제어계는? [17-1]
① 비례 제어
② ON-OFF 제어
③ 비례 적분 제어
④ 비례 미분 제어

해설 비례 적분 제어는 복합 루프 제어계가 아닌 제어로 잔류 편차를 제거하기 위해 사용한다.

정답 7. ② 8. ① 9. ② 10. ② 11. ③ 12. ③

13. LED(light emitting diode)란? [07-3]
① 역방향 바이어스일 때 광을 감지한다.
② 역방향 바이어스일 때 광을 방출한다.
③ 순방향 바이어스일 때 광을 감지한다.
④ 순방향 바이어스일 때 광을 방출한다.

해설 발광 다이오드(LED, light emitting diode) : 순방향 바이어스가 되는 경우 전기적인 에너지를 빛에너지로 바꾸는 소자

14. 회로 시험기로 전압을 측정하면 230V를 나타낸다. 참값이 220V이면 오차는 몇 V인가? [15-2]
① 20 ② 10 ③ -10 ④ -20

해설 오차 = 측정값 - 참값
= 230 - 220 = 10V

15. 절연 내력 시험 중 권선의 층간 절연 시험은?
① 충격 전압 시험   ② 무부하 시험
③ 가압 시험   ④ 유도 시험

해설 유도 시험 : 변압기의 층간 절연을 시험하기 위하여 권선의 단자 사이에 정상 유도 전압의 2배 되는 전압을 유도시켜 유도 절연 시험을 실시한다.

16. 일정한 환경 조건 하에서 측정량이 일정함에도 불구하고 전기적인 증폭기를 갖는 계측기의 지시가 시간과 함께 계속적으로 느슨하게 변화하는 현상은? [15-2, 18-3]
① 비직선성
② 과도 특성
③ 히스테리시스
④ 드리프트(drift)

해설 드리프트는 자기 가열이나 재료의 크리프 현상에 기인한다.

17. 다음 프로세스 제어 시스템에서 일반적으로 사용되는 신호가 아닌 것은? [06-1]
① 0~10V DC의 전압 신호
② 1~5V DC의 전압 신호
③ 4~20mA DC의 전류 신호
④ 0.2~1.0kgf/cm² 의 공기압 신호

18. 다음 설명 중 틀린 것은? [16-3]
① 오버슈트는 응답 중에 생기는 입력과 출력 사이의 편차량을 말한다.
② 지연 시간(delay time)이란 응답이 최초로 희망값의 30% 진행되는데 요하는 시간이다.
③ 상승 시간(rise time)이란 응답이 희망값의 10%에서 90%까지 도달하는데 요하는 시간이다.
④ 정정 시간(settling time)은 응답의 최종값 허용 범위가 5~10% 내에 안정되기까지 요하는 시간이다.

해설 지연 시간(delay time)이란 응답이 최초로 희망값의 50% 진행되는데 요하는 시간이다.

19. 전기자 철심용으로 얇은 규소 강판을 성층하는 이유는? [07-1, 10-1, 10-3, 17-3]
① 비용 절감
② 기계손 감소
③ 와류손 감소
④ 가공 용이

20. 직류 전동기가 회전 시 소음이 발생하는 원인으로 틀린 것은? [09-3, 11-2]
① 축받이의 불량
② 정류자 면의 높이 불균일
③ 전동기의 과부하
④ 정류자 면의 거칠음

정답 13. ④ 14. ② 15. ④ 16. ④ 17. ④ 18. ② 19. ③ 20. ③

해설 직류 전동기 소음의 원인
  ㉠ 베어링 불량
  ㉡ 정류자 면의 거침
  ㉢ 정류자 면의 높이 불균일

2과목 설비 진단 및 관리

21. 설비 진단 기술의 도입 효과는? [15-2]
① 설비의 자동화
② 돌발적인 사고 방지
③ 현장 작업자의 감소
④ 오버홀 주기의 단축

해설 설비 진단 기술을 이용한 결과는 돌발 고장 감소이다.

22. 외란(disturbance)이 가해진 후에 계가 스스로 진동하고 반복되며 외부 힘이 이 계에 작용하지 않는 진동은? [16-1, 20-3]
① 강제 진동   ② 자유 진동
③ 감쇠 진동   ④ 선형 진동

해설 외란(disturbance)이 가해진 후에 계가 스스로 진동하고 있다면, 이 진동을 자유 진동(free vibration)이라 하며 반복되는 외부 힘이 이 계에 작용하지 않는다. 진자의 진동이 자유 진동의 한 예이다.

23. 다음 용어에 대한 설명 중 틀린 것은 어느 것인가? [13-1]
① 변위란 진동의 상한과 하한의 거리를 말한다.
② 속도란 거리를 몇 초에 지나가는가를 의미한다.
③ 가속도란 단위 시간당 거리의 증가를 말한다.
④ 실효값이란 진동의 에너지를 표현하는데 적합한 값이다.

해설 가속도란 단위 시간당 속도의 증가를 말한다.

24. 가속도계를 기계에 설치하려 하나 드릴이나 탭을 사용하여 구멍을 뚫을 수 없을 때 사용하는 센서 고정법으로 고정이 빠르고, 장기적 안정성이 좋으나 먼지와 습기는 접착에 문제를 일으킬 수 있고, 가속도계를 분리할 때 구조물에 잔유물이 남을 수 있는 방법은? [13-3, 16-1]
① 손 고정
② 절연 고정
③ 마그네틱 고정
④ 에폭시 시멘트 고정

25. 등청감 곡선(equal loudness contours)이란 무엇인가? [06-1, 15-1]
① 소음의 크기를 음압에 따라 표시한 곡선
② 사람이 귀로 듣는 같은 크기의 음압을 주파수별로 구하여 작성한 곡선
③ 정상 청력을 가진 사람이 1000Hz에서 들을 수 있는 최소 음압의 실효치
④ 음의 진행 방향에 수직하는 단위 면적을 단위 시간에 통과하는 음에너지의 양

26. 진동 차단기의 기본 요구 조건 중 틀린 것은? [18-1]
① 온도, 습도, 화학적 변화 등에 대해 견딜 수 있어야 한다.
② 차단하려는 진동의 최저 주파수보다 큰 고유 진동수를 가져야 한다.
③ 차단기의 강성은 그에 부착된 진동 보호 대상체의 구조적 강성보다 작아야 한다.

정답 21. ② 22. ② 23. ③ 24. ④ 25. ② 26. ②

④ 강성은 충분히 작아 차단 능력이 있되 작용하는 하중을 충분히 받칠 수 있어야 한다.

해설 진동 차단기의 기본 요구 조건
㉠ 강성이 충분히 작아서 차단 능력이 있어야 한다.
㉡ 강성은 작되 걸어준 하중을 충분히 받칠 수 있어야 한다.
㉢ 온도, 습도, 화학적 변화 등에 의해 견딜 수 있어야 한다.
㉣ 강성은 그에 부착된 진동 보호 대상체의 구조적 강성보다 작아야 하며, 차단하려는 진동의 최저 주파수보다 작은 고유 진동수를 가져야 한다.

27. 진동 시스템에서 질량은 그대로 유지하고, 강성을 증가시키면 고유 주파수는 어떻게 되는가? [15-3]
① 고유 주파수가 증가한다.
② 고유 주파수가 감소한다.
③ 고유 주파수는 변하지 않는다.
④ 고유 주파수는 증가하다가 감소한다.

28. 회전기계 장치에서 회전수와 동일한 주파수가 검출되었을 때 진동을 발생시키는 주 원인은? [08-3]
① 언밸런스(unbalance)
② 풀림
③ 오일 휩(oil whip)
④ 캐비테이션(cavitation)

해설 언밸런스(unbalance) : 진동 중 가장 일반적인 원인으로 모든 기계에 약간씩 존재한다. 진동 특성은 다음과 같다.
㉠ 회전 주파수의 $1f$ 성분의 탁월 주파수가 나타난다.
㉡ 언밸런스 양과 회전수가 증가할수록 진동 레벨이 높게 나타난다.
㉢ 높은 진동의 하모닉 신호로 나타나지만 만약 $1f$의 하모닉 신호보다 높으면 언밸런스가 아니다.
㉣ 수평·수직 방향에 최대의 진폭이 발생한다. 그러나 길게 돌출된 로터(rotor)의 경우에는 축 방향에 큰 진폭이 발생하는 경우도 있다.

29. 윤활 상태 중 기름의 점도에 대하여 유체 역학적으로 설명할 수 없는 유막의 성질, 즉 유성(oilless)에 관계되며 시동이나 정지 전·후에 반드시 일어나는 윤활 상태는? [07-1]
① 유체 윤활
② 극압 윤활
③ 경계 윤활
④ 완전 윤활

해설 ㉠ 유체 윤활(fluid lubrication) : 마찰면 사이에 유체 역학적으로 점성 유막이 형성된 윤활 상태이므로 완전 윤활 또는 후막 윤활이라고도 한다. 마찰 계수는 0.01~0.05로서 최저이다.
㉡ 극압 윤활(extreme-pressure lubrication) : 마찰면의 접촉 압력이 높아, 유막의 파단이 일어나기 쉬운 상태가 되면 융착과 소부 현상이 일어나게 된다. 이때의 마찰계수는 0.25~0.4 정도이다.
㉢ 경계 윤활(boundary lubrication) : 윤활 부위에 하중이 증가하거나 속도가 저하될 경우 윤활제의 점도가 낮아지고 유막의 두께는 점점 얇아져서 국부적으로 금속 접촉점이 발생하고 있는 상태를 말하며, 고하중 저속 상태 또는 시동 정지 전·후에 반드시 일어난다. 이때의 마찰계수는 0.08~0.14 정도이다.

30. 윤활제의 공급 방식에서 비순환 급유법에 속하는 것은? [19-3]

정답 27. ① 28. ① 29. ③ 30. ④

① 원심 급유법 ② 패드 급유법
③ 유륜식 급유법 ④ 사이펀 급유법

해설 비순환 급유법에는 손 급유법, 적하 급유법, 사이펀 급유법, 가시부상(可視浮上) 유적 급유법 등이 있다.

31. 기본적으로 새로운 설비일 때부터 고장이 일어나지 않으면서도 보전비가 소요되지 않는 설비로 해야 한다는 신 설비의 PM 설계는? [08-3]
① 생산 보전(PM : productive maintenance)
② 예방 보전(PM : prevention maintenance)
③ 개량 보전(CM : corrective maintenance)
④ 보전 예방(MP : maintenance prevention)

32. 다음 그림은 설비 관리 조직 중에서 어떤 형태의 조직인가? [14-1, 17-2]

① 제품 중심 조직
② 기능 중심 조직
③ 설계 보증 조직
④ 제품 중심 매트릭스 조직

해설 제품 사업에 따라 독립적으로 운영하는 제품 중심 조직이다.

33. 동일한 공정의 기계를 한 곳에 배치시켜 다품종 소량 생산에 적합한 설비 배치 형태는? [09-2]

① 제품별 설비 배치
② 라인별 설비 배치
③ 기능별 설비 배치
④ 제품 고정형 설비 배치

해설 기능별 배치(process layout, functional layout) : 일명 공정별 배치라고도 하는 이 배치는 동일 공정 또는 기계가 한 장소에 모여진 형으로, 동일 기종이 모여진 경우를 갱 시스템(gang system)이라고 하며, 제품 중심으로 그 제품을 가공하는 데 소요되는 일련의 기계로 작업장을 구성하고 있을 경우에는 이를 블록 시스템(block system)이라고 한다.

34. 신뢰성을 평가하기 위한 기준에 관한 설명으로 옳은 것은? [15-2]
① 신뢰성이란 일정 조건 하에서 일정 기간 동안 고장 없이 기능을 수행할 확률을 나타낸다.
② 고장률이란 신뢰성의 대상물에 대한 전 고장 수에 대한 사용 시간의 비율을 나타낸다.
③ 평균 고장 시간(mean time to failures)이란 일정 기간 중 발생하는 단위 시간당 고장 횟수를 나타낸다.
④ 평균 시간 간격(mean time between failures)이란 설비 또는 중요 부품이 사용되기 시작하여 처음 고장이 발생할 때까지의 평균 시간을 말한다.

해설 ㉠ 고장률 : 일정 기간 동안 발생하는 단위 시간당 고장 횟수
㉡ 평균 고장 시간 : 시스템이나 설비가 사용되어 최초 고장이 발생할 때까지의 평균 시간
㉢ 평균 고장 간격 : 어떤 신뢰성의 대상물에 대해 전체 고장 수에 대한 총 가동 시간의 비

정답 31. ④ 32. ① 33. ③ 34. ①

35. 설비의 경제성 평가 방법 중 설비의 내구 사용 기간 사이의 자본 비용과 가동비의 합을 현재 가치로 환산하여 내구 사용 기간 중의 연평균 비용을 비교하여 대체안을 결정하는 방법은? [11-1]
① 자본 회수법
② 평균 이자법
③ 연평균 비교법
④ 자본 회수 기간법

해설 ㉠ 연평균 비교법 : 설비의 내구 사용 기간 사이의 자본 비용과 가동비의 합을 현재 가치로 환산하여 내구 사용 기간 중의 연평균 비용을 비교하여 대체안을 결정하는 방법
㉡ 평균 이자법 : 연간 비용으로서 정액제에 의한 상각비와 평균 이자 및 가동비를 취한 방법이며, 연간 비용=상각비+평균 이자+가동비이다.
㉢ 자본 회수법 : 시설, 증설 등의 독립 투자에는 적용하기 쉬우나 교체 투자의 경우에는 신중을 요한다.

36. 설비 보전의 관리 기능에 속하는 것은?
① 보전 표준 설정 [09-3]
② 예방 보전 검사
③ 일상 보전 및 점검
④ 사후 보전 및 개량 보전

해설 관리 기능 : 설비 보전 목표 평가는 관리의 경제적 측면이며, 이 결과가 나타나도록 하는 실제 활동의 원천은 기술적 측면이다. 경제적 측면은 설비와 화폐 가치 측면에서 관리하는 가치 관리이고, 기술적 측면은 설비 성능의 면을 관리하는 성능 관리이다. 이 양 측면은 칼의 양면과 같아 양 측면의 조화를 이룬 활동이 절대 필요하다.

※ 설비 검사(점검), 설비 보전(일상 보전), 설비 수리(공작)는 직접 기능과 관련 있다.

37. 보전비의 요소 중 수리비와 가장 관계가 깊은 것은? [11-2]
① 열화의 방지   ② 열화의 측정
③ 열화의 회복   ④ 열화의 경향

해설 ㉠ 열화의 방지 : 일상 보전
㉡ 열화의 측정 : 검사비
㉢ 열화의 회복 : 수리비

38. 오버홀(overhaul)은 설비의 효율을 높이기 위하여 관리하는데 매우 중요한 활동이다. 다음 중 오버홀은 어떤 보전 활동에 포함되는가? [09-1]
① 일상 보전 활동   ② 사후 보전 활동
③ 예방 보전 활동   ④ 개량 보전 활동

해설 예방 보전 시간
㉠ 정기 점검
• 내부 검사 또는 특정 장비 없이 자체 점검
• 외부 검사 또는 특정 장비로 외주 점검
㉡ 수리
㉢ 오버홀(overhaul)
㉣ 부품 교체
㉤ 정기 교정
㉥ 연료 보급
㉦ 셧다운(shutdown)

39. 보전 효과 측정 방법에서 항목별 계산식이 틀린 것은? [11-3, 15-2, 19-1]

① 설비 가동률 = $\dfrac{\text{부하 시간}}{\text{가동 시간}} \times 100$

② 고장 빈도율 = $\dfrac{\text{고장 건수}}{\text{부하 시간}} \times 100$

정답 35. ③ 36. ① 37. ③ 38. ③ 39. ①

③ 고장 강도율 = $\dfrac{\text{고장 정지 시간}}{\text{부하 시간}} \times 100$

④ 예방 보전 수행률
= $\dfrac{\text{예방 보건 건수}}{\text{예방 보전 계획 건수}} \times 100$

해설 설비 가동률 = $\dfrac{\text{정미 가동 시간}}{\text{부하 시간}} \times 100$

40. PM에서의 로스에 대하여 설비의 종합 이용 효율을 계산하기 위하여 측정하는 종류로 가장 거리가 먼 것은? [14-3]
① 에너지 효율
② 시간 가동률
③ 성능 가동률
④ 양품률

해설 종합 효율 = 시간 가동률 × 성능 가동률 × 양품률

3과목 기계 보전, 용접 및 안전

41. 볼트가 밑 부분에서 부러져 있을 경우 어떤 공구를 사용하여 빼낼 수 있는가? [09-3]
① 드릴
② 스크루 엑스트랙터
③ 스크루 바이스
④ 탭

해설 볼트의 밑 부분이 부러졌을 경우 스크루 엑스트랙터를 사용하여 빼낸다.

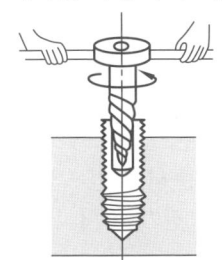

42. 축 마모부의 수리는 보스 내경과의 관계를 고려하여 그 수리 방법을 결정해야 한다. 수리 방법의 판단 기준으로 적합하지 않은 것은? [12-3, 18-1]
① 외관
② 신뢰성
③ 비용과 시간
④ 수리 후의 강도

해설 수리 방법 결정 기준 : 강도, 신뢰성, 사고, 비용과 시간

43. 체인의 고속, 중하중용에 적합한 급유 방법은? [10-3, 17-2]
① 적하 급유
② 유욕 윤활
③ 강제 펌프 윤활
④ 회전판에 의한 윤활

해설 ㉠ 적하 급유법 : 저속용
㉡ 유욕 윤활법 : 중·저속용
㉢ 버킷 윤활법 : 중·고속용
㉣ 강제 펌프 윤활법 : 고속, 중하중용

44. 관로에 설치한 힌지로 된 밸브판을 가진 밸브로 밸브판을 회전시켜 개폐를 하며, 스톱 밸브 또는 역지 밸브로 사용되는 밸브는? [08-3, 12-1, 16-1]
① 플랩(flap) 밸브
② 게이트(gate) 밸브
③ 리프트(lift) 밸브
④ 앵글(angle) 밸브

해설 플랩 밸브(flap valve) : 관로에 설치한 힌지로 된 밸브판을 가진 밸브로 밸브판을 회전시켜 개폐를 한다. 스톱 밸브 또는 역지(逆止) 밸브로 토출관이 짧은 저양정 펌프(전양정 약 10m 이하)에 사용된다.

정답 40. ① 41. ② 42. ① 43. ③ 44. ①

45. 다음 중 펌프에서 캐비테이션(cavitation)이 발생했을 때 그 영향으로 적절하지 않은 것은? [13-2, 20-3]
① 소음과 진동이 생긴다.
② 펌프의 성능에는 변화가 없다.
③ 압력이 저하하면 양수 불능이 된다.
④ 펌프 내부에 침식이 생겨 펌프를 손상시킨다.

해설 캐비테이션이 발생되면 압력의 감소에 의하여 성능이 저하된다.

46. 송풍기를 설치하기 전 기초 작업으로 확인되어야 할 사항이 아닌 것은? [09-2]
① 기초 치수
② 기초 볼트 위치
③ 부품 배치
④ 베어링 조정

47. 소형(1kW 이하) 3상 유도 전동기에서 가장 많이 사용되는 급유 형태는? [10-1]
① 그리스 급유
② 유욕 급유
③ 강제 순환 급유
④ 적하 급유

해설 1kW 이하의 소형에는 그리스, 그 이상의 것은 유욕 급유 윤활 방법이 사용된다.

48. 어떤 양을 수량적으로 표시하려면 그 양과 같은 종류의 기준이 필요한데 이 비교 기준을 무엇이라 하는가? [16-1]
① 오차　　② 측정
③ 단위　　④ 보정

해설 단위 : 어떤 양을 측정하여 기준이 되는 양의 몇 배인가를 수치로 표시하기 위해 기준이 되는 일정한 크기를 정하는데, 이때 비교의 기준으로 사용되는 일정 크기의 양

49. 드릴링 머신에 의한 가공 방법 중에서 육각 구멍 붙이 볼트, 둥근 머리 볼트의 머리를 공작물에 묻히게 하는 가공은?
① 카운터 싱킹
② 리밍
③ 카운터 보링
④ 스폿 페이싱

해설 드릴링 머신 작업

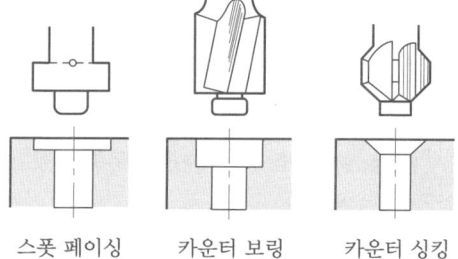

스폿 페이싱　　카운터 보링　　카운터 싱킹

50. 절삭 공구 재료 중에서 가장 경도가 높은 재질은?
① 고속도강
② 세라믹
③ 스텔라이트
④ 입방정 질화 붕소

해설 입방정 질화 붕소(CBN : cubic boron nitride)는 다이아몬드 다음으로 단단한 물질이다.

51. 조립 작업을 계획할 때 확인해야 할 것 중 틀린 것은?
① 기초 공사　　② 작업 동선 관리
③ 산업 안전　　④ 제품 단가

해설 조립 순서 확인 : 기초 공사, 작업 동선 관리, 전기 장치, 기계 장치 입고, 산업 안전

정답　45. ②　46. ④　47. ①　48. ③　49. ③　50. ④　51. ④

52. 베어링 온도는 정상 운전 상태에서 주위 온도보다 얼마를 초과하지 말아야 하는가?

① 5~10℃　　② 20~30℃
③ 40~50℃　　④ 60~70℃

해설 베어링 온도는 정상 상태에서 20~30℃를 초과하지 말아야 한다.

53. 아크 쏠림(arc blow) 현상을 방지하는 방법으로 틀린 것은?

① 아크 길이를 길게 한다.
② 접지점을 될 수 있는 대로 용접부에 멀게 한다.
③ 직류 용접으로 하지 않고 교류 용접으로 한다.
④ 용접봉 끝을 아크 쏠림 반대 방향으로 기울인다.

해설 아크 쏠림 방지 대책
㉠ 직류 용접을 하지 않고 교류 용접을 할 것
㉡ 접지점을 될 수 있는 대로 용접부에 멀리 할 것
㉢ 아크를 될 수 있는 대로 짧게 할 것
㉣ 용접봉 끝을 아크 쏠림 반대 방향으로 기울일 것

54. TIG 용접 시 보호 가스로 쓰이는 아르곤과 헬륨의 특징을 비교할 때 틀린 것은?

① 헬륨은 용접 입열이 많으므로 후판 용접에 적합하다.
② 헬륨은 열 영향부가 아르곤보다 좁고 용입이 깊다.
③ 아르곤은 헬륨보다 가스 소모량이 적고 수동 용접에 많이 쓰인다.
④ 헬륨은 위보기 자세나 수직 자세 용접에서 아르곤보다 효율이 떨어진다.

해설 헬륨은 수소 다음으로 가벼운 기체이므로 위보기 자세나 수직 자세 용접에서 아르곤보다 효율이 높다.

55. MIG 용접 제어 장치에서 용접 후에도 가스가 계속 흘러나와 크레이터 부위의 산화를 방지하는 제어 기능은?

① 가스 지연 유출 시간(post flow time)
② 번 백 시간(burn back time)
③ 크레이터 충전 시간(crate fill time)
④ 예비 가스 유출 시간(preflow time)

해설 ㉠ 번 백 시간 : 크레이터 처리 기능에 의해 낮아진 전류가 서서히 줄어들면서 아크가 끊어지는 기능으로 이면 용접부가 녹아내리는 것을 방지한다.
㉡ 크레이터 처리 시간 : 크레이터 처리를 위해 용접이 끝나는 지점에서 토치 스위치를 다시 누르면 용접 전류와 전압이 낮아져 크레이터가 채워짐으로써 결함을 방지하는 기능이다.
㉢ 예비 가스 유출 시간 : 아크가 처음 발생되기 전 보호 가스를 흐르게 하여 아크를 안정되게 함으로써 결함 발생을 방지하기 위한 기능이다.

56. CO_2 아크 용접기에서 교류를 직류로 정류할 때 발생하는 거친 파형의 직류 출력 전력을 평활한 출력 전력으로 조정하는 역할을 하는 부품은?

① 리액터
② 제어 장치
③ 송급 장치
④ 용접 토치

해설 리액터(reacter) : 교류를 직류로 정류할 때 발생하는 거친 파형의 직류 출력 전력을 평활한 출력 전력으로 조정하는 역할

정답 52. ②　53. ①　54. ④　55. ①　56. ①

57. 용접 이음을 설계할 때 주의사항으로 옳은 것은?

① 용접 길이는 되도록 길게 하고, 용착 금속도 많게 한다.
② 용접 이음을 한 군데로 집중시켜 작업의 편리성을 도모한다.
③ 결함이 적게 발생되는 아래보기 자세를 선택한다.
④ 강도가 강한 필릿 용접을 주로 선택한다.

해설 용접 이음을 설계할 때에는 아래보기 용접을 많이 하도록 한다. 필릿 용접을 가능한 피하고 맞대기 용접을 하며, 용접부에 잔류 응력과 열 응력이 한 곳에 집중하는 것을 피하고, 강도상 중요한 이음에서는 완전 용입이 되게 한다.

58. 용접 작업 시 발생한 변형을 교정할 때 가열하여 열 응력을 이용하고 소성 변형을 일으키는 방법은?

① 박판에 대한 점 수축법
② 쇼트 피닝법
③ 롤러에 거는 방법
④ 절단 성형 후 재용접법

해설 박판에 대한 점 수축법 : 용접할 때 발생한 변형을 교정하는 방법으로 가열할 때 열 응력을 이용하여 소성 변형을 일으켜 변형을 교정하는 방법

59. 다음 중 정 작업 시 정을 잡는 방법으로 옳은 것은?

① 꼭 잡는다.
② 가볍게 잡는다.
③ 재질에 따라 다르다.
④ 두 손으로 잡는다.

60. 산소 및 아세틸렌 용기 취급에 대한 설명으로 옳은 것은?

① 산소 병은 60℃ 이하, 아세틸렌 병은 30℃ 이하의 온도에서 보관한다.
② 아세틸렌 병은 눕혀서 운반하되 운반 도중 충격을 주어서는 안 된다.
③ 아세틸렌 충전구가 동결되었을 때는 50℃ 이상의 온수로 녹여야 한다.
④ 산소병 보관 장소에 가연성 가스를 혼합하여 보관해서는 안 되며 누설 시험 시에는 비눗물을 사용한다.

해설 산소 병, 아세틸렌 병 모두 항상 40℃ 이하의 온도에서 보관, 아세틸렌 병은 반드시 세워서 보관 및 운반해야 하고, 아세틸렌 충전구가 동결되었을 때는 40℃ 이상의 온수로 녹여야 한다.

정답 57. ③ 58. ① 59. ② 60. ④

제12회 CBT 대비 실전문제

1과목 공유압 및 자동 제어

1. 압축공기의 특징에 관한 설명으로 옳지 않은 것은? [16-2]

① 비압축성이다.
② 저장성이 좋다
③ 인화의 위험이 없다.
④ 대기 중으로 배출할 수 있다.

해설 압축공기는 압축성을 갖는다.

2. 공압 장치에서 압축공기의 설명으로 옳은 것은? [09-3]

① 압축공기는 온도가 상승해도 팽창하지 않는다.
② 에너지 손실이 적어서 가격이 저렴하다.
③ 압축공기는 저장될 수 없다.
④ 압축공기를 배출할 때 소음이 발생한다.

해설 소음 발생은 공압의 단점 중 하나이다.

3. 방향 제어 밸브의 연결구 표시 방법 중 'R'이 의미하는 것은? [17-2]

① 배출구   ② 작업 라인
③ 제어 라인 ④ 에너지 공급구

해설 밸브의 기호 표시법

라인	ISO 1219	ISO 5509/11
작업 라인	A, B, C –	2, 4, 6 –
공급 라인	P	1
배기구	R, S, T	3, 5, 7
제어 라인	Y, Z, X	10, 12, 14

4. 다음 중 공압 모터의 특징으로 틀린 것은? [15-1, 19-2]

① 배기 소음이 크다.
② 모터 자체의 발열이 적다.
③ 에너지 변환 효율이 높으며 제어성이 좋다.
④ 폭발의 위험성이 있는 환경에서도 안전하다.

해설 공압 모터는 에너지의 변환 효율이 낮고, 배출음이 큰 단점이 있다.

5. 다음 중 비접촉식 공압 근접 센서의 원리는? [15-1]

① 파스칼의 원리
② 에너지 보존의 법칙
③ 자유 분사 원리
④ 뉴턴의 운동 방정식

6. 다음 회로와 같은 동작을 하는 논리 회로는? [17-3]

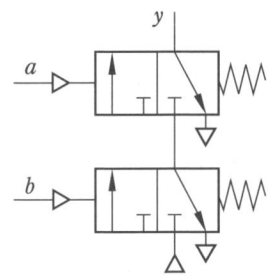

① OR   ② AND
③ NOT ④ EX-OR

해설
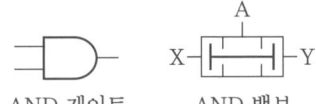
AND 게이트   AND 밸브

정답 1. ① 2. ④ 3. ① 4. ③ 5. ③ 6. ②

7. 전자 계전기를 사용할 때 주의사항이 아닌 것은? [19-3]
① 계전기의 설치 높이를 확인한다.
② 정격 전압 및 정격 전류를 확인한다.
③ 본체 취부 시 확실히 고정하여야 한다.
④ 2개 이상의 계전기를 사용할 때 적당한 간격을 유지하여야 한다.

해설 전자 계전기는 계전기의 위치에 무관하다.

8. 내경 32mm의 실린더가 10mm/s의 속도로 움직이려 할 때 필요한 최소 펌프 토출량은 약 몇 l/min인가? [06-1, 18-1]
① 0.48   ② 1.04
③ 1.52   ④ 2.17

해설 ㉠ $A = \dfrac{\pi d^2}{4} = \dfrac{\pi \times 32^2}{4} = 804.25 \, \text{mm}^2$
㉡ $Q = AV = 804.25 \times 10 = 8042.5 \, \text{mm}^3/\text{s}$
$= \dfrac{8042.5 \times 60}{10^6} ≒ 0.48 \, l/\text{min}$

9. 압력의 조정을 통하여 실린더를 순서대로 작동시키기 위해 사용되는 밸브는? [20-2]
① 시퀀스 밸브
② 카운터 밸런스 밸브
③ 파일럿 작동 체크 밸브
④ 일방향 유량 제어 밸브

해설 시퀀스 밸브는 순차 밸브이다.

10. 유압 펌프 토출 측 관로에 설치하는 필터는 어느 것인가? [15-2]
① 보조 필터
② 압력 라인 필터
③ 바이패스 필터
④ 복귀 라인 필터

11. 다음 도면 기호의 명칭으로 맞는 것은? [14-1]

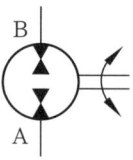

① 기어 모터
② 정용량형 펌프 · 모터
③ 공기 압축기
④ 가변 용량형 펌프 · 모터

12. 다음 블리드 오프 방식의 회로에서 점선 안에 들어갈 기호로 적절한 것은? [19-2]

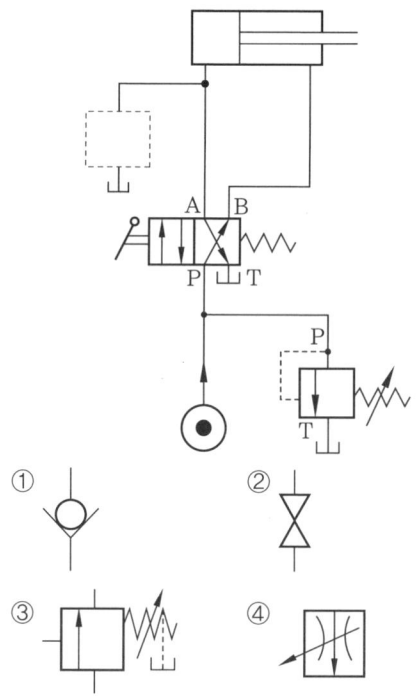

13. 다음 중 유압 펌프 소음 발생 원인으로 가장 적합한 것은? [16-1]
① 작동유의 오염
② 에어 필터의 막힘
③ 내부 누설의 증가
④ 외부 누설의 증가

정답 7. ① 8. ① 9. ① 10. ② 11. ② 12. ④ 13. ②

해설 펌프 소음 결함의 원인
  ㉠ 펌프 흡입 불량
  ㉡ 공기 흡입 밸브 필터 막힘
  ㉢ 이물질 침입
  ㉣ 작동유 점성 증대
  ㉤ 구동 방식 불량
  ㉥ 펌프 고속 회전
  ㉦ 외부 진동
  ㉧ 펌프 부품의 마모, 손상

14. 피드백 제어계에서 그림과 같은 블록 선도의 구성 요소를 무엇이라 하는가?
[08-3, 12-1, 17-2]

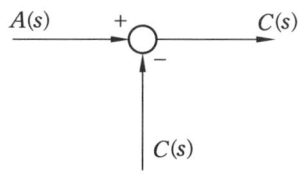

① 전달 요소 ② 가산점
③ 인출점   ④ 출력점

해설 ㉠ 가산점 : 신호의 부호에 따라 가산을 한다. 따라서 신호의 차원은 일치되어 있어야 한다.
  ㉡ 인출점 : 신호의 분기를 말한다.

15. 굵은 전선이나 케이블을 절단할 때 사용되는 공구는?
① 클리퍼 ② 펜치
③ 나이프 ④ 플라이어

해설 클리퍼(clipper, cable cutter) : 굵은 전선을 절단할 때 사용하는 가위

16. 다음 중 온도 변환기에 요구되는 기능으로 옳은 것은?
① mA 레벨 신호를 안정하게 낮은 레벨까지 증폭할 수 있을 것

② 입력 임피던스(impedance)가 높고 장거리 전송이 가능할 것
③ 입출력 간은 교류적으로 절연되어 있을 것
④ 온도와 출력 신호의 관계를 비직선화시킬 수 있을 것

해설 온도 변환기의 요구 성능
  ㉠ 낮은 신호를 안정하게 높은 레벨까지 증폭할 수 있을 것
  ㉡ 입력 임피던스가 높고 장거리 전송이 가능할 것
  ㉢ 외부의 노이즈 영향을 받지 않을 것
  ㉣ 입출력 간은 직류적으로 절연되어 있을 것

17. 압력을 검출할 수 있는 센서는? [17-1]
① 리졸버   ② 유도형 센서
③ 용량형 센서 ④ 스트레인 게이지

18. 컨베이어에서 1분에 3000개의 검출체가 이동할 때 통과한 검출체를 계수하기 위한 근접 센서의 최소 감지 주파수(Hz)는? [12-2]
① 20 ② 30 ③ 40 ④ 50

해설 $\dfrac{3000}{60} = 50\,\text{Hz}$

19. 유도 전동기의 회전 속도에 영향을 주지 못하는 것은? [15-1]
① 극수   ② 슬립(slip)
③ 주파수   ④ 정전기

해설 유도 전동기의 회전 속도는 극수, 슬립, 주파수에 의해 제어할 수 있다.

20. 유도 전동기의 기동에서 기동 전류가 정격 전류의 4~6배가 되는 기동법은 무엇인가? [16-1, 17-2]

① Y-Δ 기동
② 전 전압 기동
③ 2차 저항 기동
④ 기동 보상기를 사용한 기동

2과목 설비 진단 및 관리

21. 다음 중 설비 진단 기법이 아닌 것은 어느 것인가? [13-1, 17-3]
① 응력법
② 진동법
③ 오일 분석법
④ 사각 탐상법

해설 설비 진단의 기법은 진동 분석법, 오일 분석법, 응력법으로 분류한다.

22. 주기, 진동수, 각진동수에 관한 설명으로 올바른 것은? [10-2]
① 진동수란 단위 시간당 사이클(cycle)의 횟수를 말한다.
② 각진동수(ω)란 진동의 한 사이클(cycle)에 걸린 총 시간을 나타낸다.
③ 각진동수(ω)는 $2\pi \times$주기로 구할 수 있다.
④ 주기는 $\dfrac{각진동수(\omega)}{2\pi}$로 구할 수 있다.

해설 ② 주기란 진동의 한 사이클에 걸린 총 시간을 나타낸다.
③, ④ 진동수 $f = \dfrac{각진동수(\omega)}{2\pi}$

23. 기계 설비의 진동을 측정할 때 진동 센서의 부착 위치가 올바른 것은? [09-3, 13-3]
① 베어링 하우징 부위
② 커플링의 연결 부위
③ 플라이 휠(fly wheel)의 외주 부위
④ 맞물림 기어의 구동 부위

해설 커플링, 플라이 휠, 기어 구동부에는 센서를 설치할 수 없으므로 인접한 베어링부 또는 움직이지 않는 부분에 설치하여 측정한다.

24. 음원으로부터 단위 시간당 방출되는 총 음에너지를 무엇이라고 하는가?
① 음향 출력 [09-1, 13-1, 16-3]
② 음향 세기
③ 음향 입력
④ 음의 회절

해설 음향 출력(acoustic power) : 음원으로부터 단위 시간당 방출되는 총 음에너지를 말하며, 그 표시 기호는 W, 단위는 [W(watt)]이다. 음향 출력 W의 무지향성 음원으로부터 $r[m]$ 떨어진 점에서의 음의 세기를 I라 하면, $W[W] = I \times S$이며, 여기서 $S[m^2]$는 표면적이다.

25. 공장 내의 차음벽이 공진하면 일어나는 현상은? [09-2]
① 공진 주파수의 소음은 거의 그대로 투과한다.
② 소음을 대부분 흡수한다.
③ 공진 주파수는 차음벽과는 관계없다.
④ 차음벽의 강성과 전혀 상관없다.

해설 차음벽의 고유 진동수가 소음 주파수와 일치할 때 공진이 발생하며 소음이 증가한다.

26. 다음 중 소음 투과율의 정의로 알맞은 것은? [07-1]
① $\dfrac{투과된 에너지}{입사 에너지}$
② $10 \log \left(\dfrac{입사 에너지}{투과된 에너지} \right)$

정답 21. ④ 22. ① 23. ① 24. ① 25. ① 26. ①

③ $\dfrac{\text{입사 에너지}}{\text{투과된 에너지}}$

④ $10\log\left(\dfrac{\text{투과된 에너지}}{\text{입사 에너지}}\right)$

해설 ㉠ 소음 투과율 $\tau = \dfrac{\text{투과된 에너지}}{\text{입사 에너지}}$

㉡ 재료의 투과 손실(transmission loss, TL)은 투과율 τ를 이용하여 다음과 같이 구할 수 있다.

$$TL = 10\log\left(\dfrac{1}{\tau}\right)$$

27. 회전기계에서 나타나는 이상 현상 중 발생 주파수가 고주파로 나타나는 이상 현상은 무엇인가? [10-2]
① 언밸런스(unbalance)
② 미스얼라인먼트(misalignment)
③ 기계적 풀림(looseness)
④ 공동(cavitation)

해설 고주파에서 발생하는 이상 현상 : 유체음, 베어링 진동, 공동 현상

28. 설비의 이상 진단 방법 중 정밀 진단에 속하는 것은? [06-3, 20-2]
① 상대 판정법 ② 상호 판정법
③ 절대 판정법 ④ 주파수 분석법

해설 절대 판정법, 상대 판정법, 상호 판정법은 설비의 판정 기준법이다.

29. 윤활유가 갖추어야 할 성질이 아닌 것은? [13-3]
① 충분한 점도를 가질 것
② 한계 윤활 상태에서 견디어 낼 수 있을 것
③ 화학적으로 활성이고 안정할 것
④ 청정하고 균질할 것

해설 물리 · 화학적 변화가 없을 것

30. 다음 중 방청유의 종류가 아닌 것은?
① 용제 희석형 [16-2, 16-3]
② 지문 제거형
③ 기화성 방청제
④ 열처리 방청제

해설 열처리에는 방청제가 사용되지 않는다.

31. 다음 중 설비 관리의 목표는? [15-3]
① 손실 감소
② 품질 향상
③ 기업의 생산성 향상
④ 기업의 이윤 극대화

해설 설비 관리의 목표는 기업의 생산성 향상이다.

32. 다음 중 유틸리티 설비와 관계없는 것은? [10-3, 13-3]
① 원수 취수 펌프 ② 보일러
③ 공기 압축기 ④ 호이스트

해설 유틸리티란 증기, 전기, 공업 용수, 냉수, 불활성 가스, 연료 등을 말하며, 유틸리티 설비에는 증기 발생 장치 및 배관 설비, 발전 설비, 공업용 원수 · 취수(原水取水) 설비, 수처리 시설(공업, 식수용 등), 냉각탑 설비, 펌프 급수 설비 및 주 배분관 설비, 냉동 설비 및 주 배분관 설비, 질소 발생 설비, 연료 저장 · 수송 설비, 공기 압축 및 건조 설비 등이 있다.

33. 라인별 배치라고도 하며, 공정의 계열에 따라 각 공정에 필요한 기계가 배치되고, 대량 생산에 적합한 설비 배치는? [15-1]
① 기능별 배치 ② 제품별 배치
③ 혼합별 배치 ④ 제품 고정형 배치

정답 27. ④ 28. ④ 29. ③ 30. ④ 31. ③ 32. ④ 33. ②

해설 제품별 배치의 장점
  ㉠ 공정 관리의 철저
  ㉡ 분업 전문화
  ㉢ 간접 작업의 제거
  ㉣ 정체 감소
  ㉤ 공정 관리 사무의 간소화
  ㉥ 품질 관리의 철저
  ㉦ 훈련의 용이성
  ㉧ 작업 면적의 집중

34. 초기 고장 기간에 발생할 수 있는 고장의 원인과 가장 거리가 먼 것은? [18-2]
① 설비의 혹사   ② 부적정한 설치
③ 설계상의 오류 ④ 제작상의 오류

해설 초기 고장기 : 부품의 수명이 짧은 것, 설계 불량, 제작 불량에 의한 약점 등의 원인에 의한 고장률 감소형으로 이 고장기에는 예방 보전이 필요 없다.

35. 설비 보전 내용을 기록하였을 때 장점으로 가장 거리가 먼 것은? [06-1, 10-2, 14-3]
① 설비 수리 주기의 예측이 가능하다.
② 설비 수리 비용의 예측 및 판단 자료가 된다.
③ 설비에서 생산되는 생산량을 파악할 수 있다.
④ 설비 갱신 분석의 자료로 활용할 수 있다.

36. 공장의 보전 요원을 각 제조 부문의 감독자 밑에 배치하는 보전 방식은? [04-3]
① 집중 보전(central maintenance)
② 지역 보전(area maintenance)
③ 부분 보전(departmental maintenance)
④ 절충 보전(combination maintenance)

해설 부분 보전 : 공장의 보전 요원을 각 제조 부문의 감독자 밑에 배치하여 보전을 행하는 보전 방식

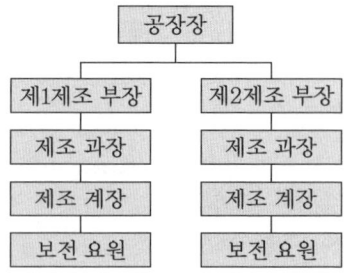

37. 생산의 정지 혹은 유해한 성능 저하를 초래하는 상태를 발견하기 위한 설비의 정기적인 검사를 무엇이라 하는가? [14-2, 18-1]
① 개량 보전   ② 사후 보전
③ 예방 보전   ④ 보전 예방

해설 예방 보전 : 고장, 정지 또는 유해한 성능 저하를 가져오는 상태를 발견하기 위하여 설비의 주기적인 검사를 통해 초기 단계에서 제거 또는 복구시키기 위한 보전 방법으로 일상 보전, 장비 점검, 예방 수리로 구성되어 있다. 이것은 특정 운전 상태를 계속 유지시키는 계획 보전 방법이다.

38. 다음 중 보전용 자재 관리상 특징이 아닌 것은? [15-3]
① 불용 자재 발생 가능성이 높다.
② 보전용 자재는 비순환성이 높다.
③ 연간 사용 빈도가 적고, 소비 속도가 늦다.
④ 자재 구입의 품목, 수량, 시기 등의 계획 수립이 어렵다.

해설 보전용 자재의 관리상 특징
  ㉠ 보전용 자재는 연간 사용 빈도 또는 창고로부터의 불출 횟수가 적으며, 소비 속도가 늦은 것이 많다.
  ㉡ 자재 구입의 품목, 수량, 시기의 계획

을 수립하기 곤란하다.
ⓒ 보전 기술 수준 및 관리 수준이 보전 자재의 재고량을 좌우하게 된다.
ⓓ 불용 자재의 발생 가능성이 크다.
ⓔ 소모, 열화되어 폐기되는 것과 예비기 및 예비 부품과 같이 순환 사용되는 것이 있다.
ⓕ 재고 유지비와 수리 기간 중의 정지 손실비의 합계를 최소화시키는 형식과 소재, 부품기기 또는 완성품 중 어떤 형식으로 재고해 두는 것이 가장 경제적인가에 따라 결정한다.

39. 종합적 생산 보전 활동과 가장 거리가 먼 것은? [11-1, 18-1]
① 계획 보전 체제를 확립하다.
② 작업자를 보전 전문 요원으로 활용한다.
③ 설비에 관계하는 사람은 빠짐없이 참여한다.
④ 설비의 효율화를 저해하는 로스(loss)를 없앤다.

해설 종합적 생산 보전(TPM)은 설비의 효율을 최고로 높이기 위하여 설비의 라이프 사이클을 대상으로 한 종합 시스템을 확립하고, 설비의 계획 부문, 사용 부문, 보전 부문 등 모든 부문에 걸쳐 전 종업원이 참여한다.

40. 다음 중 만성 로스의 대책으로 거리가 먼 것은? [08-1, 19-3]
① 현상 해석을 철저히 한다.
② 로스의 발생량을 정확하게 측정한다.
③ 관리해야 할 요인계를 철저히 검토한다.
④ 요인 중에 숨어 있는 결함을 표면으로 끌어낸다.

해설 ㉠ 만성 로스의 대책
• 현상의 해석을 철저히 한다.
• 관리해야 할 요인계를 철저히 검토한다.
• 요인 중에 숨어 있는 결함을 표면으로 끌어낸다.
㉡ 미소 결함을 발견하는 방법
• 원리, 원칙에 의해 다시 본다.
• 영향도에 구애받지 않는다.

3과목 기계 보전, 용접 및 안전

41. 축 이음에서 센터링이 불량할 때 나타나는 현상이 아닌 것은? [18-2, 18-3]
① 진동이 크다.
② 축의 손상이 심하다.
③ 구동의 전달이 원활하다.
④ 베어링부의 마모가 심하다.

해설 센터링이 불량할 때의 현상
㉠ 진동이 크다.
㉡ 축의 손상(절손 우려)이 심하다.
㉢ 베어링부의 마모가 심하다.
㉣ 구동의 전달이 원활하지 못하다.
㉤ 기계 성능이 저하된다.

42. 기어에 백래시(back lash)를 주는 이유로 틀린 것은? [09-3]
① 백래시를 가능한 크게 주어 소음 진동을 줄이기 위해서이다.
② 치형 오차, 피치 오차, 편심 가공 오차 때문이다.
③ 중하중, 고속 회전으로 발열되어 팽창되기 때문이다.
④ 윤활을 위한 잇면 사이의 유막 두께를 유지하기 위해서이다.

해설 한 쌍의 기어가 서로 물릴 때 기어 제작 오차, 중심거리 변동, 부하에 의한 이

정답 39. ② 40. ② 41. ③ 42. ①

와 기어축 및 기어 박스의 변형과 온도차에 의한 열팽창 등에 의하여 원활한 전동을 할 수 없어 이의 물림 상태에서 이의 뒷면에 틈새를 준다. 이 틈새를 이면의 흔들림 또는 백래시(back lash)라 한다. 이 백래시는 윤활 유막 두께를 확보하는 데 반드시 필요하다.

43. 신축 이음(flexible joint)을 하는 이유로 부적당한 것은? [11-1]
① 온도 변화에 따라 열팽창에 대한 관의 보호
② 열 영향으로부터 관을 보호
③ 작업이 용이하고 설치 및 분해가 쉬워 관을 보호
④ 매설관 등 지반의 부동침하에 따른 관의 보호

[해설] ㉠ 신축 이음 : 파이프에 나사를 절삭하지 않고 열에 의한 수축을 허용하는 진동이나 충격이 있는 곳에 적합한 이음 방법
㉡ 신축 이음을 하는 이유
 • 열에 의한 관의 수축 허용
 • 팽창 열 응력으로부터 관의 보호
 • 축 방향의 과도한 응력 발생 방지
 • 매설관 등 지반의 부동침하에 따른 관의 보호

44. 다음 중 밸브에 대한 설명으로 옳은 것은? [13-2, 17-2, 19-3]
① 글로브 밸브는 밸브 박스가 구형으로 되어 있고 밸브의 개도를 조절해서 교축기구로 쓰인다.
② 슬루스 밸브는 유체의 역류를 방지하기 위한 밸브이며 리프트식과 스윙식이 있다.
③ 체크 밸브는 전두부(핸들)를 90도 회전시킴으로써 유로의 개폐를 신속히 할 수 있다.
④ 콕(cock)은 밸브 박스의 밸브 시트와 평행으로 작동하고 흐름에 대해 수직으로 개폐를 한다.

[해설] 슬루스 밸브는 밸브 박스의 밸브 시트와 평행으로 작동하고 흐름에 대해 수직으로 칸막이를 해서 개패를 하는 밸브이며, 체크 밸브는 유체의 역류를 방지하기 위한 밸브로 리프트식과 스윙식이 있다. 콕은 핸들을 90° 회전시킴으로써 유로의 개폐를 신속히 할 수 있는 밸브이다.

45. 공기 압축기 언로더(unloader)의 작동 불량 원인이 아닌 것은? [16-3]
① 언로더 조작 압력이 낮은 경우
② 다이어프램(diaphragm)이 파손되어 있는 경우
③ 루브리케이터(lubricator)의 작동 불량인 경우
④ 솔레노이드 밸브(solenoid valve)의 작동 불량인 경우

[해설] 루브리케이터는 윤활 장치로 언로더 장치에는 사용되지 않는다.

46. 기어 감속기 중 평행축형 감속기의 종류가 아닌 것은? [11-2, 14-1, 15-3, 19-2]
① 웜 기어 감속기
② 스퍼 기어 감속기
③ 헬리컬 기어 감속기
④ 더블 헬리컬 기어 감속기

[해설] 웜 기어 감속기는 엇물림 축형 감속기이다.

47. 저전압 전동기가 고장 났을 시 고장 진단 방법으로 옳지 않은 것은? [14-2]
① 전류를 측정한다.

정답 43. ③ 44. ① 45. ③ 46. ① 47. ①

② 권선저항을 측정한다.
③ 절연저항을 측정한다.
④ 손으로 전동기를 돌려본다.

해설 정지 중에 측정할 수 있는 방법이 필요하며 고장이 난 상태에서 전동기를 운전하여 부하 전류를 측정하기는 곤란하다. 현재 상태에서 고장이므로 돌릴 수가 없기 때문이다.

48. 마이크로미터에 관한 설명 중 옳은 것은? [16-2]

① 측정 범위는 0~150mm, 0~300mm 등 150mm씩 증가한다.
② 본척의 어미자와 부척의 아들자를 이용하여 길이를 측정한다.
③ 딤블을 이용하여 측정 압력을 일정하게 하여 균일한 측정이 되도록 한다.
④ 외측 마이크로미터는 앤빌과 스핀들 사이에 측정물을 대고 길이를 측정한다.

해설 외측 마이크로미터는 아베의 원리에 적용되는 측정기로 앤빌과 스핀들 사이에 측정물을 접촉시켜 길이를 측정한다.

49. 다음 중 탭의 파손 원인으로 관계가 먼 것은?

① 탭이 경사지게 들어간 경우
② 막힌 구멍의 밑바닥에 탭의 선단이 닿았을 경우
③ 나사 구멍이 너무 크게 가공된 경우
④ 탭의 지름에 적합한 핸들을 사용하지 않은 경우

해설 탭의 파손 원인
㉠ 나사 구멍이 작을 때
㉡ 탭이 구멍 바닥에 부딪혔을 때
㉢ 칩의 배출이 원활하지 못할 때
㉣ 구멍이 바르지 못할 때
㉤ 핸들에 무리한 힘을 주었을 때

50. 현재 많이 사용되는 인공 합성 절삭 공구 재료로 고속 작업이 가능하며 난삭 재료, 고속도강, 담금질강, 내열강 등의 절삭에 적합한 공구 재료는?

① 초경 합금
② 세라믹
③ 서멧
④ 입방정 질화붕소(CBN)

해설 세라믹은 주성분이 Al_2O_3(알루미나)이며 무기질의 비금속 재료이므로 금속과 친화력이 없어 절삭면이 좋으나 충격에 약하다.

51. 배관의 도시법에 대한 설명으로 틀린 것은? [21-4]

① 관 내 흐름의 방향은 관을 표시하는 선에 붙인 화살표의 방향으로 표시한다.
② 관은 원칙적으로 1줄의 실선으로 도시하고, 동일 도면 내에서는 같은 굵기의 선을 사용한다.
③ 관은 파단하여 표시하지 않도록 하며, 부득이하게 파단할 경우 2줄의 평행선으로 도시할 수 있다.
④ 표시항목은 관의 호칭 지름, 유체의 종류·상태, 배관계의 식별, 배관계의 시방, 관의 외면에 실시하는 설비·재료 순으로 필요한 것을 글자·글자 기호를 사용하여 표시한다.

해설 관을 파단할 경우 1줄의 파단선으로 도시한다.

52. 다음 중 용접법 분류에서 융접에 속하는 것은?

정답 48. ④ 49. ③ 50. ② 51. ③ 52. ①

① 전자 빔 용접   ② 단접
③ 초음파 용접   ④ 마찰 용접

해설 용접법은 융접(아크 용접, 가스 용접, 특수 용접, 전자 빔 용접 등), 압접(저항 용접, 단접, 초음파 용접, 마찰 용접 등), 납땜(연납, 경납)으로 분류한다.

53. 맞대기 용접 이음에서 홈의 루트 간격이 중요하다. 특히 서브머지드 아크 용접의 경우는 잘못하면 용락되기 쉬우므로 이를 제한하는데 어느 정도로 제한하는가?

① 0.8mm 이하
② 1.0mm 이하
③ 1.2mm 이하
④ 1.5mm 이하

해설 서브머지드 아크 용접의 루트 간격은 0.8mm 이내이며, 그 이상으로 넓을 때는 용락의 위험성이 있다.

54. 불활성 가스 아크 용접법의 특징으로 틀린 것은?

① 아크가 안정되어 스패터가 적고 조작이 용이하다.
② 높은 전압에서 용입이 깊고 용접 속도가 빠르며, 잔류 용제 처리가 필요하다.
③ 모든 자세 용접이 가능하고 열 집중성이 좋아 용접 능률이 높다.
④ 청정 작용이 있어 산화막이 강한 금속의 용접이 가능하다.

해설 높은 전압에서 용입이 깊고 용접 속도가 빠르며, 잔류 용제 처리가 필요한 것은 서브머지드 아크 용접법의 특징이다.

55. 플라스마 절단에서 더블 아크(double arc) 현상에 대한 설명으로 틀린 것은?

① 전류값이 증가함에 따라 어느 한도의 전류값에 오르면 노즐을 끼워 시리즈 아크가 발생하고, 이것이 주 아크와 공존하게 되는 더블 아크 상태가 된다.
② 더블 아크 상태가 되어 이러한 현상에서 절단 능력은 크게 저하되고 노즐 및 전극의 손상을 초래하게 된다.
③ 더블 아크 발생의 한계 전류보다 조금 높은 전류로 설정하는 것이 바람직하다.
④ 한계 전류는 노즐 지름이 작을수록, 노즐 구속 길이가 길수록 낮아진다.

해설 더블 아크 발생의 한계 전류보다 조금 낮은 전류로 설정하는 것이 바람직하다.

56. 필릿 용접 이음부의 강도를 계산할 때 기준으로 삼아야 하는 것은?

① 루트 간격   ② 각장 길이
③ 목의 두께   ④ 용입 깊이

해설 용접 설계에서 필릿 용접의 단면에 내접하는 이등변 삼각형의 루트부터 빗변까지의 수직 거리를 이론 목 두께라 하고 보통 설계할 때 사용된다. 용입을 고려한 루트부터 표면까지의 최단 거리를 실제 목 두께라 하여 이음부의 강도를 계산할 때 기준으로 한다.

57. 다음 균열 중 모재의 열팽창 및 수축에 의한 비틀림이 주 원인이며, 필릿 용접 이음부의 루트 부분에 생기는 균열은?

① 힐 균열
② 설퍼 균열
③ 크레이터 균열
④ 라미네이션 균열

해설 힐 균열(heel crack) : 필릿 용접 이음부의 루트 부분에 발생하는 저온 균열로 모재의 열팽창 및 수축에 의한 비틀림이

정답 53. ①   54. ②   55. ③   56. ③   57. ①

원인이다. 방지법은 수소의 양을 조절하고 예열 및 용접 금속의 강도를 낮추거나 용접 입열을 적게 하는 것이다.

58. 사람의 시각을 가장 강하게 자극하고 긴장과 피로를 쉽게 느끼게 되는 색은?

① 흰색　　　② 적색
③ 보라색　　④ 녹색

해설　적색 : 유해·위험 경고를 나타내는 색으로 작업장에서 전기 유해 가스 및 위험한 물건이 있는 곳을 식별하기 위한 색

59. 칩(chip)의 비산이나 유해물의 비말 등에 의한 눈의 보호를 위하여 사용하는 보호구는 무엇인가?

① 차광 안경　　② 방진 안경
③ 방진 마스크　④ 방독 마스크

해설　㉠ 방진 안경 : chip(칩) 등의 비산이나 유해물의 비말에 의한 눈의 보호
　　㉡ 차광 안경 : 유해광선으로부터 눈의 보호

60. 각재를 목재 가공용 둥근톱으로 절단하던 중 파편이 날아와 몸에 상해를 입힌 경우 기인물과 가해물이 맞게 연결된 것은?

① 기인물-둥근톱, 가해물-각재
② 기인물-절단편, 가해물-각재
③ 기인물-절단편, 가해물-둥근톱
④ 기인물-둥근톱, 가해물-절단편

해설　산업 재해 기록, 분류에 관한 지침 : 『맞음』재해는 물체를 지탱하고 있던 물체 또는 장소의 불안전한 상태, 물체가 떨어지거나 날아오는 재해를 일으킨 동력원 등을 기인물로 분류하고, 신체와 직접 접촉·부딪힌 물체는 가해물로 분류한다.
　예　각재를 목재 가공용 둥근톱으로 절단하는 작업 중 절단편이 날아와 얼굴에 상해를 입은 경우, 『맞음』 재해의 동력 원인 둥근톱을 기인물로 분류하고 절단물은 가해물로 분류한다.

정답　58. ②　59. ②　60. ④

제13회 CBT 대비 실전문제

1과목 공유압 및 자동 제어

1. 양 끝의 지름이 다른 관이 수평으로 놓여 있다. 왼쪽에서 오른쪽으로 물이 정상류를 이루고 매초 2.8L가 흐른다. B 부분의 단면적이 20cm²이라면 B 부분에서 물의 속도는 얼마나 되겠는가? [13-2, 16-3]

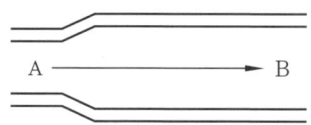

① 14cm/s ② 56cm/s
③ 140cm/s ④ 560cm/s

해설 2.8L=2800cm³
∴ 2800÷20=140cm/s

2. 일반적인 압축공기의 생산과 준비 단계가 옳은 것은? [10-3, 18-1]
① 압축기 → 건조기 → 서비스 유닛 → 애프터 쿨러 → 저장 탱크
② 압축기 → 애프터 쿨러 → 저장 탱크 → 건조기 → 서비스 유닛
③ 압축기 → 건조기 → 서비스 유닛 → 저장 탱크 → 애프터 쿨러
④ 압축기 → 서비스 유닛 → 애프터 쿨러 → 건조기 → 저장 탱크

3. 다음 중 공압 모터의 종류가 아닌 것은 어느 것인가? [09-2, 19-3]
① 기어 모터
② 나사 모터
③ 베인 모터
④ 피스톤 모터

해설 공압 모터에는 피스톤형, 베인형, 기어형, 터빈형 등이 있다. 주로 피스톤형과 베인형이 사용되고 있으며, 피스톤형은 반경류(radial)와 축류(axial)로 구분된다.

4. 다음 기호의 명칭으로 적합한 것은? [11-3]

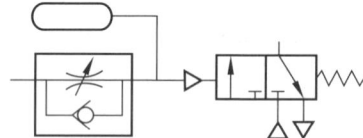

① 정상 상태 열림 한시복귀형 시간 제어 밸브
② 정상 상태 열림 한시작동형 시간 제어 밸브
③ 정상 상태 닫힘 한시복귀형 시간 제어 밸브
④ 정상 상태 닫힘 한시작동형 시간 제어 밸브

5. 공압 타이머에서 제어 신호가 존재함에도 출력 신호가 발생하지 않았을 때 점검해야 할 사항은? [16-3]
① 탱크가 더러운지 확인한다.
② 서비스 유닛이 잠겨 있는지 확인한다.
③ 윤활유에 수분이 섞여 있는지 확인한다.
④ 유량 조절용 밸브의 조절 나사를 완전히 열고 공기의 새는 소리를 확인한다.

해설 제어 신호가 존재한다는 것은 공압이 서비스 유닛을 통과하였다는 뜻이다.

정답 1. ③ 2. ② 3. ② 4. ③ 5. ④

6. 수평 원관 속을 흐르는 유체에 대한 다음 설명 중 옳은 것은? (단, 에너지 손실은 없다고 가정한다.) [10-1, 11-2]

① 유체의 압력과 유체의 속도는 제곱 특성에 비례한다.
② 유체의 속도는 압력과의 관계가 없다.
③ 유체의 속도는 압력에 비례한다.
④ 유체의 속도가 빠르면 압력이 낮아진다.

7. 유압의 제어 밸브 중 포핏 밸브 구조가 아닌 것은? [14-3]

① 콘(cone) 내장 밸브
② 볼(ball) 내장 밸브
③ 스풀(spool) 내장 밸브
④ 디스크(disk) 내장 밸브

[해설] 스풀(spool) 내장 밸브는 밸브 구조상 슬라이드형 밸브이다.

8. 유압 모터에서 가장 효율이 높으며 고압에서도 사용할 수 있는 유압 모터는 어느 것인가? [09-3, 11-2]

① 피스톤 모터
② 기어 모터
③ 대칭형 베인 모터
④ 베인 모터

[해설] 피스톤형 모터(piston type motor)
㉠ 원리 : 압축공기를 순차적으로 실린더 피스톤 단면에 공급하여 피스톤 사판이나 캠 크랭크축 등을 회전시켜, 왕복 운동을 기계적으로 회전 운동으로 변환함으로써 회전력을 얻는 것이다. 변환 방식은 크랭크를 사용한 것(레이디얼 피스톤형), 경사판을 이용한 것(액시얼 피스톤형), 캠의 반력을 이용한 것(멀티 스트로크, 레이디얼 피스톤형) 등이 있다.

㉡ 특징 : 중저속회전(20~400rpm), 대용량 고토크형으로 최고 회전 속도는 3000rpm, 출력은 1.5~2.6kW이다.
㉢ 용도 : 각종 반송 장치에 이용한다.

9. 피스톤형 축압기의 특징으로 옳지 않은 것은? [15-3]

① 대용량도 제작이 용이하다.
② 공기 에너지를 저장할 수 있다.
③ 형상이 간단하고 구성품이 적다.
④ 유실에 가스 침입의 염려가 있다.

[해설] 피스톤형 축압기 : 피스톤 로드가 없는 유압 실린더와 같은 구조로 되어 있으며, 자유 부동 피스톤이 오일과 가스를 분리하고 있다. 피스톤은 매끈한 내면을 따라 운동하게 되어 있고, 오일과 가스를 분리하기 위한 패킹이 끼워져 있으며, 이중 패킹인 경우는 오일 압력을 줄이기 위해 브리더(breather)를 두고 있다. 이 축압기는 크기에 비해 높은 출력을 내고 또한 작동이 매우 정확하지만, 가스 혼입 및 오일 누출의 문제가 있다.

10. 다음의 기호가 나타내는 것은? [14-3]

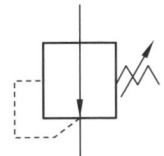

① 체크 밸브
② 무부하 밸브
③ 감압 밸브
④ 급속 배기 밸브

[해설] 그림의 기호는 직동형의 일반 기호인 감압 밸브를 나타낸다.

11. 다음 회로의 명칭은? (단, A와 B는 입력이다.) [20-3]

정답 6. ④ 7. ③ 8. ① 9. ② 10. ③ 11. ②

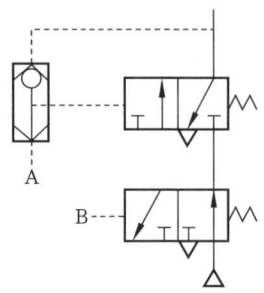

① NAND 회로
② FLIP-FLOP 회로
③ CHECK VALVE 회로
④ EXCLUSIVE OR 회로

해설 플립플롭 회로(flip-flop circuit) : 주어진 입력 신호에 따라 정해진 출력을 내는 것으로, 기억(memory) 기능을 겸비한 것으로 되어 있다.

12. 실제의 시간과 관계된 신호에 의해서 제어가 이루어지는 것은? [17-1]
① 논리 제어   ② 동기 제어
③ 비동기 제어 ④ 시퀀스 제어

해설 ㉠ 동기 제어계(synchronous control system) : 실제의 시간과 관계된 신호에 의하여 제어가 행해지는 시스템
㉡ 비동기 제어계(asynchronous control system) : 시간과는 관계없이 입력 신호의 변화에 의해서만 제어가 행해지는 시스템

13. 내전압 시험법을 설명한 것 중 아닌 것은?
① 온도 시험 직후 절연저항 측정을 하고 나서 내전압 시험하는 것이 보통이다.
② 기기의 충전 부분과 대지 간 또는 충전 부분 상호 간의 절연물의 세기를 보증하기 위한 시험이다.
③ 직류 전압을 인가했을 때의 절연물의 흡습, 도전성 불순물의 흡입, 생성, 오손과 절연물의 결함 등을 판정하는 시험으로 성극 지수 시험이라고도 한다.
④ 절연저항 시험처럼 자주 실시해서는 안 된다.

해설 직류 전류 시험 : 직류 전압을 인가했을 때의 전류-시간 특성으로부터 절연물의 흡습, 도전성 불순물의 흡입, 생성, 오손과 절연물의 결함 등 절연물의 상태를 판정하는 시험으로 성극 지수 시험이라고도 한다.

14. 투광기와 수광기로 되어 있으며 검출 방식에 따라 투과형, 직접 반사형, 거울 반사형으로 구분되는 것은? [12-2]
① 광 센서   ② 리드 센서
③ 유도형 센서 ④ 정전 용량형

해설 센서 리드 스위치는 자계에 의해 작동하고, 유도형 센서는 고주파 자계 중에 금속체가 접근할 때 발생하는 전자 유도 현상에 의해 생기는 와전류에 의한 물체 유무를 검출하며, 정전 용량형 센서는 분극 작용에 의한 정전 용량 변화로 물체 유무를 검출한다.

15. 계측기의 전송기에 사용되는 전기 신호의 크기는? [12-3]
① DC 0.4~1mA   ② DC 1.5~3mA
③ DC 4~20mA   ④ DC 20~40mA

16. 다음 중 온도 센서에 요구되는 특성으로 틀린 것은? [10-3]
① 검출단과 소자의 열 접촉성이 좋을 것
② 검출단에서 열방사가 클 것
③ 열용량이 적고 열을 빨리 전달할 것
④ 피측정체에 외란으로 작용하지 않을 것

정답 12. ② 13. ③ 14. ① 15. ③ 16. ②

해설 측정 대상에서의 방사가 충분히 검출 소자에 도달해야 한다.

17. 스테핑 모터의 속도를 결정하는 요소는? [19-1]
① 펄스의 방향 ② 펄스의 전류
③ 펄스의 주파수 ④ 펄스의 상승 시간

해설 스테핑 모터는 미세각 구동(스텝 구동)을 할 수 있다. 회전 각도는 펄스와 정비례하며 입력 펄스의 총수에 비례한다. 주파수에 비례한 회전 속도를 얻을 수 있으므로 속도 제어가 용이하다.

18. 전압과 주파수를 가변시켜 전동기의 속도를 고효율로 쉽게 제어하는 장치로 사용되는 것은?
① 인버터 ② 다이오드
③ 배선용 차단기 ④ 카운터

해설 인버터(inverter)
  ㉠ 증폭기의 일종으로, 입력 신호와 출력 신호의 극성을 반전시키는 것
  ㉡ 전력 변환 장치의 일종으로, 직류 전력을 교류 전력으로 교환하는 장치
  ㉢ 논리 회로에서의 부정 회로

19. 회전자에 슬립링을 설치하고 외부에 기동 저항을 접속하여 기동 전류를 제한하는 전동기는? [11-1]
① 농형 유도 전동기
② 권선형 유도 전동기
③ 단상 유도 전동기
④ 반발 유도 전동기

20. 운전 중 직류 전동기가 과열하는 고장 원인으로 거리가 먼 것은? [13-3]
① 축받이 불량
② 코일의 절연 증가
③ 과부하
④ 중성축으로부터 브러시 이탈

해설 직류 전동기 과열의 원인 : 과부하, 스파크, 베어링 조임 과다, 코일 단락, 브러시 압력 과다

2과목 설비 진단 및 관리

21. 다음 중 설비 진단 기술을 도입할 때 나타나는 일반적인 효과와 관련이 가장 적은 것은? [11-1, 16-2, 19-2]
① 경향 관리를 통하여 설비의 수명 예측이 가능하다.
② 열화가 심한 설비에 효과적이며 오감에 의한 진단이 일반적이다.
③ 중요 설비, 부위를 상시 감시함에 따라 돌발 사고를 미연에 방지할 수 있다.
④ 점검원이 경험적인 기능과 진단기기를 사용하면 보다 정량화할 수 있으므로 쉽게 이상 측정이 가능하다.

해설 점검원이 경험적인 기능과 진단기기를 사용하면 보다 정량화할 수 있어 누구라도 능숙하게 되면 동일 레벨의 이상 판단이 가능해진다.

22. 정현파 신호에서 피크값(편진폭)을 기준한 진동의 크기가 1일 때 실효값의 크기는 얼마인가? [07-1, 14-2]
① 2 ② $\frac{1}{2}$
③ $\frac{1}{\pi}$ ④ $\frac{1}{\sqrt{2}}$

정답 17. ③ 18. ① 19. ② 20. ② 21. ② 22. ④

해설 실효값은 편진폭의 $\frac{1}{\sqrt{2}}$ 만큼의 크기를 가진다.

23. 가속도 센서의 부착 방법 중 마그네틱 고정 방식의 특징이 아닌 것은? [06-3]
① 가속도계의 고정 및 이동이 용이하다.
② 작은 구조물에는 자석의 질량 효과가 크다.
③ 습기에는 문제가 많다.
④ 장기적인 안정성이 좋다.

해설 가속도 센서의 부착법은 먼지와 높은 온도 등 장기적인 안정성에 문제가 많다.

24. 진동을 측정할 때 회전하는 축을 기준으로 진동 센서를 부착하여 측정하려고 한다. 진동 측정 방향이 아닌 것은? [17-2]
① 축 방향　② 수직 방향
③ 경사 방향　④ 수평 방향

해설 진동 센서를 이용하여 기계 설비의 진동을 측정하는 경우에 수평(H) 방향, 수직(V) 방향, 축(A) 방향으로 측정한다.

25. 음파가 서로 다른 매질을 통과할 때 구부러지는 현상을 무엇이라고 하는가?
① 음의 반사　[10-1, 13-3, 18-1]
② 음의 간섭
③ 음의 굴절
④ 마스킹(masking) 효과

해설 음이 다른 매질을 통과할 때 구부러지는 현상을 음의 굴절이라 한다.

26. 기계 진동 방지 대책으로 거더(girder)를 이용하는 주된 이유는? [20-3]
① 강성을 높인다.
② 균형을 맞춘다.
③ 설치 면적을 넓힌다.
④ 고유 진동수를 낮춘다.

해설 진동 차단기의 기본 요구 조건
㉠ 강성이 충분히 작아서 차단 능력이 있어야 한다.
㉡ 강성은 작되 걸어준 하중을 충분히 받칠 수 있어야 한다.
㉢ 온도, 습도, 화학적 변화 등에 의해 견딜 수 있어야 한다.
㉣ 강성은 그에 부착된 진동 보호 대상체의 구조적 강성보다 작아야 하며, 차단하려는 진동의 최저 주파수보다 작은 고유 진동수를 가져야 한다.

27. 차음벽 재료의 강성을 두 배 증가시킬 때 투과 손실은? [20-3]
① 3dB 증가한다.
② 3dB 감소한다.
③ 6dB 증가한다.
④ 6dB 감소한다.

28. 회전기계의 간이 진단에서 설비의 열화와 관련해서 속도에 대한 판정 기준을 많이 활용하고 있는 이유에 대한 내용으로 틀린 것은? [13-1]
① 진동에 의한 설비의 피로는 진동 속도에 비례한다.
② 진동에 의해 발생하는 에너지는 진동 속도의 제곱에 비례한다.
③ 회전수에 관계없이 기준값을 설정할 수 있다.
④ 인체의 감도는 일반적으로 진동 속도에 반비례한다.

해설 인체의 감도는 일반적으로 속도에 비례한다.

정답　23. ④　24. ③　25. ③　26. ④　27. ③　28. ④

29. 설비의 윤활 관리로서 적절하지 않은 것은? [02-3]
① 매일 윤활유를 교체시켜 공급한다.
② 적절한 윤활유를 사용한다.
③ 적절한 양을 공급한다.
④ 올바른 방법으로 윤활유를 공급한다.

해설 윤활 관리의 4원칙은 적유, 적법, 적량, 적기이다.

30. 기름을 회전체에 떨어뜨려 미립자 또는 분무 상태로 만들어 급유하는 밀폐부의 급유법은? [07-3, 13-1]
① 링 급유법   ② 나사 급유법
③ 중력 급유법   ④ 비말 급유법

해설 비말 급유법 : 기계 일부의 운동부가 기름 탱크 내의 유면에 접촉하여 기름의 미립자 또는 분무 상태로 급유하는 방법

31. 체계적인 설비 관리를 수행함으로써 얻을 수 있는 효과가 아닌 것은? [10-2, 13-1]
① 돌발 고장이 증가하나 수리비가 감소한다.
② 설비 고장 시 복구 시간이 단축된다.
③ 작업 능률이 향상되고 생산성이 증대된다.
④ 생산 계획이 달성되고 품질이 향상된다.

해설 설비 관리를 수행하면 돌발 고장이 감소한다.

32. 연속 조업을 하는 공장에서 휴지 공사로 인한 보전의 최고 부하를 줄이는 방법으로 잘못된 것은? [09-2]
① 현장용 진동계를 이용하여 운전 중 검사한다.
② 바이패스 관로를 이용하여 운전 중에 밸브를 교환 수리한다.
③ 계통에 따라 순차적으로 기계를 정지시키고 수리한다.
④ 고장 부품은 교체하지 않고 즉시 정비한다.

해설 회전기계는 정기적으로 검사하여 회전부에 이상이 발생하면 즉시 수리한다. 회전기계는 설비의 운전 중에 진동 등을 측정하고 설비의 상태를 파악한다. 계측기 감속기 등은 예비품을 보유하고, 이상이 발생되면 교체하고 수리하여 예비품으로 보유한다.

33. 자재 흐름 분석의 P-Q 분석에 의하여 분류가 결정되면 그 분류 내에 있는 제품들에 대하여 개별적인 분석을 행할 때 그 분류와 내용이 옳은 것은? [14-2, 19-3]
① A급 분류 : 제품의 종류는 많고 생산량은 적다. 유입 유출표를 작성한다.
② B급 분류 : 제품의 종류는 중간이고 생산량도 중간이다. 다품종 공정표를 작성한다.
③ C급 분류 : 제품의 종류는 적고 생산량이 많다. 단순 작업 공정표 다음 조립 공정표를 작성한다.
④ D급 분류 : 제품의 종류도 적고 생산량도 적다. 소품종 공정표를 작성한다.

해설 자재 흐름 분석
㉠ A급 분류 : 제품의 종류는 적고 생산량이 많다. 단순 작업 공정표 다음 조립 공정표를 작성한다.
㉡ C급 분류 : 제품의 종류는 많고 생산량은 적다. 유입 유출표(from to chart)를 작성한다.

34. 설비의 경제성을 평가하기 위한 방법으로 가장 거리가 먼 것은? [13-2, 17-3]
① 자본 회수 기간법
② 수익률 비교법
③ 미래 가치법
④ 원가 비교법

35. 설비 보전 조직의 유형에서 전문 보전원에 대하여 보전 책임이 집중인지 분산인지에 대한 분류 중 조직상·배치상 모두 분산 형태인 보전 조직은? [14-3]
① 집중 보전 ② 지역 보전
③ 부분 보전 ④ 절충 보전

해설 설비 보전 조직의 분류

분류	조직상	배치상
집중 보전	집중	집중
지역 보전	집중	분산
부분 보전	분산	분산
절충 보전	조합	조합

36. 설비 열화를 방지하기 위한 조치로서 부적절한 것은? [13-1]
① 전원 스위치를 정기적으로 교체한다.
② 패킹, 실 등을 정기적으로 점검한다.
③ 가동 전에 베어링, 기어 등 회전부에 윤활유를 공급한다.
④ 오일 필터를 규정된 시간마다 정기적으로 교환한다.

37. 수리 공사를 하기 위해서는 절차, 재료, 공수 등 공사 견적을 실시하게 되는데 수리 공사 견적법으로 사용되지 않는 것은? [07-4]
① 경험법 ② 실적 자료법
③ 보전 자료법 ④ 표준 품셈법

해설 ㉠ 경험법 : 경험자의 견적에 의하여 작업 표준을 설정하는 것으로서, 수리 공사에 많이 사용되는 방법이다.
㉡ 실적 자료법 : 실적 기록에 입각해서 작업의 표준 시간을 결정하는 방법이다.
㉢ 작업 연구법 : 작업 연구에 의해서 표준 시간을 결정하는 방법으로서, 작업 순서나 시간이 모두 신뢰적인 방법이다.

38. 보전용 자재의 재고 문제에 정량 발주 방식의 형태 중 주문량과 주문점을 균등하게 한 것으로서 용량이 같은 저장 용기를 교대로 사용하는 방식은? [15-1]
① double-bin 방식
② 추출 후 발주법
③ 사용고 발주 방식
④ 정기 발주 방식

39. 다음 중 로스(loss) 계산 방법이 잘못된 것은? [09-2, 11-2, 19-3]
① 속도 가동률 = $\dfrac{\text{기준 사이클 시간}}{\text{실제 사이클 시간}}$
② 시간 가동률 = $\dfrac{\text{부하 시간} - \text{정지 시간}}{\text{부하 시간}}$
③ 실질 가동률 = $\dfrac{\text{생산량} \times \text{실제 사이클 시간}}{\text{부하 시간} - \text{정지 시간}}$
④ 성능 가동률 = $\dfrac{\text{속도 가동률} \times \text{실질 가동률}}{\text{부하 시간} - \text{정지 시간}}$

해설 ㉠ 성능 가동률 = 속도 가동률 × 실질 가동률
㉡ 시간 가동률 : 설비 가동률이라고도 하며, 부하 시간(설비를 가동시켜야 하는 시간)에 대한 가동 시간의 비율이다.
㉢ 실질 가동률 : 단위 시간 내에서 일정 속도로 가동하고 있는지를 나타내는 비율

40. 자주 보전 활동 7단계 내용 중 단계에 대한 활동 내용이 틀린 것은? [15-3]
① 제1단계 - 초기 청소
② 제2단계 - 청소, 급유 기준 작성과 실시
③ 제4단계 - 총 점검
④ 제5단계 - 자주 점검

해설 자주 보전 제2단계는 발생 원인·곤란 개소 대책이다.

정답 35. ③ 36. ① 37. ④ 38. ① 39. ④ 40. ②

3과목　기계 보전, 용접 및 안전

41. 육각 홈이 있는 둥근 머리 볼트를 체결할 때 사용하는 공구는? [20-2]
① 훅 스패너
② 육각 L-렌치
③ 조합 스패너
④ 더블 오프셋 렌치

[해설] L-렌치 : 육각 홈이 있는 둥근 머리 볼트를 빼고 끼울 때 사용한다. 6각형 공구강 막대를 L자형으로 굽혀 놓은 것으로 크기는 볼트 머리의 6각형 대변 거리이며, 미터계는 1.27~32mm, 인치계는 1/16″~1/2″로 표시한다.

42. 다음 중 축이나 커플링이 진원에서 편차가 얼마나 되었는지를 확인하는 축 정렬 준비사항은? [15-3, 20-3]
① 봉의 변형량(sag)의 측정
② 흔들림 공차(run out)의 측정
③ 커플링 면 갭(face gap)의 측정
④ 소프트 풋(soft foot) 상태의 측정

[해설] 흔들림 공차(런 아웃)는 축이 진원에서 얼마나 편차가 되었는가를 확인하는 방법으로 축이 휘거나 진원에서 편차된 양이 지나치게 크게 되면 축 정렬을 정확히 하는 것이 불가능하다.

43. 다음 중 V벨트의 특징이 아닌 것은 어느 것인가? [11-1, 16-2]
① 벨트가 잘 벗겨진다.
② 고속 운전을 시킬 수 있다.
③ 미끄럼이 적고, 속도비가 크다.
④ 이음이 없어 전체가 균일한 강도를 갖는다.

[해설] V벨트는 잘 벗겨지지 않는다.

44. 폐수 처리 설비에 사용되는 화학 약품에 적합한 밸브는? [14-2]
① 콕 밸브
② 플립 밸브
③ 글로브 밸브
④ 다이어프램 밸브

[해설] 다이어프램 밸브 : 산성 등의 화학약품을 차단하는 경우에 내약품, 내열 고무제의 격막판을 밸브 시트에 밀어붙이는 것으로 부식의 염려가 없다.

45. 송풍기 임펠러 축의 수평을 맞출 때 사용되는 것은? [12-3]
① 각도기
② 수준기
③ 직각자
④ 석면 패킹

[해설] 수준기 : 수평 또는 수직 측정

46. 다음 중 변속기를 분해할 때 유의사항이 아닌 것은? [13-1]
① 분해 전 취급 설명서 등을 확인한다.
② 스프링은 분해 전용 공구를 사용한다.
③ 무리한 힘을 가하지 않는다.
④ 가급적 경험에 의존하여 분해한다.

47. 측정의 기본 방법 중 눈금자를 직접 제품에 대고 실제 길이를 알아내는 것은 어느 것인가? [20-3]
① 직접 측정
② 간접 측정
③ 절대 측정
④ 비교 측정

[해설] 직접 측정 : 측정하고자 하는 양을 직접 접촉시켜 그 크기를 구하는 방법

48. 정밀도가 매우 높은 공작기계로 항온실에 설치하며 주로 공구나 지그 가공을 목적으로 사용되는 보링 머신은?
① 수평형 보링 머신
② 수직형 보링 머신

정답 41. ②　42. ②　43. ①　44. ④　45. ②　46. ④　47. ①　48. ③

③ 지그 보링 머신
④ 정밀 보링 머신

해설 보링 머신은 공작물을 고정하여 이송 운동을 하고 보링 공구를 회전시켜 절삭하는 방식이다. 지그 보링 머신은 정밀도 유지를 위해 20℃ 항온실에 설치해야 한다.

49. 일감이 1회전하는 사이에 측면으로 바이트가 이동하는 거리를 무엇이라 하는가?
① 절삭량　　② 이송량
③ 회전량　　④ 회전 속도

해설 이송 속도는 시간당 1회전 또는 1왕복당 이송량으로 표시한다.

50. 적합한 조립 계획 수립에 필요하지 않은 것은?
① 작업 지시서　　② 기계 조립 도면
③ 기계 장치 리스트　　④ 작업자 인적사항

해설 적합한 조립 계획의 수립에는 작업 지시서, 기계 조립 도면, 전기·전자 조립 도면, 유공압 장치 관련 도면, 기계 장치 리스트 등이 필요하다.

51. 기계 제도 중 기어의 도시 방법에 대한 설명으로 옳지 않은 것은? [21-1, 22-1]
① 잇봉우리원은 굵은 실선으로 표시한다.
② 피치원은 가는 1점 쇄선으로 표시한다.
③ 이골원은 가는 2점 쇄선으로 표시한다.
④ 잇줄 방향은 통상 3개의 가는 실선으로 표시한다.

해설 잇봉우리원(이끝원)은 굵은 실선, 이골원(이뿌리원)은 가는 실선으로 작도한다.

52. 직류와 교류 아크 용접기를 비교한 것으로 틀린 것은?

① 아크 안정 : 직류 용접기가 교류 용접기보다 우수하다.
② 전격의 위험 : 직류 용접기가 교류 용접기보다 많다.
③ 구조 : 직류 용접기가 교류 용접기보다 복잡하다.
④ 역률 : 직류 용접기가 교류 용접기보다 매우 양호하다.

해설 전격은 직류 용접기가 교류 용접기에 비해 한정적이다.

53. 서브머지드 아크 용접의 용제에 대한 설명 중 용융형 용제의 특성이 아닌 것은?
① 비드 외관이 아름답다.
② 흡습성이 높아 재건조가 필요하다.
③ 용제의 화학적 균일성이 양호하다.
④ 용융 시 분해되거나 산화되는 원소를 첨가할 수 있다.

해설 용융형 용제는 흡습성이 작은 장점이 있다.

54. TIG 용접에서 직류 역극성이 정극성보다 전극봉의 과열로 인한 소손이 우려되어 정극성보다 약 몇 배 정도 굵은 것을 사용해야 하는가?
① 2배　　② 3배
③ 4배　　④ 6배

해설 직류 역극성 사용 시 전극봉은 과열로 인한 소손이 우려되어 정극성보다 약 4배 정도 굵은 것을 사용해야 한다.

55. 불활성 가스 금속 아크 용접의 특징 설명으로 틀린 것은?
① TIG 용접에 비해 용융 속도가 느리고 박판 용접에 적합하다.

정답 49. ② 50. ④ 51. ③ 52. ② 53. ② 54. ③ 55. ①

② 각종 금속 용접에 다양하게 적용할 수 있어 응용 범위가 넓다.
③ 보호 가스의 가격이 비싸 연강 용접의 경우에는 부적당하다.
④ 비교적 깨끗한 비드를 얻을 수 있고 CO_2 용접에 비해 스패터 발생이 적다.

해설 TIG 용접에 비해 반자동, 자동으로 용접 속도 외 용융 속도가 빠르며 후판 용접에 적합하다.

56. 용접 변형 방지법에서 역 변형법에 대한 설명으로 옳은 것은?

① 용접물을 고정시키거나 보강재를 이용하는 방법이다.
② 용접에 의한 변형을 미리 예측하여 용접하기 전에 반대쪽으로 변형을 주는 방법이다.
③ 용접물을 구속시키고 용접하는 방법이다.
④ 스트롱 백을 이용하는 방법이다.

해설 용접 변형 방지법 중 ①은 용접 전 보강재를 이용하는 방법, ②는 역 변형법, ③은 억제법, ④는 각 변형 방지법으로 스트롱 백을 이용하는 방법이다.

57. 용접 시 발생하는 일차 결함으로 응고 온도 범위 또는 그 직하의 비교적 고온에서 용접부의 자가 수축과 외부 구속 등에 의한 인장 스트레인과 균열에 민감한 조직이 존재하면 발생하는 용접부의 균열은?

① 루트 균열   ② 저온 균열
③ 고온 균열   ④ 비드 밑 균열

해설 융착 금속의 응고 과정에서 일어나는 고온 균열 현상으로 주물의 고온 파열 등이 원인으로 고온에서 연성이 부족한 저융점 불순물이 생긴 결정립계가 수축 응력에 의해 당겨지는데 황, 수소 등의 원소들에 의해 쉽게 발생한다.

58. 용착 금속 내부에 균열이 발생되었을 때 방사선 투과 검사 필름에 나타나는 것은?

① 검은 반점
② 날카로운 검은 선
③ 흰색
④ 검출이 안 됨

해설 방사선 투과 검사 결과 필름상에 균열은 그 파면이 투과 방향과 거의 평행할 때는 날카로운 검은 선으로 밝게 보이나 직각일 때에는 거의 알 수 없다.

59. 드릴 작업에서 드릴링할 때 공작물과 드릴이 함께 회전하기 쉬운 때는?

① 작업이 처음 시작될 때
② 구멍이 거의 뚫릴 무렵
③ 구멍을 중간쯤 뚫었을 때
④ 드릴 핸들에 약간의 힘을 주었을 때

60. 방독 마스크를 사용해서는 안 되는 때는 언제인가?

① 공기 중의 산소가 결핍되었을 때
② 암모니아 가스의 존재 시
③ 페인트 제조 작업을 할 때
④ 소방 작업을 할 때

해설 방독 마스크 사용 시 주의사항
㉠ 방독 마스크를 과신하지 말 것
㉡ 수명이 지난 것은 절대로 사용하지 말 것
㉢ 산소 결핍(일반적으로 16%를 기준) 장소에서는 사용하지 말 것
㉣ 가스의 종류에 따라 용도 이외의 것을 사용하지 말 것

정답 56. ②　57. ③　58. ②　59. ②　60. ①

설비보전산업기사 필기

제14회 CBT 대비 실전문제

1과목 공유압 및 자동 제어

1. 압축공기의 질을 높이는 방법으로 틀린 것은? [16-1]
① 제습기를 사용한다.
② 응축수를 제거한다.
③ 공압 필터를 사용한다.
④ 압축공기의 흐름을 빠르게 한다.

2. 양 제어밸브라고도 하며 다음 그림과 같이 압축공기가 입구 Y에 작용할 경우 볼에 의해 다른 입구 X를 차단하면서 공기의 통로를 Y에서 A로 개방하는 구조의 밸브는? [19-1]

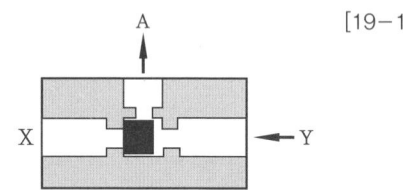

① 2압 밸브   ② 셔틀 밸브
③ 차단 밸브   ④ 체크 밸브

[해설] 셔틀 밸브를 OR 밸브, 고압 우선 셔틀 밸브라고도 한다.

3. 흡착식 건조기에 관한 설명으로 옳은 것은? [16-2]
① 일시적으로 사용한다.
② 외부 에너지 공급이 필요하다.
③ 사용되는 건조제는 염화리튬 수용액, 폴리에틸렌 등이 있다.
④ 물리적 방식을 사용하여 반영구적으로 사용할 수 있다.

[해설] 건조제를 재생(제습 청정)시키는 방식으로 외부 에너지 공급이 필요 없으며, 사용되는 건조제는 실리카 겔 등이 있다.

4. 작업 요소의 변위가 순서에 따라 표시되며, 제어 시스템에 여러 개의 작업 요소가 표시되면 같은 방법으로 여러 줄로 표시하는 것은? [08-3]
① 변위-단계 선도   ② 논리도
③ 기능 선도   ④ 제어 선도

5. 액추에이터를 설계하거나 선정할 때는 충분한 검토를 거쳐야 한다. 다음 중 잘못된 사항은? [03-3]
① 회전 운동으로 일어나는 관성의 상호 역학적 관계를 잘 파악한다.
② 기계 전체의 역학적인 밸런스를 감안해야 한다.
③ 경험에 의한 운동 조건을 추정하여 결정한다.
④ 설계식을 면밀히 검토해서 합리적인 수치를 구한다.

[해설] 계산에 의한 운동 조건을 추정하여 결정한다.

6. 4포트 3위치 방향 제어 밸브 중 탠덤 센터형에 대한 설명이 아닌 것은? [19-2]
① 펌프를 무부하시킬 수 있다.

정답 1. ④ 2. ② 3. ④ 4. ① 5. ③ 6. ④

② 센터 바이패스형이라고도 한다.
③ 실린더를 임의의 위치에서 정지시킬 수 있다.
④ 중립 위치에서 액추에이터 배관에 압력이 걸리지 않는다.

해설 탠덤 센터형은 중립 위치에서 펌프와 탱크 사이 배관에는 압력이 걸리지 않고, 액추에이터에는 압력이 걸린다.

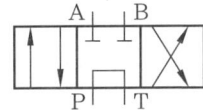

7. 그림의 회로와 같이 필터를 설치했을 때 특징으로 적합한 것은? [15-2]

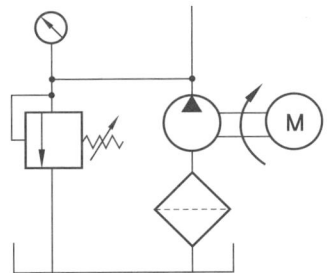

① 유압 밸브 보호를 주 목적으로 한다.
② 오염으로부터 펌프를 보호할 수 있다.
③ 복귀관 필터라고 하며 가격이 비싸다.
④ 필터 오염 시 캐비테이션이 발생하지 않는다.

해설 그림의 여과기는 석션 필터, 즉 펌프의 흡입 필터이다.

8. 실린더에 인장하중이 걸리거나 부하의 관성에 의한 인장하중 효과가 발생되면 피스톤 로드가 끌리게 되는데, 이를 방지하기 위하여 구성하는 회로는? [20-2]

① 감압 회로
② 언로딩 회로
③ 압력 시퀀스 회로
④ 카운터 밸런스 회로

해설 카운터 밸런스 회로 : 실린더를 조작하는 도중 부하가 급속히 제거될 경우, 배압을 발생시켜 실린더와 급속 전진을 방지하려 할 때 사용하는 회로

9. 유압 시스템에서 압력 저하의 원인이 아닌 것은? [10-3]

① 내부 누설의 증가
② 펌프와 흡입 불량
③ 구동 동력의 부족
④ 펌프 회전이 빠름

해설 펌프의 마모, 파손 결함의 원인
㉠ 부적절한 작동유 사용
㉡ 작동유 오염
㉢ 펌프 흡입 불량
㉣ 공기 흡입
㉤ 구동 방식 불량
㉥ 작동유 저점성
㉦ 고압 사용 및 발생
㉧ 작동유 부족에 의한 공운전
㉨ 이물질 침입
㉩ 펌프 케이싱의 지나친 조임

10. 다음 그림이 의미하는 시스템은? [14-3]

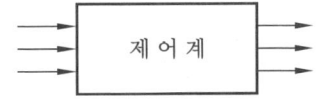

① 서보 시스템(servo system)
② 피드백 제어 시스템(feedback control system)
③ 개회로 제어 시스템(open loop control system)
④ 폐회로 제어 시스템(closed loop control system)

해설 개회로 제어 시스템은 출력이 제어 자체에 아무런 영향을 미치지 않는다.

정답 7. ② 8. ④ 9. ④ 10. ③

11. 1차 지연 요소에서 시정수의 응답을 바르게 설명한 것은? [13-1]
① 시정수가 크면 응답 시간이 길어진다.
② 시정수가 크면 응답 시간이 짧아진다.
③ 시정수는 응답 시간과 무관하다.
④ 시정수가 작으면 응답 시간이 길어진다.

해설 $t=0$에서 응답 곡선에 접선을 그리고 그것이 최종값에 도달하기까지의 시간이 시정수 τ가 된다.

12. 녹아웃 펀치와 같은 용도로 배전반이나 분전반 등에 구멍을 뚫을 때 사용하는 것은?
① 클리퍼(cliper)
② 홀 소(hole saw)
③ 프레스 툴(pressure tool)
④ 드라이베이트 툴(driveit tool)

해설 홀 소(hole saw) : 녹아웃 펀치와 같은 용도로 배·분전반 등의 캐비닛에 구멍을 뚫을 때 사용된다.

13. 다이오드의 최대 정격 중 연속적으로 가할 수 있는 직류 전압의 최대 허용값을 나타내는 것은? [14-3]
① 최대 첨두 역방향 전압
② 최대 직류 역방향 전압
③ 최대 첨두 순방향 전압
④ 최대 평균 정류 전압

14. 도선에 흐르는 교류 전류를 측정하기 위한 계기는? [07-1, 10-1]
① 절연 저항계
② 클램프미터
③ 회로 시험기
④ 접지 저항계

15. 개폐기 특성 시험으로 알 수 없는 것은?
① 상간 개리차
② 개방 시 접점의 바운스 정도
③ 미소 공극 유무
④ 투입 후 발생되는 오버트래블(overtravel) 정도

해설 미소 공극 유무는 유전 정접(tanδ) 시험에서 알 수 있다.

16. 그림에서와 같이 계측기의 측정량을 증가시킬 때와 감소시킬 때 동일 측정량에 대하여 지싯값이 다른 경우가 있는데 이와 같이 생기는 오차로서 (   ) 안에 맞는 것은 어느 것인가? [12-2]

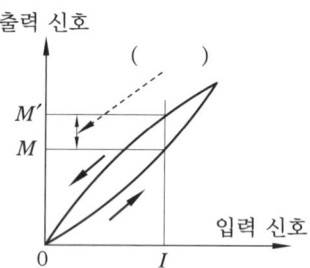

① 히스테리시스 오차
② 직선적 오차
③ 정특성 오차
④ 감특성 오차

해설 히스테리시스 오차 : 이력(履歷)에 의하여 생기는 동일 측정량에 대한 지시의 차

17. 다음 중 각도 검출용 센서로 사용되는 센서가 아닌 것은? [08-3, 09-2, 13-3, 16-1]
① 퍼텐쇼미터(potentiometer)
② 싱크로(synchro)
③ 리졸버(resolver)
④ 리드(reed) 스위치

해설 각도 검출용 센서 : 퍼텐쇼미터, 싱크로, 리졸버, 로터리 인코더 등

정답 11. ① 12. ② 13. ② 14. ② 15. ③ 16. ① 17. ④

18. 제어 정보 표시 형태에 의한 분류 중 해당되지 않는 것은? [06-1]
① 아날로그 제어계 ② 디지털 제어계
③ 2진 제어계 ④ 10진 제어계

19. 직류 전동기에서 정류자의 역할로 타당한 것은? [05-3]
① 전기자 코일의 전류의 방향을 계자와의 관계에 따라 바꾸는 장치이다.
② 계자를 회전시키고 전기자를 고정시킨다.
③ 축수 부하를 작게 하기 위해 사용된다.
④ 회전력을 발생시키는 부분으로 주 전류를 통하게 한다.

해설 정류자의 역할은 도선 고리가 180도 회전해도 여전히 S극 쪽 도선과 N극 쪽 도선의 전류 방향이 유지되도록 만들어 준다.

20. 직류 전동기에서 별도의 계자 전원이 필요한 전동기는? [10-2]
① 직권 전동기 ② 분권 전동기
③ 복권 전동기 ④ 타여자 전동기

해설 타여자 전동기는 여자 전원과 전기자 전원이 독립되어 있는 경우에 사용된다.

2과목 설비 진단 및 관리

21. 회전기계에서 채취한 오일 샘플링에서 마모 입자를 자석으로 검출하여 크기, 형상 및 재질 등을 분석하여 이상 원인을 규명하는 설비 진단 기법은? [11-3]
① 원자 흡광법 ② 회전 전극법
③ 페로그래피법 ④ 응력법

22. 진동을 표시할 때 log 눈금을 주로 사용하는데, 이러한 로그 눈금상의 크기를 비교하여 표시한 데시벨(dB) 산출 공식은 무엇인가? (단, a : 측정치, a_{ref} : 참고치) [06-1]
① $20\log_{10}(a/a_{ref})$
② $20\log_{10}(a_{ref}/a)$
③ $10\log_{10}(a/a_{ref})$
④ $10\log_{10}(a_{ref}/a)$

23. 센서 부착 방법 중 일반적인 밀랍 고정의 특징으로 틀린 것은? [12-1, 19-3]
① 장기적 안정성이 좋다.
② 고정 및 이동이 용이하다.
③ 사용 후 구조물의 접착면을 깨끗이 할 수 있다.
④ 먼지, 습기, 고온은 접착에 문제를 발생시키지 않는다.

해설 밀랍 고정에서 먼지, 습기, 고온은 접착에 문제를 발생시킨다.

24. 음의 지향 지수(DI)에 대한 설명 중 틀린 것은? [14-2]
① 음원이 자유 공간에 있을 때 DI는 0dB이다.
② 반자유 공간(바닥 위)에 음원이 있을 때 DI는 +3dB이다.
③ 두 면이 접하는 구석에 음원이 있을 때 DI는 +6dB이다.
④ 세 면이 접하는 구석에 음원이 있을 때 DI는 +12dB이다.

해설 세 면이 접하는 구석에 음원이 있을 때 DI는 +9dB이다.

25. 진동 차단기의 기본 요건 중 옳은 것은 어느 것인가? [07-3, 17-3]
① 온도, 습도에 의해 견딜 수 있어야 한다.

정답 18. ④ 19. ① 20. ④ 21. ③ 22. ① 23. ④ 24. ④ 25. ①

② 화학적 변화에 따라 변형되어야 한다.
③ 강성은 충분히 커야 하고 하중은 고려하지 않는다.
④ 차단하려는 진동의 최저 주파수보다 큰 고유 진동수를 가져야만 한다.

해설 진동 차단기의 기본 요구 조건
㉠ 강성이 충분히 작아서 차단 능력이 있어야 한다.
㉡ 강성은 작되 걸어준 하중을 충분히 받칠 수 있어야 한다.
㉢ 온도, 습도, 화학적 변화 등에 의해 견딜 수 있어야 한다.
㉣ 강성은 그에 부착된 진동 보호 대상체의 구조적 강성보다 작아야 하며, 차단하려는 진동의 최저 주파수보다 작은 고유 진동수를 가져야 한다.

26. 흡음식 소음기를 사용하기에 가장 적합한 곳은? [10-3, 18-2]
① 헬름홀츠 공명기
② 실내 냉난방 덕트
③ 집진 시설의 배출기
④ 내연기관의 송기구

해설 흡음식 소음기는 넓은 주파수 폭을 갖는 소음 감소에 효과적이어서 실내 냉난방 덕트 소음 제어에 흔히 이용된다. 내연기관 배기 소음이나 집진 시설의 송풍기 소음 같은 경우에는 내부의 흡음재가 손상될 우려가 있기 때문에 사용이 힘들다.

27. 회전기계에서 발생하는 이상 현상의 설명으로 틀린 것은? [20-2]
① 언밸런스 : 로터 축심 회전의 질량 분포 부적정에 의한 것으로 통상 회전 주파수가 발생
② 미스얼라인먼트 : 커플링으로 연결된 2개의 회전축 중심선이 엇갈려 있는 경우로 통상 회전 주파수 발생
③ 풀림 : 기초 볼트의 풀림이나 베어링 마모 등에 의하여 발생하는 것으로 통상 회전 주파수의 고차 성분 발생
④ 캐비테이션 : 유체기계에서 국부적 압력 저하에 의하여 기포가 발생하고 고압부에서 파괴될 때 규칙적인 저주파 발생

해설 캐비테이션은 불규칙적인 고주파가 발생된다.

28. 회전기계의 열화 시 발생되는 주파수 특성에서 언밸런스에 의한 설명으로 틀린 것은? [18-3]
① 언밸런스는 회전 벡터이다.
② 회전 주파수의 $1f$ 성분의 탁월 주파수가 나타난다.
③ 휨 축이거나 베어링의 설치가 잘못되었을 때 나타난다.
④ 언밸런스에 의한 진동은 수평·수직 방향에 최대의 진폭이 발생한다.

해설 언밸런스는 질량 불평형이며, 휨 축이거나 베어링 설치의 오류는 미스얼라인먼트로 나타난다.

29. 윤활유 내에 산소를 감소시키는 윤활유 보호용 첨가제는? [10-3]
① 부식 방지제
② 산화 방지제
③ 극압성 첨가제
④ 내마모성 첨가제

해설 윤활유 보호제
㉠ 산화 방지제 ㉡ 기포 방지제
㉢ 착색제   ㉣ 유화제

30. 윤활유를 고온에서 사용할 때 주로 만들어지며 윤활유가 가열 분해되어 고체 성분

정답 26. ② 27. ④ 28. ③ 29. ② 30. ④

이 잔류하고 윤활 부분에 이상을 발생시키는 윤활유의 열화 현상은 무엇인가? [03-1]

① 산화   ② 희석   ③ 유화   ④ 탄화

해설 탄화(carbonization) : 윤활유가 특히 고온 하에 놓이게 되는 부분, 즉 디젤기관의 실린더 윤활 등에 이용되는 윤활유에서 발생한다. 윤활유가 탄화되는 현상은 윤활유가 가열 분해되어 기화된 기름가스가 산소와 결합할 때에 열전도 속도보다 산소와의 반응 속도 쪽이 늦으면 열 때문에 기름이 건류되어 탄화됨으로써 다량의 잔류 탄소를 발생하게 된다. 또한 지극히 고점도유인 경우는 기화 속도가 열을 받는 속도보다 늦으며 탄화 작용은 한층 빨라진다. 따라서 디젤기관 또는 공기 압축기의 실린더 내부 윤활에는 특히 탄화 경향이 적은 윤활유를 선정할 필요가 있다. 기화 속도가 큰 쪽, 즉 점도가 낮은 쪽은 탄화 경향이 적다.

31. 다음 중 좁은 의미의 설비 관리에 해당하는 것은? [09-2]

① 운전   ② 보전   ③ 설치   ④ 폐기

해설 ㉠ 설비 관리의 협의적 개념 : 설비 보전 관리
㉡ 광의(廣義)의 개념 : 설비 계획에서 보전에 이르는 '종합적 관리'

32. 설비 관리 조직의 계획상 고려되어야 할 사항으로 가장 거리가 먼 것은? [15-1, 19-3]

① 제품의 품질   ② 설비의 특징
③ 지리적 요건   ④ 외주 이용도

해설 설비 관리 조직 설계 시 고려사항
㉠ 제품의 특성 : 원료, 반제품, 제품의 물리적·화학적·경제적 특성
㉡ 생산 형태 : 프로세스, 계속성, 교체 수

㉢ 설비의 특징 : 구조, 기능, 열화의 속도 및 정도
㉣ 지리적 조건 : 입지, 환경
㉤ 기업의 크기, 또는 공장의 규모
㉥ 인적 구성 및 역사적 배경 : 기술 수준, 관리 수준, 인간관계
㉦ 외주 이용도 : 외주 이용의 가능성, 경제성

33. 설비 배치 계획자가 설비 배치의 기초자료 수집 및 유형을 선택하는 것을 돕기 위해서 쓰이는 방법은? [09-1, 11-2, 15-2]

① ABC 분석   ② P-Q 분석
③ 일정 계획법   ④ 활동 관련 분석

해설 제품 수량 분석(P-Q 분석, product-quantity analysis) : 설비 배치 계획을 수립할 때 처음 해야 할 분석 기법이다. 배치를 결정하는 기본적 요소는 제품(products : P), 수량(quantity : Q), 공정(routine, process : R), 공간(service space : S), 시간(time : T)을 들 수 있다. 이들 요소 중 가장 중요한 분석은 제품-수량(P-Q) 분석이다.

34. 정비 계획에 필요한 예비품의 종류 중 전 공장에 영향을 미치는 동력 설비에서 많이 볼 수 있는 것은 무엇인가? [07-1]

① 부품 예비품
② 라인 예비품
③ 단일 기계 예비품
④ 부분적 세트(set) 예비품

해설 예비품에는 부품 예비품, 부분적 세트 예비품, 단일 기계 예비품, 라인 예비품 등이 있다. 라인 예비품은 특수한 고장을 제외하면 없으나, 단일 기계 예비품은 전 공장에 영향을 미치는 동력 설비에서 많이 볼 수 있다.

정답 31. ②   32. ①   33. ②   34. ③

35. 전기 스위치나 퓨즈(fuse) 등 수리하지 않고 고장이 나면 교체하는 부품의 신뢰성 평가 척도는? [10-3, 20-2]
① 고장률
② 유용성
③ 평균 고장 간격
④ 평균 고장 시간

해설 평균 고장 시간 : 시스템이나 설비가 사용되어 최초로 고장이 발생할 때까지의 평균 시간

36. 보전 표준의 종류 중 진단(diagnosis) 방법, 항목, 부위, 주기 등에 대한 것이 표준화 대상인 것은? [09-1, 14-3, 17-1, 20-2]
① 수리 표준
② 작업 표준
③ 설비 점검 표준
④ 일상 점검 표준

해설 진단 방법, 항목, 부위, 주기 등에 대한 표준화 대상은 설비 점검 표준이다.

37. 보전 비용을 들여 설비를 안정된 상태로 유지하기 위하여 발생되는 생산 손실을 무엇이라 하는가? [12-3]
① 매몰 손실   ② 이익 손실
③ 차액 손실   ④ 기회 손실

해설 기회 손실 : 보전비를 사용하여 설비를 만족한 상태로 유지하여 막을 수 있었던 생산성의 손실로, 기회 원가(opportunity cost)라고도 한다.

38. 보전용 자재의 상비품 발주 방식 중 발주량은 일정하고 발주의 시기가 변화되는 방식은? [19-3]

① 정량 발주 방식
② 정기 발주 방식
③ 적소 발주 방식
④ 비상 발주 방식

해설 정량 발주 방식 : 발주량은 일정하지만 발주의 시기를 변화시키는 방식으로 주문점법이라고도 하며, 재고량이 있는 양(주문점)까지 내려가면 일정량만큼 보충의 주문을 하고, 계획된 최고·최저의 사이에서 언제든지 재고를 보유해 가는 방식으로 복책법(더블 빈 방법) 및 포장법이 있다.

39. 다음 중 TPM의 특징 및 목표가 아닌 것은? [15-2]
① output을 지향할 것
② 현장의 체질을 개선할 것
③ 맨·머신·시스템을 극한 상태까지 높일 것
④ 설비가 변하고, 사람이 변하고, 현장이 변하는 것

해설 TPM의 목표는 크게 나누면,
  ㉠ 맨·머신·시스템을 극한 상태까지 높일 것
  ㉡ 현장의 체질을 개선할 것 : TPM에서 설비가 변하고, 사람이 변하고, 현장이 변하는 것이다.
※ TPM 관리는 input 지향이다.

40. 다음 중 보전 활동을 위한 5S 활동이 아닌 것은? [12-1]
① 검사   ② 정돈
③ 청소   ④ 청결

해설 5S에서는 정돈, 청소, 청결, 생활화 그리고 의식화가 포함된다.

정답 35. ④ 36. ③ 37. ④ 38. ① 39. ① 40. ①

3과목 기계 보전, 용접 및 안전

41. 베어링 사용 시 주의할 점으로 옳지 않은 것은? [12-2, 15-1]
① 진동 또는 충격 하중에 견디도록 하여야 한다.
② 마찰에 의해서 발생하는 열을 흡수하여야 한다.
③ 베어링의 압력과 미끄럼 속도에 따라 윤활유의 종류를 선정하여야 한다.
④ 먼지 침입에 주의하여야 하고 윤활제의 열화에 적당한 조치를 하여야 한다.

해설 마찰에 의해 발생하는 열을 발산해야 한다.

42. 체인의 검사 시기나 기준으로 적합하지 않은 것은? [11-3, 18-2]
① 과부하가 걸렸을 때
② 균열이 발생했을 때
③ 체인의 길이가 처음보다 5% 이상 늘어났을 때
④ 링(ring) 단면의 직경이 10% 이상 감소했을 때

해설 체인의 검사 시기
㉠ 체인의 길이가 처음보다 5% 이상 늘어났을 때
㉡ 롤러 링크 단면의 지름이 10% 이상 감소했을 때
㉢ 균열이 발생했을 때

43. 브레이크 라이닝의 구비 조건으로 적당하지 않은 사항은?
① 마찰계수가 작을 것
② 내마멸성이 클 것
③ 내열성이 클 것
④ 제동 효과가 양호할 것

44. 글로브 밸브의 일종으로 L형 밸브라고도 하며 관의 접속구가 직각으로 되어 있는 밸브는? [13-3, 17-1]
① 체크 밸브   ② 앵글 밸브
③ 게이트 밸브   ④ 버터플라이 밸브

45. 펌프의 부식에 관한 설명 중 옳은 것은 어느 것인가? [12-2, 17-3]
① 유속이 느릴수록 부식되기 쉽다.
② 온도가 낮을수록 부식되기 쉽다.
③ 유체 내의 산소량이 적을수록 부식되기 쉽다.
④ 재료가 응력을 받고 있는 부분은 부식이 생기기 쉽다.

해설 부식 작용 요소
㉠ 액의 성분 농도 pH값
  pH 0 1 2 3 4 5 6 7 8 9 10 11 12 13 14
         산   중   알칼리
                   성
㉡ 온도가 높을수록, pH값이 낮을수록 부식되기 쉽다.
㉢ 유체 내의 산소량이 많을수록 부식되기 쉽다.
㉣ 유속이 빠를수록 부식되기 쉽다.
㉤ 금속 표면이 거칠수록 부식되기 쉽다.
㉥ 재료가 응력을 받고 있는 부분은 부식되기 쉽다.
㉦ 금속 표면의 돌기부, 캐비테이션 발생 부위, 충격 흐름을 받는 부위는 부식되기 쉽다.

46. 다음 중 원심식 압축기의 장점으로 틀린 것은? [11-3]

정답 41. ② 42. ① 43. ① 44. ② 45. ④ 46. ③

① 대용량이다.
② 맥동 압력이 없다.
③ 고압 발생이 용이하다.
④ 윤활이 쉽다.

[해설] 원심식 압축기는 회전체의 원심력에 의하여 압송하는 기계이다.

47. 전동기의 고장 원인에서 기동 불능에 대한 원인으로 옳지 않은 것은 어느 것인가? [12-2, 16-3]
① 퓨즈 융단
② 기계적 과부하
③ 서머 릴레이 작동
④ 전원 전압의 변동

[해설] 전원 전압의 변동은 전동기에 회전이 고르지 못한 현상으로 나타난다.

48. 표준형 마이크로미터에 이용되는 나사의 피치는? [04-3]
① 0.25 mm   ② 0.5 mm
③ 1.0 mm   ④ 2.0 mm

49. 큰 구멍의 다듬질에 사용되며 날과 자루가 별도로 되어 있어 조립하여 사용하는 리머로 맞는 것은?
① 셸(shell) 리머
② 브리지(bridge) 리머
③ 팽창(expansion) 리머
④ 조정(adjustable) 리머

[해설] 셸 리머는 자루를 끼워서 사용하며 큰 구멍의 다듬질용으로 쓰인다.

50. 소결 초경 합금 공구강을 구성하는 탄화물이 아닌 것은?

① WC   ② TiC
③ TaC   ④ TMo

[해설] 초경 합금 : 금속 탄화물(TiC, TaC, WC)의 분말형의 금속 원소를 Co 또는 Ni 을 결합제로 사용하여 성형한 다음 소결하여 만든 합금으로 고온 경도가 크고 내열성, 내마모성이 높다.

51. 다음 중 분해용 공구가 아닌 것은? [11-2]
① 기어 풀러
② 베어링 풀러
③ 오일 건
④ 스톱링 플라이어

[해설] 오일 건은 윤활용 공구이다.

52. 서브머지드 아크 용접의 장점에 해당하지 않는 것은?
① 용접 속도가 수동 용접보다 빠르고 능률이 높다.
② 개선각을 작게 하여 용접 패스수를 줄일 수 있다.
③ 콘택트 팁에서 통전되므로 와이어 중에 저항열이 적게 발생되어 고전류 사용이 가능하다.
④ 용접 진행 상태의 좋고 나쁨을 육안으로 확인할 수 있다.

[해설] 서브머지드 아크 용접은 아크가 보이지 않으므로 용접의 좋고 나쁨을 확인하면서 용접할 수 없다.

53. TIG 용접 장소에서 환기 장치를 확인하는데 틀린 것은?
① 흄 또는 분진이 발산되는 옥내 작업장에 대하여는 국소 배기 시설과 같이 배기 장치를 설치한다.

정답 47. ④   48. ②   49. ①   50. ④   51. ③   52. ④   53. ②

② 국소 배기 시설로 배기되지 않는 용접 흄은 이동식 배기팬 시설을 설치한다.
③ 이동 작업 공정에서는 이동식 배기팬을 설치한다.
④ 용접 작업에 따라 방진, 방독 또는 송기 마스크를 착용하고 작업에 임하고 용접 작업 시에는 국소 배기 시설을 반드시 정상 가동시킨다.

해설 국소 배기 시설로 배기되지 않는 용접 흄은 전체 환기 시설을 설치한다.

54. 불활성 가스 아크 용접법의 장점이 아닌 것은?

① 불활성 가스의 용접부 보호와 아르곤 가스 사용 역극성 시 청정 효과로 피복제 및 용제가 필요 없다.
② 산화하기 쉬운 금속의 용접이 용이하고 용착부의 모든 성질이 우수하다.
③ 저전압 시에도 아크가 안정되고 양호하며 열의 집중 효과가 좋아 용접 속도가 빠르고 또 양호한 용입과 모재의 변형이 적다.
④ 두꺼운 판의 모재에는 용접봉을 쓰지 않아도 양호하고 언더컷(undercut)도 생기지 않는다.

해설 얇은 판의 모재에는 용접봉을 쓰지 않아도 양호하고 언더컷(undercut)도 생기지 않는다.

55. 가스 보호 플럭스 코어드 아크 용접의 특징 중 틀린 것은?

① 이중으로 보호한다는 의미로 듀얼 보호(dual shield) 용접이라고도 한다.
② 전자세 용접을 할 수 있는 방법이 개발되어 3.2mm 정도의 박판까지도 용접이 가능하다.
③ 용입 및 용착 효율이 다른 용접 방식에 비해 현저하게 높아 인건비를 절감할 수 있어 자동화에 맞추어 수요가 점차 증가하고 있다.
④ 용접의 큰 단점인 스패터 및 흄 가스의 발생으로 인한 용접 결함이 발생할 수 있다.

해설 용접의 큰 단점인 스패터 및 흄 가스의 발생으로 인한 용접 결함을 보완할 수 있는데 의의가 있다.

56. 용접 이음 성능에 영향을 주는 요소로서 고온의 분위기에서 용접 이음이 사용될 경우에 발생되는 현상은?

① 상온 특성 현상
② 스캘럽 현상
③ 저온 특성 현상
④ 크리프 현상

해설 크리프(creep) 현상 : 금속 등이 고온에서 일정한 하중을 받을 경우 시간이 지남에 따라 변형이 증가하면서 결국 파단되는 것

57. 용접 이음에서 강의 내부에 강판 표면과 평행하게 층상으로 발생되는 균열로 주요 원인은 모재의 비금속 개재물인 것은 어느 것인가?

① 재열 균열
② 루트 균열(root crack)
③ 라멜라 티어(lamellar tear)
④ 라미네이션 균열(lamination crack)

해설 라멜라 티어 : 필릿 다층 용접 이음부 및 십자형 맞대기 이음부 같이 모재 표면에 직각 방향으로 강한 인장 구속 응력이 형성되는 경우 용접 열 영향부 및 그 인접부에 모재 표면과 평행하게 계단 형상으로 발생하는 균열

정답 54. ④ 55. ④ 56. ④ 57. ③

58. 산소 용기는 고압 가스법에 어떤 색으로 표시하도록 되어 있는가? (단, 일반용)
① 녹색 ② 갈색
③ 청색 ④ 황색

해설 공업용 용기의 도색
㉠ 암모니아 : 백색
㉡ 산소 : 녹색
㉢ 탄산가스 : 청색
㉣ 수소 : 주황색
㉤ 아세틸렌 : 황색
㉥ 염소 : 갈색
㉦ 기타 가스 : 회색

59. 작업장과 외부의 온도차는?
① 3℃ ② 7℃
③ 12℃ ④ 15℃

해설 사람의 신체적 기능 중 스스로 제어할 수 있는 온도차는 7℃이며, 재해 발생 빈도가 가장 낮은 온도는 20℃ 내외이다.

60. MSDS의 목적은?
① 근로자의 알 권리 확보
② 경영자의 경영권 확보
③ 화학물질 제조상 비밀정보 확보
④ 화학물질 제조자의 정보 제공

해설 MSDS란 물질 안전 보건 자료로 근로자의 취급 화학물질에 대한 알 권리와 안전하고 쾌적한 작업환경을 조성함에 그 배경이 있다.

정답 58. ① 59. ② 60. ①

제15회 CBT 대비 실전문제

1과목 공유압 및 자동 제어

1. 공학 기압 1atm과 크기가 다른 것은 어느 것인가? [18-1]
① 10 bar
② 10 mAq
③ 1 kgf/cm²
④ 10000 kgf/m²

[해설] 1표준기압 = 1 atm = 760 mmHg(수은주) = 10.33 mAq(물기둥) = 1.033 kgf/cm² = 1.013 bar
※ 1 bar = 1.01972 kgf/cm²

2. 공압 루츠 블로어(roots blower)에 대한 설명으로 옳은 것은? [14-2]
① 소음이 작다.
② 토크 변동이 작다.
③ 비접촉형으로 무급유식이다.
④ 대형이고, 고압 송풍을 할 수 없다.

3. 공압 요동형 액추에이터 중 피스톤 로드에 기어의 형상이 있으며, 피스톤의 직선 운동을 피니언의 회전 운동으로 변화시키는 것은? [11-1]
① 베인 실린더
② 회전 실린더
③ 공압 모터
④ 터빈 모터

[해설] 회전 실린더 : 피스톤 로드가 기어의 형상을 하고 있으며 기어를 구동시켜 직선 운동을 회전 운동으로 변화시키는 실린더

4. 기호의 표시 방법과 해석의 기본사항이 아닌 것은? [03-3]
① 기호는 기능·조작 방법 및 외부 접속구를 표시한다.
② 기호는 기기의 실제 구조를 나타내는 것이다.
③ 기호는 원칙적으로 통상의 운휴 상태 또는 기능적 중립 상태를 나타낸다.
④ 회로도에서는 반드시 중립 상태를 나타내지 않아도 무방하다.

[해설] 기호는 기기의 실제 구조를 나타내는 것은 아니다.

5. 요동형 액추에이터의 선정과 보수 유지 시 고려사항과 거리가 먼 것은? [12-1]
① 속도 조절은 미터 인 방식으로 접속한다.
② 부하의 운동 에너지가 기기의 허용 운동 에너지보다 큰 경우에는 외부 완충기구를 설치한다.
③ 외부 완충기구는 부하 쪽의 지름이 큰 곳에 설치하여 내구성의 향상과 정지 정밀도를 확보할 수 있게 한다.
④ 축과 베어링에 과부하가 작용되지 않도록 과부하를 직접 액추에이터 축에 부착하지 않고 축에 부하가 적게 작용하도록 부착한다.

[해설] 유량 조절 밸브를 미터 아웃 방식으로 구성하여 속도 조절을 행한다.

정답 1. ① 2. ③ 3. ② 4. ② 5. ①

6. 절대 압력을 올바르게 표현한 것은? [17-2]
① 절대 압력은 게이지 압력을 말한다.
② 절대 압력은 표준 대기 압력보다 항상 높다.
③ 절대 압력은 대기압을 '0'으로 하여 측정한 압력이다.
④ 절대 압력은 완전한 진공을 '0'으로 하여 측정한 압력이다.

7. 톱니바퀴처럼 한 쌍의 로터가 케이싱 내에서 맞물려 회전하며 유압유를 흡입 및 토출시키는 원리의 유압 펌프가 아닌 것은 어느 것인가? [17-2]
① 기어 펌프
② 로브 펌프
③ 터빈 펌프
④ 트로코이드 펌프

〔해설〕 기어 펌프에는 내접, 외접 기어 펌프, 로브 펌프, 트로코이드 펌프 등이 있다.

8. 유압 모터의 한 종류인 기어 모터의 특징이 아닌 것은? [13-2]
① 유압 모터 중 구조가 가장 간단하다.
② 출력 토크가 일정하다.
③ 정밀한 서보기구에 적합하다.
④ 정·역회전이 가능하다.

〔해설〕 기어 모터는 유압 모터 중 가장 간단하며 출력 토크가 일정하고 정·역회전이 가능하다. 토크 효율이 약 75~85%, 전 효율은 약 80% 정도이고 최저 회전수는 150rpm으로 정밀 서보기구에는 부적합하다.

9. 그림은 4포트 전자 파일럿 전환 밸브의 상세 기호이다. 이것을 간략 기호로 나타낸 것은? [16-2]

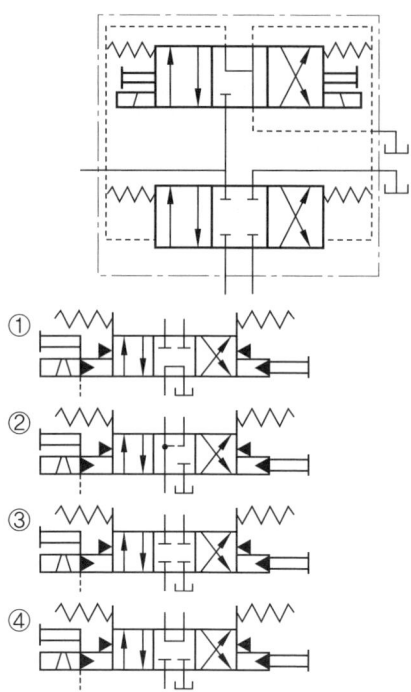

〔해설〕 이 기호는 올 포트 블록, 즉 센터 크로즈드 타입 솔레노이드 밸브이다.

10. 그림에서 A측에 압력 50kgf/cm²의 유압유를 12L/min씩 보낼 때 그 동력(힘)은 약 몇 N·m/s인가? [14-1]

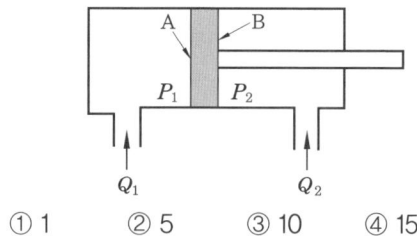

① 1   ② 5   ③ 10   ④ 15

〔해설〕 $L = PQ$
$= 50 \times \dfrac{12 \times 10^3}{60} = 10000 \, \text{kgf} \cdot \text{cm/s}$
$= 100 \, \text{kgf} \cdot \text{m/s} = 10 \, \text{N} \cdot \text{m/s}$

11. 개회로 제어와 폐회로 제어에 대한 설명으로 틀린 것은? [12-1]

정답 6. ④ 7. ③ 8. ③ 9. ③ 10. ③ 11. ③

① 개회로 제어는 외란의 영향을 무시하고 제어계의 출력을 유지한다.
② 외란의 영향에 응하는 제어가 폐회로 제어이다.
③ 개회로 제어는 센서를 통해 출력을 연속적으로 감시한다.
④ 폐회로 제어는 개회로 제어에 비해 설치에 많은 비용이 소요된다.

해설 외란의 영향을 감지하여 원래의 목적한 값으로 시스템이 동작하도록 하는 제어는 폐회로 제어이고, 외란의 영향을 무시하고 한 번 발생한 출력을 계속 유지하는 제어는 개회로 제어이다. 폐회로 제어는 외란에 대한 제어계의 출력을 감시해야 하고 이를 위해 센서가 필요하며, 개회로 제어보다는 센서의 부가 설치와 센서의 정보를 비교 분석하여 새로운 출력을 발생시켜야 하므로 설치에 상대적으로 많은 비용이 든다.

12. 전원 전압을 안정하게 유지하기 위해서 사용되는 소자는? [12-2, 16-1, 16-2, 18-3]
① 제너 다이오드
② 터널 다이오드
③ 포토 다이오드
④ 쇼트키 다이오드

해설 제너 다이오드는 일반 다이오드와는 달리 역방향 항복에서 동작하도록 설계된 다이오드로서 전압 안정화 회로로 사용된다.

13. 클램프 미터(clamp meter)의 용도를 바르게 설명한 것은? [13-2]
① 교류 전류를 측정할 수 없다.
② 절연저항을 측정할 수 있다.
③ 반드시 도선을 1선만 클램프시켜 전류를 측정한다.
④ 반드시 도선에 2선을 클램프시켜 전류를 측정한다.

14. 누전 검사를 하고자 할 때 사용되는 계기는?
① 메가
② 멀티테스터
③ 후크 미터
④ 만능 회로 시험기

해설 누전 검사는 메가를 이용한다.

15. 검출 물체가 검출면으로 접근하여 출력이 동작한 지점에서 검출 물체가 검출면에서 멀어져 출력이 복귀한 지점 사이의 거리는? [16-1]
① 검출 거리
② 설정 거리
③ 응차 거리
④ 공칭 동작 거리

16. 데이터 단위에 대한 설명으로 옳은 것은? [09-2, 18-2]
① 1 byte는 2 bit로 구성되고, 1 kbyte는 1012 byte이다.
② 1 byte는 2 bit로 구성되고, 1 kbyte는 1024 byte이다.
③ 1 byte는 8 bit로 구성되고, 1 kbyte는 1012 byte이다.
④ 1 byte는 8 bit로 구성되고, 1 kbyte는 1024 byte이다.

해설 1 byte = 8 bit, 1 kbyte = 1024 byte

17. 다음 중 센서의 사용 목적과 가장 거리가 먼 것은? [11-3, 14-3]
① 정보의 수집
② 연산 제어 처리
③ 정보의 변환
④ 제어 정보의 취급

해설 센서의 사용 목적은 크게 정보의 수집, 정보의 변환, 제어 정보의 취급으로 요약할 수 있다.

정답 12. ① 13. ③ 14. ① 15. ④ 16. ④ 17. ②

18. 유접점 방식의 시퀀스 제어에 사용되는 것은?
① 다이오드   ② 트랜지스터
③ 사이리스터 ④ 전자 개폐기

해설 다이오드, 트랜지스터, 사이리스터 등은 무접점 방식 부품이다.

19. 직류 전동기에서 저항 기동을 하는 목적으로 가장 옳은 것은? [14-2]
① 전압을 제어한다.
② 저항을 제한한다.
③ 속도를 제어한다.
④ 기동 전류를 제한한다.

20. 모터의 운전 시 브러시로부터 스파크가 일어나는 경우가 아닌 것은? [05-1]
① 전기자 리드선 결선 착오
② 보극의 극성 불량
③ 과부하
④ 계자 회로의 단선

해설 스파크의 원인
㉠ 정류자와 브러시 접촉 불량
㉡ 운모 돌출
㉢ 계자 회로 단선
㉣ 계자 권선 단선, 단락 또는 접지
㉤ 전기자 리드선 결선 착오
㉥ 정류자편 오손
㉦ 보극 극성 불량
㉧ 브러시 고정 불량
㉨ 브러시 지지기에서의 접지

2과목   설비 진단 및 관리

21. 설비의 이상 진단 방법 중 정밀 진단에 속하는 것은? [06-3]
① 주파수에 의한 판정
② 경험에 의한 판정
③ 절댓값 기준에 의한 판정
④ 상댓값 기준에 의한 판정

해설 정밀 진단 기술 : 행동을 결정하기 위한 상태 분석 기술로서 전문 스태프 요원이 실시한다.
㉠ 스트레스 정량화 기술
• 스트레스 측정 : 기계 스트레스 계측, 화학 스트레스 계측, 온도 스트레스 계측, 전기 스트레스 계측
• 스트레스 계산 : 기계 스트레스 계산, 화학 스트레스 계산, 온도 스트레스 계산, 전기 스트레스 계산
㉡ 고장 검출 해석 기술
• 고장 해석 기술 : 강제 열화 시험, 파괴 시험, 파단면 해석, 화학 분석
• 고장 검출 기술 : 회전기계 진단 기술, 전동기 진단 기술, 정지기계 진단 기술, 배관류 진단 기술
㉢ 강도·성능의 정량화 기술
• 피로강도 추정 기술
• 내열강도 추정 기술
• 절연 내력 추정 기술
• 내부식 강도 추정 기술

22. 진동의 측정에서 진동 속도의 단위로 맞는 것은? [13-1]
① g   ② μm
③ mm/s   ④ mm/s^2

23. 다음 센서 중 가속도 센서로 사용되는 것은? [18-2]
① 압전형   ② 동전형
③ 와전류형   ④ 전자광학형

해설 압전형 가속도 센서의 특징은 적은 출력 전압에서 가속도 레벨이 낮아지는 취약

정답 18. ④ 19. ④ 20. ③ 21. ① 22. ③ 23. ①

성과 높은 주파수 대역에서는 저주파 결함이 나타난다(약 5Hz로 제한). 또한 마운팅에 매우 고감도이므로 손으로 고정할 수 없고 정교하게 나사로 고정해야 한다.

24. 센서 부착 방법 중 일반적인 에폭시 시멘트 고정의 특징으로 틀린 것은? [17-1]
① 고정이 빠르다.
② 먼지와 습기가 많아도 접착에는 문제가 없다.
③ 사용할 수 있는 주파수 영역이 넓고 정확도와 안정성이 좋다.
④ 에폭시를 사용할 경우 고온에서 문제가 발생될 수 있다.

해설 먼지와 습기를 제거하고 시공하여야 접착에 문제가 없다.

25. 소음에서 마스킹(masking)에 대한 설명으로 틀린 것은? [18-2]
① 저음이 고음을 잘 마스킹한다.
② 두 음의 주파수가 비슷할 때는 마스킹 효과가 대단히 커진다.
③ 공장 내의 배경음악, 자동차의 스트레오 음악 등이 있다.
④ 발음원이 이동할 때 그 진행 방향 쪽에서는 원래 발음원의 음보다 고음으로 나타난다.

해설 마스킹의 특징
㉠ 저음이 고음을 잘 마스킹한다.
㉡ 두 음의 주파수가 비슷할 때는 마스킹 효과가 대단히 커진다.
㉢ 두 음의 주파수가 거의 같을 때는 맥동이 생겨 마스킹 효과가 감소한다.
※ ④는 도플러 효과에 대한 설명이다.

26. 기계 진동의 방진 대책으로 발생원에 대한 대책과 거리가 먼 것은? [13-1]

① 가진력을 감쇠시킨다.
② 진동원 위치를 멀리하여 거리 감쇠를 크게 한다.
③ 불평형의 힘이 존재하는 곳을 힘이 균형을 유지하도록 한다.
④ 기초 부분의 중량을 부가하거나 경감한다.

해설 ②는 전파 경로에 대한 대책이다.

27. 구조물의 공진을 피하기 위하여 고유 진동수를 낮추고자 할 때 올바른 방법은 어느 것인가? [04-1]
① 구조물의 강성을 작게 하고 질량을 크게 한다.
② 구조물의 강성을 크게 하고 질량을 줄인다.
③ 구조물의 강성과 질량을 줄인다.
④ 구조물의 강성과 질량을 최대한 크게 한다.

해설 구조물의 공진 : 공진이 발생하면 소음이 발생하며 구조물의 수명이 저하되거나 시스템이 불안정해지므로 구조물의 공진 현상을 방지하기 위해서는 감쇠계수가 큰 주철재와 같은 재료로 변경하거나, 구조를 변경하여 강제 진동 주파수와 고유 진동 주파수가 멀리 떨어지도록 설계해야 한다.

28. 다음 중 회전기계에서 발생하는 진동 신호의 주파수 분석에 대한 설명으로 잘못된 것은? [09-1]
① 시간 신호를 푸리에 변환하여 주파수를 분석한다.
② 회전기계에서 발생하는 여러 가지의 진동 신호의 분석이 가능하다.
③ 언밸런스의 이상 현상은 회전 주파수 $1f$의 특성으로 나타난다.
④ 진동 주파수는 회전축의 회전수와 반비례한다.

정답 24. ② 25. ④ 26. ② 27. ① 28. ④

해설 회전수를 증가시키면 진동 주파수는 증가한다.

29. 다음 중 윤활유의 작용으로 틀린 것은 어느 것인가? [03-3, 19-2]
① 감마 작용
② 방청 작용
③ 냉각 작용
④ 마찰 작용

해설 윤활유의 작용 : 감마 작용, 냉각 작용, 응력 분산 작용, 밀봉 작용, 청정 작용, 녹 방지 및 부식 방지, 방청 작용, 방진 작용, 동력 전달 작용

30. 윤활유 급유법 중 순환 급유법에 해당되는 것은? [17-3]
① 적하 급유법
② 유륜식 급유법
③ 사이펀 급유법
④ 가시 부상 유적 급유법

해설 순환 급유법 : 윤활유를 반복하여 마찰면에 공급하는 방식으로 기름 용기 속에서 기름을 반복하여 사용하는 급유법과 펌프에 의해 강제 순환시켜 도중에서 오일을 여과하여 세정(洗淨) 또는 냉각하는 방법으로 패드 급유법, 유륜식 급유법, 원심 급유법, 나사 급유법, 비말 급유법, 중력 순환 급유법, 강제 순환 급유법 등이 있다.

31. 설비나 부품의 고장 결과를 다시 원상태로 회복시키기 위한 설비 보전 방법은 어느 것인가? [10-3, 14-3]
① 개량 보전
② 사후 보전
③ 예방 보전
④ 자주 보전

해설 사후 보전 : 설비 및 장치, 기기가 기능이 저하되었거나 기능이 정지, 즉 고장 정지된 후에 보수나 교체를 실시하는 것

32. 설비 관리 요원이 가져야 할 업무 자세가 아닌 것은? [08-1]
① 작업량의 변동이 크므로 최고 부하를 없앤다.
② 다직종에 걸쳐 풍부한 경험과 기능을 필요로 한다.
③ 긴급 돌발을 없애고 작업자와 협력하는 자세를 가져야 한다.
④ 광범위한 전문 기술을 필요로 하므로 다수의 요원이 독자적인 전문 기술을 가지고 협력해야 한다.

해설 작업자(operator)의 협력 자세 : 운전자와 보전자의 기능을 너무 지나치게 분리하여 모든 보전 업무는 보전 부문이 담당, 운전 부문은 단순한 운전만을 한다면 비효율적인 것은 당연하다. 급유, 외관 점검 등의 작업은 운전의 일부로 작업자가 하는 것은 물론, 설비의 휴지 시 보전 업무 중 청소나 보전 등의 작업을 작업자가 담당하면 보전의 피크 해소에 크게 이바지할 수 있다.

33. 설비 배치의 형태 중 제품별 배치 형태의 특징으로 틀린 것은? [19-1]
① 기계 대수가 적어지고 공구의 가동률이 증가한다.
② 작업을 단순화할 수 있으므로 작업자의 훈련이 용이하다.
③ 공정이 확정되므로 검사 횟수가 적어도 되며 품질 관리가 쉽다.
④ 작업의 융통성이 적고 공정 계열이 다르면 배치를 바꾸어야 한다.

정답 29. ④ 30. ② 31. ② 32. ④ 33. ①

해설 제품별 배치는 기계 대수가 많아지고 공구의 가동률이 저하되며, 재공품 재고의 수준이 낮고, 보관 면적이 적다.

34. 다음 중 설비의 신뢰성을 나타내는 척도가 아닌 것은? [14-1, 20-2]
① 고장률
② 폐입률
③ 평균 고장 간격 시간
④ 평균 고장 수리 시간

해설 설비의 신뢰성 평가 척도
㉠ 고장률$(\lambda) = \dfrac{\text{고장 횟수}}{\text{총 가동 시간}}$

㉡ 평균 고장 간격 시간(MTBF)$= \dfrac{1}{\text{고장률}}$

㉢ 평균 고장 시간(MTTF)
$= \dfrac{\text{장비의 총 가동 시간}}{\text{특정 시간으로부터 발생한 총 고장 수}}$

㉣ 평균 고장 수리 시간(MTTR)
$= \dfrac{\text{수리 시간 합계}}{\text{고장 발생 수}} = \dfrac{1}{\text{수리율}(\mu)}$

35. 다음 중 일상 보전에서 취급하지 않는 것은? [15-2]
① 정기 점검
② 정기적 갱유
③ 정기적인 정밀 진단
④ 정기적 부품 교환

해설 일상 보전 : 정기적인 점검, 급유, 교환, 조정, 청소 등의 적정 실시

36. 설비 보전의 효과로서 적합하지 않은 것은? [09-2, 17-3]
① 가동률이 향상된다.
② 설비 보전 비용이 감소된다.
③ 예비 설비의 필요성이 증가된다.
④ 설비 고장으로 인한 정지 손실이 감소된다.

해설 설비 보전의 효과
㉠ 설비 고장으로 인한 정지 손실 감소(특히 연속 조업 공장에서는 이것에 의한 이익이 크다)
㉡ 보전비 감소
㉢ 제작 불량 감소
㉣ 가동률 향상
㉤ 예비 설비의 필요성이 감소되어 자본 투자 감소
㉥ 예비품 관리가 좋아져 재고품 감소
㉦ 제조 원가 절감
㉧ 종업원의 안전, 설비의 유지가 잘 되어 보상비나 보험료 감소
㉨ 고장으로 인한 납기 지연 감소

37. 사용 중인 설비의 고장, 정지 또는 유해한 성능 저하를 가져오는 상태를 발견하기 위한 보전은? [13-2, 20-2]
① 개량 보전
② 보전 예방
③ 사후 보전
④ 예방 보전

해설 예방 보전 : 고장, 정지 또는 유해한 성능 저하를 가져오는 상태를 발견하기 위하여 설비의 주기적인 검사를 통해 초기 단계에서 제거 또는 복구시키기 위한 보전 방법으로 일상 보전, 장비 점검, 예방 수리로 구성되어 있다. 이것은 특정 운전 상태를 계속 유지시키는 계획 보전 방법이다.

38. 설비의 공사 관리 기법 중 PERT 기법에 대한 설명으로 틀린 것은?
① 전형적 시간(most likely time)은 공사를 완료하는 최빈치를 나타낸다.

정답 34. ② 35. ③ 36. ③ 37. ④ 38. ④

② 낙관적 시간(optimistic time)은 공사를 완료할 수 있는 최단 시간이다.
③ 비관적 시간(pessimistic time)은 공사를 완료할 수 있는 최장 시간이다.
④ 위급 경로(critical path)는 공사를 완료하는데 가장 시간이 적게 걸리는 경로를 말한다.

해설 위급 경로 또는 주 공정 경로(critical path)는 공사를 완료하는데 가장 시간이 많이 걸리는 경로이다.

39. 보전 자재 관리 중에서 가장 중요한 요소는 보전 자재에 대한 재고 관리이다. 그러나 모든 자재를 동일하게 관리할 수 없기 때문에 금액이나 중요도에 의하여 구분한다. 다음 중 중요도에 의한 구분에서 A등급에 포함되지 않는 것은? [11-3]
① 수입 자재
② 납기 기간이 2개월 이상인 자재
③ 즉시 확보 가능 자재
④ 생산에 지대한 영향을 주는 자재

해설 ③은 C등급에 포함된다.

40. 설비 효율을 저하시키는 손실 계산에 대한 설명으로 옳은 것은? [19-2]
① 실질 가동률은 부하 시간에 대한 가동 시간의 비율이다.
② 성능 가동률은 속도 가동률에 대한 시간 가동률을 곱한 수치이다.
③ 시간 가동률은 단위 시간당 일정 속도로 가동하고 있는 비율이다.
④ 속도 가동률은 설비가 본래 갖고 있는 능력에 대한 실제 속도의 비율이다.

해설 속도 가동률 = $\dfrac{\text{기준 사이클 시간}}{\text{실제 사이클 시간}}$

3과목 기계 보전, 용접 및 안전

41. 키(key) 맞춤 시 기본적인 주의사항으로 틀린 것은? [13-1, 16-1]
① 키 홈은 축심과 평행되지 않게 가공한다.
② 충분한 강도를 검토하여 규격품을 사용한다.
③ 키는 측면에 힘이 작용하므로 폭, 치수의 마무리가 중요하다.
④ 키의 각 모서리는 면 따내기를 하고, 양단은 큰 면 따내기를 한다.

해설 키 홈은 축과 보스 모두 기계 가공에 의해 축심과 완전히 평행으로 깎아낸다.

42. 축이 마모되어 수리할 때 보스에 부시를 넣어야 하는 경우의 작업 방법으로 옳은 것은? [08-1, 18-2]
① 마모 부분 다시 깎기
② 마모부에 금속 용사하기
③ 마모부에 덧살 붙임 용접하기
④ 마모부를 잘라 맞춰 용접하기

해설 보스에는 부시를 넣어 가늘어진 축 지름에 맞춘다.

43. 일반 배관용 강관의 기호 중 배관용 탄소 강관을 나타내는 것은? [12-2, 16-3]
① SPA   ② SPW
③ SPP   ③ SUS

44. 펌프를 중심으로 하여 흡입 수면으로부터 송출 수면까지 수직 높이를 무엇이라 하는가? [07-3, 10-3, 19-1]
① 전양정   ② 실양정
③ 흡입 양정   ④ 토출 양정

정답 39. ③   40. ④   41. ①   42. ①   43. ③   44. ②

45. 송풍기 성능 저하의 원인이라고 할 수 없는 것은? [10-3]
① 내부 부식 및 더스트(dust) 부착
② 스트레이너의 막힘
③ 밀봉부의 누출
④ 시운전 전의 플러싱

46. 토출 배관 중에 스톱 밸브를 부착할 경우 압축기와 스톱 밸브 사이에 설치되는 밸브는? [16-3]
① 안전 밸브
② 유량 제어 밸브
③ 방향 제어 밸브
④ 솔레노이드 밸브

47. 기어 감속기의 분류 중 교쇄 축형 감속기에 해당하는 것은? [10-1, 12-2, 16-1]
① 웜 기어
② 스퍼 기어
③ 헬리컬 기어
④ 스파이럴 베벨 기어

[해설] 교쇄 축형 감속기는 두 축이 서로 교차하며, 스트레이트 베벨 기어, 스파이럴 베벨 기어가 이에 속한다.

48. 계측기가 미소한 측정량의 변화를 감지할 수 있는 최소 측정량의 크기를 무엇이라 하는가? [08-1]
① 감도
② 분해능
③ 과도 특성
④ 정밀도

[해설] ㉠ 분해능 : 계측기가 미소한 측정량의 변화를 감지할 수 있는 최소 측정량의 크기
㉡ 감도 : 계측기가 측정량의 변화를 감지하는 민감성의 정도

49. 비틀림 드릴 날끝의 표준 각도는 얼마인가?
① 118°
② 100°
③ 130°
④ 170°

[해설] 드릴의 양쪽 날이 이루고 있는 각도를 날끝 각도 또는 선단 각도라고 하며, 보통 118° 정도이다.

50. 바이트의 공구각 중 바이트와 공작물과의 접촉을 방지하기 위한 것은?
① 경사각
② 절삭각
③ 여유각
④ 날끝각

51. 다음 기호의 명칭으로 옳은 것은 어느 것인가? [14-2]

① 앵글 밸브
② 볼 밸브
③ 체크 밸브
④ 안전 밸브

52. 공구 중 규격을 입의 너비의 대변 거리로 나타내지 않는 것은?
① 양구 스패너
② 편구 스패너
③ 타격 스패너
④ 몽키 스패너

[해설] 몽키 스패너는 규격을 전체 길이로 표시한다.

53. 아크 용접기에 핫 스타트(hot start) 장치를 사용함으로써 얻어지는 장점이 아닌 것은?
① 기공을 방지한다.
② 아크 발생이 쉽다.

정답 45. ④ 46. ① 47. ④ 48. ② 49. ① 50. ③ 51. ② 52. ④ 53. ③

③ 크레이터 처리가 용이하다.
④ 아크 발생 초기의 용입을 양호하게 처리한다.

해설 핫 스타트 장치는 아크 부스터라고도 하며 아크 발생 시에만(약 1/4~1/5초) 용접 전류를 크게 하여 용접 시작점에 생길 수 있는 기공이나 용입 불량의 결함을 방지해 준다.

54. TIG 용접 시 교류 용접기에 고주파 전류를 사용할 때의 특징이 아닌 것은?

① 아크는 전극을 모재에 접촉시키지 않아도 발생된다.
② 전극의 수명이 길다.
③ 일정 지름의 전극에 대해 광범위한 전류의 사용이 가능하다.
④ 아크가 길어지면 끊어진다.

해설 아크가 길어져도 끊어지지 않는다.

55. 다음 중 MIG 용접의 특징에 대한 설명으로 틀린 것은?

① 반자동 또는 전자동 용접기로 용접 속도가 빠르다.
② 정전압 특성 직류 용접기가 사용된다.
③ 상승 특성의 직류 용접기가 사용된다.
④ 아크 자기 제어 특성이 없다.

해설 MIG 용접의 특징은 반자동 또는 전자동으로 직류 역극성을 사용하며, 청정 작용이 있고 정전압 특성 또는 상승 특성의 직류 용접기를 사용한다. 인버터 방식의 용접기는 아크 자기 제어 특성을 갖고 있다.

56. 아크의 열적 핀치 효과를 이용한 용접법은?

① 불활성 가스 아크 용접
② 전자 빔 용접
③ 레이저 용접
④ 플라스마 아크 용접

해설 플라스마 아크 용접은 열적 핀치 효과를 이용한 용접법이다.

57. 맞대기 용접 이음의 피로강도 값이 가장 크게 나타나는 경우는?

① 용접부 이면 용접을 하고 표면 용접 그대로인 것
② 용접부 이면 용접을 하지 않고 표면 용접 그대로인 것
③ 용접부 이면 및 표면을 기계 다듬질 한 것
④ 용접부 표면의 덧살만 기계 다듬질 한 것

해설 용접부에 용접 결함이 존재할 때 항복점보다 훨씬 낮은 응력이 작용해도 피로 파괴가 일어나므로 피로 강도를 높이려면 노치가 없는 용접부를 만들어야 한다.

58. 아크 빛으로 인해 눈에 급성 염증 증상이 발생하였을 때 우선 조치하여야 할 사항으로 옳은 것은?

① 온수로 씻은 후 작업한다.
② 소금물로 씻은 후 작업한다.
③ 냉습포를 눈 위에 얹고 안정을 취한다.
④ 심각한 사안이 아니므로 계속 작업한다.

해설 아크 빛으로 인해 눈에 급성 염증 증상이 발생하였을 때 우선 냉습포를 눈 위에 얹고 안정을 취한 뒤 병원에 방문해 치료를 받는다.

59. 코드와 플러그를 접속하여 사용하는 전기기계·기구 중 노출된 비충전 금속체에 접지를 하여야 하는 것이 아닌 것은?

정답 54. ④ 55. ④ 56. ④ 57. ③ 58. ③ 59. ②

① 고정형·이동형 또는 휴대형 전동기계·기구
② 사용 전압이 대지 전압 75V인 것
③ 냉장고·세탁기 등의 고정형 전기기계·기구
④ 물을 사용하는 전기기계·기구, 비접지형 콘센트

해설 전기기계·기구의 접지
㉠ 사용 전압이 대지 전압 150V를 넘는 것
㉡ 냉장고·세탁기·컴퓨터 및 주변 기기 등과 같은 고정형 전기기계·기구
㉢ 고정형·이동형 또는 휴대형 전동기계·기구
㉣ 물 또는 도전성(導電性)이 높은 곳에서 사용하는 전기기계·기구, 비접지형 콘센트
㉤ 휴대형 손전등

60. 광원으로부터의 발산 광속의 40~60%가 위로 향하게 하는 조명 방식은?
① 간접 조명
② 직접 조명
③ 반간접 조명
④ 전반 확산 조명

해설 ㉠ 직접 조명 : 90~100%가 아래로
㉡ 반직접 조명 : 60~90%가 아래로
㉢ 간접 조명 : 90~100%가 위로
㉣ 반간접 조명 : 60~90%가 위로

정답 60. ④

설비보전산업기사 필기

제16회 CBT 대비 실전문제

1과목 공유압 및 자동 제어

1. 공압기기 및 관로 내에서 유동 또는 침전 상태에 있는 물 또는 기름의 혼합 액체를 무엇이라고 하는가? [10-2]
① 누설
② 드레인
③ 개스킷
④ 오일 미스트

2. 공유압 시스템에서 기본적인 3가지 제어가 아닌 것은? [11-3]
① 압력 제어
② 유량 제어
③ 위치 제어
④ 방향 제어

3. 공기압 기기 중 서비스 유닛에 있는 압력 조절기에 대한 설명으로 맞는 것은? [13-3]
① 압력 조절기는 방향 전환 밸브의 일종이다.
② 일정 압력 이상이 되어야 순차적으로 동작되는 밸브이다.
③ 높은 압력의 1차 측 압력을 2차 측에서 설정압에 맞게 일정한 저압으로 조절한다.
④ 설정 압력보다 낮은 압력이 1차 측에 공급되면 설정 압력이 출력된다.

[해설] 압력 조절기는 공기의 압력을 사용 공기압 장치에 맞는 압력으로 공급하기 위해 사용된다.

4. 다음 회로도의 설명으로 틀린 것은? [12-3]

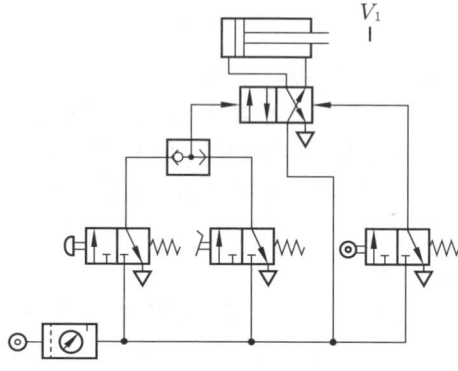

① 푸시 버튼을 누르면 실린더는 전진한다.
② 페달을 밟으면 실린더는 전진한다.
③ 롤러 리밋 스위치(V_1)가 작동되면 실린더는 후진한다.
④ 푸시 버튼과 페달을 동시에 누르면 실린더는 전진하지 않는다.

[해설] 푸시 버튼과 페달을 동시에 누르면 실린더는 전진한다.

5. 다음 유압 배관 중 내식성 또는 고온용으로 사용되며 열처리하여 관의 굽힘 가공, 플레어 가공에 가장 적합한 배관은? [18-3]
① 동관
② 합성고무관
③ 알루미늄관
④ 스테인리스 강관

[해설] 스테인리스 강관은 난연성 작동 오일을 사용하는 경우 부식을 일으키기 쉬운 곳에 사용한다. 동관은 산화 작용으로 인하여 유압 작동유 관으로 사용하지 않는다. 동관은 재료 특성상 석유계 유압유의 산화 작용을 촉진하여 윤활유의 열화 현상을 극대화시켜 유압 배관용에는 사용하지 않는다.

정답 1. ② 2. ③ 3. ③ 4. ④ 5. ④

6. 외부의 압력 부하가 변하더라도 회로에 흐르는 유량을 항상 일정하게 유지시켜 주면서 유압 모터의 회전이나 유압 실린더의 이동 속도를 제어하는 밸브는? [12-2, 19-1]
① 분류 밸브
② 단순 교축 밸브
③ 압력 보상형 유량 조절 밸브
④ 온도 보상형 유량 조절 밸브

해설 압력 보상형 유량 조절 밸브 : 압력 보상기구를 내장하고 있으므로 압력의 변동에 의하여 유량이 변동되지 않도록 회로에 흐르는 유량을 항상 일정하게 자동적으로 유지시켜 주면서 유압 모터의 회전이나 유압 실린더의 이동 속도 등을 제어한다.

7. 오일 탱크에 설치되어 있는 방해판의 일반적 기능이 아닌 것은? [10-3, 16-1]
① 오일의 냉각을 양호하게 한다.
② 오일에 포함된 오염 입자의 침전을 돕는다.
③ 오일 탱크로 이물질이 흡입되는 것을 방지한다.
④ 오일 중에 함유된 기포를 방출하는데 도움이 된다.

해설 오일 탱크로 이물질이 흡입되는 것을 방지하는 것은 리턴 필터이다.

8. 다음 회로에서 실린더의 속도 제어 방식은? [19-2]

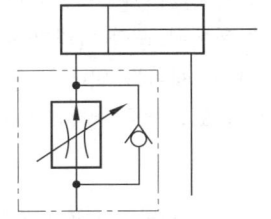

① 블리드 오프 방식
② 파일럿 오프 방식
③ 전진 시 미터 인 방식
④ 후진 시 미터 아웃 방식

9. 다음 중 기름이 누설되는 원인이 아닌 것은? [11-1]
① 배관 재질이 불량한 경우
② 밸브의 작동이 불량한 경우
③ 배관 접속법이 불량한 경우
④ 실(seal)이 불량한 경우

10. 어떤 제어계의 응답이 지수 함수적으로 증가하고 일정값으로 되었다면, 이 제어계는 어떤 요소인가? [19-1]
① 미분 요소   ② 부동작 요소
③ 1차 지연 요소   ④ 2차 지연 요소

해설 1차 지연 요소의 응답이 나타나는 전달 요소

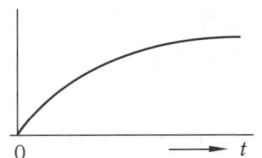

11. 배전반, 분전반 등의 배관을 변경하거나 이미 설치되어 있는 캐비닛에 구멍을 뚫을 때 필요한 공구는?
① 오스터   ② 클리퍼
③ 파이어 포트   ④ 녹아웃 펀치

해설 녹아웃 펀치(knock out punch) : 배전반, 분전반 등의 배관을 변경하거나 이미 설치되어 있는 캐비닛에 구멍을 뚫을 때 필요한 공구

12. 다음 중 밸브에 포지셔너를 사용하게 된 이유로 볼 수 없는 것은? [09-2, 17-2]
① 조절계 신호와 구동부 신호가 다른 경우

정답 6. ③ 7. ③ 8. ③ 9. ② 10. ③ 11. ④ 12. ②

② 그랜드 패킹의 마찰이 적고 유체의 영향을 받기 어려운 경우
③ 제어 밸브의 특성을 개선할 필요가 있는 경우
④ 하나의 신호로 2대 이상의 제어 밸브를 동작시킬 경우

해설 포지셔너의 역할
㉠ 밸브 전후의 차압이 크고 유체압 변동의 영향을 받기 쉬운 경우
㉡ 조절계 신호와 구동부 신호가 다른 경우
㉢ 제어 밸브의 특성을 개선할 필요가 있는 경우
㉣ 하나의 신호로 2대 이상의 제어 밸브를 동작시킬 경우
㉤ 그랜드 패킹의 마찰이 크고, 히스테리시스가 있고, 직선성을 나쁘게 하는 경우
㉥ 공기압 신호에서 응답이 지연되는 경우
㉦ 제어 밸브의 지름이 100mm 이상 커서 부하 용량이 크고 응답이 지연되는 경우
㉧ 큰 조작력이 필요하여 작동 신호를 확대할 경우
㉨ 구조상 유체의 영향을 받기 쉬운 경우

13. 사람의 귀에 들리지 않을 정도로 높은 주파수의 소리를 이용한 센서는 어느 것인가? [16-1]
① 온도 센서
② 초음파 센서
③ 파이로 센서
④ 스트레인 게이지

해설 초음파란 보통 20kHz 이상의 주파수를 갖는 음파를 말하며, 사람이 들을 수 있는 가청 음파(20Hz~20kHz)와 같이 매질 중의 탄성파이다.

14. 신호 변환기에서 변위 센서로 많이 사용되며, 변위를 전압으로 변환하는 장치는 어느 것인가? [08-3, 10-3, 11-1, 13-1, 17-3]
① 벨로즈
② 서미스터
③ 노즐 플래퍼
④ 차동 변압기

해설 차압 전송기라고 하는 차압 변환기는 유량, 압력, 액면, 밀도 등을 공기압 신호나 전기 신호로 변환할 수 있는 변환기로서 널리 사용되는 유량 변환기이다.

15. 제어 시스템에서 감지 장치의 주요 역할은? [09-2]
① 생산 공정의 장비와 생산되고 있는 부품, 조작하는 오퍼레이터로부터 정보를 수집하는 역할을 한다.
② 생산 공정의 장비와 생산되고 있는 부품, 조작하는 오퍼레이터로부터 정보를 분석하는 역할을 한다.
③ 생산 공정의 장비를 구동시키는 역할을 한다.
④ 생산된 부품 또는 제품에 대한 검사를 시행한다.

해설 센서(sensor)란 라틴어로 지각한다, 느낀다 등의 의미를 갖는 센스(sense)에서 유래된 말로 사람의 5관(눈, 코, 귀, 혀, 피부)을 통해 외계의 자극을 느끼는 5감(시각, 후각, 청각, 미각, 촉각)과 같이 자연 대상 가운데서의 물리 또는 화학적량을 감지하여, 전기량으로 변환 전달되어 자동화 시스템에서 공정 처리가 자동적으로 제어될 때 이 제어를 위해 공정 처리에 관한 정보를 받도록 하는 검출기이다.

16. 다음 중 노이즈 대책에 대한 설명으로 알맞은 것은? [09-3]

① 실드에 의한 방법은 자기 유도를 제거할 수 있다.
② 관로를 사용하면 정전 유도를 제거할 수 있다.
③ 연선을 사용하면 자기 유도를 제거할 수 있다.
④ 필터를 사용하면 접지와 라인 사이에서 나타나는 일반 모드(common mode)의 노이즈를 제거할 수 있다.

[해설] 연선을 사용하면 자기 유도가 제거되고 케이블의 접속 부분은 2in 정도가 적당하다.

17. 직류 전동기의 구성 요소로 토크를 발생하여 회전력을 전달하는 요소는 어느 것인가? [07-3, 13-1, 17-2]
① 계자
② 전기자
③ 정류자
④ 브러시

[해설] 코일은 전기자의 한 부분이다.

18. 누전 차단기의 설치 및 취급에 대한 사항과 관계가 먼 것은?
① 1개월에 1회 정도 테스터 버튼에 의하여 동작 상태를 확인한다.
② 누전 차단기를 설치하면 부하기기는 접지하지 않는다.
③ 습기나 부식성이 있는 장소는 피한다.
④ 전원은 전원 측에 부하를 부하 측에 확실히 접속한다.

[해설] 누전 차단기는 기기의 내부에서 누전 사고가 발생했을 때나 외부 상자나 프레임 등에 접촉할 때 감전되는 것을 예방하기 위하여 사용한다. 전기기기의 금속제 외함, 금속제 외피 등 금속 부분은 누전 차단기를 설치한 경우에도 접지한다.

19. 직류 전동기를 급정지 또는 역전시키는 전기적 제동법은? [17-2]
① 역상 제동
② 회생 제동
③ 발전 제동
④ 단상 제동

[해설] 역상 제동(플러깅 제동) : 입력의 (+), (-) 단자를 갑자기 바꾸면 전동기 양단에 역전압이 걸려 전동기는 점점 정지하고 계속 걸려 있으면 전동기는 역회전을 한다. 이것은 과전류로 인한 전동기 손실 우려가 있어서 잘 사용하지 않는다.

20. 직류 전동기 운전 시 브러시로부터 스파크가 일어나는 경우와 거리가 먼 것은? [03-1]
① 전압의 부적당
② 보극의 극성 불량
③ 정류자편의 오손
④ 정류자와 브러시 접촉 불량

[해설] 운전 중 브러시 스파크 발생의 원인
㉠ 정류자와 브러시 접촉 불량
㉡ 운모 돌출
㉢ 계자 회로 단선
㉣ 계자 권선 단선, 단락 또는 접지
㉤ 전기자 리드선 결선 착오
㉥ 정류자 면의 오손
㉦ 보극의 극성 불량
㉧ 브러시 고정 불량
㉨ 브러시 지지기에서의 접지

2과목　설비 진단 및 관리

21. 다음 설비 진단 기법 중 응력법에 해당하지 않는 것은? [19-2]
① SOAP
② 응력 측정
③ 응력 분포 해석
④ 피로 수명 예측

[정답] 17. ②　18. ②　19. ①　20. ①　21. ①

해설 SOAP법은 시료유를 채취하여 연소시킨 뒤 그때 생기는 금속 성분 특유의 발광 또는 흡광 현상을 분석하는 오일 분석법이다.

22. 다음 진폭을 나타내는 파라미터 중 거리로 측정하는 것은? [08-1, 11-2, 17-3]
① 속도　　② 변위
③ 가속도　④ 중력

해설 진폭을 나타내는 요소는 변위, 속도, 가속도가 있으며, 그 중에서 거리는 변위로 나타낸다.

23. 다음 중 진동 측정 시 주의해야 할 점이 아닌 것은? [11-1, 15-2, 16-3]
① 항상 동일한 방향으로 측정한다.
② 진동계를 바꿔가면서 측정한다.
③ 항상 동일한 장소를 측정한다.
③ 언제나 같은 센서를 사용한다.

해설 다수의 진동 측정에는 동일 진동 측정기를 사용하여야 한다.

24. 사람이 가청할 수 있는 최소 가청음의 세기(W/m²)는 얼마인가? (단, W/m²=음향 출력/표면적) [06-1, 15-1]
① 10^{-12}　　② 20^{-12}
③ 100^{-12}　④ 200^{-12}

해설 사람이 가청할 수 있는 최대 가청음의 세기는 $10\,W/m^2$, 최소 가청음의 세기는 $10^{-12}\,W/m^2$이다.

25. 덕트(duct) 소음이나 배기 소음을 방지하기 위해서 사용되는 장치로 맞는 것은 어느 것인가? [11-2, 20-3]

① 소음기
② 유공판
③ 공명판
④ 진동 차단기

26. 투과계수가 0.001일 때 투과 손실량은 얼마인가? [14-2]
① 20 dB　　② 30 dB
③ 40 dB　　④ 50 dB

해설 $10 \times \log \dfrac{1}{0.001} = 30\,dB$

27. 진동 현상의 특징 중 고주파에서 발생하는 이상 현상인 것은? [15-2]
① 풀림(looseness)
② 언밸런스(unbalance)
③ 공동 현상(cavitation)
④ 미스얼라인먼트(misalignment)

해설 고주파에서 발생하는 이상 현상 : 유체음, 베어링 진동, 공동 현상

28. 회전기계의 열화 시 발생되는 주파수 특성에서 언밸런스(unbalance)에 의한 특성으로 맞는 것은? [13-3]
① 휨 축이거나 베어링의 설치가 잘못되었을 때 나타난다.
② 축의 회전 주파수 f와 그 고주파 성분 ($2f$, $3f$, …)이 나타난다.
③ 회전 주파수의 $1f$ 성분의 탁월 주파수가 나타난다.
④ 회전 주파수의 분수 주파수 성분($1/2f$, $1/3f$, $1/4f$, …)이 나타난다.

해설 언밸런스는 수평 방향의 진동값이 크게 나타나며, 회전 주파수의 $1f$ 성분의 탁월 주파수가 나타난다.

정답　22. ②　23. ②　24. ①　25. ①　26. ②　27. ③　28. ③

29. 그리스를 장기간 저장 또는 사용 중에 기름이 분리되는 현상을 무엇이라고 하는가? [06-1]
① 혼화 안정도 ② 이유도
③ 산화 안정도 ④ 주도

해설 이유도(oil segregation) : 그리스를 장시간 사용하지 않고 저장할 경우 또는 사용 중에 그리스를 구성하고 있는 기름이 분리되는 현상을 말한다.

30. 윤활유의 첨가제가 갖추어야 할 일반적인 성질과 가장 거리가 먼 것은? [15-2]
① 증발이 많아야 한다.
② 색상이 깨끗하여야 한다.
③ 기유에 용해도가 좋아야 한다.
④ 유연성이 있어 다목적이어야 한다.

해설 증발은 가능한 적어야 한다.

31. 다음 중 설비의 분류가 바르게 연결된 것은? [12-1, 19-3]
① 관리 설비-인입선 설비, 도로, 항만 설비, 육상 하역 설비, 저장 설비
② 유틸리티 설비-기계, 운반 장치, 전기 장치, 배관, 조명, 냉난방 설비
③ 판매 설비-서비스 스테이션(service station), 서비스 숍(service shop)
④ 생산 설비-건물, 공장 관리 설비 및 보조 설비, 복리 후생 설비

해설 ㉠ 관리 설비-건물, 공장 관리 설비 및 보조 설비, 복리 후생 설비
㉡ 유틸리티 설비-증기, 전기, 공업 용수, 냉수, 불활성 가스, 연료 등
㉢ 생산 설비-기계, 운반 장치, 전기 장치, 배관, 계기, 배선, 조명, 냉난방 설비
㉣ 수송 설비-인입선 설비, 도로, 항만 설비, 육상 하역 설비, 저장 설비

32. 설비 관리의 조직 계획에서 지역이나 제품, 공정 등에 따라 설비를 분류하여 그 관리를 담당하는 방식은? [15-2, 18-1]
① 기능 분업 ② 지역 분업
③ 직접 분업 ④ 전문 기술 분업

해설 지역(제품별, 공정별) 분업 : 지역이나 제품, 공정 등에 따라 설비를 분류하여 그 관리를 담당하는 방식으로 공장 내를 몇 개의 지구로 나누어서 각 지구마다 보전과를 두는 경우이다.

33. 리차드 무더(richard muther)에 의한 총체적 공장 배치 계획 단계가 순서대로 된 것은? [08-1, 12-2]
① P-Q 분석 → 흐름-활동 상호 관계 분석 → 면적 상호 관계 분석
② P-Q 분석 → 면적 상호 관계 분석 → 흐름-활동 상호 관계 분석
③ 흐름-활동 상호 관계 분석 → P-Q 분석 → 면적 상호 관계 분석
④ 흐름-활동 상호 관계 분석 → 면적 상호 관계 분석 → P-Q 분석

34. 부품은 고장률을 알면 보전에 의하여 제품의 수명을 연장시킬 수 있다. 다음 중 부품을 사전 교환 등에 의한 예방 보전(preventive maintenance)을 실시하여 제품의 수명을 연장시키기에 가장 합당한 고장률의 유형은 무엇인가? [10-1]
① 감소형(decreasing failure rate)
② 증가형(increasing failure rate)
③ 일정형(constant failure rate)
④ 랜덤형(random failure rate)

해설 증가형으로 고장이 집중적으로 일어나기 전에 예방 보전으로 교환하면 유효하다.

정답 29. ② 30. ① 31. ③ 32. ② 33. ① 34. ②

35. 정비 계획을 수립할 때 주어진 조건을 조합하여 최적 보수 비용, 최적 수리 시간 등을 결정한다. 이때 주어진 조건이 아닌 것은? [17-1]

① 계측 관리　　② 생산 계획
③ 설비 능력　　④ 수리 형태

해설 정비 계획 수립 시 고려할 사항
　㉠ 정비 및 보전 비용
　㉡ 수리 시기 및 시간
　㉢ 수리 요원
　㉣ 설비 능력
　㉤ 생산 및 수리 계획
　㉥ 일상 점검 및 주간, 월간, 연간 등의 정기 수리 구분이며, 예비품 관리가 정비 계획에 필요한 요소이다.

36. 설비 보전 조직 설계 시 고려사항으로 가장 거리가 먼 것은? [15-1, 18-3]

① 생산 형태　　② 설비의 특징
③ 생산 제품의 특성　　④ 기업 경영 방식

해설 설비 관리 조직 설계 시 고려사항
　㉠ 제품의 특성 : 원료, 반제품, 제품의 물리적·화학적·경제적 특성
　㉡ 생산 형태 : 프로세스, 계속성, 교체 수
　㉢ 설비의 특징 : 구조, 기능, 열화의 속도 및 정도
　㉣ 지리적 조건 : 입지, 환경
　㉤ 기업의 크기, 또는 공장의 규모
　㉥ 인적 구성 및 역사적 배경 : 기술 수준, 관리 수준, 인간관계
　㉦ 외주 이용도 : 외주 이용의 가능성, 경제성

37. 설비의 열화 방지 대책으로 볼 수 없는 것은? [03-3]

① 윤활유가 부족하여 급유를 하였다.
② 오일 필터를 교체하였다.
③ 컨베이어 속도를 조정하였다.
④ 베어링이 파손되어 수리하였다.

해설 설비 열화의 대책
　㉠ 열화 방지 : 정상 운전 및 일상 보전에 힘써야 한다.
　㉡ 열화 측정 : 열화의 측정은 검사라고 부르며, 그 성질에 따라 성능 저하형의 열화 측정에 적용되는 양부(良否) 검사와 돌발 고장형의 열화에 대하여 열화의 경향을 예측하기 위하여 실시하는 경향(傾向) 검사로 구분한다.
　㉢ 열화 회복 : 원래의 성능으로 회복할 필요가 있는데, 이 열화 회복을 수리라고 한다.

38. 어떤 보전 자재의 연간 자료가 다음과 같다. 경제적 주문량은? [11-1]

- 연간 평균 수요량 : 2000개
- 보전 자재 단가 : 3000원
- 1회 발주 비용 : 20000원

① 152　② 164　③ 203　④ 244

해설 경제적 주문량(EOQ)
$$= \sqrt{\frac{2 \times 2000 \times 20000}{3000}} ≒ 163.3$$

39. 설비 종합 효율은 개별 설비의 종합적 이용 효율이다. TPM에서의 종합 효율을 측정하는 지수가 아닌 것은? [11-1]

① 에너지 효율　　② 시간 가동률
③ 성능 가동률　　④ 양품률

해설 ㉠ 종합 효율 = 시간 가동률 × 성능 가동률 × 양품률
　㉡ 양품률 : 총 생산량 중 재가공 또는 공정 불량에 의해 발생된 불량품의 비율

정답　35. ①　36. ④　37. ④　38. ②　39. ①

40. PM(phenomena mechanism) 분석의 단계별 내용에 해당되지 않는 것은 어느 것인가? [18-1]
① 현상을 명확히 한다.
② 조사 방법을 검토한다.
③ 이상한 점을 파악한다.
④ 최적 조건을 파악한다.

해설 PM 분석 단계
㉠ 제1단계 : 현상을 명확히 한다.
㉡ 제2단계 : 현상을 물리적으로 해석한다.
㉢ 제3단계 : 현상이 성립하는 조건을 모두 생각해 본다.
㉣ 제4단계 : 각 요인의 목록을 작성한다.
㉤ 제5단계 : 조사 방법을 검토한다.
㉥ 제6단계 : 이상 상태를 발견한다.
㉦ 제7단계 : 개선안을 입안한다.

3과목 기계 보전, 용접 및 안전

41. 키의 설명으로 잘못된 것은? [07-1]
① 축에 기어 풀리 등을 조립할 때 사용한다.
② 원활한 작동을 위해 원주 방향 이동 틈새를 둔다.
③ 축의 재료보다 약간 강한 재료를 사용한다.
④ 보통 키에는 테이퍼를 주고 축과 보스에는 키 홈을 설치한다.

해설 키는 측면에 힘을 받으므로 폭, 치수의 마무리가 중요하다.

42. 열박음을 하기 위해 베어링을 가열 유조에 넣고 가열할 때 다음 중 적당한 온도는? [09-2, 11-2, 15-2, 19-2]
① 40℃ 정도   ② 100℃ 정도
③ 150℃ 정도   ④ 190℃ 정도

43. 다음 중 기어의 치면 열화가 아닌 것은?
① 습동 마모   [07-1, 10-1]
② 소성 항복
③ 표면 피로
④ 과부하 절손

해설 이면의 열화

마모	정상 마모, 습동 마모, 과부하 마모, 줄 흔적 마모
소성 항복	압연 항복(로징), 피닝 항복, 파상 항복
용착	가벼운 스코어링, 심한 스코어링
표면 피로	초기 피칭, 파괴적 피칭, 피칭(스폴링)
기타	부식 마모, 버닝, 간섭, 연삭 파손

44. 밸브의 정비에 관한 사항으로 옳은 것은? [16-2]
① 밸브 시트 접촉면이 편 마모되어 래핑하였다
② 밸브 스프링의 탄성이 감소되어 손으로 수정하여 사용하였다.
③ 밸브 플레이트가 마모 한계에 달하였으나 파손되지 않아 그대로 두었다.
④ 밸브 부품의 사용 수명 기간이 초과했으나 성능에는 이상이 없어 교환하지 않았다.

해설 마모 한계 또는 사용 수명 기간이 되면 교환해야 하며, 스프링의 탄성이 감소되어도 교체해야 한다.

45. 다음 중 송풍기의 베어링 과열 원인이 아닌 것은? [10-2, 20-2]
① 베어링 마모
② 베어링 조립 불량
③ 임펠러(impeller)의 부식
④ 그리스(grease)의 과충전

정답 40. ④ 41. ② 42. ② 43. ④ 44. ① 45. ③

해설 베어링(bearing)의 온도는 주위의 공기 온도보다 40℃ 이상 높으면 안 된다고 규정되어 있지만, 운전 온도가 70℃ 이하이면 큰 지장은 없다. 베어링의 진동 및 윤활유 적정 여부를 점검한다.

46. 전동기 사용 시 베어링부에서의 발열의 원인이 아닌 것은? [08-1]
① 윤활 불량
② 베어링 조립 불량
③ 체인, 벨트 등이 지나치게 느슨함
④ 커플링의 중심내기 불량이나 적정 틈새가 없음

해설 베어링부에서의 발열은 윤활제의 부족에 의한 윤활 불량, 베어링 조립 불량, 체인, 벨트 등의 지나친 팽팽함, 커플링의 중심내기 불량이나 적정 틈새가 없어 스러스트를 받을 때 발생된다.

47. 버니어 캘리퍼스의 사용상 주의점이 아닌 것은? [06-3, 11-1]
① 측정 시 측정면의 이물질을 제거한다.
② 눈금을 읽을 때 눈금으로부터 직각 위치에서 읽는다.
③ 측정 시 본척과 부척의 영점 일치 여부를 확인한다.
④ 정압 장치가 있으므로 측정력은 제한이 없다.

해설 측정하고자 할 때 측정력의 제한이 없으면 오차가 커진다.

48. 드릴 가공을 하였거나 주조품으로 이미 구멍이 뚫려 있는 경우, 구멍 내부를 확대하여 정확한 치수로 가공하는 가공법은?
① 탭 작업
② 보링 작업
③ 셰이퍼 작업
④ 플레이너 가공 작업

해설 보링(boring) : 드릴링된 구멍을 보링 바(boring bar)에 의해 좀 더 크고 정밀하게 가공하는 방법으로, 여기에 사용하는 기계를 보링 머신이라 한다.

49. 공구 재료의 구비 조건으로 옳은 것은?
① 가격이 비쌀 것
② 인성이 적을 것
③ 내마모성이 클 것
④ 고온 경도가 적을 것

해설 절삭 가공을 할 때 공구와 공작물의 마찰에 의해서 높은 열이 발생한다. 대부분의 금속은 고온에서 경도가 저하된다. 공구 재료는 절삭할 때 발생되는 고온에서 경도가 유지되어야 하고 내마모성이 커야 한다.

50. 기어의 안지름이 D이고 죔새가 Δd일 때 가열 온도(T)를 구하는 식은? (단, 기어의 열팽창계수는 α이다.)
[09-3, 10-1, 12-1, 16-3, 20-3]
① $T = \dfrac{\Delta d}{\alpha \times D}$
② $T = \dfrac{D}{\alpha \times \Delta d}$
③ $T = \dfrac{\alpha \times \Delta d}{D}$
④ $T = \alpha \times \Delta d \times D$

51. 공구 전체의 길이로 규격을 나타내지 않는 것은? [08-1]
① 스톱 링 플라이어
② 몽키 스패너
③ 롱 노즈 플라이어
④ 조합 플라이어

정답 46. ③ 47. ④ 48. ② 49. ③ 50. ① 51. ①

해설 스톱 링 플라이어는 스톱 링의 크기에 따라 선택하여 사용한다.

52. 일반적인 용접의 특징으로 틀린 것은?
① 용접사의 기량에 따라 용접부의 품질이 좌우된다.
② 재료 두께의 제한이 있고, 이종 재료의 용접이 어렵다.
③ 용접 준비 및 작업이 비교적 간단하고 용접의 자동화가 용이하다.
④ 소음이 적어 실내에서 작업이 가능하며 복잡한 구조물 제작이 쉽다.

해설 용접은 두께의 제한이 없고, 이종 금속 재료의 용접이 가능하다.

53. 연강용 피복 아크 용접봉 중 저수소계(E 4316)에 대한 설명으로 틀린 것은?
① 석회석($CaCO_3$)이나 형석(CaF_2)을 주 성분으로 하고 있다.
② 용착 금속 중의 수소 함유량이 다른 용접봉에 비해 $\frac{1}{10}$ 정도로 작다.
③ 용접 시점에서 기공이 생기기 쉬우므로 백 스탭(back step)법을 선택하면 해결할 수도 있다.
④ 작업성이 우수하고 아크가 안정하며 용접 속도가 빠르다.

해설 아크가 약간 불안정하고 용접 속도가 느려 작업성이 별로 좋지 않다.

54. 서브머지드 아크 용접에 사용되는 지름 4.0mm의 와이어의 사용 전류 범위는?
① 400A
② 300~500A
③ 350~800A
④ 500~1100A

해설 와이어 지름에 따른 사용 전류 범위는 와이어 지름 2.4mm-150~350A, 3.2mm-300~500A, 4.0mm-350~800A, 4.8mm-500~1100A, 6.4mm-700~1600A, 7.9mm-1000~2000A 이하이다.

55. 일반적인 탄산가스 아크 용접의 특징으로 틀린 것은?
① 가시 아크이므로 시공이 편리하다.
② 바람의 영향을 받지 않으므로, 방풍 장치가 필요 없다.
③ 전류밀도가 높아 용입이 깊고 용접 속도를 빠르게 할 수 있다.
④ 용제를 사용하지 않아 슬래그의 혼입이 없고, 용접 후의 처리가 간단하다.

해설 이산화탄소 아크 용접의 단점
㉠ 바람의 영향을 받으므로 풍속 2m/s 이상에서는 방풍 대책이 필요하다.
㉡ 적용되는 재질이 철 계통으로 한정되어 있다.
㉢ 비드 표면이 피복 아크 용접이나 서브 머지드 아크 용접에 비해 거칠다(복합 와이어 방식을 적용하면 좋은 비드를 얻을 수 있다).

56. 용접 변형의 경감 및 교정 방법에서 용접부에 구리로 된 덮개판을 두거나 뒷면에 용접부를 수랭시키고 또는 용접부 주변에 물기 있는 석면, 천 등을 두고 모재에 용접 입열을 막음으로써 변형을 방지하는 방법은?
① 롤링법
② 피닝법
③ 도열법
④ 억제법

해설 도열법 : 용접부에 구리 덮개판을 대거나 용접부 주위에 물을 적신 천 등을 덮어 용접열이 모재에 흡수되는 것을 방해하여 변형을 방지하는 방법

정답 52. ② 53. ④ 54. ③ 55. ② 56. ③

57. 용접 결함 중 비드 밑(under bead) 균열의 원인이 되는 원소는?
① 산소　　② 수소
③ 질소　　④ 탄산가스

해설 비드 밑(under bead) 균열은 용접 비드 바로 밑에서 용접선과 아주 가까이 거의 평행하게 모재 열 영향부에 발생하는 균열로 용착 금속 중의 수소, 용접 응력 등이 그 원인이다. 루트 균열은 맞대기 용접 이음의 가접 또는 첫 층에서 루트 근방의 열 영향부에서 발생하여 점차 비드 속으로 들어가는 균열로 저온 균열에서 가장 주의해야 하며, 비드 속으로 점차 성장하면서 며칠 동안 진행되기도 한다. 영향부의 경화성, 용접부에 함유된 수소량, 작용하는 응력 등에 의해 발생된다.

58. 선반 작업할 때 바지가 감기기 쉬운 곳은 어느 것인가?
① 주축대　　② 텀블러 기어
③ 리드 스크루　　④ 바이트

59. 안전모를 쓸 때 모자와 머리끝 부분과의 간격은 몇 mm 이상 되도록 조절해야 하는가?
① 20 mm　　② 22 mm
③ 25 mm　　④ 30 mm

해설 모체와 정부의 접촉으로 인한 충격 전달을 예방하기 위하여 안전 공극이 25 mm 이상이 되도록 조절하여 쓴다.

60. 작업 장소의 높이 또는 깊이가 얼마 이상일 때 추락할 위험이 있어 안전대를 착용하여야 하는가?
① 1 m　　② 2 m
③ 2.5 m　　④ 3 m

해설 안전대(安全帶)는 높이 또는 깊이 2 m 이상의 추락할 위험이 있는 장소에서 하는 작업에 착용한다.

정답 57. ②　58. ③　59. ③　60. ②

설비보전산업기사 필기

제17회 CBT 대비 실전문제

1과목 공유압 및 자동 제어

1. 다음 중 공기압 장치의 구성 요소가 아닌 것은? [14-2]
① 원심 펌프 ② 애프터 쿨러
③ 공기 탱크 ④ 공기 압축기

해설 원심 펌프는 액체의 양수용 또는 유압용으로 사용된다.

2. 기체는 압력을 일정하게 유지하면서 온도를 상승시키면 체적이 증가되는 것을 알 수 있으며 체적 증가는 온도 1℃ 증가함에 따라 체적이 1/273.1씩 증가한다. 이 법칙을 무엇이라고 하는가? [12-2]
① 보일의 법칙 ② 샤를의 법칙
③ 연속의 법칙 ④ 베르누이 정리

해설 ㉠ 보일의 법칙 : 온도가 일정하면 일정량의 기체의 압력과 체적을 곱한 값은 일정하다.
㉡ 샤를의 법칙 : 압력이 일정하면 일정량의 체적은 그 절대 온도에 비례한다.

3. 토출되는 압축공기가 왕복 운동을 하는 피스톤과 직접 접촉하지 않아 주로 깨끗한 환경에 사용되는 압축기는? [17-1]
① 격판 압축기
② 베인 압축기
③ 스크류 압축기
④ 피스톤 압축기

4. 다음 중 공압 선형 액추에이터의 특징이 아닌 것은? [12-3]
① 20mm/s 이하의 저속 운전 시 스틱 슬립 현상이 발생한다.
② 사용하는 압력이 높지 않아 큰 힘을 낼 수 없다.
③ 비압축성 작업 매체를 이용하므로 균일한 속도를 얻을 수 있다.
④ 일반적인 작업 속도가 1~2m/s이다.

해설 압축성을 사용하여 균일한 속도를 얻을 수 없다.

5. 다음 공유압 도면 기호는 어떤 보조기기의 기호인가? [07-1]

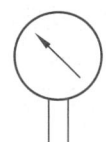

① 압력계 ② 차압계
③ 온도계 ④ 유량계

6. 그림과 같은 회로에서 속도 제어 밸브의 접속 방식은? [12-2]

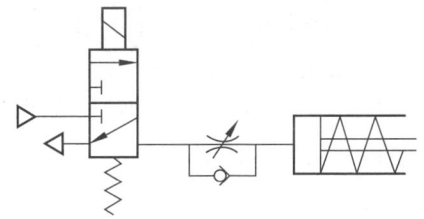

① 미터 인 방식 ② 미터 아웃 방식
③ 블리드 오프 방식 ④ 파일럿 오프 방식

정답 1.① 2.② 3.① 4.③ 5.② 6.①

해설 ㉠ 미터 인 방식 : 실린더 양단에 유입되는 공기를 교축하여 제어
㉡ 미터 아웃 방식 : 실린더 양단에 유출되는 공기를 교축하여 제어
㉢ 블리드 오프 방식 : 병렬 연결 방식

7. 솔레노이드 밸브에서 전압이 걸려있는데도 아마추어가 작동되지 않는 원인과 가장 거리가 먼 것은? [07-3, 15-3]
① 코일의 소손
② 아마추어의 고착
③ 전압이 너무 낮음
④ 실링 시트의 마모

해설 솔레노이드 밸브에서의 고장
㉠ 전압이 있어도 아마추어 미작동 : 아마추어 고착, 고전압, 고온도 등으로 인한 코일 소손 및 저전압 공급
㉡ 솔레노이드 소음 : AC 솔레노이드에서만 발생하는데, 아마추어가 완전히 작동되지 않았기 때문이며, 솔레노이드에서 미열이 발생하므로 조치한다. 응급조치로는 솔레노이드 액추에이터 주위에 구리선을 감으면 된다.

8. A_1의 면적이 20cm²일 때 이곳에서 흐르는 물의 속도 V_1은 10m/s이다. A_2의 면적이 5cm²라면, 이곳에서 흐르는 물의 속도 V_2[m/s]는? [17-1]

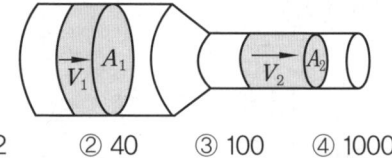

① 2 ② 40 ③ 100 ④ 1000

해설 $Q = A_1 V_1 = A_2 V_2$

9. 정용량 베인 펌프 종류가 아닌 펌프는 어느 것인가? [02-3]
① 단단(單段) 펌프 ② 복합 베인 펌프
③ 2단 베인 펌프 ④ 더블 펌프

해설 2연(連) 베인 펌프(double vane pump) : 동일 축선상에 단단 소용량 펌프와 용량 펌프 2개의 펌프를 가지며, 제각기 독립하여 펌프 작용을 하는 형식의 펌프로 흡입구가 1구형과 2구형인 것이 있고, 토출구는 2개가 있어 서로 다른 유압원이나 동일 회로에서 서로 다른 토출량을 필요로 할 때 사용한다. 서로 다른 펌프를 조합시켜 동일 축으로 구동하고, 베어링의 수도 줄일 수 있어 설치비가 매우 경제적이다.

10. 유압 에너지를 이용하여 한정된 회전 운동을 하는 액추에이터는? [14-3]
① 유압 모터
② 유압 실린더
③ 유압 펌프
④ 유압 요동 액추에이터

해설 ㉠ 유압 모터 : 연속 회전 운동
㉡ 유압 실린더 : 직선 운동

11. 다음 그림의 밸브 명칭은? [05-3]

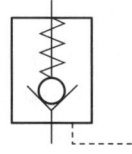

① 급속 배기 밸브
② 파일럿 조작 체크 밸브
③ 체크 밸브
④ 서보 밸브

12. 그림과 같은 회로의 명칭은? (단, A, B는 입력, C는 출력이다.) [15-1]

정답 7. ④ 8. ② 9. ④ 10. ④ 11. ② 12. ③

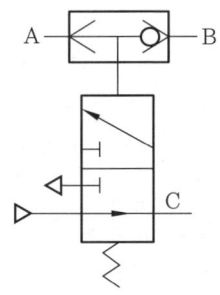

① AND ② NOT
③ NOR ④ NAND

해설 NOR 게이트 : OR 게이트와 NOT 게이트가 합쳐진 동작을 수행하며, 입력 신호가 모두 없을 때 출력이 있는 것, 즉 두 개의 입력 모두가 0이 되어야만 출력이 1이 된다.

13. 되먹임 제어계(feedback control system)의 특징이 아닌 것은? [17-2]
① 전체 제어계는 항상 일정하다.
② 목표값에 정확히 도달할 수 있다.
③ 제어계의 특성을 향상시킬 수 있다.
④ 외부 조건 변화에 대한 영향을 줄일 수 있다.

해설 피드백 제어계는 제어계의 특성 변화에 대한 입력 대 출력비의 감도가 감소하고, 비선형성과 왜형에 대한 효과가 감소하며, 발진을 일으키고 불안정한 상태로 되어가는 경향이 있다.

14. 조절계에서 PID 제어와 관계없는 것은?
① 비례 제어 [13-3]
② 적분 제어
③ 미분 제어
④ ON-OFF 제어

해설 조절계에서 PID 제어란 비례 - 적분 - 미분 제어를 말한다.

15. 4층 이상의 pnpn 구조로 이루어졌으며, 전류의 도통과 저지 상태를 가진 반도체 스위치 소자는? [18-2]
① 저항 ② 다이오드
③ 사이리스터 ④ 트랜지스터

해설 사이리스터 : 애노드와 캐소드를 갖는 pnpn 구조의 4층 반도체로, 일정값 이상으로 전압이 인가되면 ON 상태가 되어 일정값 이하로 전류가 감소될 때까지 ON 상태가 유지된다.

16. 변압기의 절연 내력 시험법이 아닌 것은?
① 유도 시험 ② 가압 시험
③ 단락 시험 ④ 충격 전압 시험

해설 변압기의 절연 내력 시험법 : 유도 시험, 가압 시험, 충격 전압 시험

17. 차압 변환기를 이용하여 공기압 신호나 전기 신호로 변환할 수 없는 것은? [09-2]
① 온도 ② 유량
③ 밀도 ④ 액면(레벨)

18. 신호 전송의 노이즈에 대한 대책으로 전력선 용량 중 전압이 250V이면 전력선과 신호선관의 최저 격리 거리는? [11-3]
① 300mm ② 460mm
③ 610mm ④ 1200mm

19. 과전류 계전기가 트립된다면 그 원인은 무엇인가?
① 과부하
② 퓨즈 용단
③ 시동 스위치 불량
④ 배선용 차단기 불량

정답 13. ① 14. ④ 15. ③ 16. ③ 17. ① 18. ② 19. ①

해설 과전류 계전기(over-current relay) : 부하 전류가 규정치 이상 흘렀을 때 동작하여 전기 회로를 차단하고 기기를 보호하는 계전기

20. 직류 전동기가 저속으로 회전할 때 그 원인에 해당하지 않는 것은? [07-1]
① 축받이의 불량 ② 단상 운전
③ 코일의 단락 ④ 과부하

해설 직류 전동기 저속 회전 결함의 원인
㉠ 전압 부적당
㉡ 과부하
㉢ 중성축으로부터 브러시의 벗어난 고정
㉣ 전기자 또는 정류자의 단락
㉤ 전기자 코일의 단선
㉥ 베어링 불량

2과목 설비 진단 및 관리

21. 설비의 제1차 건강 진단 기술로서 현장 작업원이 수행하는 기술은? [14-1, 17-3]
① 간이 진단 기술
② 정밀 진단 기술
③ 고장 해석 기술
④ 응력 해석 기술

해설 간이 진단 기술이란 설비의 1차 진단 기술을 의미하며, 정밀 진단 기술은 전문 부서에서 열화 상태를 검출하여 해석하는 정량화 기술을 의미한다.

22. 진동하는 동안 마찰이나 다른 저항으로 에너지가 손실되지 않는 진동을 무엇이라 하는가? [12-3]

① 자유 진동 ② 강제 진동
③ 비감쇠 진동 ④ 선형 진동

해설 비감쇠 자유 진동(undamped free vibration)은 저항이 없는 진동, 저항이 있으면 감쇠 진동을 한다. 대부분의 물리계에서 감쇠의 양이 매우 적어 공학적으로 감쇠를 무시한다.

23. 변위(μm)와 속도(mm/s)의 관계식으로 옳은 것은? (단, V : 속도, D : 변위, f : 주파수이다.) [12-3]

① $V = \left(\dfrac{1.59}{f}\right) \times 10^2$

② $V = 2\pi f D \times 10^{-3}$

③ $V = \dfrac{D}{(2\pi f)^2} \times 10^6$

④ $V = \dfrac{(2\pi f)^2 D}{9.81} \times 10^{-6}$

해설 속도(V)는 변위(D)에 회전 각속도(ω)를 곱한 값이다($\omega = 2\pi f$).

24. 전치 증폭기의 기능은? [16-3, 19-3]
① 전류 증폭과 리액턴스 결합
② 전압 증폭과 리액턴스 결합
③ 신호 증폭과 임피던스 결합
④ 전압 증폭과 임피던스 결합

25. 여러 파동이 마루는 마루끼리 골은 골끼리 서로 만나 엇갈려 지나갈 때 그 합성파의 진폭이 크게 나타나는 음의 현상은 무엇인가? [19-1]
① 맥놀이 ② 보강 간섭
③ 소멸 간섭 ④ 마스킹 효과

해설 보강 간섭 : 여러 파동이 마루는 마루끼리 골은 골끼리 서로 만나 엇갈려 지나

정답 20. ② 21. ① 22. ③ 23. ② 24. ③ 25. ②

갈 때 그 합성파의 진폭이 크게 나타나는 현상

26. 진동 차단기의 재료로 합성고무를 사용했을 때 강철 코일 스프링보다 유리한 점은 무엇인가? [17-2]
① 정적 변위가 크다.
② 주파수 폭이 넓다.
③ 고온 강도에 강하다.
④ 측면으로 미끄러지는 하중에 강하다.

27. 직접 오는 소음은 소음원으로부터 거리가 2배 증가함에 따라 약 얼마나 감소하는가? [09-1, 19-1]
① 2dB ② 4dB ③ 6dB ④ 8dB

해설 음압 레벨(음압도, sound pressure level, SPL)
$$SPL = 20\log\left(\frac{P}{P_0}\right) = 20\log\left(\frac{1}{2}\right) ≒ -6.02\,dB$$

28. 미스얼라인먼트(misalignment)의 주요 발생 원인이 아닌 것은? [15-2, 18-2]
① 윤활유 불량
② 축심의 어긋남
③ 휨 축(bent shaft)
④ 베어링 설치 불량

해설 축심의 어긋남, 휨 축이거나 베어링 설치의 오류는 미스얼라인먼트로 나타난다.

29. 윤활 관리의 목적과 거리가 먼 것은 어느 것인가? [03-1]
① 적유 ② 적기
③ 적량 ④ 적압

해설 윤활 관리의 기본적인 4원칙은 적유, 적법, 적량, 적기이다.

30. 축면에 나선상의 홈을 만들고 축의 회전에 따라 나선상의 기름 홈을 통해서 윤활유가 급유되는 방식은? [11-3, 20-3]
① 나사 급유법 ② 원심 급유법
③ 유욕 급유법 ④ 롤러 급유법

해설 축면에 나선 홈을 만들고 축을 회전시키면 기름이 홈을 따라 올라가 급유되는 방법을 나사 급유법이라 한다.

31. 설비의 라이프 사이클 중 설비 투자 계획 과정에 속하는 것은? [12-3, 19-3]
① 설계, 제작 ② 설치, 운전
③ 조사, 연구 ④ 보전, 폐기

해설 ㉠ 설비 투자 계획 과정 : 조사, 연구
㉡ 건설 과정 : 설계, 제작, 설치
㉢ 조업 과정 : 운전, 보전, 폐기

32. 설비 관리의 분업 방식으로 가장 거리가 먼 것은? [14-3]
① 기능 분업 ② 절충 분업
③ 전문 기술 분업 ④ 지역 분업

해설 분업의 방식 : 기능 분업, 전문 기술 분업, 지역(제품별, 공정별) 분업

33. 작업이 표준화되고 대량 생산에 적합한 설비 배치로 일명 라인별 배치라고도 하는 것은? [17-1, 19-3]
① 기능별 설비 배치
② 혼합형 설비 배치
③ 제품별 설비 배치
④ 제품 고정형 설비 배치

34. 다음 중 MAPI(machinert & allied products institute) 방식에 관한 설명으로 옳은 것은? [20-2]

정답 26. ④ 27. ③ 28. ① 29. ④ 30. ① 31. ③ 32. ② 33. ③ 34. ③

① 긴급도의 산출 방식이다.
② 연간 생산량의 결정 방식이다.
③ 설비 교체의 경제 분석 방법이다.
④ 인플레이션을 고려하여 분석한다.

해설 MAPI 방식 : 자본 배분에 관련된 투자 순위 결정이 주제이고, 긴급률이라고 불리는 일종의 수익률을 구하여 이의 대소에 따라서 설비 투자안 상호 간의 우선순위를 평가한다.

35. 보전 작업 표준에서 표준 시간의 결정 방법에 해당하지 않는 것은? [15-3]
① 경험법
② 실존법
③ 실적 자료법
④ 작업 연구법

해설 보전 작업 표준을 설정하기 위해서는 경험법, 실적 자료법, 작업 연구법 등이 사용된다.

36. 다음 중 생산의 3요소가 아닌 것은 어느 것인가? [10-1, 16-2]
① 사람(man)   ② 자본(capital)
③ 설비(machine) ④ 재료(material)

37. 공사를 완급도에 따라 구분할 때 구두 연락으로 즉시 착공하고, 착공 후 전표를 제출하는 공사는?
① 예비 공사   ② 긴급 공사
③ 준급 공사   ④ 계획 공사

해설 긴급 공사 : 즉시 착수해야 할 공사로 사무 수속은 구두 연락으로 즉시 착공하고, 착공 후 전표를 제출하며 여력표에 남기지 않는다.

38. 듀폰(Dupont)사에 의해 제시된 보전 요원 자신이 스스로 계획, 작업량, 비용, 생산성 측면으로 평가하여 미래의 목표를 제시하는 목표 관리(MBO : management by object) 시스템에서 계획의 기능에 해당되는 측정 요소는? [10-2, 14-3]
① 노동 효율
② 계획 달성률(예상 효율)
③ 월당 총 공수에 대한 예방 보전 공수의 비율
④ 총 설비 투자에 대한 보전비의 비율

해설 보전 효과 측정을 위한 듀폰 방식은 자기 진단에 따라 보전 효과를 높이는 것에 중점을 두고 있으며, 정기적으로 평가하여 개선 목표를 수립하고, 이 목표를 달성하기 위한 개선 계획을 작성한다.

39. 설비 효율화를 저해하는 로스(loss)에 해당하지 않는 것은? [09-3, 18-2]
① 고장 로스
② 속도 로스
③ 가동 로스
④ 작업 준비·조정 로스

해설 6대 로스 : 고장 로스, 작업 준비·조정 로스, 일시 정체 로스, 속도 로스, 불량·수정 로스, 초기·수율 로스

40. 대응하는 두 개의 데이터가 있을 때 두 데이터가 상관 관계가 있는지 여부를 판단하는 현상 파악에 사용되는 방법은 무엇인가? [18-2]
① 관리도
② 산정도
③ 체크시트
④ 히스토그램

정답 35. ② 36. ② 37. ② 38. ① 39. ③ 40. ②

3과목   기계 보전, 용접 및 안전

41. 다음 그림과 같이 스패너를 이용하여 볼트, 너트를 체결하고자 한다. 볼트의 규격에 따른 적정한 죔 방법으로 맞지 않는 것은?   [10-3]

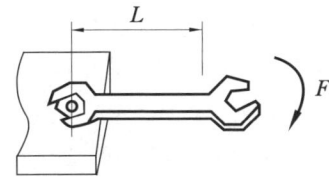

① M6 이하의 볼트 : $L=10\,cm$, $F=$약 $10\,kgf$
② M10까지의 볼트 : $L=12\,cm$, $F=$약 $20\,kgf$
③ M12~14까지의 볼트 : $L=15\,cm$, $F=$약 $50\,kgf$
④ M20 이상의 볼트 : $L=20\,cm$ 이상, $F=100\,kgf$

해설 ① M6 이하의 볼트 : 인지, 중지, 엄지 손가락의 3개로 스패너를 잡고 손목의 힘만으로 돌린다. L : $10\,cm$, F : 약 $5\,kgf$
② M10까지의 볼트 : 스패너의 머리를 잡고 팔꿈치의 힘으로 돌린다. L : $12\,cm$, F : 약 $20\,kgf$
③ M12~14까지의 볼트 : 스패너 손잡이 부분의 끝을 꽉 잡고 팔의 힘을 충분히 써서 돌린다. L : $15\,cm$, F : 약 $50\,kgf$
④ M20 이상의 볼트 : 한쪽 손은 확실한 지지물을 잡고 몸을 지지하며 발을 충분히 벌리고 체중을 실어서 스패너를 돌린다. 이때 손끝과 발끝이 미끄러지지 않게 주의한다. L : $20\,cm$ 이상, F : $100\,kgf$ 이상

42. 다음 중 베어링의 열박음 시 주의사항이 아닌 것은?   [18-1]

① 깨끗한 광유에 베어링을 넣고 90~120℃로 가열한다.
② 축과 베어링 사이에 틈새가 발생되면 널링 작업 후 억지 끼워 맞춤을 한다.
③ 베어링 가열 온도는 경도 저하 방지를 위해 120℃를 초과해서는 안 된다.
④ 베어링 냉각 시 틈이 있을 경우 지그를 사용하여 축 방향에 베어링을 밀어 고정한다.

해설 열박음 방법에는 도금법, 용접 덧살법, 부시 삽입법 등이 있으며, 널링은 하지 않는다.

43. 관의 이음 중 열에 의한 관의 팽창 수축을 허용하는 이음 방법은?   [08-3]

① 용접 이음 ② 신축 이음
③ 유니언 이음 ④ 플랜지 이음

해설 신축 이음 : 온도에 의해 관의 신축이 생길 때 양단이 고정되어 있으면 열 응력이 발생한다. 관이 길 때는 그 신축량도 커지면서 굽어지고, 관뿐만 아니라 설치부와 부속 장치에도 나쁜 영향을 끼쳐 파괴되거나 패킹을 손상시킨다. 따라서 적당한 간격 및 위치에 신축량을 조정할 수 있는 이음이 필요한데, 이것을 신축 이음이라 한다.

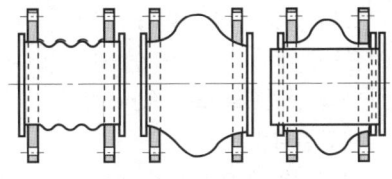

(a) 파형 파이프 조인트

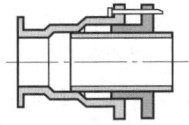

(b) 슬라이드 조인트

정답 41. ①   42. ②   43. ②

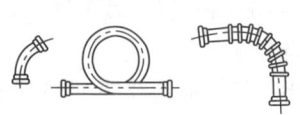

(c) 밴드 조인트

44. 송풍기 가동 후 베어링의 온도가 급상승하는 경우 점검사항이 아닌 것은? [11-1]
① 윤활유의 적정 여부
② 미끄럼 베어링은 오일 링의 회전이 정상인지 여부
③ 댐퍼 및 베인 컨트롤 장치의 개폐 조작이 원활한지 여부
④ 관통부에 펠트(felt)가 쓰이는 경우, 축에 강하게 접촉되어 있는지 여부

해설 베어링(bearing)의 온도가 급상승하는 경우의 점검
㉠ 윤활유의 적정 여부를 점검한다.
㉡ 관통부에 펠트(felt)가 쓰이는 경우는 이것이 축(shaft)에 강하게 접촉되어 있지 않은가, 축 관통부와 축 틈새가 균일한가 확인한다(구름 베어링의 경우 베어링이 눕는다든지 하면 이 틈새가 균일하지 못할 때가 있다).
㉢ 상하 분할형이 아닌 베어링 케이스(bearing case)의 경우는 자유 측의 커버(cover)가 베어링의 외륜을 누르고 있지 않은지 점검한다.
㉣ 구름 베어링은 궤도량(외륜 및 내륜)이나 진동체(볼 또는 롤러)에 흠집 여부를 점검한다.
㉤ 미끄럼 베어링(bearing)은 오일 링(ring)의 회전이 정상인가 또는 베어링 메탈(bearing metal)과 축과의 간섭이 정상인가 점검한다(오일 링의 회전이 가끔 정지한다든지 옆 이행이 심할 때는 오일 링의 변형이 예상된다).

45. 왕복동 압축기의 피스톤 앤드 간극의 측정에 대한 설명으로 옳은 것은? [17-3]
① 하부 간극보다 상부 간극을 크게 한다.
② 수평 게이지는 0.05 mm/m 정도의 것을 사용한다.
③ 테이퍼 라이너를 사용하여 크로스 헤드를 조정한다.
④ 다이얼 게이지를 사용하여 90° 간격으로 편차가 0.03 mm 이하로 한다.

해설 간극 치수는 1.5~3.0 mm의 범위로 하부 간극보다 상부 간극을 크게 한다.

46. 전동기의 고장 현상 중 기동 불능의 원인으로 거리가 먼 것은? [10-3, 15-2, 20-2]
① 퓨즈 단락
② 베어링 손상
③ 서머 릴레이 작동
④ 노 퓨즈 브레이크 작동

해설 베어링의 손상은 불규칙적인 기동이 된다.

47. 국제단위계(SI)에서 기본 단위로 옳은 것은? [19-2]
① 길이, 질량, 시간, 전압, 열역학적 온도, 물질량, 광속
② 길이, 질량, 시간, 전류, 열역학적 온도, 물질량, 광도
③ 길이, 질량, 시간, 저항, 열역학적 온도, 물질량, 광도
④ 길이, 질량, 시간, 전압, 열역학적 온도, 물질량, 광도

48. 다음 절삭 공구용 재료가 가져야 할 기계적 성질 중 맞는 것을 모두 고르면?

정답 44. ③ 45. ① 46. ② 47. ② 48. ③

㉮ 고온 경도(hot hardness)
㉯ 취성(brittleness)
㉰ 내마멸성(resistance to wear)
㉱ 강인성(toughness)

① ㉮, ㉯, ㉰ ② ㉮, ㉯, ㉱
③ ㉮, ㉰, ㉱ ④ ㉯, ㉰, ㉱

해설 공구 재료의 구비 조건
㉠ 피절삭재보다 굳고 인성이 있을 것
㉡ 절삭 가공 중 온도 상승에 따른 경도 저하가 작을 것
㉢ 내마멸성이 높을 것
㉣ 쉽게 원하는 모양으로 만들 수 있을 것
㉤ 값이 저렴할 것

49. 공구의 마멸 형태 중에서 주철과 같이 메짐이 있는 재료를 절삭할 때 생기는 것은?

① 경사면 마멸
② 여유면 마멸
③ 치핑(chipping)
④ 확산 마멸

해설 ㉠ 치핑(chipping)
 • 공구날 모서리의 미소한 결손
 • 공작기계의 진동, 단속 절삭 등의 기계적 작용에 의해 발생
 • 깨지기 쉬운 초경 공구나 세라믹 공구에 잘 생기며, 고속도강 공구에서는 드물게 발생
㉡ 경사면 마멸(크레이터 마멸, crater wear)
 • 공구 경사면 상에 움푹 패이는 마멸
 • 칩과 경사면의 마찰에 의해 고온·고압으로 생긴 열적 마멸
㉢ 여유면 마멸(플랭크 마멸, flank wear)
 • 공구 여유면이 후퇴하는 마멸
 • 노즈 반경부의 마멸 폭이 크게 되어 노즈 마멸이라고 함
 • 노즈 마멸이 크게 되는 것은 일반적으로 고속 절삭의 경우에 많이 발생

50. 가열 끼워 맞춤에서 가열 온도를 250℃ 이하로 하는 이유로 가장 적합한 것은 어느 것인가? [08-1, 17-3]

① 에너지 절감을 위해
② 끼워 맞춤 후 급랭을 위하여
③ 가열 시간 단축을 위해
④ 재질의 변화 및 변형을 방지하기 위해

해설 가열 작업 시 주의사항 : 250℃ 이상으로 가열하면 재질의 변화 및 변형이 발생한다. 또한 조립 후 냉각할 때는 급랭해서는 안 된다.

51. 웜 기어(worm gear)의 특징으로 틀린 것은? [16-2, 19-4]

① 역전을 방지할 수 없고 소음이 크다.
② 웜과 웜 휠에 스러스트 하중이 생긴다.
③ 작은 용량으로 큰 감속비를 얻을 수 있다.
④ 웜 휠의 정밀 측정이 곤란하며, 가격이 비싸다.

해설 웜 기어 장치의 특성
㉠ 소형, 경량으로 역전을 방지할 수 있다.
㉡ 소음과 진동이 작고, 감속비가 크다 (1/10~1/100).
㉢ 호환성이 없으며 값이 비싸고, 정밀도 측정이 곤란하다.
㉣ 미끄럼이 크고, 전동 효율이 나쁘다.
㉤ 중심거리에 오차가 있으면 마멸이 심해 효율이 더 나빠지고 웜과 웜 휠에 추력이 생긴다.
㉥ 항상 웜이 입력 축, 휠이 출력 축이 된다.

52. 용접을 기계적 이음과 비교할 때 그 특징에 대한 설명으로 틀린 것은?

정답 49. ② 50. ④ 51. ① 52. ②

① 이음 효율이 대단히 높다.
② 응력 집중이 생기지 않는다.
③ 수밀, 기밀을 얻기 쉽다.
④ 재료의 중량을 절약할 수 있다.

해설 용접은 제품의 변형 및 잔류 응력이 발생 및 존재한다.

53. 다음 중 교류 아크 용접기의 종류별 특성으로 가변저항의 변화를 이용하여 용접 전류를 조정하는 형식은?
① 가동 철심형　② 가동 코일형
③ 탭 전환형　　④ 가포화 리액터형

해설 가포화 리액터(saturable reactor)형 교류 아크 용접기
㉠ 원리 : 변압기와 직류 여자 코일을 가포화 리액터 철심에 감아 놓은 것이다.
㉡ 특징
　• 마멸 부분과 소음이 없으며 조작이 간단하고 수명이 길다.
　• 원격 조정과 핫 스타트(hot start)가 용이하다.
㉢ 전류 조정 : 전기적 전류 조정으로서 가변저항의 변화로 용접 전류를 조정한다.

54. 다음은 서브머지드 아크 용접의 용접 속도에 관한 것이다. 틀린 것은?
① 용접 속도를 작게 하면 큰 용융지가 형성되고 비드가 편평하게 된다.
② 용접 속도를 작게 하면 여성(餘盛) 부족이 되기 쉽다.
③ 용접 속도가 과대하면 오버랩이 발생한다.
④ 용접 속도가 과대하면 용착 금속이 적게 된다.

해설 용접 속도가 과대하면 언더컷이 발생하고 용착 금속이 적게 된다.

55. TIG 용접법으로 판 두께 0.8mm의 스테인리스 강판을 받침판을 사용하여 용접 전류 90~140A로 자동 용접 시 적합한 전극의 지름은?
① 1.6mm　② 2.4mm
③ 3.2mm　④ 6.4mm

해설 스테인리스 강판 두께 0.8mm의 자동 용접인 경우는 전극의 지름이 1.6mm이고 수동인 경우는 1~1.6mm를 사용하며, 용접 전류는 자동인 경우는 90~140A, 수동인 경우는 30~50A이다.

56. 용접 비드 부근이 특히 부식이 잘 되는 이유는 무엇인가?
① 과다한 탄소 함량 때문에
② 담금질 효과의 발생 때문에
③ 소려 효과의 발생 때문에
④ 잔류 응력의 증가 때문에

해설 잔류 응력의 증가에 의해 부식과 변형이 발생하며, 이때의 부식을 응력 부식이라 한다.

57. 용접물을 용접하기 쉬운 상태로 위치를 자유자재로 변경하기 위해 만든 지그는?
① 스트롱 백(strong back)
② 워크 픽스쳐(work fixture)
③ 포지셔너(positioner)
④ 클램핑 지그(clamping jig)

해설 포지셔너는 아래보기 자세로 용접하기 편리하도록 제작된 용접 지그이다.

58. 핸드 실드 차광 유리의 규격에서 100~300A 미만의 아크 용접을 할 때 가장 적합한 차광도 번호는?

정답 53. ④　54. ③　55. ①　56. ④　57. ③　58. ④

① 1~2　　② 5~6
③ 7~9　　④ 10~12

[해설] 차광도 번호와 용접 전류

차광도 번호	용접 전류(A)	용접봉 지름
8	45~75	1.2~2.0
9	75~130	1.6~2.6
10	100~200	2.6~3.2
11	150~250	3.2~4.0
12	200~300	4.0~6.4
13	300~400	6.4~9.0
14	400 이상	9.0~9.6

59. 색을 식별하는 작업장의 조명색으로 가장 적절한 것은?

① 황색　　② 황적색
③ 황녹색　　④ 주광색

[해설] 물건을 정확하게 보기 위해서는 ①, ②, ③의 광원색이 좋으나, 색의 식별은 주광색(晝光色)이 좋다.

60. 공정 안전 보고서의 작성 대상인 위험 설비 및 시설에 해당하지 않는 시설은?

① 원유 정제 처리 시설
② 질소질 비료 제조 시설
③ 농업용 약제 원제(原劑) 제조업
④ 액화 석유가스의 충전·저장 시설

[해설] 공정 안전 보고서의 제출 대상
㉠ 원유 정제 처리업
㉡ 질소질 비료 제조업
㉢ 복합 비료 제조업(단순 혼합 또는 배합에 의한 경우는 제외)
㉣ 화학 살균·살충제 및 농업용 약제 원제(原劑) 제조업
㉤ 화약 및 불꽃 제품 제조업
※ 차량 등의 운송 설비와 액화 석유가스의 충전·저장 시설은 제출 대상이 아닙니다.

정답 59. ④　60. ④

설비보전산업기사 필기

제18회 CBT 대비 실전문제

1과목 공유압 및 자동 제어

1. 절대 압력이 일정할 때 절대 온도와 체적과의 관계는? [15-1, 19-3]
① 공기의 체적은 절대 온도에 비례한다.
② 공기의 체적은 절대 온도에 반비례한다.
③ 공기의 체적은 절대 온도의 제곱에 비례한다.
④ 공기의 체적은 절대 온도의 제곱에 반비례한다.

해설 샤를의 법칙 : 압력이 일정할 때 공기의 체적은 온도에 정비례한다.

2. 날개의 회전 운동에 따라 공기 흐름이 회전축과 평행으로 흐르는 압축기는? [16-3]
① 사류식 압축기 ② 원심식 압축기
③ 축류식 압축기 ④ 혼류식 압축기

3. 실린더 동작 중 속도를 변화시키거나 부하가 큰 경우에 정지나 방향 전환 시 충격을 방지하는 경우 사용되는 밸브는? [09-2]
① 엑셀레이터 밸브
② 급배기 밸브
③ 압력 보상형 유량 제어 밸브
④ 디셀러레이션 밸브

해설 감속 밸브 : 캠 기구를 이용하여 스풀을 이동시킴으로써 유량을 증감 또는 개폐할 수 있는 작용을 하는 밸브

4. 직선 왕복 운동용 액추에이터가 아닌 것은? [18-1]
① 다단 실린더
② 단동 실린더
③ 복동 실린더
④ 요동 실린더

해설 요동 실린더는 요동 모터 또는 요동 액추에이터라 한다.

5. 다음 그림의 기호는 어떤 밸브를 나타내는가? [07-3, 17-1]

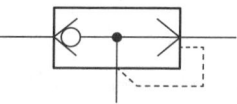

① 급속 배기 밸브
② 고압 우선형 밸브
③ 저압 우선형 밸브
④ 파일럿 조작 체크 밸브

6. 순수한 공압으로 시퀀스 제어 회로를 구성할 때 신호의 간섭을 제거할 수 있는 방법을 열거한 것 중 틀린 것은? [13-1]
① 방향성 롤러 리밋 스위치의 설치
② 상시 닫힘형의 공압 타이머 설치
③ 캐스케이드 회로의 사용
④ 오버센터 장치를 사용

해설 신호의 간섭을 제거할 수 있는 방법
  ㉠ 방향성 롤러 리밋 스위치 사용
  ㉡ N/O형의 타이머 사용
  ㉢ 캐스케이드 회로의 사용
  ㉣ 오버센터 장치의 사용

정답 1. ①　2. ③　3. ④　4. ④　5. ①　6. ②

7. 동관 이음을 할 때 관 끝 모양을 접시 모양으로 넓혀서 이음하는 방식은? [10-2]
① 플랜지(flange) 이음
② 나사(screw) 이음
③ 압축(compressed) 이음
④ 플레어리스(flareless) 이음

8. 다음 그림과 같은 구조의 밸브 명칭은? [19-2]

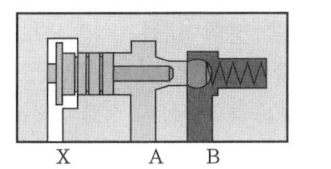

① 셔틀 밸브
② 릴리프 밸브
③ 파일럿 조작 체크 밸브
④ 압력 보상형 유량 조정 밸브

해설 파일럿 조작 체크 밸브(pilot operated check valve) : 파일럿으로서 작용되는 유체 압력에 의해 그 기능을 변화시키는 것이 가능한 체크 밸브

9. 유압 베인 모터의 1회전당 유량이 50cc일 때 공급 압력 8MPa, 유량 30L/min으로 할 경우 회전수(rpm)는? [07-3, 09-1]
① 700   ② 650
③ 625   ④ 600

해설 $Q_T = V_D \cdot N$
∴ $N = \dfrac{30 \times 1000}{50} = 600 \, \text{rpm}$

10. 유압 작동유의 구비 조건으로 맞지 않는 것은? [12-3]
① 비압축성이어야 한다.
② 적절한 점도가 유지되어야 한다.
③ 발생되는 열을 잘 보관, 저장하여야 한다.
④ 녹이나 부식이 생기지 않고 장시간 사용에도 화학적으로 안정되어야 한다.

해설 열에 의하여 점도가 변하는 것을 방지하기 위해 유압 작동유의 발생 열을 잘 방출하여야 한다.

11. 그림은 건설기계에서 사용되고 있는 유압 모터 회로이다. 이 회로의 적당한 명칭은? [15-2]

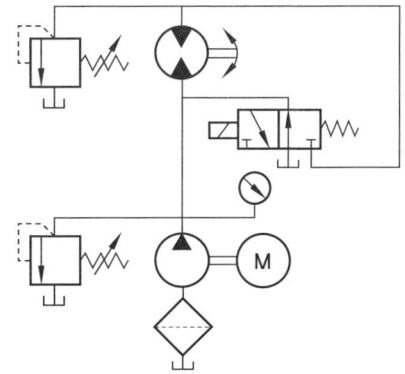

① 정토크 회로   ② 직렬 배치 회로
③ 탠덤형 배치 회로   ④ 병렬 배치 회로

12. 다음 중 유압 펌프의 이상 마모 원인이 아닌 것은? [13-1]
① 유압 작동유의 열화
② 유압 작동유의 오염
③ 유압 작동유의 종류
④ 유압 작동유의 고온

13. 그림과 같은 블록 선도가 의미하는 요소는? [16-1]

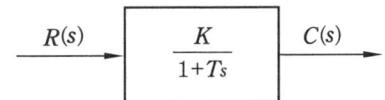

① 1차 빠른 요소   ② 미분 요소
③ 1차 지연 요소   ④ 2차 지연 요소

정답 7. ④ 8. ③ 9. ④ 10. ③ 11. ① 12. ③ 13. ③

14. 보드(bode) 선도의 횡축에 대하여 옳은 것은? [11-3]
① 이득-균등 눈금
② 이득-대수 눈금
③ 주파수-균등 눈금
④ 주파수-대수 눈금

15. 다음 중 전선에 압착 단자를 접속시키는 공구는?
① 와이어 스트리퍼
② 프레셔 툴
③ 볼트 클리퍼
④ 드라이베이트 툴

해설 프레셔 툴(pressure tool) : 솔더리스(solderless) 커넥터 또는 솔더리스 터미널을 압착하는 것이다.

16. 조절계로부터 신호와 구동축 위치 관계를 외부의 힘에 대하여 항상 정확하게 유지시키고, 조작부가 제어 루프 속에서 충분한 기능을 발휘할 수 있도록 하기 위해 사용하는 것은? [09-1]
① 구동부 제어
② 밸브
③ 포지셔너
④ 변환기

해설 조작부의 구성은 조절계로부터 신호를 받아 그에 대한 조작량으로 변하는 부분과 조작량을 받아 제어 대상에 직접 작용하는 부분으로 되어 있다. 필요에 따라 신호를 조작량으로 변화시키는 부분에 포지셔너라고 부르는 일종의 비례 동작 조절기를 쓰는 경우도 있다.

17. 변위, 길이 등을 감지 대상으로 하는 센서가 아닌 것은? [18-2]
① 로드 셀
② 퍼텐쇼미터
③ 차동 트랜스
④ 콘덴서 변위계

해설 로드 셀의 특징
㉠ 중량을 전기 신호로 변환해서 높은 정밀도(1/1000~1/5000)의 측정이 가능하며, 동적으로 측정할 수 있다.
㉡ 수 g에서부터 수백 ton의 것까지 제작 가능하다.
㉢ 구조가 간단하고 가동부가 없어 수명이 반영구적이다.
㉣ 검출 방식이 전기식이므로 임의의 장소에 하중을 신호로 전송할 수 있으며 아날로그 표시, 디지털 표시, 제어 등을 자유로이 할 수 있다.
㉤ 로드 셀은 보통 완전히 밀폐된 구조로 되어 있어 내부의 스트레인 게이지가 습도의 영향을 받지 않도록 되어 있다. 그러나 최근에는 여러 형태의 방습 방법이 취해져 완전히 밀폐 구조가 아닌 것도 있다.
※ 로드 셀은 압력을 감지 대상으로 한다.

18. 센서 시스템의 구성에서 신호 전달 순서가 대상으로부터 제어로 진행하는 과정이 맞는 것은? [08-1, 12-3]
① 신호 전송 요소 → 신호 처리 요소 → 변환 요소 → 정보 출력 요소
② 변환 요소 → 신호 전송 요소 → 신호 처리 요소 → 정보 출력 요소
③ 신호 처리 요소 → 변환 요소 → 신호 전송 요소 → 정보 출력 요소
④ 신호 처리 요소 → 신호 전송 요소 → 변환 요소 → 정보 출력 요소 센서

해설 시스템의 구성은 다음과 같다.
현상 → 변환 요소 → 신호 전송 요소 → 신호 처리 요소 → 정보 출력 요소 → 인간/컴퓨터 → 액추에이터 → 제어

정답 14. ④ 15. ② 16. ③ 17. ① 18. ②

19. 자석이 회전에 의해 도체에 유도 전류가 흐르고 이 유도 전류와 자속의 상호 작용에 의해 회전하는 현상을 이용한 전동기는? [18-3]

① 복권 전동기　② 분권 전동기
③ 유도 전동기　④ 직권 전동기

해설 유도 전동기 : 와전류는 일정한 자계 내에 있으면 발생하는데 아라고의 원판(Arago's disk)은 축을 중심으로 원판이 회전할 수 있는 구조로 말굽자석이 정지된 상태에서 왼쪽으로 회전하면 자석이 움직이는 앞쪽에는 자속이 증가하는데 렌츠의 법칙에 의해 자속의 증감을 반하는 쪽으로 유도 기전력에 의한 전류가 형성되어야 하므로 와전류가 발생하며, 자석의 뒤편에는 반대 방향, 즉 접선 방향의 와전류가 형성되어 금속체 전체에 축 방향의 합성 전류가 흐르게 된다. 결국 이 전류와 자계에 의하여 금속 도체 역시 자석 방향으로 회전을 하는 유도 전동기, 적산 전력계와 같은 원리이다.

20. 회전하고 있는 전동기를 역회전되도록 접속을 변경하면 급정지한다. 압연기의 급정지용으로 이용되는 제동 방식은? [15-3]

① 플러깅 제동
② 회생 제동
③ 다이나믹 제동
④ 와류 제동

해설 역상 제동(플러깅 제동) : 입력의 (+), (-) 단자를 갑자기 바꾸면 전동기 양단에 역전압이 걸려 전동기는 점점 정지하며 계속 걸려 있으면 역회전을 한다. 이것은 과전류로 인한 전동기 손실 우려가 있어서 잘 사용하지 않는다.

2과목　설비 진단 및 관리

21. 설비 진단 기법 중 진동법으로 알 수 없는 것은? [11-1]

① 송풍기의 언밸런스
② 베어링의 결함
③ 플라이 휠의 언밸런스
④ 윤활유에 포함된 이물질의 양

해설 진동법을 응용한 진단 기술
　㉠ 회전기계에 생기는 각종 이상(언밸런스 · 베어링 결함 등)의 검출, 평가 기술
　㉡ 블로워, 팬 등의 밸런싱 진단 · 조정 기술
　㉢ 유압 밸브의 리크 진단 기술
　㉣ 진동 이외의 파라미터(온도, 압력 등)의 설비 이상 원인의 해석 기술 등

22. 진동 에너지를 표현하는 값으로 정현파의 경우 피크값의 $\dfrac{1}{\sqrt{2}}$ 배에 해당되는 것은? [08-3, 18-3]

① 피크값　② 실효값
③ 평균값　④ 피크-피크

해설 실효값(rms) : 시간에 대한 변화량을 고려하고, 에너지량과 직접 관련된 진폭을 표시하는 것으로 진동의 에너지를 표현하는데 가장 적합한 값이다. 정현파의 경우는 피크값의 $\dfrac{1}{\sqrt{2}}$ 배이다.

23. 전기적인 진동 검출 방법 중 접촉형은 어느 것인가? [05-3]

① 압전형　② 용량형
③ 상호 판정　④ 절대 판정

해설 압전형 가속도 센서의 특징은 적은 출력 전압에서 가속도 레벨이 낮아지는 취

정답 19. ③　20. ①　21. ④　22. ②　23. ①

약성과 높은 주파수 대역에서 저주파 결함이 나타난다는 것이다(약 5Hz 제한). 또한 마운팅에 매우 고감도이므로 손으로 고정할 수 없고 정교하게 나사로 고정해야 한다.

24. 음파가 1초 동안에 전파하는 거리를 무엇이라 하는가? [07-1]
① 음압　　　② 음량
③ 음속　　　④ 음향 임피던스

해설 음의 전파속도(speed of sound) : 음속은 음파가 1초 동안에 전파하는 거리를 말하며, 그 표시 기호는 c, 단위는 [m/s]이다.

25. 주택 및 산업체의 소음 크기를 측정하는 지시 소음계(sound level meter)의 측정 범위는? [03-3]
① 0~40 dB　　② 40~140 dB
③ 140~240 dB　④ 240~340 dB

26. 석면과 암면 등 섬유성 재료의 흡음력을 이용해서 소음을 감소시키는 장치는?
① 반사 소음기　　　　　[06-3, 16-3]
② 충격식 소음기
③ 흡음식 소음기
④ 흡진식 소음기

27. 다음 회전기계의 이상 현상에서 발생 주파수 영역이 저주파가 아닌 것은? [06-3]
① 압력 맥동
② 언밸런스(unbalance)
③ 미스얼라인먼트(misalignment)
④ 풀림

해설 저주파에서 발생하는 이상 현상 : 언밸런스, 미스얼라인먼트, 풀림 등

28. 다음 중 슬리브 베어링의 진동 원인으로 틀린 것은? [11-3]
① 축과 틈새의 과다
② 기계적 헐거움
③ 전동체의 결함
④ 윤활유 관계의 문제

해설 ③은 구름 베어링의 진동 원인이다.

29. 하중과 마찰이 증대하여 유막이 파괴되는 것을 방지하기 위해 사용되는 극압제가 아닌 것은? [12-2]
① 염소(Cl)　　② 규소(Si)
③ 유황(S)　　④ 인(P)

해설 극압 첨가제(extreme pressure additives) : EP유라고 하며, 큰 하중을 받는 베어링의 경우 유막이 파괴되기 쉬우므로 이를 방지하기 위하여 일반적으로 염소(Cl), 유황(S), 인(P) 등을 사용한다.

30. 고온에서 사용되는 윤활유의 주된 열화 현상은? [16-1]
① 산화　　② 희석
③ 유화　　④ 탄화

해설 탄화(carbonization) : 윤활유가 특히 고온 하에 놓이게 되는 부분, 즉 디젤기관의 실린더 윤활 등에 이용되는 윤활유에서 발생한다. 윤활유가 탄화되는 현상은 윤활유가 가열 분해되어 기화된 기름가스가 산소와 결합할 때에 열전도 속도보다 산소와의 반응 속도 쪽이 늦으면 열 때문에 기름이 건류되어 탄화됨으로써 다량의 잔류 탄소를 발생하게 된다. 또한 지극히 고점도유인 경우는 기화 속도가 열을 받는 속도보다 늦으며 탄화 작용은 한층 빨라진다. 따라서 디젤기관 또는 공기 압축기의 실린더 내부 윤활에는 특

정답 24. ③　25. ②　26. ③　27. ①　28. ③　29. ②　30. ④

히 탄화 경향이 적은 윤활유를 선정할 필요가 있다. 기화 속도가 큰 쪽, 즉 점도가 낮은 쪽은 탄화 경향이 적다.

31. 설비 관리 조직 설계상 고려 요인이 아닌 것은? [11-2, 15-2]
① 공장 규모 또는 기업의 크기
② 설비의 특징(구조, 기능, 열화 속도)
③ 제품의 특성(원료, 반제품, 완제품)
④ 설비의 취득부터 폐기까지의 관리

해설 설비 관리 조직 설계 시 고려사항
㉠ 제품의 특성 : 원료, 반제품, 제품의 물리적·화학적·경제적 특성
㉡ 생산 형태 : 프로세스, 계속성, 교체 수
㉢ 설비의 특징 : 구조, 기능, 열화의 속도 및 정도
㉣ 지리적 조건 : 입지, 환경
㉤ 기업의 크기, 또는 공장의 규모
㉥ 인적 구성 및 역사적 배경 : 기술 수준, 관리 수준, 인간관계
㉦ 외주 이용도 : 외주 이용의 가능성, 경제성

32. 원자재의 양, 질, 비용, 납기 등의 확보가 곤란할 경우 원자재를 자사생산(自社生産)으로 바꾸어 기업 방위를 도모하는 투자는? [16-1]
① 제품 투자 ② 합리적 투자
③ 방위적 투자 ④ 공격적 투자

33. 설비 배치에서 설비의 소요 면적 결정 방법이 아닌 것은? [18-1]
① 변환법 ② 계산법
③ 이분법 ④ 비율 경향법

해설 소요 면적의 결정 방법에는 계산법, 변환법, 표준 면적법, 개략 레이아웃법,

비율 경향법 등이 있으나, 계산법과 변환법이 많이 사용되고 있다.

34. 다음의 상황은 그림과 같은 그래프에서 어느 구역의 고장기에 해당하는가? [19-2]

펌프를 사용하던 중 축봉부의 누설로 인해 목표 양정이 되지 않음을 발견하여 메커니컬 실을 교체한 후 계속 정상 가동하였다.

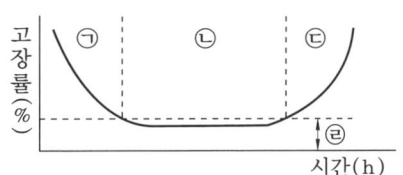

① ㉠ 구역 ② ㉡ 구역
③ ㉢ 구역 ④ ㉣ 구역

해설 ㉠ : 초기 고장, ㉡ : 우발 고장, ㉢ : 마모 고장, ㉣ : 규정 고장률

35. 정비 계획 수립 시 검토할 사항이 아닌 것은? [06-1]
① 생산 계획을 파악하고 증산 체제 시 정비 계획을 무기한 연기한다.
② 설비의 능력을 파악한다.
③ 수리 형태를 파악하고 점검 계획을 세운다.
④ 수리 요원을 능력과 인원을 검토하여 정비 계획을 수립하고 필요 시 외주업자를 이용한다.

해설 정비 계획 수립 시 고려할 사항
㉠ 정비 및 보전 비용
㉡ 수리 시기 및 시간
㉢ 수리 요원
㉣ 설비 능력
㉤ 생산 및 수리 계획
㉥ 일상 점검 및 주간, 월간, 연간 등의 정기 수리 구분

정답 31. ④ 32. ③ 33. ③ 34. ② 35. ①

36. 보전 작업 표준화의 목적은 보전 작업의 낭비를 제거하여 효율성을 증대시키기 위한 것이다. 다음 중 보전 표준의 종류가 아닌 것은? [10-2]
① 작업 표준
② 수리 표준
③ 일상 점검 표준
④ 자재 표준 보전

[해설] 표준은 크게 설비 점검 표준, 작업 표준, 일상 점검 표준 그리고 수리 표준으로 구분된다.

37. 보전 효과를 측정하는 기준 중 틀린 것은? [13-1]
① 예방 보전 수행률
② 고장 강도율
③ 설비 가동률
④ 제조 원가당 인건비

[해설] 제품 단위당 보전비
$$= \frac{보전비\ 총액}{생산량}$$

38. 다음 중 보전용 자재의 특징으로 옳은 것은? [10-2, 17-2]
① 연간 사용 빈도가 많고 소비 속도가 빠르다.
② 베어링, 그랜드 패킹 등은 교체 후 재활용할 수 있다.
③ 설비 개선, 설비 변경 등으로 불용 자재가 발생하지 않는다.
④ 자재 구입의 품목, 수량, 시기에 관한 계획을 수립하기 곤란하다.

[해설] 보전용 자재의 관리상 특징
㉠ 보전용 자재는 연간 사용 빈도 또는 창고로부터의 불출 횟수가 적으며, 소비 속도가 늦은 것이 많다.
㉡ 자재 구입의 품목, 수량, 시기의 계획을 수립하기 곤란하다.
㉢ 보전 기술 수준 및 관리 수준이 보전 자재의 재고량을 좌우하게 된다.
㉣ 불용 자재의 발생 가능성이 크다.
㉤ 소모, 열화되어 폐기되는 것과 예비기 및 예비 부품과 같이 순환 사용되는 것이 있다.
㉥ 재고 유지비와 수리 기간 중의 정지 손실비의 합계를 최소화시키는 형식과 소재, 부품 기기 또는 완성품 중 어떤 형식으로 재고해 두는 것이 가장 경제적인가에 따라 결정한다.

39. top-down으로서의 회사 목표와 bottom-up으로서의 전 종업원이 참가하여 활동을 일체화하고 동기 부여로 현장 설비에 대한 자주 보전을 통하여 설비 종합 효율 향상을 추진하는 활동은? [16-2]
① 벤치 마킹
② QC 분임조
③ 안전 분임조
④ TPM 분임조

40. 품질 개선 활동 시 사용하는 현상 파악 방법 중 공정에서 취득한 계량치 데이터가 여러 개 있을 때 데이터가 어떤 값을 중심으로 어떤 모습으로 산포하고 있는가를 조사하는데 사용하는 방법은? [17-1]
① 산정도
② 그래프
③ 파레토도
④ 히스토그램

정답 36. ④ 37. ④ 38. ④ 39. ④ 40. ④

3과목　기계 보전, 용접 및 안전

41. 하우징이 정지되어 있고 축이 회전하는 경우에 축이나 하우징에 레이디얼 베어링을 끼워 맞춤 시 올바른 방법은? [10-2, 14-1]

① 내륜과 축의 중간 끼워 맞춤
② 내륜과 축의 헐거운 끼워 맞춤
③ 외륜과 하우징의 헐거운 끼워 맞춤
④ 외륜과 하우징의 억지 끼워 맞춤

해설 일반적으로 내륜과 축은 단단한 끼워 맞춤을, 외륜과 하우징은 헐거운 끼워 맞춤을 사용한다.

42. V벨트 정비에 관한 사항 중 거리가 먼 것은? [10-2]

① 2줄 이상을 건 벨트는 균등하게 처져 있어야 한다.
② 홈 상단과 벨트의 상면이 일치하지 않아도 된다.
③ 벨트 수명은 이론적으로 보면 정장력이 옳다고 본다.
④ 베이스가 이동할 수 없는 축 사이에서는 장력 풀리를 쓴다.

해설 홈 상단과 벨트의 상면은 거의 일치되어 있어야 한다.

43. 하중 5톤이 걸리는 압축 코일 스프링의 변형량이 20 mm일 때의 스프링 상수(kgf/mm)는?

① 160　　② 200
③ 250　　④ 300

해설 $\delta = \dfrac{w}{K}$

$\therefore K = \dfrac{w}{\delta} = \dfrac{5000}{20} = 250\,\text{kgf/mm}$

44. 다음 중 감압 밸브에 관한 설명으로 옳은 것은? [11-1, 14-3, 19-2]

① 밸브의 양면에 작용하는 온도 차에 의해 자동적으로 작동한다.
② 피스톤의 왕복 운동에 의한 유체의 역류를 자동적으로 방지한다.
③ 내약품, 내열 고무제의 격막판을 밸브 시트에 밀어 붙인 밸브이다.
④ 유체 압력이 높을 경우에는 자동적으로 압력을 감소시키며 감소된 압력을 일정하게 유지한다.

해설 감압 밸브 : 유체 압력이 사용 목적에 비하여 너무 높을 경우 자동적으로 압력이 감소되어 압력을 일정하게 유지하는 밸브

45. 효율이 높은 터보 팬의 베인의 방향으로 맞는 것은? [17-1]

① 사류 베인　　② 횡류 베인
③ 후향 베인　　④ 가변익 베인

해설 후향 베인은 송풍기의 케이스 흡입구에 붙인 가변 날개에 의해서 풍량을 조절하는 방법이다. 풍량이 큰 범위에서는 (80% 전후까지) 송풍기의 회전을 변경시키는 방법보다도 효율이 좋고 오히려 더 경제적이나 다익형 날개를 갖는 송풍기에는 별로 효과가 없고 한정 부하 팬, 터보 팬에서는 효과가 좋다. 이 제어는 수동으로도 되나 온도, 습도에 따라서 자동으로 조절할 수 있다.

46. 압축기에 부착된 밸브의 조립에 관한 설명으로 틀린 것은? [13-3, 17-1, 19-3]

① 밸브 홀더 볼트는 각각 서로 다른 토크로 잠근다.

정답 41. ③　42. ②　43. ③　44. ④　45. ③　46. ①

② 밸브 컴플릿(complete)을 실린더 밸브 홀에 부착한다.
③ 실린더 밸브 홈의 시트 패킹의 오물을 청소한 후 조립한다.
④ 시트 패킹을 물고 있지 않은가 밸브를 좌우로 회전시켜 확인한다.

[해설] 밸브 홀더 볼트는 같은 토크로 잠근다.

47. 전동기의 고장 중 과열의 원인으로 틀린 것은? [12-3, 17-3]
① 과부하 운전
② 냉각팬에 의한 발열
③ 빈번한 기동 및 정지
④ 베어링부에서의 과열

[해설] 전동기에 설치되어 있는 냉각팬은 열을 억제하는 역할을 담당한다.

48. 다이얼 게이지 인디케이터를 "0"점에 맞추는 시기로 적합한 것은? [12-3, 15-3]
① 하루에 한 번
② 매 측정하기 전에
③ 인디케이터 교정 시
④ 처음 측정하기 전에 한 번

[해설] 인디케이터 하우징의 힘을 조정하여 바늘이 정확히 0점에 오도록 다이얼을 맞추는 절차를 인디케이터 0점 조정(zeroing)이라 하고 매 측정하기 전에 0점 조정을 실시한다.

49. 공작물에 일정한 간격으로 동시에 5개의 구멍을 가공 후, 탭 가공을 하려고 할 때 가장 적합한 드릴링 머신은?
① 다두 드릴링 머신
② 다축 드릴링 머신
③ 직립 드릴링 머신
④ 레이디얼 드릴링 머신

[해설] 다두 드릴링 머신은 나란히 있는 여러 개의 스핀들에 여러 개의 공구를 꽂아 드릴링, 리밍, 태핑 등을 연속적으로 가공한다.

50. 원통에 감긴 실을 잡아당기면서 풀 때 실이 그리는 곡선으로서, 대부분 기어에 사용되고 있는 곡선은? [14-4]
① 사이클로이드 치형 곡선
② 인벌류트 치형 곡선
③ 노비코프 치형 곡선
④ 에피사이클로이드 치형 곡선

[해설] 주어진 원(기초원, base circle) 위에 감긴 실을 팽팽히 잡아당기면서 풀 때, 실의 끝 점이 그리는 궤적을 인벌류트 곡선이라 한다. 인벌류트 곡선으로 만든 이의 윤곽을 인벌류트 치형이라 하며, 기초원의 내부에는 인벌류트 곡선이 존재하지 않는다. 이 치형으로 된 기어를 인벌류트 기어라 한다.

51. 축이 휘었을 경우 짐 크로(jim crow)로 수정을 가할 수 있다. 이 짐 크로에 의한 일반적인 축의 수정 한계는 얼마인가?
① 0.01~0.02 mm
② 0.1~0.2 mm
③ 0.05~0.1 mm
④ 0.5~1 mm

[해설] 500 rpm 이하로 사용되던 길이 2 m의 축의 수정법으로 철도 레일을 굽히기 위한 방법이었으며, 신중히 하면 0.1~0.2 mm 정도까지 수정할 수 있다.

52. 다음 중 전기저항 열을 이용한 용접법은?

정답 47. ② 48. ② 49. ① 50. ② 51. ② 52. ①

① 일렉트로 슬래그 용접
② 잠호 용접
③ 초음파 용접
④ 원자 수소 용접

해설 일렉트로 슬래그 용접 : 용융 용접의 일종으로 아크열이 아닌 와이어와 용융 슬래그 사이에 통전된 전류와 저항열을 이용하여 용접하는 방식

53. 교류 아크 용접기의 보수 및 정비 방법에서 아크가 발생하지 않을 때 고장 원인으로 맞지 않는 것은?

① 배전반의 전원 스위치 및 용접기 전원 스위치가 "OFF"되었을 때
② 용접기 및 작업대 접속 부분에 케이블 접속이 중복되어 있을 때
③ 용접기 내부의 코일 연결 단자가 단선이 되어 있을 때
④ 철심 부분이 단락되거나 코일이 절단되었을 때

해설 용접기 및 작업대 접속 부분에 케이블 접속이 안 되어 있을 때 → 용접기 및 작업대의 케이블에 연결을 확실하게 한다.

54. TIG 용접 토치의 내부 구조에 가스 노즐 또는 가스 컵이라고도 부르는 세라믹 노즐의 재질의 종류가 아닌 것은?

① 세라믹 노즐   ② 금속 노즐
③ 석영 노즐   ④ 티타늄 노즐

해설 가스 노즐은 재질에 따라 세라믹 노즐, 금속 노즐, 석영 노즐 등이 있다.

55. CO_2 용기의 조정기에 대한 설명으로 틀린 것은?

① 압력 조정기, 히터, 유량계 및 가스 연결용 호스 등으로 구성된다.
② 가스 유량은 소전류 영역에서는 5~20L/min이 필요하다.
③ 가스 유량은 대전류 영역에서는 15~20L/min이 필요하다.
④ CO_2 가스 압력은 용기 내부 압력으로부터 조정기를 통해 나오면서 배출 압력으로 낮아지고 이때 상당한 열을 주위로부터 흡수하여 조정기와 유량계가 얼어버린다.

해설 CO_2 가스의 유량은 200A 이하(소전류 영역)에서는 10~15L/min, 200A 이상(대전류 영역)에서는 15~20L/min 정도가 적당하다.

56. 강의 내부에 모재 표면과 평행하게 층상으로 발생하는 균열로 주로 T이음, 모서리 이음에 잘 생기는 것은?

① 라멜라 티어(lamella tear) 균열
② 크레이터(crater) 균열
③ 설퍼(sulfur) 균열
④ 토(tor) 균열

해설 라멜라 티어 균열은 모재의 비금속 개재물에 의한 것으로 방지책은 특별히 선택한 강재를 사용하는 것이 가장 유효하다.

57. 용접부 고온 균열 원인으로 가장 적합한 것은?

① 낮은 탄소 함유량
② 응고 조직의 미세화
③ 모재에 유황 성분이 과다 함유
④ 결정입자 내의 금속 간 화합물

해설 적열 취성(고온 취성, red shortness) : 유황(S)이 원인으로 강 중에 0.02% 정도만 있어도 인장강도, 연신율, 충격치 등이 감소하며, FeS은 융점(1193℃)이 낮고 고온에서 약하여 900~950℃에서 파괴되어 균열을 발생시킨다.

정답 53. ② 54. ④ 55. ② 56. ① 57. ③

58. 셰이퍼 작업 시 작업자의 위치로 가장 부적당한 곳은?

① 앞과 옆
② 뒤와 옆
③ 앞과 뒤
④ 양옆

해설 셰이퍼는 작동될 때 램이 앞뒤로 움직이기 때문에 앞이나 뒤는 작업자에게 매우 위험하다.

59. 가스 용접에서 충전 가스 용기의 도색을 표시한 것으로 틀린 것은?

① 산소 – 녹색
② 수소 – 주황색
③ 프로판 – 회색
④ 아세틸렌 – 청색

해설 아세틸렌은 황색, 탄산가스는 청색, 아르곤은 회색, 암모니아는 백색, 염소는 갈색이다.

60. 안전관리의 정의로 옳은 것은?

① 인간 존중의 정신에 입각한 과학적이며 생산성 향상 활동
② 생산성 향상과 고품질을 최우선 목표로 하는 계획적인 활동
③ 사고로부터 인적, 물적 피해를 최소화하기 위한 계획적이고 체계적인 활동
④ 재해로부터 인간의 생명과 재산을 보호하기 위한 계획적이고 체계적인 제반 활동

해설 안전관리의 정의 : 비능률적인 요소인 재해가 발생하지 않는 상태를 유지하기 위한 활동, 즉 재해로부터 인간의 생명과 재산을 보호하기 위한 계획적이고 체계적인 제반 활동

정답 58. ③ 59. ④ 60. ④

설비보전산업기사 필기

제19회 CBT 대비 실전문제

1과목 공유압 및 자동 제어

1. AND 밸브라고도 불리며 연동 제어, 안전 제어에 사용되는 밸브는? [18-1]
① 2압 밸브 ② 셔틀 밸브
③ 차단 밸브 ④ 체크 밸브

해설 2압 밸브(two pressure valve) : AND 요소로서 저압 우선 셔틀 밸브라고도 한다.

2. 공기 압축기로부터 애프터 쿨러 또는 공기 탱크까지 연결되는 라인이며, 고온 고압과 진동이 수반되는 부분은? [11-1, 16-2]
① 이송 라인 ② 제어 라인
③ 토출 라인 ④ 흡입 라인

해설 압축기 토출 이후 라인이므로 토출 라인이다.

3. 윤활된 부품들이 일정 시간(주말이나 공휴일 등) 정지 후에 윤활유 및 기타 이물질이 고착되어 제 기능을 발휘하지 못하는 것을 무엇이라 하는가? [09-2, 11-3]
① gumming 현상 ② jumping 현상
③ chattering 현상 ④ cavitation 현상

4. 안지름이 60mm인 관 내에 유체가 3m/s로 흐르고 있을 때, 유량(m³/s)은 약 얼마인가? [18-2]
① 4.24×10^{-2} ② 4.24×10^{-3}
③ 8.48×10^{-2} ④ 8.48×10^{-3}

해설 $Q = \pi r^2 v$
$= 3.14 \times (0.03)^2 \times 3 = 8.48 \times 10^{-3} \, \text{m}^3/\text{s}$

5. 내경 10cm, 추력 3140kgf, 피스톤 속도 40m/min인 유압 실린더에서 필요로 하는 유압은 최소 몇 kgf/cm²인가? [17-2]
① 40 ② 60 ③ 80 ④ 160

해설 $P = \dfrac{F}{A} = \dfrac{3140}{\dfrac{\pi}{4} \times 10^2} \fallingdotseq 40 \, \text{kgf/cm}^2$

6. 다음 펌프 중 다른 펌프와 비교하여 비교적 높은 압력까지 형성할 수 있는 펌프는?
① 베인 펌프 [10-3]
② 내접 기어 펌프
③ 외접 기어 펌프
④ 피스톤 펌프

해설 피스톤 펌프(piston pump, plunger pump) : 피스톤을 실린더 내에서 왕복시켜 흡입 및 토출을 하는 것으로 고속, 고압에 적합하나, 복잡하여 수리가 곤란하며 값이 비싸다. 이 펌프는 고정 체적형이나 가변 체적형 모두 할 수 있으며, 효율이 매우 좋고, 높은 압력과 균일한 흐름을 얻을 수 있어서 성능이 우수하다.

7. 서보 유압 밸브의 특징으로 볼 수 없는 것은? [10-1]
① 소형으로서 대출력을 얻을 수 있다.
② 빠른 응답성을 가지고 있다.

정답 1.① 2.③ 3.① 4.④ 5.① 6.④ 7.④

③ 작동기와 부하 장치를 보호하는 효과가 있다.
④ 소형으로서 가격이 저렴하다.

[해설] 서보 밸브(servo valve) : 전기 그 밖의 입력 신호에 따라 유량 또는 압력을 제어하는 밸브로 소형이며 고응답성이다.

8. 다음 중 같은 크기의 실린더일 때 로드의 좌굴 하중을 가장 크게 받을 수 있는 실린더는? [09-2]
① 디지털형 실린더
② 텔레스코프형 실린더
③ 양측 로드형 실린더
④ 램형 실린더

[해설] 램형 실린더(ram type cylinder) : 피스톤 지름과 로드 지름의 차가 없는 가동부를 갖는 구조, 즉 피스톤 없이 로드 자체가 피스톤의 역할을 하게 된다. 로드는 피스톤보다 약간 작게 설계한다. 로드의 끝은 약간 턱이 지게 하거나 링을 끼워 로드가 빠져나가지 못하도록 한다. 이 실린더는 피스톤형에 비하여 로드가 굵기 때문에 부하에 의해 휠 염려가 적으며, 패킹이 바깥쪽에 있기 때문에 실린더 안벽의 긁힘이 패킹을 손상시킬 우려가 없고, 같은 크기의 실린더일 때 로드의 좌굴 하중을 가장 크게 받을 수 있는 실린더로 공기 구멍을 두지 않아도 된다. 공압용으로는 사용 빈도가 적다.

9. 다음 중 가열기를 나타낸 공·유압 기호는? [19-1]

① 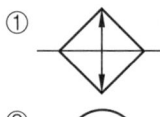 ②
③ 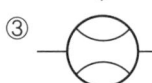 ④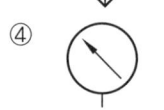

[해설] ① 냉각기, ③ 유량계, ④ 압력계

10. 다음 그림의 회로는? [03-3]

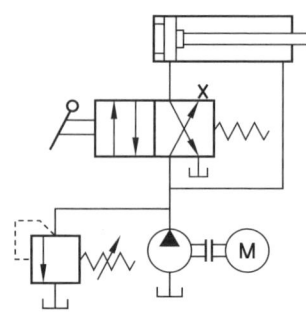

① 로킹 회로   ② 재생 회로
③ 동조 회로   ④ 속도 회로

[해설] 재생 회로 (regenerative circuit) : 피스톤이 전진할 때에는 펌프의 송출량과 실린더의 로드 쪽의 오일을 함유해서 유입되므로 피스톤 진행 속도는 빠르게 된다. 또한 피스톤을 미는 힘은 피스톤 로드의 단면적에 작용되는 오일의 압력이 되므로 전진 속도가 빠른 반면, 그 작용력은 작게 되어 소형 프레스에 간혹 사용된다.

11. 생산 공정이나 기계 장치 등에 자동 제어계를 도입하여 자동화를 추진했을 때의 장점이 아닌 것은? [16-1]
① 생산 원가를 줄일 수 있다.
② 생산량을 증대시킬 수 있다.
③ 인건비를 감축시킬 수 있다.
④ 시설 투자비를 감소시킬 수 있다.

[해설] 자동 제어계는 시설 투자비가 비싸다.

12. 금속관을 절단할 때 사용되는 공구는?
① 오스터   ② 녹아웃 펀치
③ 파이프 커터   ④ 파이프 렌치

[해설] 파이프 커터(pipe cutter)는 금속관을 절단할 때 사용한다.

정답 8. ④ 9. ② 10. ② 11. ④ 12. ③

13. 다음 중 회로 시험기로 측정할 수 없는 것은? [11-1, 11-3, 14-1]
① 교류 전압 ② 직류 전류
③ 직류 전압 ④ 교류 전류

해설 회로 시험기로 측정할 수 있는 내용은 주로 직류 전류, 직류 전압, 교류 전압 및 저항이다.

14. 계측기의 측정량을 증가시킬 때와 감소시킬 때 동일 측정량에 대하여 지싯값이 다른 경우의 오차는? [13-3]
① 비직선성 오차 ② 히스테리시스 오차
③ 정상 상태 오차 ④ 동오차

해설 히스테리시스 오차 : 이력(履歷)에 의하여 생기는 동일 측정량에 대한 지시의 차

15. 다음 중 초음파 센서의 특징으로 틀린 것은? [12-2]
① 비교적 검출 거리가 길다.
② 투명체도 검출할 수 있다.
③ 먼지나 분진, 연기에 둔감하다.
④ 특정 형상, 재질, 색깔은 검출할 수 없다.

해설 ㉠ 초음파 센서의 장점
- 비교적 검출 거리가 길고, 검출 거리의 조절이 가능하다.
- 검출체의 형상, 재질 및 색깔에 영향이 없으며, 투명체(예 유리병)도 검출할 수 있다.
- 먼지나 분진, 연기에 둔감하다.
- 옥외에 설치가 가능하고, 검출체의 배경에 무관하다.

㉡ 초음파 센서의 단점
- 검출체의 표면이 경사진 경우 검출이 곤란하여 투과형 센서를 이용하여야 한다.
- 스위칭 주파수가 1~125Hz 정도로 낮아 센서 동작이 느리다.
- 광 근접 센서에 비해 고가(약 2배)이다.
- 물체가 센서 표면에 너무 근접하면 센서 출력에 오차를 가져올 수 있다.

㉢ 초음파 센서의 특징
- 초음파의 발생과 검출을 겸용하는 가역 형식이 많다.
- 전기 음향 변환 효율을 높이기 위하여 보통 공진 상태로 되므로 센서로서 사용할 경우 감도가 주파수에 의존한다.
- 음파압의 절댓값보다는 초음파 존재의 유무, 또는 초음파 펄스 파면의 상대적 크기를 이용하는 경우가 많다.

16. 회전 속도 전송기에서 얻어지는 공기압 신호는 얼마인가? [08-3]
① 0.2~1.0 kgf/cm²
② 1.0~2.2 kgf/cm²
③ 3~4 kgf/cm²
④ 10~20 kgf/cm²

해설 전송기에서 얻어지는 신호는 공기압의 경우 $0.2 \sim 1.0 \, kgf/cm^2$이고, 전기식의 경우 DC 4~20 mA가 많이 사용된다.

17. 신호 전송 시 노이즈(noise) 대책으로 접지를 할 때의 주의사항 중 틀린 것은 어느 것인가? [14-3]
① 1점으로 접지할 것
② 가능한 가는 도선을 사용할 것
③ 병렬 배선으로 할 것
④ 실드 피복은 필히 접지할 것

해설 가능한 굵은 도선(도체)을 사용할 것

18. 셰이딩 코일형 전동기의 특성이 아닌 것은? [09-3, 13-3, 18-1]

정답 13. ④ 14. ② 15. ④ 16. ① 17. ② 18. ④

① 구조가 간단하다.
② 효율이 좋지 않다.
③ 기동 토크가 매우 작다.
④ 회전 방향을 바꿀 수 있다.

[해설] 셰이딩 코일형 전동기는 회전 방향을 바꿀 수 없다.

19. 3상 유도 전동기의 Y-Δ 기동에 대한 설명 중 틀린 것은? [19-1]

① 기동 시 선전류는 $\frac{1}{\sqrt{3}}$로 감소된다.
② 10~15kW 정도의 전동기에 적합하다.
③ 기동 전류는 전부하 전류보다 매우 크다.
④ 기동 시는 고정자 권선을 Y로 결선하고 정상 운전 시 Δ로 결선하는 방법이다.

[해설] 이 방법은 기동할 때 1차 각 상의 권선에는 정격 전압의 $\frac{1}{\sqrt{3}}$의 전압이 가해진다.

20. 전동기 과열의 원인이 아닌 것은? [06-3]
① 과부하
② 결선 착오
③ 단상 운전
④ 회전자 동봉의 움직임

[해설] 전동기 과열의 원인
  ㉠ 전동기 과부하
  ㉡ 베어링 불량 또는 축 조임 과다
  ㉢ 코일 단락 및 단상 운전
  ㉣ 회전자 움직임

2과목 설비 진단 및 관리

21. 설비 진단 기술의 필요성 중 연결이 잘못된 것은? [04-1]

① 설비 측면-데이터에 의한 신뢰성
② 조업면-클레임 방지
③ 정비 계획면-고장의 미연 방지
④ 설비 관리 측면-정수적

[해설] 설비 진단 기술의 필요성
  ㉠ 설비 측면-데이터에 의한 신뢰성
  ㉡ 조업면-클레임 방지
  ㉢ 정비 계획면-고장의 미연 방지
  ㉣ 설비 관리면-정량적
  ㉤ 점검면-우수 점검자 확보
  ㉥ 에너지면-자원 절약
  ㉦ 환경 안전면-사고, 오염 방지

22. 기계의 결함을 분석하기 위하여 사용되는 진동수의 단위는? [19-1]
① g   ② Hz
③ mm/s   ④ micrion

23. 다음 중 변위 센서의 종류가 아닌 것은?
① 압전형   [16-2, 18-1]
② 와전류형
③ 전자광학형
④ 정전 용량형

[해설] 변위 센서에는 와전류식, 전자광학식, 정전 용량식 등이 있다.

24. 진동 측정기기의 검출단 설치 방법 중 사용할 수 있는 주파수 영역이 가장 넓은 고정 방식은? [14-3]
① 나사 고정   ② 밀랍 고정
③ 영구자석 고정 ④ 손 고정

[해설] 가속도 센서 부착 방법을 공진 주파수 영역이 넓은 순서로 나열하면 나사>에폭시 시멘트>밀랍>자석>손이다.

정답 19. ① 20. ② 21. ④ 22. ② 23. ① 24. ①

25. 일반적으로 사람이 들을 수 있는 주파수의 범위는? [12-1, 14-3, 20-3]
① 0.2~30000 Hz ② 0.1~10000 Hz
③ 10~30000 Hz ④ 20~20000 Hz

해설 가청 주파수는 20~20000 Hz이다.

26. 진동 방지의 일반적인 방법에 해당되지 않는 것은? [09-3]
① 진동 차단기 사용
② 질량이 큰 경우 거더(girder)의 이용
③ 2단계 차단기의 사용
④ 가진기 사용

해설 가진기는 진동을 만드는 장치이다.

27. 진동 제어를 위한 댐핑 재료에 대한 내용으로 옳지 않은 것은? [04-1]
① 구조물에 완전히 부착해야 한다.
② 점성 탄성인 재료는 사용하지 않는다.
③ 열을 잘 발산해야 한다.
④ 구조물이 진동할 때 현저한 변형을 받을 수 있는 곳에 설치한다.

해설 점성 탄성인 댐핑판은 구조물 판에 견고하게 연속적으로 부착해야만 좋은 댐핑 효과를 볼 수 있다. 접착제로서는 에폭시(epoxy)와 같은 강한 접착제를 얇은 막으로 하여 사용한다.

28. 유체기계에서 국부적 압력 저하에 의하여 기포가 생기며 고압부에 도달하면 파괴되어 일반적으로 불규칙한 고주파 진동 음향이 발생하는 현상은? [08-3]
① 언밸런스 ② 미스얼라인먼트
③ 풀림 ④ 공동

해설 공동 현상(cavitation)은 압력 맥동으로 고주파 성분이다.

발생 주파수	이상 현상	진동 현상의 특징
저주파	언밸런스 (unbalance)	로터의 축심 회전의 질량 분포 부적정에 의한 것으로 회전 주파수($1f$)가 발생한다.
	미스얼라인먼트 (misalignment)	커플링으로 연결되어 있는 2개의 회전축의 중심선이 엇갈려 있을 경우로서 회전 주파수($2f$)의 성분 또는 고주파가 발생한다.
	풀림 (looseness)	기초 볼트 풀림이나 베어링 마모 등에 의하여 발생하는 것으로서 회전 주파수의 고차 성분이 발생한다.
	오일 휩 (oil whip)	강제 급유되는 미끄럼 베어링을 갖는 로터에 발생하며, 베어링 역학적 특성에 기인하는 진동으로서 축의 고유 진동수가 발생한다.
중간 주파	압력 맥동	펌프의 압력 발생 기구에서 임펠러가 벌류트 케이싱부를 통과할 때에 생기는 유체 압력 변동, 압력 발생 기구에 이상이 생기면 압력 맥동에 변화가 생긴다.

정답 25. ④ 26. ④ 27. ② 28. ④

중간 주파	러너 날개 통과 진동	압축기, 터빈의 운전 중에 동정익(動靜翼) 간의 간섭, 임펠러와 확산(difuser)의 간섭, 노즐과 임펠러의 간섭에 의하여 발생하는 진동이다.
고주파	공동 (cavitation)	유체기계에서 국부적 압력 저하에 의하여 기포가 생기며 고압부에 도달하면 파괴되어 일반적으로 불규칙한 고주파 진동 음향이 발생한다.
	유체음, 진동	유체기계에서 압력 발생 기구의 이상, 실기구의 이상 등에 의하여 발생하는 와류의 일종으로 불규칙성의 고주파 진동 음향이 발생한다.

29. 다음 중 윤활유의 작용으로 감마 작용을 설명한 것은? [07-3]

① 마찰로 발생한 열을 흡수하여 역으로 방출하는 작용
② 마찰을 감소하고 마모와 소착을 방지하는 작용
③ 활동 부분에 작용하는 힘을 분산하여 균일하게 하는 작용
④ 윤활 개소의 혼입 이물을 무해한 형태로 바꾸는 작용

해설 감마 작용 : 윤활 개소의 마찰을 감소하고 마모와 소착을 방지한다. 결과로서 소음 방지도 한다.

30. 패킹을 가볍게 저널에 접촉시켜 급유하는 방법으로 일종의 모세관 현상에 의하여 기름을 마찰면에 보내게 되는데 이때 털실이 직접 마찰면에 접촉하게 되는 급유법은? [18-3]

① 패드 급유법　② 칼라 급유법
③ 버킷 급유법　④ 비말 급유법

해설 패드 급유법(pad oiling) : 패킹을 가볍게 저널에 접촉시켜 급유하는 방법으로 모사(毛絲) 급유법의 일종이며, 패드의 모세관 현상에 의하여 각 윤활 부위에 직접 접촉하여 공급하는 형태의 급유 방식으로 경하중용 베어링에 많이 사용된다.

31. 설비 관리 기능은 일반 관리 기능, 기술 기능, 실시 기능, 지원 기능 등이 있다. 다음 중 기술 기능에 해당하지 않는 것은 어느 것인가? [10-1, 12-3, 18-2]

① 설비 성능 분석
② 설비 진단 기술 이전 및 개발
③ 고장 분석 방법 개발 및 실시
④ 주유, 조정, 수리 업무 등의 준비 및 실시

해설 주유, 조정 그리고 수리 업무 등의 준비 및 실시는 실시 기능이다.

32. 설비를 제품별, 공정별 또는 지역별로 나누어 계획과 관리를 담당하는 설비 관리의 조직 형태는? [13-1]

① 기능별 조직
② 전문 기술별 조직
③ 매트릭스(matrix) 조직
④ 대상별 조직

정답 29. ②　30. ①　31. ④　32. ④

33. 다음은 컴퓨터를 이용한 설비 배치 기법이다. 자재 운송 비용을 최소화시키기 위한 배치 기법으로 운반 비용은 운반 장비의 효율성과 무관하고 운반 비용은 운반 거리에 비례하여 증가한다는 가정으로 정량적으로 분석하는 기법은? [13-1]

① CRAFT(computerized relative allocating of facilities technique)
② COFAD(computerized facilities design)
③ PLANET(plant layout analysis and evaluation technique)
④ CORELAP(computerized relationship layout planning)

해설 COFAD – 장비 효율, PLANET – 정량적, 정성적 입력, CORELAP – 정성적 입력

34. 설비의 신뢰성 설계 시 풀 프루프(fool proof) 방식이란 무엇인가? [13-3]

① 고장이 일어나면 안전 측에 표시하는 설계
② 오조작하면 작동되지 않는 설계
③ 최소 비용으로 하는 설계 방식
④ 스트레스에 대한 고려

35. 설비 투자의 경제성 평가에 있어서 각 대안의 미래의 모든 수입과 지출을 일정 동일액으로 바꿔서 비교 평가하는 방법은? [15-1]

① 연차 등가액법   ② 수익률법
③ 현가 비교법   ④ 자본 회수 기간법

36. 집중 보전의 장점을 설명한 것 중 틀린 것은? [09-1, 12-3]

① 작업의 신속성
② 인원 배치의 유연성
③ 보전 책임의 명확성
④ 작업 일정 조정 용이성

해설 집중 보전은 작업 일정의 조정이 곤란하다.

37. 설비를 만족한 상태로 유지하여 막을 수 있었던 생산상의 손실을 기회 손실이라 하는데 이러한 기회 손실에 해당하지 않는 것은? [06-1, 15-1]

① 휴지 손실   ② 준비 손실
③ 회복 손실   ④ 재고 손실

해설 기회 손실에는 생산량 저하 손실, 휴지 손실, 준비 손실, 회복 손실, 납기 지연 손실, 안전 재해에 의한 재해 손실 등이 있다.

38. 공사의 완급도에 대한 내용이다. 다음에서 설명하는 공사의 명칭은?

> 당 계절에 착수하는 공사로, 전표를 제출할 여유가 있고 여력표에 남기지 않는다.

① 계획 공사   ② 긴급 공사
③ 준급 공사   ④ 예비 공사

39. 연간 불출 횟수가 4회 이상인 정량 발주 방식의 주문점 계산식으로 옳은 것은? (단, P : 주문점, $\bar{x}$: 월 평균 사용량, D : 기준 조달 기간, m : 예비 재고이다.) [16-2, 18-3]

① $P = \bar{x} \times D + m$ ② $P = \bar{x} \times D - m$
③ $P = \bar{x} \times m + D$ ④ $P = \bar{x} \times m - D$

40. 설비 종합 효율을 산출하기 위한 공식으로 옳은 것은? [17-2]

① 설비 종합 효율 = 공정 효율 × 수율 × 양품률

정답 33. ① 34. ② 35. ① 36. ④ 37. ④ 38. ③ 39. ① 40. ③

② 설비 종합 효율=공정 효율×시간 가동률×양품률

③ 설비 종합 효율=시간 가동률×성능 가동률×양품률

④ 설비 종합 효율=시간 가동률×수율×양품률

해설 종합 효율(overall equipment effectiveness) : TPM에서는 설비의 가동 상태를 측정하여 설비의 유효성을 판정한다. 즉, 유효성은 설비의 종합 효율로 판단된다.

3과목   기계 보전, 용접 및 안전

41. 기계의 분해 조립 시 나사 체결은 필연적이다. 나사 체결 트러블의 원인으로 볼 수 없는 것은?   [10-3]

① 사용 조건에 대한 조이기 불량
② 패킹의 불량
③ 열화 및 부식
④ 공작 정밀도 불량

42. 축의 중심부 구멍에 펌프를 접속하고 끼워 맞춤부에 높은 유압을 걸어 그 반작용에 의해서 베어링의 내륜을 빼내는 방법은 어느 것인가?   [05-1]

① 센터링   ② 드레인
③ 스트레이너   ④ 오일 인젝션

해설 조립할 때에는 전용 유압 너트로 밀어 넣고, 분해할 때는 축의 중심부의 구멍에 유압 펌프를 접속하여 끼워 맞춤부에 높은 유압을 걸어 그 반작용에 의해 베어링의 내륜을 빼낸다. 이와 같은 방법을 오일 인젝션이라고 한다.

43. 다음 중 자동 하중 브레이크의 종류를 나타낸 것은?

① 웜 브레이크, 나사 브레이크, 코일 브레이크
② 블록 브레이크, 웜 브레이크, 캠 브레이크
③ 로프 브레이크, 밴드 브레이크, 원심력 브레이크
④ 밴드 브레이크, 나사 브레이크, 원추 브레이크

44. 게이트 밸브(gate valve) 일명 슬루스 밸브를 설명한 사항 중 틀린 것은?   [09-1]

① 압력 손실이 글루브 밸브보다 적다.
② 유체의 흐름에 대해 수직으로 개폐한다.
③ 전개 전폐용으로 주로 쓰인다.
④ 밸브의 개폐 시 다른 밸브보다 소요 시간이 짧다.

해설 게이트 밸브는 밸브봉을 회전시켜 열 때 밸브 시트면과 직선적으로 미끄럼 운동을 하는 밸브로 밸브판이 유체의 통로를 전개하므로 흐름의 저항이 거의 없다. 그러나 $\frac{1}{2}$만 열렸을 때는 와류가 생겨서 밸브를 진동시킨다. 밸브를 여는데 시간이 걸리고 높이도 높아져 밸브와 시트의 접합이 어렵고 마멸이 쉽고 수명이 짧다. 밸브의 경사는 $\frac{1}{8} \sim \frac{1}{15}$이고 보통 $\frac{1}{10}$이다.

45. 원심형 통풍기(fan)의 정기 검사 항목이 아닌 것은?   [06-3, 08-1, 17-3]

① 흡기, 배기의 능력
② 통풍기의 주유 상태
③ 덕트의 마모 상태
④ 베어링의 진동 상태

해설 원심형 통풍기의 정기 검사 항목
㉠ 후드 덕트의 마모, 부식, 움푹 패임,

정답   41. ②   42. ④   43. ①   44. ④   45. ④

기타의 손상 유무 및 그 정도
ⓒ 덕트 배풍기의 먼지 퇴적 상태
ⓒ 통풍기의 주유 상태
ⓒ 덕트 접촉부의 풀림
ⓒ 통풍기 벨트의 작동
ⓒ 흡기 · 배기의 능력
ⓒ 여포식 제진 장치에서는 여포의 파손 또는 풀림
ⓒ 기타 성능 유지상의 필요사항

46. 공기를 압축할 때 압력 맥동이 발생하며, 설치 면적이 넓고 윤활이 어려운 압축기는? [12-2, 18-3]
① 왕복식 압축기 ② 원심식 압축기
③ 축류식 압축기 ④ 나사식 압축기

해설 왕복식 압축기 : 모터로부터 구동력을 크랭크축에 전달시켜 크랭크축의 회전으로 실린더 내부의 피스톤 왕복 운동에 의해 흡입 밸브를 통하여 흡입된 공기를 토출 밸브를 통하여 압송한다.

47. 감도를 나타내는 올바른 식은? [18-3]
① $\dfrac{지시량}{측정량}$ ② $\dfrac{측정량}{지시량}$
③ $\dfrac{지시량의 변화}{측정량의 변화}$ ④ $\dfrac{측정량의 변화}{지시량의 변화}$

해설 계측기가 측정량의 변화를 감지하는 민감성의 정도를 그 기기의 감도(感度)라고 하며, 감도 = $\dfrac{지시량의 변화}{측정량의 변화}$ 이다.

48. 드릴 머신에서 스윙이란 무엇인가?
① 주축단에서 테이블 윗면까지의 길이
② 주축단에서 베이스 윗면까지의 길이
③ 주축 중심에서 직주면까지의 길이의 두 배
④ 주축 중심에서 직주 중심까지의 길이

해설 드릴링 머신의 크기 표시로 스윙은 스핀들 중심부터 기둥까지 거리의 2배 정도가 된다.

49. 금속 및 경질의 금속 간 화합물로 이루어지고, 그 경질상 중의 주성분이 WC인 것으로 독일의 워디아 제품을 시작으로 미국의 카볼로이, 영국의 미디아, 일본의 텅갈로이 등의 제품이 소개된 이것을 무엇이라 하는가?
① 탄화물 합금
② 고속도강
③ 초경 합금
④ 주조 경질 합금

해설 초경 합금은 금속 탄화물을 프레스로 성형 · 소결시킨 합금으로 종류에는 S종(강절삭용), D종(다이스용), G종(주철용)이 있다.

50. 베어링 외, 탄소강 재질의 기계 부품을 가열 끼움 작업할 때 다음 중 가열 온도로 가장 적합한 것은? [10-2, 12-3, 16-2]
① 100~150℃
② 200~250℃
③ 400~450℃
④ 500~600℃

51. 베벨 기어의 제도 방법에 관하여 틀린 것은? [14-4]
① 정면도 잇봉우리선과 이골선 : 굵은 실선
② 정면도 피치선 : 가는 이점 쇄선
③ 측면도 피치원 : 가는 일점 쇄선
④ 측면도 잇봉우리원 내단부와 외단부 : 굵은 실선

해설 피치원(정면도, 측면도) : 가는 일점 쇄선

정답 46. ① 47. ③ 48. ③ 49. ③ 50. ② 51. ②

52. 금속과 금속의 원자 간 거리를 충분히 접근시키면 금속 원자 사이에 인력이 작용하여 그 인력에 의하여 금속을 영구 결합시키는 것이 아닌 것은?
① 융접
② 압접
③ 납땜
④ 리벳 이음

해설 리벳 이음은 기계적 결합 방법이다.

53. 용접 흄은 용접 시 열에 의해 증발된 물질이 냉각되어 생기는 미세한 소립자를 말하는데 다음 중 옳지 않은 것은?
① 용접 흄은 고온의 아크 발생 열에 의해 용융 금속 증기가 주위에 확산됨으로써 발생된다.
② 피복 아크 용접에 있어서의 흄 발생량과 용접 전류의 관계는 전류나 전압, 용접봉 지름이 클수록 발생량이 증가한다.
③ 피복제 종류에 따라서 라임티타니아계에서는 낮고 라임알루미나이트계에서는 높다.
④ 그 외 발생량에 관해서는 용접 토치(홀더)의 경사 각도가 작고 아크 길이가 짧을수록 발생량이 증가한다.

해설 그 외 발생량에 관해서는 용접 토치(홀더)의 경사 각도가 크고 아크 길이가 길수록 발생량이 증가한다.

54. 잠호 용접의 장점에 속하지 않는 것은?
① 대전류를 사용하므로 용입이 깊다.
② 비드 외관이 아름답다.
③ 작업 능률이 피복 금속 아크 용접에 비하여 판 두께 12mm에서 2~3배 높다.
④ 용접 시 아크가 잘 보여 확인할 수 있다.

해설 잠호 용접은 아크가 플럭스 내부에서 발생하여 외부로 노출되지 않아 붙여진 이름이다.

55. TIG 용접에서 용접 전류는 150~200A를 사용하는데 직류 정극성 용접을 할 때 노즐 지름(mm)과 가스 유량(L/min)의 적당한 규격으로 맞는 것은? (단, 앞이 노즐 지름, 뒤가 가스 유량이다.)
① 5~9.5-4~5
② 5~9.0-6~8
③ 6~12-6~8
④ 8~13-8~9

해설 용접 전류가 150~200A일 때 직류 정극성 용접 시 노즐 지름 6~12mm, 가스 유량 6~8L/min이고, 교류 용접 시 노즐 지름 11~13mm, 가스 유량 7~10L/min이다.

56. 제품이 너무 크거나 노내에 넣을 수 없는 대형 용접 구조물은 노내 풀림을 할 수 없으므로 용접부 주위를 가열하여 잔류 응력을 제거하는 방법은?
① 저온 응력 완화법
② 기계적 응력 완화법
③ 국부 응력 제거법
④ 노내 응력 제거법

해설 국부 응력 제거법 : 제품이 커 노내에 넣을 수 없을 때, 현장 용접된 것으로 노내 풀림하지 못하는 경우 용접선 25mm의 범위 또는 판 두께 12배 이상의 범위를 가스 불꽃 등으로 노내 풀림과 같은 온도 및 시간을 유지한 다음 서랭한다.

57. 용접부의 구조상 결함인 기공(blow hole)을 검사하는 가장 좋은 방법은?
① 초음파 검사
② 육안 검사
③ 수압 검사
④ 침투 검사

정답 52. ④ 53. ④ 54. ④ 55. ③ 56. ③ 57. ①

해설 용접부의 구조상 결함인 기공을 검사하는 방법은 방사선 투과 시험, 초음파 검사 등으로 하며, 육안 검사와 침투 검사는 외부 검사이고 수압 검사는 항복점이나 인장강도, 내부 압력 등을 검사하는 방법이다.

58. 숫돌 바퀴를 교환할 때 나무 해머로 숫돌의 무엇을 검사하는가?
① 기공 ② 크기 ③ 균열 ④ 입도

59. 채광에 대한 다음 설명 중 옳지 않은 것은?
① 채광에는 창의 모양이 가로로 넓은 것보다 세로로 긴 것이 좋다.
② 지붕창은 환기에는 좋으나 채광에는 좋지 않다.
③ 북향의 창은 직사 일광은 들어오지 않으나 연중 평균 밝기를 얻는다.
④ 자연 채광은 인공 조명보다 평균 밝기의 유지가 어렵다.

해설 지붕창이 보통창보다 3배의 채광 효과가 있다.

60. 다음 중 검정 대상 보호구가 아닌 것은?
① 안전대 ② 안전모
③ 산소 마스크 ④ 안전화

해설 검정 대상 보호구 : 안전대, 안전모, 안전화, 귀마개, 보안경, 보안면, 안전 장갑, 방독 마스크, 방진 마스크

정답 58. ③ 59. ② 60. ③

제20회 CBT 대비 실전문제

1과목 공유압 및 자동 제어

1. 공기 필터 또는 탱크의 응축수를 배출하는 기기는? [17-3]
① 윤활기 ② 압력 조절기
③ 에어드라이어 ④ 드레인 분리기

해설 드레인 분리기 : 서비스 유닛이나 공기 또는 유압 탱크 등에서 응축수 등 이물질을 분리하여 배출하는 기기

2. 면적이 1m²인 곳을 50N의 무게로 누를 때 면적에 작용하는 압력은? [14-3]
① 50Pa ② 100Pa
③ 500Pa ④ 1000Pa

해설 $P = \dfrac{F}{A} = \dfrac{50\,\text{N}}{1\,\text{m}^2} = 50\,\text{Pa}$

3. 다음 중 시간 지연 밸브의 구성 요소가 아닌 것은? [08-1, 10-2, 20-2]
① 압력 증폭기 ② 3/2 way 밸브
③ 속도 조절 밸브 ④ 공기 저장 탱크

해설 시간 지연 밸브 : 3/2-way 밸브, 속도 제어 밸브, 공기 저장 탱크로 구성되어 있으나 3/2-way 밸브가 정상 상태에서 열려 있는 점이 공기 제어 블록과 다르다.

4. 공기압 저장 탱크의 기능으로 적합하지 않은 것은? [11-3]
① 넓은 표면적에 의해 압축공기를 냉각시킨다.
② 공기 압력의 맥동을 없애는 역할을 한다.
③ 정전에 대비 짧은 시간 운전이 가능하다.
④ 공기의 소모량을 줄인다.

해설 공압 탱크의 기능
㉠ 압축기로부터 배출된 공기 압력의 맥동을 방지하거나 평준화한다.
㉡ 일시적으로 다량의 공기가 소비되는 경우의 급격한 압력강하를 방지한다.
㉢ 정전 등 비상시에도 일정 시간 공기를 공급하여 운전을 가능하게 한다.

5. 다음 중 공기 압축기에서 공급되는 공기압을 보다 낮은 일정의 적정한 압력으로 감압하여 안정된 공기압으로 하여 공압기기에 공급하는 기능을 하는 밸브는? [09-1]
① 감압 밸브 ② 릴리프 밸브
③ 교축 밸브 ④ 시퀀스 밸브

해설 공기압에 사용되는 압력 조절 밸브(감압 밸브)는 회로 내의 압력을 감압, 일정하게 유지시킨다.

6. 그림과 같은 복동 실린더의 설명으로 잘못된 것은? [06-3]

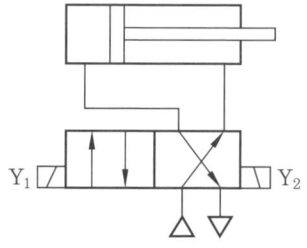

정답 1.④ 2.① 3.① 4.④ 5.① 6.①

① 전진 행정보다 후진 행정 시 추력이 더 크다.
② 솔레노이드 Y$_1$에 전기가 공급되면 실린더는 전진한다.
③ 간접 작동형 밸브를 사용한다.
④ 전진 시보다 후진 시 속도가 빠르다.

7. 다음 중 유압용 금속관의 특징으로 옳지 않은 것은? [03-3]
① 강관 : 펌프의 흡입관, 토출 배관, 탱크 귀환용으로 사용된다.
② 동관 : 열전도율이 크고 내식성이 우수하므로 화학적 분위기가 나쁜 곳에 사용한다.
③ 알루미늄관 : 구리관에 비해 무게가 1/3로 가벼워 항공기용으로 사용된다.
④ 스테인리스관 : 난연성 작동 오일을 사용하는 경우 부식을 일으키기 쉬운 곳에 사용한다.

해설 동관 : 열전도율이 좋고, 물이나 공기에 대한 내식성이 커서 열 교환기나 공기 배관 등에 사용한다.

8. 한쪽 방향으로의 흐름은 제어하지만 역방향으로의 흐름은 제어가 불가능한 밸브는? [20-3]
① 감속 밸브
② 니들 밸브
③ 셔틀 밸브
④ 체크 밸브

9. 작동유의 점도가 너무 높은 경우 어떤 현상이 발생하는가? [12-3]
① 내부 마찰 증대와 온도 상승
② 내부 누설 및 외부 누설
③ 동력 손실의 감소
④ 마찰 부분의 마모 증대

해설 작동유의 점도

점도가 너무 낮은 경우	점도가 너무 높은 경우
• 내부 누설 및 외부 누설 • 마찰력 증대 • 조절과 제어 곤란	• 온도 상승 • 내부 마찰 증대 • 압력 및 동력 손실 증대 • 작동유의 비활성

10. 로킹 회로는 액추에이터 작동 중에 임의의 위치에 정지 또는 최종 단계에 로크(lock)시켜 놓은 회로이다. 다음 그림의 로킹을 위하여 사용한 밸브는? [13-3]

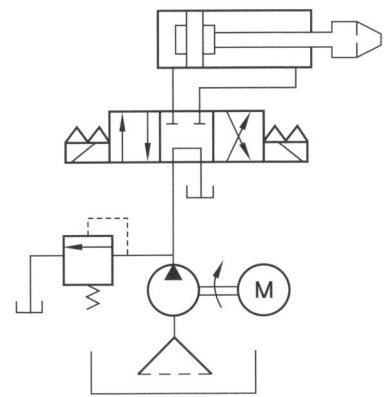

① 올 포트 블록형 변환 밸브
② 탠덤 센터형 변환 밸브
③ PB 포트 블록형 변환 밸브
④ 파일럿 조작 체크 밸브

해설 탠덤 센터형(센터 바이패스형) 변환 밸브를 사용한 회로이다.

11. 유압 펌프 운전 시 점검사항에 대한 설명으로 틀린 것은? [19-2]
① 작동유의 온도는 유온계로 점검한다.
② 오일 탱크 속에 이물질이 있는지 확인한다.
③ 유면계를 이용하여 작동유의 점도를 점검한다.

정답 7. ② 8. ④ 9. ① 10. ② 11. ③

④ 배관의 연결부가 완전히 연결되었는지 확인한다.

해설 유면계는 오일 탱크에 설치하여 유면을 지시하는 기기이다.

12. 다음과 같은 블록 선도에서 전달 함수로 알맞은 것은? [09-1, 14-3]

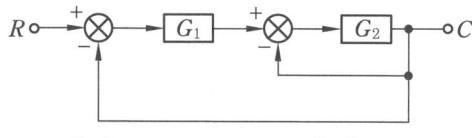

① $\dfrac{G_1 G_2}{1+G_1 G_2}$ ② $\dfrac{G_1 G_2}{1+G_1+G_2}$

③ $\dfrac{G_1 G_2}{1+G_1+G_1 G_2}$ ④ $\dfrac{G_1 G_2}{1+G_2+G_1 G_2}$

해설 전달 함수의 기본 식

$$G(s) = \frac{전향\ 경로}{1 - 피드백\ 요소}$$

13. 공구 중 규격을 입의 너비의 대변 거리로 나타내지 않는 것은? [13-2]

① 양구 스패너 ② 편구 스패너
③ 타격 스패너 ④ 몽키 스패너

해설 몽키 스패너는 규격을 전체 길이로 표시한다.

14. 실리콘 제어 정류기(SCR)에 관한 설명으로 틀린 것은? [12-3, 17-2]

① PNPN 소자이다.
② 스위칭 소자이다.
③ 쌍방향성 사이리스터이다.
④ 직류, 교류 전력 제어에 사용된다.

해설 SCR : 사이리스터와 유사하며 애노드와 캐소드, 게이트를 갖는 PNPN 구조의 4층 반도체로 한 방향으로만 전류가 흐른다.

15. 계장 배선의 장·단점에서 MI 케이블의 장점이 아닌 것은? [10-2]

① 전선관에 넣을 필요가 없다.
② 방폭 공사 시에 피팅(fitting)이 불필요하다.
③ 피복이 없고 불에 전혀 타지 않는다.
④ 방습을 위하여 단말 처리가 필요하다.

해설 MI 케이블은 습기 흡수에 민감하므로 방습 처리를 해야 하는 단점이 있다.

16. 유도형 센서의 감지 거리에 대한 설명으로 옳지 않은 것은? [14-2]

① 공칭 검출 거리-제조 공정, 온도, 공급 전압에 의한 허용치를 고려하지 않은 상태의 거리
② 정미 검출 거리-정격 전압과 정격 주위 온도일 때 측정하는 거리
③ 유효 검출 거리-공급 전압과 주위 온도의 허용 한도 내에서 측정한 거리
④ 정격 검출 거리-어떠한 전압 변동 또는 온도 변화에도 관계없이 표준 검출체를 검출할 수 있는 거리

해설 정격 검출 거리-전압 변동 또는 온도 변화를 고려하여 표준 검출체를 검출할 수 있는 거리

17. 입력 신호가 어떤 정상 상태에서 다른 상태로 변화했을 때 출력 신호가 정상 상태에 도달하기까지의 특성을 무엇이라 하는가? [12-1]

① 임펄스 응답 ② 과도 응답
③ 램프 응답   ④ 스텝 응답

해설 입력 신호가 어떤 정상 상태에서 다른 상태로 변화했을 때 출력 신호가 정상 상태에 도달하기까지의 특성을 과도 특성이라고 하며 과도 응답(transient response)으로 표시한다.

정답 12. ④ 13. ④ 14. ③ 15. ④ 16. ④ 17. ②

18. 스테핑 모터가 사용되는 곳이 아닌 것은? [18-2]
① D/A 변환기
② 디지털 X-Y 플로터
③ 정확한 회전각이 요구되는 NC 공작기계
④ 저속과 큰 힘을 필요로 하는 유압 프레스

19. 로터의 피치가 60, 극수가 8, 회전자의 치수가 6인 4상 스테핑 모터의 스텝각은 얼마인가? [18-1]
① 15° ② 24° ③ 32° ④ 48°

[해설] ㉠ 1회전당 각도 = 360/6상 = 60°
㉡ 스텝각 = 60°/4상 = 15°

20. 60Hz, 4극 유도 전동기의 회전자 속도가 1728rpm일 때 슬립은 얼마인가? [18-3]
① 0.04 ② 0.05 ③ 0.08 ④ 0.10

[해설] ㉠ $N_s = \dfrac{120f}{P} = \dfrac{120 \times 60}{4} = 1800\,\text{rpm}$
㉡ $s = \dfrac{N_s - N}{N_s} = \dfrac{1800 - 1728}{1800} = 0.04$

2과목 설비 진단 및 관리

21. 설비 진단 기법 중 진동 분석법으로 알 수 없는 것은? [15-1]
① 송풍기의 언밸런스(unbalance)
② 설비의 피로에 의한 수명을 해석
③ 유압 밸브의 누설(leak) 진단
④ 베어링 결함

[해설] 진동법을 응용한 진단 기술
㉠ 회전기계에 생기는 각종 이상(언밸런스, 미스얼라인먼트 등)의 검출, 평가 기술
㉡ 블로워, 팬 등의 밸런싱 기술
㉢ 유압 밸브의 리크 진단 기술
㉣ 진동 이외의 파라미터(온도, 압력 등)의 설비 이상 원인의 해석 기술 등

22. 한 개의 진동 사이클에 걸린 총 시간을 무엇이라고 하는가? [02-3, 18-2]
① 주기 ② 진폭
③ 주파수 ④ 진동수

[해설] 주기 $T = \dfrac{1}{f} = \dfrac{2\pi}{\omega}\,[\text{s/cycle}]$
여기서, ω : 각진동수(rad/s)

23. 다음 중 변위 센서에 사용되는 것은?
① 동전형 센서 [07-1, 11-2, 17-3]
② 압전형 센서
③ 기전력 센서
④ 와전류형 센서

[해설] 변위 센서는 저속으로 회전하는 저널 베어링 상태 감시용으로 가장 많이 사용하는 진동 센서로 와전류식, 전자광학식, 정전 용량식 등이 있다. 축의 운동과 같이 직선 관계 측정 시 고감도 오실레이터는 와전류형 변위 센서가 사용된다.

24. 음에너지에 의해 매질에 미소한 압력 변화가 생기는 부분을 무엇이라 하는가?
① 음장 [07-3, 16-2]
② 음원
③ 음의 세기
④ 음압

[해설] 음에너지에 의해 매질에는 미소한 압력 변화가 생기며 이 압력 변화 부분을 음압이라 하고, 그 표시 기호는 P, 단위는 [N/m²(=Pa)]이다. 음압 진폭 P_m(피크

[정답] 18. ④ 19. ① 20. ① 21. ② 22. ① 23. ④ 24. ④

값)과 음압 실효값(rms) P와의 관계는 다음과 같다.

$$P = \frac{P_m}{\sqrt{2}} \, [\text{N/m}^2]$$

25. 다음 중 진동 차단기의 기본 요구 조건이 아닌 것은? [13-1]
① 온도, 습도, 화학적 변화에 견딜 수 있어야 한다.
② 강성이 충분히 커야 한다.
③ 차단하려는 진동의 최저 주파수보다 작은 고유 진동수를 가져야 한다.
④ 강성은 충분히 작아 차단 능력이 있되 작용하는 하중을 충분히 받칠 수 있어야 한다.

<u>해설</u> 차단기의 강성은 그에 부착된 진동 보호 대상체의 구조적 강성보다 작아야 하며, 차단하려는 진동의 최저 주파수보다 작은 고유 진동수를 가져야만 한다.

26. 공압 밸브에서 나오는 배기 소음을 줄이기 위하여 사용되는 소음 방지 장치로 가장 적당한 것은? [12-1]
① 진동 차단기   ② 차음벽
③ 댐퍼   ④ 소음기

<u>해설</u> 관로를 통과할 때 나오는 소음을 방지하는 장치로 소음기를 사용한다.

27. 회전기계의 진단 방법으로 가장 폭넓게 많이 이용되는 것은? [13-3]
① 진동법   ② 오일 분석법
③ 응력법   ④ 음향법

28. 회전체의 회전수와 동일한 주파수를 나타내는 것은? [11-3, 13-3]
① 축정렬 불량(misalignment)
② 불평형(unbalance)
③ 풀림(looseness)
④ 베어링 불량

29. 그리스의 굳은 정도를 나타내는 것을 무엇이라고 하는가? [08-3]
① 부식   ② 응고
③ 공석   ④ 주도

<u>해설</u> 주도(penetration) : 윤활유의 점도에 해당하는 것으로서 그리스의 굳은 정도를 나타내며, 이것은 규정된 원추를 그리스 표면에 떨어뜨려 일정 시간(5초)에 들어간 깊이(mm)를 측정하여 그 깊이에 10을 곱한 수치로서 나타낸다.

30. 윤활유의 극압제로 사용하지 않는 것은? [11-2]
① 염소(Cl)   ② 유황(S)
③ 텅스텐(W)   ④ 인(P)

<u>해설</u> 윤활유의 극압제로는 염소, 유황, 인 등을 사용한다.

31. 설비를 분류하고 기호를 명백히 하였을 때의 장점이라 볼 수 없는 것은? [11-2]
① 설비 대상이 명백히 파악된다.
② 설비 계획을 수립하기가 쉬워진다.
③ 사무적인 처리는 어려워지나 착오가 적다.
④ 통계적인 각종 데이터를 얻기가 쉽다.

<u>해설</u> 설비를 분류하고 기호를 명백히 해 두면 다음과 같은 이점이 있다.
㉠ 설비 대상이 명백히 파악된다.
㉡ 설비 계획을 수립하기가 손쉬워진다.
㉢ 사무적인 처리가 쉬워지며, 착오가 감소된다.
㉣ 통계적인 각종 데이터를 얻기가 쉬워진다.

정답 25. ② 26. ④ 27. ① 28. ② 29. ④ 30. ③ 31. ③

32. 다음은 설비 관리 조직을 설명한 것이다. 맞는 것은? [07-1]
① 매트릭스(matrix) 조직은 상사가 1인 이상이다.
② 제품 중심 조직은 특정 사업에 대한 집중적 기술 투자가 쉽지 않다.
③ 기능 중심 조직은 전반적인 기술 개발에 대한 총괄 업무의 부족 현상이 발생한다.
④ 제품 중심 조직은 고객 지향이 되지 못한다.

33. 제품별 배치(product layout)의 장점으로 틀린 것은? [09-3, 12-3]
① 배치가 작업 순서에 대응하므로 원활하고 논리적인 유선이 생긴다.
② 한 공정의 작업물이 직접 다음 공정으로 공급되므로 재공품이 적어진다.
③ 단위당 총 생산 시간이 짧다.
④ 전문적인 감독이 가능하다.

해설 ④는 공정별 배치(process layout)의 장점이다.

34. 최소의 비용으로 최대의 설비 효율을 얻기 위하여 고장 분석을 실시한다. 고장 분석을 행하는 이유가 아닌 것은? [10-1, 19-2]
① 설비의 고장을 없애고 신뢰성을 향상시키기 위하여
② 설비의 가동 시간을 늘리고 열화 고장을 방지하기 위하여
③ 설비의 보수 비용을 늘려 경제성을 향상시키기 위하여
④ 설비의 고장에 의한 휴지 시간을 단축시켜 보전성을 향상시키기 위하여

35. 보전 작업 계획은 연간, 월간, 주간, 개별 설비 보전 계획을 수립한다. 이 중 연간 보전 계획 항목이 아닌 것은? [10-1]
① 조업 계획, 설비 능력 및 가동 시간 계획
② 보전 작업 및 설비 표준의 개량
③ 분해 검사 및 외주 계획
④ 작업량에 의한 설비 가동 시간 계획

해설 ④는 월간 보전 계획 항목이다.

36. 다음 설비 보전 표준 중 검사, 정비, 수리 등의 보전 작업 방법과 보전 작업 시간의 표준을 말하는 것은? [12-1, 18-1]
① 설비 성능 표준
② 일상 점검 표준
③ 설비 점검 표준
④ 보전 작업 표준

해설 보전 작업 표준 : 표준화하기 가장 어려우나 가장 중요한 표준으로 수리 표준 시간, 준비 작업 표준 시간, 분해 검사 표준 시간을 결정하는 것, 즉 검사, 보전, 수리 등의 보전 작업 방법과 보전 작업 시간의 표준이다.

37. 설비 열화로 생산량이 저하하여 발생한 생산 감소 손실을 바르게 나타낸 것은 어느 것인가? [05-3]
① 감산량×판매 단가×변동비
② (감산량+판매 단가)×변동비
③ 감산량×(판매 단가+변동비)
④ 감산량×(판매 단가-변동비)

해설 생산 감소 손실은 감산량×(판매 단가-변동비)로 계산되며, 이 경우 생산된 제품은 전부 판매되는 것을 전제로 해야 한다. (판매 단가-변동비)는 한계 이익을 나타내며, 여기서 변동비의 산출을 어떻게 하느냐가 생산 감소 손실을 최소로 하는 첩경이 된다.

정답 32. ① 33. ④ 34. ③ 35. ④ 36. ④ 37. ④

38. 발주량과 발주 시기가 일정한 정량 발주 방식으로 용량이 균등한 두 개의 같은 용기에서 한쪽 용기 내의 물품을 다 소모했을 경우 발주하는 상비품의 발주 방식은 다음 중 어느 것인가? [02-3]
① 포장법
② 복책법
③ 2궤법
④ 사용고 발주 방식

해설 복책법(더블 빈 방법) : 주문량과 주문점을 균등하게 한 것으로서 용량이 균등한 두 개의 같은 용량, 용기를 상호적으로 사용하여, 한쪽 용기 내의 물품을 다 소모했을 경우(주문점)에 용량분의 주문(주문량)을 한다는 기법

39. TPM의 특징은 "고장 제로, 불량 제로"이다. 이를 위해서는 예방이 가장 좋은 방법인데 이 예방의 개념과 거리가 먼 것은?
① 조기 대처 [16-3]
② 이상 조기 발견
③ 고장 및 정지의 방치
④ 정상적인 상태 유지

해설 예방 개념에서 고장 및 정지는 방치하지 않아야 한다.

40. 제품 생산 중 만성적인 불량품이 발생되어 대책을 세우고자 한다. 불량 수정 로스 (loss)에 대한 대책이 아닌 것은? [06-3]
① 강제 열화를 방치한다.
② 불량품이 발생하는 모든 요인에 대하여 대책을 세운다.
③ 불량 현상의 관찰을 충분히 한다.
④ 불량 요인의 계통을 재검토한다.

3과목 기계 보전, 용접 및 안전

41. 기어의 파손 원인 중 윤활 문제로 발생하는 것은? [11-3, 16-3]
① 피칭
② 스폴링
③ 피로 파괴
④ 스코어링

해설 스코어링(scoring) : 운전 초기에 자주 발생하며, 고속 고하중 기어에서 이면의 유막이 파단되어 국부적으로 금속 접촉이 일어나 마찰에 의해 그 부분이 용융되어 뜯겨나가는 현상으로 마모가 활동 방향에 생긴다. 심한 경우는 운전 불능을 초래하기도 하며 일명 스커링이라고도 한다. 이 현상을 방지하는데는 축의 취부, 이면의 다듬질 등에 주의하여야 하지만 이면에 걸리는 하중과 활동 속도에 적합한 점도 및 극압성을 가진 윤활유를 선정하는 것도 매우 중요하다.

42. 플랜지형 커플링의 센터링 작업을 할 때 사용되는 다이얼 게이지의 사용상 주의사항으로 잘못된 것은? [12-2, 16-3]
① 커플링이 가열되었어도 즉시 측정한다.
② 사용 중에는 다이얼 게이지 스핀들(spindle)에 기름을 주지 않는다.
③ 다이얼 게이지 눈금을 읽는 시선은 측정면과 직각 방향이어야 한다.
④ 다이얼 게이지 스핀들의 선단을 손가락 끝으로 가볍게 밀어올리고 가만히 내린다.

해설 다이얼 게이지의 사용상 주의사항
㉠ 다이얼 게이지의 선단을 손가락 끝으로 가볍게 밀어올리고 가만히 내린다.
㉡ 눈금을 읽는 시선은 측정 면과 직각 방향이어야 한다.
㉢ 단침(작은 바늘) 위치를 확인해 둔다.

정답 38. ② 39. ③ 40. ① 41. ④ 42. ①

ⓔ 측정기와 피측정물은 깨끗이 한다.
ⓜ 측정 전에 측정 부분의 먼지 혹은 이물질을 제거한다.
ⓗ 사용 중 스핀들(spindle)에 기름을 주지 않는다.
ⓢ 가열된 것은 식은 후에 측정한다(정측정은 상온 20℃ 유지).
ⓞ 게이지 설치 후 손가락으로 작동시켜 지침이 제자리에 되돌아오는가 확인한다.
ⓩ 지지구는 변형되지 않고 안전성이 있는 것을 사용한다.
ⓒ 충격을 주거나 떨어뜨리지 않는다.
ⓚ 사용 후에는 보관에 특히 유의하여야 한다(먼지, 파손, 분리 보관).
ⓣ 지지 방법과 오차에 주의한다. 측정면과 스핀들(spindle)의 운동 방향을 될 수 있는 한 직각이 되도록 지지한다.

43. 펌프의 배관을 90도로 방향을 바꾸고자 할 때 사용하는 배관용 이음쇠는? [14-2, 19-2]
① 크로스(cross)
② 유니언(union)
③ 엘보(elbow)
④ 리듀서(reducer)

해설 ㉠ 크로스 : 3방향 분기 시 사용
㉡ 유니언 : 직선 이음 시 사용
㉢ 엘보 : 90도로 방향을 바꾸고자 할 때 사용
㉣ 리듀서 : 배관경을 줄이거나 늘리는데 사용

44. 밸브 취급상의 일반적인 주의사항으로 옳지 않은 것은? [12-2]
① 밸브를 열 때는 처음에 약간 열고 기기의 상태를 확인하면서 소정의 열림 위치까지 연다.
② 밸브를 완전히 열 때는 개폐 손잡이를 정지할 때까지 회전시킨 후 손잡이를 잠궈 둔다.
③ 밸브를 닫을 때 밸브가 진동을 일으키면 빨리 닫는다.
④ 이중 금속으로 이루어진 밸브를 닫을 때는 냉각된 다음 더 죄기를 한다.

해설 밸브를 전개할 때는 완전히 연 후 1/2 회전을 역회전시켜 둔다.

45. 펌프에서 발생하는 이상 현상 중 수격 현상에 관한 설명으로 옳은 것은 어느 것인가? [14-3, 20-2]
① 관로의 유체가 비중이 낮아 흐름 속도가 빨라지는 현상이다.
② 펌프 내부에서 흡입 양정이 높아 유체가 증발하여 기포가 생기는 현상이다.
③ 배관을 흐르는 유체에 불순물이 섞여 관로에서 충격파를 발생시키는 현상이다.
④ 배관에 흐르는 유체의 속도가 급격한 변화에 의해 관 내 압력이 상승 또는 하강하는 현상이다.

해설 ②는 캐비테이션에 관한 설명이다.

46. 전동기의 고장 현상과 원인의 연결이 틀린 것은? [16-1, 19-1]
① 기동 불능-공진
② 과열-과부하 운전
③ 진동-베어링 손상
④ 절연 불량-코일 절연물의 열화

해설 공진은 운전 중에 발생된다.

47. 1m에 대하여 감도 0.05mm의 수준기로 길이 3m 베드의 수평도 검사 시 오른쪽으로 3눈금 움직였다면 이때 베드의 기울기는 얼마인가? [13-2]

정답 43. ③ 44. ② 45. ④ 46. ① 47. ③

① 오른쪽이 0.15mm 높다.
② 왼쪽이 0.3mm 높다.
③ 오른쪽이 0.45mm 높다.
④ 왼쪽이 0.75mm 높다.

해설 기울기=감도(mm)×눈금수×전길이(m)
=0.05×3×3=0.45mm

48. 절삭 공구 재료의 구비 조건으로 틀린 것은?
① 마찰계수가 클 것
② 고온 경도가 클 것
③ 인성이 클 것
④ 내마모성이 클 것

해설 절삭 공구 재료의 구비 조건
㉠ 가공 재료보다 경도가 클 것
㉡ 인성과 내마모성이 클 것
㉢ 고온에서도 경도를 유지할 것
㉣ 성형성이 좋을 것

49. 벨트 풀리의 제도법을 설명한 내용 중 틀린 것은? [12-4]
① 벨트 풀리는 대칭형이므로 전부를 표시하지 않고 그 일부분만 표시할 수 있다.
② 아암은 길이 방향으로 절단하지 않는다.
③ 아암의 단면형은 도형의 밖이나 도형 내에 표시한다.
④ 테이퍼 부분의 치수는 치수선을 빗금 방향으로 표시해서는 안 된다.

해설 테이퍼 부분의 치수는 치수선을 빗금 방향(수평과 60° 또는 30°)으로 경사시켜 표시한다.

50. 스냅 링 또는 리테이닝 링의 부착이나 분해용으로 사용하는 공구는? [04-1]
① 베어링 풀러
② 스톱 링 플라이어
③ 롱 노즈 플라이어
④ 조합 플라이어

해설 스톱 링 플라이어는 스냅 링, 리테이닝 링의 부착이나 분해용으로 사용된다.

51. 국소 배기 장치에서 후드를 추가로 설치해도 쉽게 정압 조절이 가능하고, 사용하지 않는 후드를 막아 다른 곳에 필요한 정압을 보낼 수 있어 현장에서 가장 편리하게 사용할 수 있는 압력 균형 방법은?
① 댐퍼 조절법
② 회전수 변화
③ 압력 조절법
④ 안내익 조절법

해설 ㉠ 댐퍼 조절법(부착법) : 풍량을 조절하기 가장 쉬운 방법
㉡ 회전수 변화(조절법) : 풍량을 크게 바꿀 때 적당한 방법
㉢ 안내익 조절법 : 안내 날개의 각도를 변화시켜 송풍량을 조절하는 방법

52. TIG 용접기에서 직류 역극성을 사용하였을 경우 용접 비드의 형상으로 맞는 것은?
① 비드 폭이 넓고 용입이 깊다.
② 비드 폭이 넓고 용입이 얕다.
③ 비드 폭이 좁고 용입이 깊다.
④ 비드 폭이 좁고 용입이 얕다.

해설 역극성은 음극(-)에 모재를, 양극(+)에 토치를 연결하는 것으로 비드 폭이 넓고 용입이 얕으며, 산화피막을 제거하는 청정 작용이 있다. 정극성으로 용접하면 비드 폭이 좁고 용입이 깊다.

53. MIG 용접에서 토치의 노즐 끝 부분과 모

정답 48. ① 49. ④ 50. ② 51. ① 52. ② 53. ④

재와의 거리를 얼마 정도 유지하여야 하는가?

① 3mm 정도
② 6mm 정도
③ 8mm 정도
④ 12mm 정도

해설 MIG 용접의 아크 발생은 토치의 끝을 약 15~20mm 정도 모재 표면에 접근시켜 토치의 방아쇠를 당기어 와이어를 공급하여 아크를 발생시키며, 노즐과 모재와의 거리를 12mm 정도 유지시키고 아크 길이는 6~8mm가 적당하다.

54. CO_2 용접에서 3~6개월 점검사항이 아닌 것은?

① 전원의 입력 측, 출력 측 용접 케이블 접속 부분의 절연 테이프 해체 상태, 접촉의 불량, 절연 상태를 점검한다.
② 정류기 냉각팬 및 변압기 권선 간에 먼지가 쌓이면 방열 효과가 저하되므로 측면 및 상면을 열어 압축공기를 이용하여 먼지를 깨끗이 제거한다.
③ 송급 장치의 롤러 마모 상태, 라이너 속의 이물질, 토치 스위치 작동 상태를 점검한다.
④ 제어 컨트롤 PCB의 제어 릴레이 손상 및 부품의 열화 상태를 확인 후 교체 및 수리한다.

해설 ④는 연간 점검 내용이다.

55. 용접 시 발생되는 균열로 맞대기 및 필릿 용접 등의 표면 비드와 모재의 경계부에서 발생되는 것은?

① 크레이터 균열
② 비드 밑 균열
③ 설퍼 균열
④ 토 균열

해설 토 균열은 맞대기 이음 용접 및 필릿 용접 이음 등에서 표면 비드와 모재의 경계부에서 발생한다. 용접에 의한 부재의 회전 변형을 무리하게 구속하거나 용접 후 곧바로 각 변형을 주면 발생한다.

56. 다음 중 용접 후 잔류 응력을 제거하기 위한 열처리 방법으로 가장 적합한 것은?

① 담금질
② 노내 풀림법
③ 실리코나이징
④ 서브 제로 처리

해설 잔류 응력을 제거하는 열처리는 풀림이다.

57. 선반 바이트에 있는 안전 장치는 다음 중 어느 것인가?

① 칩 브레이커
② 경사각
③ 여유각
④ 절삭각

해설 초경 합금으로 연강을 고속 절삭할 때는 칩의 처리가 곤란하다. 즉, 연속적으로 생성되는 칩을 적당한 길이로 절단하기 위하여 바이트의 경사면에 칩 브레이커를 설치한다.

58. 다음 중 전격 위험성이 가장 적은 것은 어느 것인가?

① 젖은 몸에 홀더 등이 닿았을 때
② 땀을 흘리면서 전기 용접을 할 때
③ 무부하 전압이 낮은 용접기를 사용할 때
④ 케이블 피복이 파괴되어 절연이 나쁠 때

해설 전격 위험은 무부하 전압이 높은 교류에서 더 크다.

정답 54. ④ 55. ④ 56. ② 57. ① 58. ③

59. 인체에 침입하여 전신 중독을 일으키는 물질은?

① 산소　　　　② 납
③ 석회석　　　④ 일산화탄소

해설 중금속 물질인 납(Pb), 구리(Cu), 수은(Hg), 크롬(Cr) 등은 인체에 많은 해를 미친다.

60. 다음 중 방진 마스크 선택상의 유의사항으로서 옳지 못한 것은?

① 여과 효율이 높을 것
② 흡기, 배기저항이 낮을 것
③ 시야가 넓을 것
④ 흡기저항 상승률이 높을 것

해설 방진 마스크를 사용함에 따라 흡·배기 저항이 커지며, 따라서 호흡이 곤란해지므로 흡기저항 상승률이 낮을수록 좋다.
㉠ 여과 효율(분진 포집률)이 좋을 것
㉡ 흡·배기저항이 낮을 것
㉢ 중량이 작은 것(직결식의 경우 120 g 이하)
㉣ 안면의 밀착성이 좋은 것
㉤ 안면에 압박감이 되도록 적은 것
㉥ 사용 후 손질이 용이한 것
㉦ 사용적(死容積)이 적은 것
㉧ 시야가 넓은 것(하방 시야 50° 이상)

정답 59. ② 60. ④

제21회 CBT 대비 실전문제

1과목 공유압 및 자동 제어

1. 관로 면적을 감소시킨 통로의 길이가 단면 치수에 비해 짧은 것은? [16-3]
① 스풀(spool) ② 초크(choke)
③ 플런저(plunger) ④ 오리피스(orifice)

해설 오리피스는 관의 길이가 짧은 교축이며, 초크는 관의 길이가 비교적 긴 교축이다.

2. 교축 밸브에 체크 밸브를 붙인 것으로, 공압 회로에서 실린더의 속도를 제어하기 위한 밸브는? [15-1]
① 급속 배기 밸브
② 한 방향 유량 제어 밸브
③ 방향 제어 밸브
④ 양방향 유량 제어 밸브

3. 진공 발생기에서 진공이 형성되는 원리와 가장 관련이 깊은 것은? [15-1]
① 샤를의 법칙
② 보일의 법칙
③ 파스칼의 원리
④ 벤투리의 원리

해설 ㉠ 벤투리의 원리 : 관 내 유체가 직경이 작은 좁은 부분을 지날 때 압력이 감소하는 현상이다.
㉡ 파스칼의 원리 : 정지된 유체 내의 모든 위치에서의 압력은 방향에 관계없이 항상 같으며, 또한 유체를 통하여 전달된다.

4. 직관적인 회로 구성 방법 중 실린더의 운동 방법을 나타내는 것이 아닌 것은? [16-1]
① 수식적 표현법
② 서술적 표현법
③ 테이블 표현법
④ 약식 기호법

5. 다음 중 동점성계수의 단위는? [03-1]
① poise ② stokes
③ viscosity ④ degree

해설 점성계수를 밀도로 나눈 값을 동점성계수(kinematic coefficient of viscosity)라고 한다. 점성계수의 단위로는 푸아즈(poise, P), 센티푸아즈(cP) 등이 있다.

6. 펌프의 토출량이 15L/min이고 유압 실린더에서의 피스톤 지름이 32mm, 배관경이 6mm일 때 배관에서의 유속(A)과 피스톤의 전진 속도(B)는 각각 몇 m/s인가? [15-1]
① (A) 0.88, (B) 0.03
② (A) 5.31, (B) 1.87
③ (A) 8.84, (B) 0.31
④ (A) 53.1, (B) 18.7

해설 $Q = \dfrac{15 \times 10^{-3} \text{m}^3}{60 \text{s}}$
$= 2.5 \times 10^{-4} \text{m}^3/\text{s}$

정답 1. ④ 2. ② 3. ④ 4. ① 5. ② 6. ③

㉠ 배관에서의 유속(A)

$$\frac{Q}{A} = \frac{2.5 \times 10^{-4} \,\text{m}^3/\text{s}}{\frac{\pi}{4} \times (6 \times 10^{-3}\,\text{m})^2} = 8.84\,\text{m/s}$$

㉡ 피스톤의 전진 속도(B)

$$\frac{Q}{A} = \frac{2.5 \times 10^{-4} \,\text{m}^3/\text{s}}{\frac{\pi}{4} \times (32 \times 10^{-3}\,\text{m})^2} = 0.31\,\text{m/s}$$

7. 소용량 펌프와 대용량 펌프를 동일 축선상에 조합시킨 펌프는? [18-2]

① 2연 베인 펌프
② 3단 베인 펌프
③ 단단 베인 펌프
④ 복합 베인 펌프

8. 긴 행정 거리를 얻을 수 있도록 다단 튜브형의 로드를 갖춘 실린더는? [15-2]

① 충격 실린더
② 양로드 실린더
③ 로드리스 실린더
④ 텔레스코프 실린더

해설 텔레스코프형 실린더 : 유압 실린더의 내부에 또 하나의 다른 실린더를 내장하고, 유압이 유입되면 순차적으로 실린더가 이동하도록 되어 있어 실린더 길이에 비하여 큰 스트로크를 필요로 하는 경우에 사용된다. 이 경우에 포트가 하나이고, 중력에 의해서 돌아가는 것을 단동형이라 한다.

9. 스트레이너는 다음 중 어느 위치에 설치하는가? [10-1]

① 유압 실린더와 방향 제어 밸브 사이
② 방향 제어 밸브의 복귀 포트
③ 유압 펌프의 흡입관
④ 유압 모터와 방향 제어 밸브 사이

10. 다음은 3위치 4포트 밸브 중 클로즈 센터형 밸브에 대한 설명이다. 밸브의 설명으로 옳지 않은 것은? [07-1]

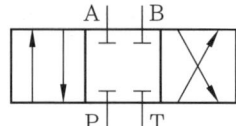

① 실린더를 임의의 위치에서 정지시킬 수 있다.
② 중립 위치에서 펌프를 무부하시킬 수 있다.
③ 1개의 펌프로 2개 이상의 실린더를 작동시킬 수 있다.
④ 급격한 밸브 전환 시 서지압(surge pressure)이 발생된다.

해설 클로즈 센터형 밸브는 중립 위치에서 펌프를 무부하시킬 수 없다.

11. 다음 그림의 회로는? [16-2]

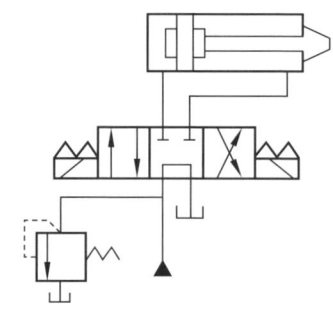

① 차동 회로
② 펌프 회로
③ 브레이크 회로
④ 임의의 위치 로크 회로

해설 이 회로는 언로드 회로도 될 수 있으며, 4/3-way 밸브 중 탠덤형을 사용하고 있는데 이 밸브는 작업 라인을 차단시킬 수 있어 실린더를 로크할 수 있다.

정답 7. ① 8. ④ 9. ③ 10. ② 11. ④

12. 다음 회로의 명칭은? [18-2]

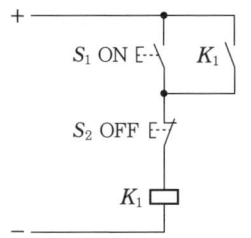

① ON 반복 회로
② ON 우선 회로
③ OFF 반복 회로
④ OFF 우선 회로

[해설] ㉠ ON 우선 자기 유지 회로 : ON 스위치와 OFF 스위치를 같이 작동시킬 때 릴레이가 OFF 스위치와는 관계없이 ON 스위치에 의해 작동되는 회로
㉡ OFF 우선 자기 유지 회로 : ON 스위치와 OFF 스위치를 같이 작동시킬 때 릴레이가 ON 스위치와는 관계없이 OFF 스위치에 의해 작동될 수 없는 회로로 OFF 신호가 ON 신호보다 우선되어야 하며, 자기 유지 회로로 이 방식이 많이 이용되고 있다.

13. 그림과 같이 응답이 나타나는 전달 요소는 어느 것인가? [14-1]

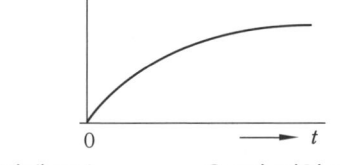

① 비례 요소
② 1차 지연 요소
③ 적분 요소
④ 미분 요소

14. 다음 중 몽키 스패너의 규격을 나타내는 것은? [07-1]

① 무게
② 전체의 길이
③ 입의 최대 너비
④ 적용 가능한 볼트의 최대 지름

[해설] 몽키 스패너(monkey spanner)는 조절 렌치라고 하며, 입의 크기를 조정할 수 있는 공구로 규격은 전체의 길이로 표시한다.

15. 다음 ( )에 알맞은 내용은? [18-2]

> 교류의 전압 전류의 크기를 나타낼 때 일반적으로 특별한 언급이 없을 때는 ( )을 가리킨다.

① 평균값
② 최댓값
③ 순싯값
④ 실효값

[해설] 실효값(effective value) : 교류 전류 i를 저항에 임의의 시간 동안 흘렸을 때의 발열량이 같은 저항 R에 직류 전류 $I[A]$를 같은 시간 동안 흘렸을 때의 발열량과 같을 때, 그 교류 i를 실효값이라고 하며, 순싯값의 제곱에 대한 평균값의 제곱근으로 표현한다.

16. 신호 전송 라인에서 노이즈의 대책으로 실드선을 사용하면 어떠한 효과가 있는가?

① 임피던스의 경감
② 유도 장애 경감
③ 자기 유도의 제거
④ 정전 유도의 제거

[해설] ㉠ 노이즈의 발생 원인 : 전도, 정전 유도, 전자 유도, 중첩, 접지 루프, 접합 전위차 등
㉡ 실드(shield)선의 사용 : 강(steel)으로 된 실드선이나 구리로 된 실드선은 정전 유도의 제거에 대한 효과를 얻을 뿐, 전자 유도계에 대한 효과는 거의 없다.

[정답] 12. ④ 13. ② 14. ② 15. ④ 16. ④

17. 물리 화학량을 전기적 신호로 변환하거나, 역으로 전기적 신호를 다른 물리적인 양으로 바꾸어 주는 장치는? [14-2, 19-1]
① 트랜스듀서
② 액추에이터
③ 포지셔너
④ 오리피스

해설 트랜스듀서(transducer) : "측정량에 대응하여 처리하기 쉬운 유용한 출력 신호를 주는 변환기(converter)"로 정의한다.

18. 메모리의 단위를 크기순으로 올바르게 나열한 것은? [11-3, 17-3]
① bit < kbyte < Mbyte < Gbyte
② kbyte < Mbyte < Gbyte < bit
③ Mbyte < Gbyte < byte < bit
④ Mbyte < bit < kbyte < Gbyte

19. 다음 중 DC 서보 모터의 장점으로 맞지 않는 것은? [05-3]
① 브러시가 없어 보수가 용이하다.
② 토크가 전력에 비례하므로 기동 토크가 크다.
③ 제어 선형성이 좋아 응답성이 좋다.
④ 회전수는 모터 단자 전압에 의해 정해진다.

해설 DC 서보 모터는 브러시 마찰로 기계적 손실이 크며, 브러시의 보수가 필요하다.

20. 3상 유도 전동기의 회전 방향은 전동기에서 발생되는 회전자계의 회전 방향과 어떤 관계가 있는가? [20-3]
① 부하 조건에 따라 회전 방향이 변화한다.
② 특별한 관계가 없다.
③ 회전자계의 회전 방향으로 회전한다.
④ 회전자계의 반대 방향으로 회전한다.

2과목　설비 진단 및 관리

21. 단위 시간당 사이클의 횟수를 나타내는 것은? [11-3]
① 진폭　　② 주기
③ 변위　　④ 주파수

해설 주파수는 1초당 사이클의 수를 나타내며, 단위는 [Hz]이다.
진동수 $f = \dfrac{1}{T} = \dfrac{\omega}{2\pi}$ [cycle/s 또는 Hz]

22. 가속도 센서의 부착 방법 중 마그네틱 고정 방식의 특징이 아닌 것은? [16-1]
① 습기에 문제가 없다.
② 먼지와 온도에 문제가 없다.
③ 가속도계의 고정 및 이동이 용이하다.
④ 작은 구조물에는 자석의 질량 효과가 크다.

해설 가속도 센서의 부착법은 먼지와 높은 온도 등 장기적인 안정성에 문제가 많다.

23. 구조 설계에 의한 진동 제어를 설명함에 있어 적용되는 요소로 틀린 것은? [08-3]
① 구조물의 질량을 고려하여 진동이 최소화되도록 설계한다.
② 구조물의 강성의 크기를 진동이 최소화되도록 설계한다.
③ 구조물의 강성의 분포를 고려하여 진동이 최소화되도록 설계한다.
④ 구조물의 형태를 고려하여 진동이 최소화되도록 설계한다.

해설 모든 구조물은 그에 고유한 공진 주파수를 갖는다. 만일 구조물에 가해지는 힘이 이 공진 주파수와 동일한 주파수를 갖는다면 구조물의 큰 진동과 함께 소음이 발생할 수 있다. 기계 구조물의 이러한

정답　17. ①　18. ①　19. ①　20. ③　21. ④　22. ②　23. ④

공진 현상은 회전체의 불균형, 충격, 마찰 등에 의해서 발생되는 주기적 힘이 해당 구조물에 전달됨으로써 일어난다. 구조물의 공진 현상을 방지하는 최선의 방법은 중요한 구조물의 공진 주파수가 예상되는 강한 여진 주파수(회전 속도 등)와 일치하지 않도록 적절한 설계를 하는 것이다.

24. 진동 차단기로 이용되는 패드의 재료로 부적합한 것은? [15-3]
① 강철 스프링
② 코르크
③ 스펀지 고무
④ 파이버 글라스

25. 다음 중 흡음에 대한 설명으로 옳은 것은? [20-3]
① 흡음재의 종류가 같을 경우 흡음률은 항상 일정하다.
② 흡음판에서 일부 음향 에너지는 열로 소멸된다.
③ 부드럽고 다공성 표면을 갖는 재질일수록 흡음률은 낮다.
④ 흡음률은 손실 에너지에 대한 전체 음향 에너지의 비이다.

해설 부드럽고 다공성 표면을 갖는 재질일수록 흡음률은 높다. 흡음 재료는 주파수, 재료의 구성, 표면 처리, 두께 등에 따라 흡음 특성이 다르게 나타나며, 흡음률은 입사 에너지 중 흡수되는 에너지의 비이다.

$$흡음률\ \alpha = \frac{흡수된\ 에너지}{입사\ 에너지}$$
$$= \frac{(입사음 - 반사음)의\ 세기}{입사음의\ 세기}$$

26. 기계 진동이 공진으로 인하여 높은 경우, 진동을 저감하는 방법으로 잘못된 것은? [14-2]
① 구조물의 강성을 높여 고유 진동 주파수를 낮은 영역으로 변화시킨다.
② 구조물의 질량을 크게 하여 고유 진동 주파수를 낮은 영역으로 변화시킨다.
③ 구조물의 강성을 낮추어 고유 진동 주파수를 낮은 영역으로 변화시킨다.
④ 구조물의 강성과 질량을 적절히 조절하여 현재 가진되고 있는 공진 주파수 영역을 피하도록 한다.

해설 구조물의 강성을 높이면 공진 주파수는 높은 영역으로 이동된다.

27. 롤링 베어링에서 발생하는 진동의 종류에 해당되지 않는 것은? [09-2, 19-2]
① 신품의 베어링에 의한 진동
② 다듬면의 굴곡에 의한 진동
③ 베어링 구조에 기인하는 진동
④ 베어링의 비선형성에 의해 발생하는 진동

해설 구름 베어링에서 발생하는 진동 특성
㉠ 베어링의 구조에 기인하는 진동
㉡ 베어링의 비선형성에 의하여 발생하는 진동
㉢ 다듬면의 굴곡에 의한 진동
㉣ 베어링의 손상에 의하여 발생하는 진동

28. 다음 중 윤활유의 작용이 아닌 것은 어느 것인가? [09-1, 20-3]
① 감마 작용   ② 냉각 작용
③ 방독 작용   ④ 응력 분산 작용

해설 윤활유의 작용 : 감마 작용, 냉각 작용, 응력 분산 작용, 밀봉 작용, 청정 작용, 녹 및 부식 방지, 방청 작용, 방진 작용, 동력 전달 작용

정답 24. ①   25. ②   26. ①   27. ①   28. ③

29. 그리스를 가열했을 때 반고체 상태의 그리스가 액체 상태로 되어 떨어지는 최초의 온도로 그리스의 내열성을 평가하는 기준이 되는 것은? [19-3]
① 이유도
② 적하점
③ 침투점
④ 산화 안정도

해설 적하점은 그리스의 내열성 및 사용 온도를 결정하는 기준이다.

30. 물 또는 적당한 액체를 가득 채운 유리관 속에서 유적이 서서히 떠올라오게 하는 급유기를 사용한 것으로서 급유 상태를 뚜렷이 볼 수 있는 이점이 있는 급유법은?
① 제트 급유법 [08-3, 17-2]
② 유륜식 급유법
③ 강제 순환 급유법
④ 가시 부상 유적 급유법

해설 가시 부상 유적 급유법 : 유적이 물 또는 적당한 액체를 가득 채운 유리관 속에서 서서히 떠올라오게 하는 급유기를 사용한 것으로서 급유 상태를 뚜렷이 볼 수 있는 이점이 있다.

31. 여러 대의 공작기계를 1대의 컴퓨터에 결합시켜 제어하는 생산 설비 시스템으로 머시닝 센터의 기초가 된 생산 설비를 무엇이라 하는가? [20-3]
① 수치 제어기계(numerical control machine)
② 유연 기술 시스템(flexible technological system)
③ 직접 제어기계(DNC : direct numerical control machine)
④ 컴퓨터 수치 제어(CNC : computerized numerical control machine)

32. 설비의 수명이 길고 고장이 적으며 보전 절차가 없는 재료나 부품을 사용할 수 있도록 설비의 체질을 개선해서 열화 손실을 줄이도록 하는 설비 관리 기법은? [09-1]
① 예방 보전(preventive maintenance)
② 생산 보전(productive maintenance)
③ 보전 예방(maintenance prevention)
④ 개량 보전(corrective maintenance)

33. 설비 배치의 목적이 아닌 것은? [04-3]
① 생산의 증가
② 생산 원가의 절감
③ 공장 환경의 정비
④ 설비비의 증가

해설 설비 배치의 목적
㉠ 생산의 증가
㉡ 생산 원가의 절감
㉢ 우량품의 제조 및 설비비의 절감
㉣ 공간의 경제적 사용 및 노동력의 효과적 활용
㉤ 작업 환경 및 공장 환경의 정비
㉥ 커뮤니케이션(communication)의 개선
㉦ 배치 및 작업의 탄력성 유지
㉧ 안전성의 확보

34. 기계가 고장을 일으키지 않는 성질은 무엇인가? [07-3]
① 신뢰성
② 보전성
③ 생산성
④ 경제성

해설 신뢰성(reliability)이란 "언제나 안심하고 사용할 수 있다, 고장이 없다, 신뢰할 수 있다"이다. 어떤 특정 환경과 운전 조건하에서 어느 주어진 시점 동안 명시된 특정 기능을 성공적으로 고장 없이 수행할 수 있는 확률이다.

정답 29. ② 30. ④ 31. ② 32. ④ 33. ④ 34. ①

35. 고장 원인을 분석하기 위하여 많이 쓰이는 방법으로 일명 생선뼈와 같다고 하여 생선뼈 그림이라고도 하는데 특정 문제나 그 상황의 원인을 규명하여 그림으로 보여줌으로써 문제 해결을 위한 전반적인 흐름을 볼 수 있는 방법으로 맞는 것은? [13-2]
① 특성 요인 분석법
② 상황 분석법
③ 의사 결정법
④ 변환 기획법

36. 다음 중 가장 경제적인 최적 수리 주기는 어느 것인가? [07-1]
① 보전비가 최소일 때
② 열화 손실이 최소일 때
③ 열화로 인한 고장 간격이 가장 길 때
④ 열화 손실과 보전비의 합이 최소일 때

해설 열화 손실을 감소시키기 위해서는 보전비가 필요하며, 보전비를 사용하지 않으면 설비의 열화 손실이 증대되는 상반되는 경향이 있는 두 가지 요소의 조합(설비 비용의 합계)에서 최적 방법(최소 비용점)을 구한다.

37. 공사의 완급도를 결정하기 위하여 고려해야 할 판정 기준이 아닌 것은? [18-1]
① 공사가 지연됨으로써 발생하는 만성 로스의 비용
② 공사가 지연됨으로써 발생하는 생산 변경의 비용
③ 공사를 급히 진행함으로써 발생하는 공수나 재료의 손실
④ 공사를 급히 진행함으로써 발생하는 타 공사의 지연에 따른 손실

해설 이외에 공사를 급히 진행함으로써 발생하는 계획 변경의 비용이 있다.

38. 원활한 보전을 위하여 보전용 자재의 일부를 상비품으로 준비하고자 한다. 상비품으로 고려할 사항이 아닌 것은? [11-1]
① 여러 공정의 부품에 공통적으로 사용되는 부품
② 사용량이 많고 계속적으로 사용되는 부품
③ 단가가 비싼 부품
④ 보관상(중량, 변질 등) 지장이 없는 부품

해설 단가가 낮을 것

39. 설비 효율을 저해하는 손실 요소가 아닌 것은? [05-1]
① 돌발적 또는 설비 열화로 발생하는 고장 손실
② 불량품의 재작업에 의한 불량, 수정 손실
③ 설비의 설계 속도와 실제 가동되는 속도와의 차이에서 생기는 속도 손실
④ 치공구의 잘못된 조작에 의한 조정 손실

해설 설비 효율을 저해하는 6대 로스 : 고장 로스, 작업 준비·조정 로스, 일시 정체 로스, 속도 로스, 불량·수정 로스, 초기·수율 로스

40. 자주 보전을 추진하기 위한 7단계로 맞는 것은? [13-3]
① 초기 청소-점검·급유 기준 작성-발생원 곤란 개소 대책-총 점검-자주 보전의 시스템화-자주 점검-자주 관리의 철저
② 초기 청소-점검·급유 기준 작성-발생원 곤란 개소 대책-자주 점검-총 점검-자주 보전의 시스템화-자주 관리의 철저
③ 초기 청소-발생원 곤란 개소 대책-점검·급유 기준 작성-총 점검-자주 점검-자주 보전의 시스템화-자주 관리의 철저

정답 35. ① 36. ④ 37. ① 38. ③ 39. ④ 40. ③

④ 초기 청소-발생원 곤란 개소 대책-점검·급유 기준 작성-자주 보전의 시스템화-자주 점검-총 점검-자주 관리의 철저

3과목   기계 보전, 용접 및 안전

41. 테이퍼 핀을 밑에서 때려서 뺄 수 없을 경우에 적합한 분해 방법은? [14-2, 17-2]
① 테이퍼 핀을 정으로 잘라서 뺀다.
② 스크루 엑스트랙터를 사용하여 뺀다.
③ 테이퍼 핀 머리 부분에 용접을 하여 뺀다.
④ 테이퍼 핀 머리 부분에 나사를 내어 너트를 걸어 뺀다.

해설 테이퍼 핀은 주로 치공구나 두 부품의 조립 위치 결정용으로 사용되는 요소로 관통 구멍의 밑에서 때려 뺄 수 있게끔 쓰는 것이 기본이다. 밑에서 때려 뺄 수 없을 경우에는 핀의 머리에 나사를 내고 너트를 걸어서 빼게끔 한다.

42. 베어링의 축 방향으로 이동을 방지하기 위해 스냅 링을 보스나 축에 장착하는데, 이를 조립하거나 분해할 때 쓰이는 공구로 적절한 것은? [20-3]
① 조합 플라이어(combination plier)
② 스톱 링 플라이어(stop ring plier)
③ 롱 노즈 플라이어(long nose plier)
④ 워터 노즈 플라이어(water nose plier)

43. 다음 중 관 이음쇠의 기능이 아닌 것은 어느 것인가? [09-1, 11-3, 15-2, 19-3]
① 관로의 연장
② 관로의 곡절
③ 관로의 분기
④ 관의 피스톤 운동

해설 관 이음쇠의 기능
㉠ 관로의 연장
㉡ 관로의 곡절
㉢ 관로의 분기
㉣ 관의 상호 운동
㉤ 관 접속의 착탈

44. 밸브 시트부의 누설 원인으로 가장 거리가 먼 것은? [15-2]
① 본체의 변형
② 시트면의 손상
③ 시트면의 이물질 부착
④ 패킹 누르기의 과대 조임

해설 패킹 누르기의 과대 조임으로 밸브 개폐가 어려워진다. 밸브 부분의 누설은 플랜지 부분(또는 나사 체결 부분), 밸브 자리, 밸브 봉 패킹 부분의 3개소를 들 수 있다.

45. 펌프 흡입관 배관 시 주의사항으로 맞지 않는 것은? [11-2, 20-2]
① 흡입관 끝에 스트레이너를 설치한다.
② 관의 길이는 짧고 곡관의 수는 적게 한다.
③ 배관은 펌프를 향해 $\frac{1}{100}$ 내림 구배한다.
④ 흡입관에서 편류나 와류가 발생하지 못하게 한다.

해설 배관은 펌프를 향해 $\frac{1}{100}$ 올림 구배를 한다.

46. 송풍기의 진동 원인으로 가장 거리가 먼 것은? [20-2]
① 축의 굽음

정답   41. ④   42. ②   43. ④   44. ④   45. ③   46. ③

② 임펠러의 마모
③ 모터의 용량 증가
④ 임펠러에 더스트(dust) 부착

[해설] 송풍기의 진동 원인
  ㉠ 구부러진 베어링
  ㉡ 지지의 부족
  ㉢ 불균형 및 불일치
  ㉣ 임펠러의 마모, 부식 및 오염

47. 3상 220V 50Hz용 유도 전동기를 3상 220V 60Hz로 사용하면 어떻게 되는가?
① 모터의 회전수가 감소한다. [13-1]
② 모터가 회전하지 않는다.
③ 모터의 회전수가 증가한다.
④ 모터의 회전수 변화가 없다.

[해설] 주파수가 높을수록 동일한 크기의 유도 전동기의 속도가 빨라진다.

48. 다음 블록 게이지 등급 중에서 특수 검교정 실험실에서 사용되는 것은? [08-3]
① K급 ② 0급 ③ 1급 ④ 2급

[해설] 게이지 블록은 KS B 5201에 규정되어 있으며, 그 측정면이 정밀하게 다듬질된 블록으로 되어 있다. 정밀도 등급은 K, 0, 1, 2가 있다.

49. 절삭 공구 재료의 구비 조건으로 틀린 것은?
① 피절삭재보다 연하고 인성이 있을 것
② 절삭 가공 중에 온도 상승에 따른 경도 저하가 적을 것
③ 내마멸성이 높을 것
④ 쉽게 바라는 모양으로 만들 수 있을 것

[해설] 공구는 깎으려는 재질보다 강한 것이어야 한다.

50. 코일 스프링을 도면에 표현할 때의 사항으로 맞지 않는 것은? [08-4]
① 스프링에 가해지는 하중을 명기하지 않아도 하중이 가해진 상태로 도시한다.
② 도면에 감긴 방향이 표시되지 않은 코일 스프링은 오른쪽 감기로 도시한다.
③ 스프링의 중간 부분은 가상선을 이용하여 생략 도시할 수 있다.
④ 스프링의 종류 및 모양만을 도시할 경우 굵은 실선으로 그린다.

[해설] 스프링의 종류 및 모양만을 간략하게 도시할 경우에는 스프링의 중심선을 굵은 실선으로 그린다.

51. 다음 배관용 공기구 중 파이프를 구부리는 공구로 가장 적합한 것은? [19-4]
① 오스터 ② 파이프 커터
③ 파이프 바이스 ④ 파이프 벤더

[해설] 파이프 벤더(pipe bender)는 파이프를 구부리는 공구로 180° 이상도 벤딩이 가능하다.

52. 용접 접합의 인력이 작용하는 원리가 되는 1옹스트롬(Å)의 크기는?
① 10^{-5}cm ② 10^{-6}cm
③ 10^{-7}cm ④ 10^{-8}cm

[해설] 용접의 원리는 금속 원자가 인력이 작용할 수 있는 거리(Å = 10^{-8}cm)로 충분히 접근시켜 접합시키는 것이다.

53. 불활성 가스 아크 용접법에서 실드 가스는 바람의 영향이 풍속(m/s) 얼마에 영향을 받는가?
① 0.1~0.3 ② 0.3~0.5
③ 0.5~2 ④ 1.5~3

정답 47. ③ 48. ① 49. ① 50. ④ 51. ④ 52. ④ 53. ③

해설 실드 가스는 비교적 값이 비싸고 바람의 영향(풍속이 0.5~2m/s 이상이면 아르곤 가스의 보호 능력이 떨어진다)을 받기 쉽다는 결점과 용착 속도가 작은 것부터 고속, 고능률 용접에는 그다지 적합하지 않다.

54. 50℃ 이하인 액화가스를 충전하기 위한 용기로 단열재로 피복하여 용기 내의 가스 온도가 상용의 온도를 초과하지 않는 용기인 것은?
① 이음매 없는 용기
② 용접 용기
③ 초저온 용기
④ 납 붙임 또는 접합 용기

해설 초저온 용기 : 50℃ 이하인 액화가스를 충전하기 위한 용기로 단열재로 피복하여 용기 내의 가스 온도가 상용의 온도를 초과하지 않는 용기로서 액화산소, 액화질소, 액화 아르곤, 액화 천연가스 등을 충전하는데 사용된다.

55. 용접사에 의해 발생될 수 있는 결함이 아닌 것은?
① 용입 불량
② 스패터
③ 라미네이션
④ 언더필

해설 라미네이션(lamination) 균열은 모재의 재질 결함으로 설퍼 밴드와 같이 층상으로 편재되어 있고 내부에 노치를 형성하며 두께 방향의 강도를 감소시킨다. 딜라미네이션은 응력이 걸려 라미네이션이 갈라지는 것을 말하며, 방지 방법으로 킬드강이나 세미 킬드강을 이용하여야 한다.

56. 용접 잔류 응력의 완화법인 응력 제거 풀림에서 적정 온도는 625±25℃(탄소강)를 유지한다. 이때 유지 시간은 판 두께 25mm에 대하여 약 몇 시간이 적당한가?
① 30분
② 1시간
③ 2시간 30분
④ 3시간

해설 판 두께 25mm인 압연 강재, 용접 구조용 압연 강재, 일반 구조용 압연 강재, 탄소강의 경우 625℃에서 약 1시간 정도 노내 풀림을 유지하며 600℃부터는 10℃ 내려갈 때마다 20분씩 길게 소요되도록 한다.

57. 프레스에서 가장 많이 존재하는 대표적인 위험 요소는?
① 협착점 ② 접선 물림점
③ 물림점 ④ 회전 말림점

해설 협착점은 프레스의 상하 금형 사이, 전단기 날과 베드 사이와 같이 왕복 운동을 하는 운동부와 고정부 사이에 형성되는 위험점이다.

58. 다음 중 용접에 관한 안전사항으로 틀린 것은?
① TIG 용접 시 차광 렌즈는 12~13번을 사용한다.
② MIG 용접 시 피복 아크 용접보다 1m가 넘는 거리에서도 공기 중의 산소를 오존(O_3)으로 바꿀 수 있다.
③ 전류가 인체에 미치는 영향에서 50mA는 위험을 수반하지 않는다.
④ 아크로 인한 염증을 일으켰을 경우 붕산수(2% 수용액)로 눈을 닦는다.

정답 54. ③ 55. ③ 56. ② 57. ① 58. ③

해설 교류 전류가 인체에 통했을 때
㉠ 1 mA : 전기를 약간 느낄 정도
㉡ 5 mA : 상당한 고통
㉢ 10 mA : 견디기 어려울 정도의 고통
㉣ 20 mA : 심한 고통과 강한 근육 수축
㉤ 50 mA : 상당히 위험한 상태
㉥ 100 mA : 치명적인 결과

59. 나이프 스위치를 개폐하는데 알맞은 것은 어느 것인가?
① 왼손으로 빨리 한다.
② 오른손으로 빨리 한다.
③ 왼손이나, 오른손 어느 쪽이라도 좋다.
④ 막대기로 빨리 한다.

60. 추락 등의 위험을 방지하기 위하여 안전 난간을 설치하는 경우 상부 난간대는 바닥면·발판 또는 경사로의 표면으로부터 몇 cm 이상의 지점에 설치하는가?

① 30 cm   ② 60 cm
③ 90 cm   ④ 120 cm

해설 안전 난간의 구조 및 설치 요건
상부 난간대는 바닥면·발판 또는 경사로의 표면(이하 "바닥면 등"이라 한다)으로부터 90 cm 이상 지점에 설치하고, 상부 난간대를 120 cm 이하에 설치하는 경우 중간 난간대는 상부 난간대와 바닥면 등의 중간에 설치하여야 하며, 120 cm 이상 지점에 설치하는 경우 중간 난간대를 2단 이상으로 균등하게 설치하고 난간의 상하 간격은 60 cm 이하가 되도록 할 것(단, 난간 기둥 간의 간격이 25 cm 이하인 경우에는 중간 난간대를 설치하지 않을 수 있다)

정답 59. ② 60. ③

설비보전산업기사 필기

제22회 CBT 대비 실전문제

1과목 공유압 및 자동 제어

1. 압력의 크기가 다른 것은? [18-3]
① 1bar ② 14.5psi
③ 10kgf/cm² ④ 750mmHg

해설 1bar = 14.5psi = 100kPa
= 1.01972kgf/cm² = 0.986923atm
= 10197.1626mmH₂O
= 750.062mmHg

2. 공기 압축기의 설치 조건으로 적합하지 않은 것은? [13-3]
① 지반이 견고한 장소에 설치하여 소음, 진동을 예방한다.
② 고온, 다습한 장소에 설치하여 드레인 발생을 많게 한다.
③ 빗물, 바람, 직사광선 등에 보호될 수 있도록 한다.
④ 예방 정비가 가능하도록 공간을 확보한다.

해설 공기 압축기는 저온, 건조한 곳에 설치한다.

3. 공압 선형 액추에이터 중 단동 실린더에 속하지 않는 것은? [11-2]
① 피스톤 실린더 ② 충격 실린더
③ 격판 실린더 ④ 벨로스 실린더

해설 충격 실린더는 복동형 실린더에 속하며, 피스톤, 격판, 벨로스 실린더는 단동형이다.

4. 다음의 기호가 의미하는 기기는 무엇인가? [18-3]

① 증압기
② 공기 유압 변환기
③ 텔레스코프형 실린더
④ 고압 우선형 셔틀 밸브

5. 공압 제어 시스템의 오동작을 예방하기 위한 방법과 거리가 먼 것은? [03-3]
① 먼지와 이물질이 많은 경우에 자체 정화 커버를 사용한다.
② 신호의 지연을 방지하기 위해 배관을 가능한 한 짧게 한다.
③ 제어 및 파워 밸브의 배기는 보장되도록 한다.
④ 오염된 공기는 부품에 별 영향이 없다.

해설 공압 제어 시스템의 고장 : 공급 유량 부족으로 인한 고장, 수분으로 인한 고장, 이물질로 인한 고장, 공압기기의 고장

6. 다음 중 강관 배관 시 주의사항으로 옳지 않은 것은? [15-2]
① 실링 테이프는 1~2산 정도 남기고 감는다.
② 액체 실을 사용할 경우 암나사부에 바른다.
③ 나사 전용기로 정확하게 나사를 가공하고 내부 청소를 깨끗이 한다.

정답 1. ③ 2. ② 3. ② 4. ② 5. ④ 6. ②

④ 기기의 점검과 보수를 위하여 부분적으로 플랜지, 유니언 등을 사용한다.

해설 액체 실을 암나사부에 바르면 배관 시에 실재가 기기 내부로 들어갈 위험이 있다.

7. 회로압이 설정압을 초과하면 유체압에 의해 파열되어 압유를 탱크로 귀환시키고 동시에 압력 상승을 막아 기기를 보호하는 역할을 하는 유압기기는? [10-1, 14-3, 20-3]
① 유압 퓨즈   ② 체크 밸브
③ 압력 스위치   ④ 릴리프 밸브

해설 유압 퓨즈(fluid fuse) : 전기 퓨즈와 같이 유압 장치 내의 압력이 어느 한계 이상이 되는 것을 방지하는 것으로 얇은 금속막을 장치하여 회로압이 설정압을 넘으면 막이 유체압에 의하여 파열되어 압유를 탱크로 귀환시킴과 동시에 압력 상승을 막아 기기를 보호하는 역할을 한다. 그러나 맥동이 큰 유압 장치에서는 부적당하다. 급격한 압력 변화에 대하여 응답이 빨라 신뢰성이 좋고, 설정압은 막의 재료 강도로 조절한다.

8. 어큐뮬레이터(accumulator)의 일반적인 기능이 아닌 것은? [16-3]
① 맥동 제거용   ② 압력 감소
③ 충격 완충   ④ 에너지 축적

해설 어큐뮬레이터(accumulator)의 일반적인 기능 : 유압 에너지의 축적, 서지압 흡수, 압력 보상, 맥동 제거, 충격 완충, 액체의 수송, 유체의 반송 및 증압

9. 다음의 회로는 유압의 미터-인 속도 제어 회로이다. 장점에 해당하지 않는 것은 어느 것인가? [05-1]

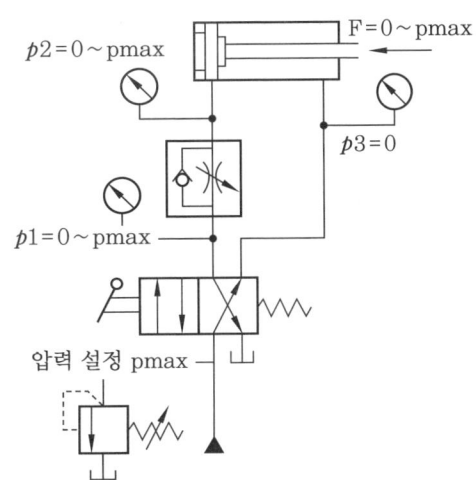

① 피스톤 측에만 압력이 걸린다.
② 낮은 속도에서 일정한 속도를 얻는다.
③ 조절된 유압유가 실린더 측으로 인입되는데 실린더 측의 면적이 실린더 로드 측 면적보다 크므로 낮은 속도 조절면에서 유리하다.
④ 부하가 카운터 밸런스되어 있어 끄는 힘에 강하다.

해설 ④의 반대 현상이 나타난다.

10. 유압기기를 보수 관리할 때 일상 점검 요소가 아닌 것은? [09-1]
① 유압 펌프 토출 압력
② 기름 탱크 유면 높이
③ 기기 배관 등의 누유
④ 작동유의 샘플링 검사

11. 개회로 제어 시스템(open loop control system)을 적용하기에 적합하지 않은 제어계는? [10-1, 15-3]
① 외란 변수의 변화가 매우 적은 경우
② 여러 개의 외란 변수가 존재하는 경우
③ 외란 변수에 의한 영향이 무시할 정도로 적은 경우

정답 7. ① 8. ② 9. ④ 10. ④ 11. ②

④ 외란 변수의 특징과 영향을 확실히 알고 있는 경우

[해설] ㉠ 개회로 제어 시스템의 적용
- 외란 변수에 의한 영향이 무시할 정도로 작을 때
- 특징과 영향을 확실히 알고 있는 하나의 외란 변수만 존재할 때
- 외란 변수의 변화가 아주 작을 때

㉡ 폐회로 제어 시스템 적용
- 여러 개의 외란 변수가 존재할 때
- 외란 변수들의 특징과 값이 변화할 때

12. 전기 회로에서 일어나는 과도 현상은 그 회로의 시정수와 관계가 있다. 이 사이의 관계를 바르게 표현한 것은? [09-2, 19-2]
① 시정수는 과도 현상의 지속 시간에는 상관하지 않는다.
② 시정수가 클수록 과도 현상은 빨라진다.
③ 회로의 시정수가 클수록 과도 현상은 오래 지속된다.
④ 시정수의 역이 클수록 과도 현상은 천천히 사라진다.

[해설] 시정수(time constant) : 물리량이 시간에 대해 지수 관수적으로 변화하여 정상치에 달하는 경우, 양이 정상치의 63.2%에 달할 때까지의 시간이며, 회로의 시정수가 클수록 과도 현상은 오래 지속된다.

13. 다음 보드 선도의 이득 특성 곡선은 어떤 제어기에 해당되는가? [07-3]

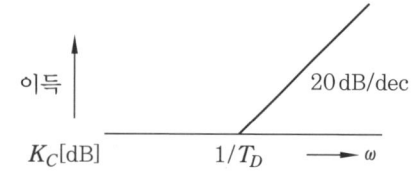

① 비례 제어
② 비례 적분 제어
③ 비례 미분 제어
④ 비례 미분 적분 제어

[해설] 절점 주파수를 초과하면 게인은 20dB/decade의 점근선에 따라 상승된다. 이로 인하여 약간의 설정값 변경, 측정값 변화나 잡음에 대해 출력이 크게 변하여 좋지 않다.

14. 공구 전체의 길이로 규격을 나타내지 않는 것은? [08-1]
① 스톱 링 플라이어
② 몽키 스패너
③ 롱 노즈 플라이어
④ 조합 플라이어

[해설] 스톱 링 플라이어는 스톱 링의 크기에 따라 선택하여 사용한다.

15. 그림의 트랜지스터 기호에서 A가 표시하는 것은? [20-2]

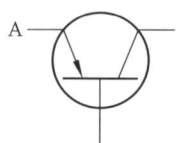

① 게이트
② 베이스
③ 컬렉터
④ 이미터

[해설] 트랜지스터에서 전류의 방향은 이미터의 화살표 방향으로 알 수 있다.

16. 전류 검출용 센서 중 변류기식 방식에 대한 설명으로 틀린 것은?
① 직류 검출은 불가능하다.
② 주파수 특성상 오차가 크다.
③ 구조가 복잡하고 견고하지 않다.
④ 피측정 전로에 대한 절연이 가능하다.

[해설] 변류기식 : 트랜스 결합에 따라 전류를 검출하기 때문에 피측정 전로와 절연

을 할 수 있는 것이 최대의 이점이며 구조가 간단하고 견고하여 전력 계통 등의 교류 전로에서 사용되고 있다. 동작 원리상 직류의 검출은 불가능하다. 용도에 따라서는 주파수 특성상 오차가 큰 단점이 있다.

17. 회전량을 펄스수로 변환하는데 사용되며 기계적인 아날로그 변화량을 디지털량으로 변환하는 것은? [17-2]
① 서보 모터
② 포토 센서
③ 매트 스위치
④ 로터리 인코더

해설 인코더란 변위량을 펄스수로 출력하여 검출하는 센서이다.

18. 다음 중 일반적으로 아날로그 신호로 사용되지 않는 것은? [11-3]
① AC 0~24V
② DC -10V~+10V
③ DC 0~+10V
④ 4~20mA

해설 아날로그 신호는 일반적으로 DC 1~5V, DC 0~5V, DC 0~10V, DC -10~10V, DC 4~20mA을 사용한다.

19. 3상 유도 전동기의 정역 운전 회로에서 정역 동시 투입에 의한 단락 사고를 방지하기 위하여 사용하는 회로는? [16-3, 17-1]
① 인터록 회로
② 자기 유지 회로
③ 플러깅 회로
④ 시한 동작 회로

20. 직류 전동기가 과열하는 원인이 아닌 것은? [18-1]
① 저전압
② 과부하
③ 핸들 이송 속도가 느림
④ 저항 요소 또는 접촉자의 단락

해설 직류 전동기의 과열 원인 : 과부하, 스파크, 베어링 조임 과다, 코일 단락, 브러시 압력 과다, 핸들 이송 속도 부적당 등

2과목 설비 진단 및 관리

21. 설비 진단 기술을 도입함으로써 얻을 수 있는 일반적인 효과로 보기 어려운 것은 어느 것인가? [13-2]
① 경험적인 지식을 활용하여 설비를 평가하기 때문에 고장의 정도를 정량화하기 위한 노력이 불필요하다.
② 경향 관리를 실행함으로써, 설비의 수명을 예측하는 것이 가능하다.
③ 돌발적인 중대 고장 방지를 도모하는 것이 가능하다.
④ 정밀 진단을 실행함에 따라 설비의 열화 부위, 열화 내용 정도를 알 수 있기 때문에 오버홀이 불필요해진다.

해설 점검원이 경험적인 기능과 진단기기를 사용하면 보다 정량화할 수 있어 누구라도 능숙하게 되면 동일 레벨의 이상 판단이 가능해진다.

22. 고속으로 회전하는 기어 및 베어링 등에서 충격력 등과 같이 힘의 크기가 문제로 되는 이상의 진단 시 일반적으로 사용되는 측정 변수는? [12-3, 18-1]
① 변위
② 속도
③ 가속도
④ 위상각

해설 고속 회전하는 시스템에서의 진동 측정 시 진동 가속도를 측정한다.

정답 17. ④ 18. ① 19. ① 20. ① 21. ① 22. ③

23. 측정 반복성이 양호하고, 사용 주파수의 영역이 넓으며, 먼지, 습기, 온도의 영향이 적어 장기적 안정성이 좋은 진동 센서 설치 방법은? [19-1]
① 손 고정
② 밀랍 고정
③ 나사 고정
④ 영구 자석 고정

해설 가속도 센서 부착 방법을 공진 주파수 영역이 넓은 순서로 나열하면 나사>에폭시 시멘트>밀랍>자석>손이다.

24. 음압을 표시할 때 log 눈금을 주로 사용하는데 이러한 로그 눈금상의 크기를 비교하여 표시한 음압도(SPL) 산출 공식은? (단, P : power, P_0 : 기준 power) [16-3]
① $20\log\left(\dfrac{P}{P_0}\right)$
② $20\log\left(\dfrac{P_0}{P}\right)$
③ $10\log\left(\dfrac{P}{P_0}\right)$
④ $10\log\left(\dfrac{P_0}{P}\right)$

25. 흡진 재료인 파이버 글라스(fiber glass)에 대한 설명 중 옳은 것은? [11-1]
① 습기를 흡수하려는 성질이 있다.
② 강성은 밀도에 따라 결정되지 않는다.
③ 파이버의 지름과 상관없다.
④ 모세관이 소량 포함되어 있다.

해설 진동 차단기의 패드
㉠ 스펀지 고무 : 스펀지 고무는 액체를 흡수하려는 경향이 있으므로, 발화 물질 등의 액체가 있는 곳에서 이용할 때는 플라스틱 등으로 밀폐된 패드를 이용해야 하며 가벼운 물체일 경우에 사용한다.
㉡ 파이버 글라스(fiber glass) : 파이버 글라스는 1600°C로 용융된 유리를 고속으로 인출하여 와인딩한 실로서 패드의 강성은 주로 파이버의 밀도와 지름에 의해서 결정된다. 파이버 글라스는 많은 수의 모세관을 포함하고 있으므로 습기를 흡수하려는 경향이 있다. 따라서 파이버 글라스 패드는 PVC 등 플라스틱 재료를 밀폐해서 사용하는 것이 바람직하다.
㉢ 코르크(cork) : 코르크는 비대생장(肥大生長)을 하는 식물의 줄기나 뿌리의 주변부에 만들어지는 보호 조직으로 코르크 형성층의 분열에 의하여 생기는 것으로서, 단열·방음·전기적 절연·탄력성 등에서 뛰어난 성질을 가지고 있으며, 스페인 등 남유럽에서 산출되는 너도밤나무과의 코르크 참나무에서 얻는 것이 가장 질이 좋다.
㉣ 공기 스프링 : 주 공기실의 스프링 작용을 이용한 것으로서 벨로즈식, 피스톤식 등이 있다. 벨로즈식이 널리 쓰이며, 차량에 많이 사용되고 성능이 좋아 기계류나 고급 방진 지지용으로 쓰인다.

26. 차음벽의 무게는 중간 이상 주파수 소음의 투과 손실을 결정한다. 무게를 2배 증가시킬 때 투과 손실은 이론적으로 얼마나 증가하는가? [07-1, 13-2, 18-2]
① 2dB
② 6dB
③ 12dB
④ 24dB

해설 차음벽의 무게는 중간 이상 주파수 소음의 투과 손실을 결정한다. 이론에 의하면 무게를 2배 증가시키면 투과 손실은 6dB 증가하나, 실제로는 4~5dB 증가한다.

27. 회전기계의 이상 현상에서 고주파의 발생에 따른 이상 현상으로 적합한 것은 어느 것인가? [13-2]

정답 23. ③ 24. ① 25. ① 26. ② 27. ④

① 오일 휩 ② 미스얼라인먼트
③ 언밸런스 ④ 유체음

해설 고주파에서 발생하는 이상 현상 : 유체음, 베어링 진동, 공동 현상

28. 커플링 등에서 축심이 어긋난 상태를 말하며 이것으로 야기된 진동이 회전 주파수의 배수 성분으로 나타나는 것을 무엇이라 하는가? [12-3]
① 미스얼라인먼트(misalignment)
② 언밸런스(unbalance)
③ 기계적 풀림
④ 편심

해설 미스얼라인먼트는 커플링 등을 정비한 후에 많이 발생하며, 진동은 $2f$, $3f$ 성분으로 나타난다.

29. 윤활제 중 그리스의 상태를 평가하는 항목이 아닌 것은? [14-1, 19-1]
① 점도 ② 주도
③ 이유도 ④ 적하점

해설 점도는 액체 윤활유에 사용되는 평가 항목이다.

30. 윤활유 사용 중에 거품이 발생하지 않도록 해주는 윤활유 첨가제는? [17-2]
① 청정제 ② 분산제
③ 소포제 ④ 유동점 강하제

해설 소포제는 거품을 방지해 주는 첨가제이다.

31. 설비 상태를 정확히 알고 기술적 근거에 의해 수행하는 설비 관리의 중요 업무에 해당되지 않는 것은? [18-2]

① 예비품 발주 시기의 결정
② 보수나 교환의 시기 또는 범위 결정
③ 생산 원자재 수급 및 재고 관리 결정
④ 수리 작업 또는 교환 작업의 신뢰성 확보

해설 원자재는 설비 관리의 업무가 아니다.

32. 설비의 목적에 따른 분류에서 부대 설비로서 배관 설비, 발전 설비, 수처리 시설 등과 같은 설비란 무엇인가? [06-1]
① 생산 설비
② 관리 설비
③ 유틸리티 설비
④ 공장 설비

해설 유틸리티 설비에는 증기 발생 장치 및 배관 설비, 발전 설비, 공업용 원수 · 취수(原水取水) 설비, 수처리 시설(공업, 식수용 등), 냉각탑 설비, 펌프 급수 설비 및 주 배분관 설비, 냉동 설비 및 주 배분관 설비, 질소 발생 설비, 연료 저장 · 수송 설비, 공기 압축 및 건조 설비 등이 있다.

33. 제품의 물리적 특성이 기계와 사람을 제품으로 가져오도록 강요하는 설비 배치 방식은? [12-1]
① 제품별 배치(product layout)
② 공정별 배치(process layout)
③ 정지 제품 배치(static product layout)
④ 혼합 방식 배치(mixed model layout)

해설 제품 특성으로 기계와 사람을 제품에 가져오도록 하는 방식의 배치는 정지 제품 배치로, 조선업에서 주로 사용한다.

34. 다음 중 부하 시간을 나타낸 것은 어느 것인가? [08-1, 18-2]
① 부하 시간 = 조업 시간 + 정지 시간
② 부하 시간 = 정미 가동 시간 - 무부하 시간

정답 28. ① 29. ① 30. ③ 31. ③ 32. ③ 33. ③ 34. ④

③ 부하 시간=조업 시간+무부하 시간
④ 부하 시간=정미 가동 시간+정지 시간

해설 부하 시간 : 정미 가동 시간에 정지 시간을 부가한 시간

35. 제품에 대한 전형적인 고장률 패턴인 욕조 곡선 중 우발 고장 기간에 발생할 수 있는 원인이 아닌 것은? [12-1, 17-1]
① 안전계수가 낮은 경우
② 사용자 과오가 발생한 경우
③ 스트레스가 기대 이상인 경우
④ 디버깅 중에 발견된 고장이 발생된 경우

해설 디버깅 중에 발견되지 못한 고장이 발생한 경우가 우발 고장 기간에 발생될 수 있는 원인이다.

36. 고장 예방 또는 조기 처치를 위해서 실시되는 급유, 청소, 조정, 부품 교체에 해당하는 설비 보전은? [09-3]
① 일상 보전　② 예방 수리
③ 사후 수리　④ 개량 보전

37. 설비 표준화를 위한 설비 코드의 부여 순서로 옳은 것은? [20-3]
① 계정 분류 → 기종 분류 → 특성 분류 → 규격 분류 → 일련번호
② 기종 분류 → 특성 분류 → 계정 분류 → 규격 분류 → 일련번호
③ 계정 분류 → 특성 분류 → 기종 분류 → 규격 분류 → 일련번호
④ 기종 분류 → 계정 분류 → 특성 분류 → 규격 분류 → 일련번호

38. 보전용 자재는 재고 품절로 생기는 손실의 대소, 자재 단가, 자재 유지비의 대소 등에 따라 등급을 붙여 중점 관리를 실시한다. 이를 위해 실시하는 분석 기법은 무엇인가? [13-2]
① ABC 분석　② PERT/CPM
③ 유입 유출표　④ 유통도

39. TPM 관리와 전통적 관리의 차이점 중 TPM 관리에 속하지 않는 것은? [13-3]
① input 지향
② 원인 추구 시스템
③ 전사적 조직과 전사원 참여
④ 문제를 해결하려는 접근 방법

해설 문제가 발생한 후 해결하려는 접근 방법은 전통적인 방법이다. 이에 반해 TPM 관리에서는 사전에 문제를 제거하려고 예방 활동을 추진한다.

40. 다음 중 PM 분석의 특징으로 맞는 것은? [15-2]
① 현상은 포괄적으로 파악한다.
② 원인 추구 방법은 과거의 경험이다.
③ 각각의 원인을 나열식으로 하여 요인을 발견한다.
④ 원리 및 원칙을 수립하므로 필요한 대책을 수립하기가 용이하다.

3과목　기계 보전, 용접 및 안전

41. 축의 회전수가 1600 rpm일 때 센터링 기준값으로 적정한 것은? [08-1, 13-1]
① 원주 간 방향 0.03 mm, 면간 차 0.01 mm
② 원주 간 방향 0.06 mm, 면간 차 0.03 mm
③ 원주 간 방향 0.08 mm, 면간 차 0.05 mm
④ 원주 간 방향 0.10 mm, 면간 차 0.08 mm

정답 35. ④　36. ①　37. ③　38. ①　39. ④　40. ④　41. ②

해설 센터링(centering) 기준값

	센터링 기준	
RPM	1800까지	3600까지
A	0.06 mm/m	0.03 mm/m
B	0.03 mm/m	0.02 mm/m
C	3~5 mm/m	3~5 mm/m

A : 원주 간 방향
B : 면간 차
C : 면간

42. V벨트의 정비에 관한 사항으로 옳지 않은 것은? [15-3]
① 풀리의 홈 하단과 벨트의 아랫면은 접촉되어야 한다.
② 2줄 이상을 건 벨트는 균등하게 처져 있어야 한다.
③ 벨트 수명은 이론적으로 보면 정장력이 옳다고 본다.
④ 베이스가 이동할 수 없는 축 사이에서는 장력 풀리를 쓴다.

해설 V벨트는 풀리의 홈 마모에 주의한다.

43. 생 이음이라고도 하며, 파이프에 나사를 절삭하지 않고 이음하는 것으로 숙련이 필요하지 않고 시간과 공정이 절약되는 관 이음은? [17-2]
① 신축 이음   ② 턱걸이 이음
③ 패킹 이음   ④ 고무 이음

44. 펌프 축의 밀봉 장치로 봉수가 공급되는 것으로 맞는 것은? [18-3, 14-3]
① 밸런스 홀
② 스터핑 박스
③ 금속 개스킷
④ 케이싱 웨어링

해설 펌프의 밀봉 장치는 축봉 장치라고도 하며, 축 주위에 원통형의 스터핑 박스 또는 실 박스를 설치하고 내부에 실 요소를 넣어 케이싱 내의 유체가 외부로 누설되거나 케이싱 내로 공기 등의 이물질이 유입되는 것을 방지하는 장치이다.

45. 압축공기 저장 탱크의 하부에 설치되는 드레인 밸브의 설치 이유는? [09-2]
① 이물질의 혼입을 방지하기 위하여 설치한다.
② 압축공기가 역류하는 것을 방지하기 위하여 설치한다.
③ 압축기의 효율을 높이고 압축공기를 청정하게 저장하기 위하여 설치한다.
④ 저장 탱크 내의 응축된 수분을 배출하기 위하여 설치한다.

46. 사이클로이드 감속기의 윤활 방법 중 옳은 것은? [11-1, 14-1]
① 1kW 이하의 소형에는 그리스, 그 이상의 것은 적하 급유 방법이 사용된다.
② 1kW 이하의 소형에는 적하 급유 방법, 그 이상의 것은 그리스가 사용된다.
③ 1kW 이하의 소형에는 그리스, 그 이상의 것은 유욕(油慾) 윤활 방법이 사용된다.
④ 1kW 이하의 소형에는 유욕(油慾) 윤활 방법, 그 이상의 것은 그리스가 사용된다.

47. 전동기 베어링 부분에서 발열이 발생할 때 주요 원인이 아닌 것은? [14-3, 18-1]
① 벨트의 장력 과다
② 커플링 중심내기 불량
③ 베어링의 조립 불량
④ 전동기 입력 전압의 변동

정답 42. ①　43. ③　44. ②　45. ④　46. ③　47. ④

해설 과열 현상은 3상 중 1상의 퓨즈가 융단되므로 단상이 되어 과전류가 흐름, 과부하 운전, 빈번한 기동 및 정지, 냉각 불충분, 베어링부에서의 발열이 원인이며, 이 중 베어링부에서의 발열은 윤활제의 부족에 의한 윤활 불량, 베어링 조립 불량, 체인, 벨트 등의 지나친 팽팽함, 커플링의 중심내기 불량이나 적정 틈새가 없어 스러스트를 받을 때 발생되는 것이다.

48. 다음 마이크로미터에 나타난 측정값은? [09-3]

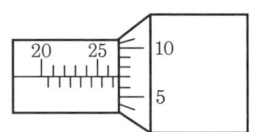

① 26.07mm ② 27.07mm
③ 27.00mm ④ 25.07mm

해설 측정값 = 27 + 0.07 = 27.07mm

49. 탭(tap)의 파손 원인으로 틀린 것은?
① 탭이 경사지게 들어간 경우
② 3번 탭으로 최종 다듬질할 경우
③ 구멍이 너무 작거나 구부러진 경우
④ 막힌 구멍의 밑바닥에 탭의 선단이 닿았을 경우

해설 3번 탭으로 최종 다듬질해야 한다.

50. 초경 합금에 대한 설명 중 틀린 것은?
① 경도가 HRC 50 이하로 낮다.
② 고온 경도 및 강도가 양호하다.
③ 내마모성과 압축강도가 높다.
④ 사용 목적, 용도에 따라 재질의 종류가 다양하다.

해설 초경 합금의 경도는 HRC 90 정도로 매우 높다.

51. 다음은 분해 작업 시 주의사항이다. 잘못된 것은? [11-3]
① 분해 순서를 정확히 지키고 작업한다.
② 마킹(marking)은 반드시 한다.
③ 길이가 긴 부품은 굽힘을 고려하여 세워서 보관한다.
④ 작은 부품은 분실되지 않도록 상자에 보관한다.

해설 길이가 긴 부품은 넘어질 확률이 높으므로 세워서 보관하지 않는다.

52. 다음 중 배관용 공구가 아닌 것은 어느 것인가? [05-3]
① 파이프 렌치
② 플레어링 툴 세트
③ 파이프 벤더
④ 훅 스패너

해설 ㉠ 파이프 렌치(pipe wrench) : 파이프를 쥐고 회전시켜 조립, 분해하는데 사용한다.
㉡ 플레어링 툴 세트(flaring tool set) : 파이프 끝을 플레어링하는 기구로서 플레어 툴(flare tool), 콘 프레스(cone press), 파이프 커터(pipe cutter)로 구성되어 있다.
㉢ 파이프 벤더(pipe bender) : 파이프를 구부리는 공구로 180° 이상도 벤딩이 가능하다.
㉣ 훅 스패너 : 둥근 너트 등 원주면에 홈(notch)이 파져 있는 둥근 나사 등을 체결할 때 사용하는 체결용 공구이다.

53. 피복 아크 용접봉의 피복제의 주된 역할로 옳은 것은?
① 스패터의 발생을 많게 한다.
② 용착 금속에 필요한 합금 원소를 제거한다.

③ 모재 표면에 산화물이 생기게 한다.
④ 용착 금속의 냉각 속도를 느리게 하여 급랭을 방지한다.

해설 ① 스패터의 발생을 적게 한다.
② 합금 원소의 첨가 및 용융 속도와 용입을 알맞게 조절한다.
③ 모재 표면의 산화물을 제거한다.

54. 서브머지드 아크 용접에서 아크 전압에 관한 설명으로 틀린 것은?
① 아크 전압이 낮으면 용입이 깊고 비드 폭이 좁다.
② 아크 전압이 낮으면 균열이 발생하기 쉽다.
③ 아크 전압이 높으면 비드 폭이 넓은 형상이 되어 여성(餘盛) 부족이 되기 쉽다.
④ 아크 전압이 높으면 용입이 깊고 비드 폭이 좁아진다.

해설 아크 전압이 낮으면 용입이 깊고, 비드 폭이 좁은 배형 형상이 되기 쉬우며 균열이 생긴다. 아크 전압이 높으면 용입이 얕고, 비드 폭이 넓은 형상이 되어 여성(餘盛) 부족이 되기 쉽다.

55. TIG 용접의 용접 조건으로서 틀린 것은?
① 원격 전류 조정기 또는 용접기 본체 전면 패널의 전류 조정기에 의해 조정할 수 있다.
② 용접 속도는 일반적으로 수동 용접의 경우 5~100cm/min 정도의 범위에서 움직이는 것이 안정된 아크의 상태를 유지할 수 있다.
③ 용접 속도가 지나치게 빠르면 모재의 언더컷이 발생하는 경우가 있다.
④ 아크 길이를 길게 하면 아크의 크기가 커져 높은 전압을 필요로 한다.

해설 용접 속도는 일반적으로 수동 용접의 경우 5~50cm/min 정도의 범위에서 움직이는 것이 다른 용접에 비해 안정된 아크의 상태를 유지할 수 있다.

56. MIG 용접은 TIG 용접에 비해 능률이 높기 때문에 두께 몇 mm 이상의 알루미늄, 스테인리스강 등의 용접에 사용되는가?
① 3mm ② 5mm
③ 6mm ④ 7mm

해설 TIG는 3mm 이내가 좋고, MIG는 3mm 이상의 후판에 이용되고 있다.

57. 그림과 같은 맞대기 용접 이음 홈의 각 부 명칭을 잘못 설명한 것은?

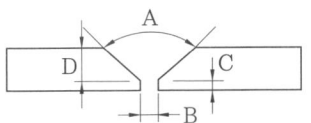

① A-홈 각도
② B-루트 간격
③ C-루트 면
④ D-홈 길이

해설 A : 홈 각도, B : 베벨 각도, C : 루트 간격, D : 루트 면, E : 홈 깊이

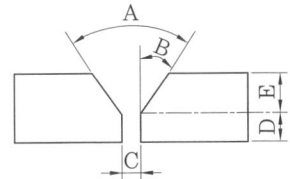

58. 피복 아크 용접에서 언더컷(undercut)의 발생 원인으로 가장 거리가 먼 것은?
① 용착부가 급랭될 때
② 아크 길이가 너무 길 때
③ 아크 전류가 너무 높을 때
④ 용접봉의 운봉 속도가 부적당할 때

정답 54. ④ 55. ② 56. ① 57. ④ 58. ①

해설 언더컷 발생 원인
  ㉠ 전류가 너무 높을 때
  ㉡ 아크 길이가 너무 길 때
  ㉢ 용접 속도가 너무 빠를 때
  ㉣ 용접부의 유지 각도가 적당하지 않을 때
  ㉤ 용접봉 취급의 부적당

59. 다음은 귀마개의 재질 조건을 설명한 것이다. 잘못 설명한 것은?
① 내습, 내열, 내한, 내유성을 가진 것이어야 한다.
② 피부에 유해한 영향을 주지 말아야 한다.
③ 적당한 세정이나 소독에 견디는 것이어야 한다.
④ 세기나 탄력성 없이 꼭 끼는 것이어야 한다.

해설 귀에 압박감을 주어서는 안 된다.

60. 다음 중 작업장에서 통행의 우선권 순서로 맞는 것은?
① 기중기-부재를 운반하는 차-빈 차-보행자
② 보행자-기중기-부재를 운반하는 차-빈 차
③ 부재를 운반하는 차-기중기-보행자-빈 차
④ 부재를 운반하는 차-빈 차-기중기-보행자

정답 59. ④ 60. ①

설비보전산업기사 필기

제23회 CBT 대비 실전문제

1과목 공유압 및 자동 제어

1. 압축공기 내 오염물질의 영향 중 적합하지 않은 것은? [07-1]
① 필터, 윤활기 등의 합성수지 파손
② 슬라이딩부 등의 흠집이나 부식 발생
③ 밸브의 고착, 마모, 실 불량 발생
④ 실린더의 진동 발생

해설 압축공기 내 오염물질의 영향
㉠ 필터, 윤활기 등의 합성수지 파손
㉡ 필터 엘리먼트의 눈막힘 및 드레인 밸브의 배수 기능 저하
㉢ 녹의 발생에 의한 작동 불량 및 스프링의 절손
㉣ 냉각 시 수분 동결에 의한 기기의 작동 불량
㉤ 먼지의 퇴적에 의한 관로 면적 감소 및 가동부의 작동 불량
㉥ 슬라이딩부 등의 흠집이나 부식 발생
㉦ 드레인에 의해 막힌 윤활제를 세척
㉧ 실재나 다이어프램의 팽윤 이상 마모 또는 파손

2. 공기 압축기의 용량 제어 방식이 아닌 것은? [17-2]
① 고속 제어   ② 배기 제어
③ 차단 제어   ④ ON-OFF 제어

해설 용량 제어 방식 : 배기 제어, 차단 제어, ON-OFF 제어

3. 공압 시퀀스 제어 회로를 구성할 때 사용되는 스테퍼 모듈의 구성 요소가 아닌 것은? [06-1]
① OR 밸브   ② 타이머
③ 메모리 밸브   ④ 3/2-way 밸브

4. 공유압 변환기 사용 시 주의사항으로 옳은 것은? [09-1, 14-2]
① 수평 방향으로 설치한다.
② 열원에 가까이 설치한다.
③ 반드시 액추에이터보다 낮게 설치한다.
④ 실린더나 배관 내의 공기를 충분히 뺀다.

해설 공유압 변환기는 수직으로 높게, 열원에는 멀리 설치한다.

5. 다음의 공압 및 전기 회로도는 상자 이송 장치 회로도이다. 이 회로도에서 실린더의 동작 순서로 옳은 것은? (단, 실린더 전진은 +, 실린더 후진은 -로 한다.) [14-3]

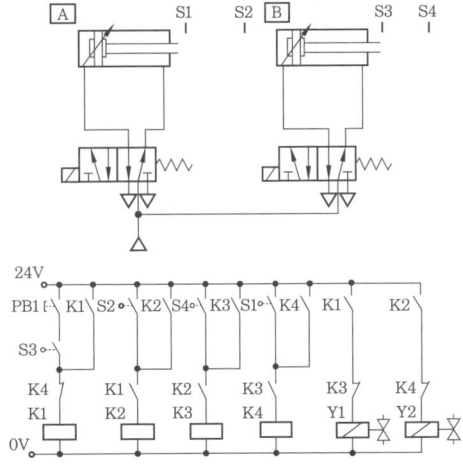

정답 1. ④ 2. ① 3. ② 4. ④ 5. ②

① A+, B+, B-, A
② A+, B+, A-, B
③ A+, A-, B+, B
④ A+, B-, B+, A

6. 밀폐된 용기 내의 압력을 동일한 힘으로 동시에 전달하는 것을 증명한 법칙을 무엇이라 하는가? [10-3]
① 뉴턴의 법칙
② 베르누이 정리
③ 파스칼의 원리
④ 돌턴의 법칙

해설 파스칼의 원리 : 정지된 유체 내의 모든 위치에서의 압력은 방향에 관계없이 항상 같으며, 또한 유체를 통하여 전달된다.

7. 베인 펌프의 종류가 아닌 것은? [11-2]
① 단단(單段) 펌프
② 복합 베인 펌프
③ 2단 베인 펌프
④ 로브 펌프

해설 로브 펌프 : 작동 원리는 외접 기어 펌프와 같으나, 연속적으로 접촉하여 회전하므로 소음이 적고, 기어 펌프보다 1회전당의 배출량은 많으나 배출량의 변동이 다소 크다.

8. 다음 중 유압 실린더의 호칭법에 속하지 않는 것은? [13-3]
① 지지 형식의 기호
② 로드 무게
③ 최고 사용 압력
④ 행정 길이

해설 로드 지름은 기호로 나타내고 무게는 표시하지 않는다.

9. 다음 유량 제어 밸브 상세 기호의 명칭은? [16-2]

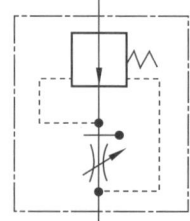

① 분류형 유량 조정 밸브
② 체크 붙이 유량 조정 밸브
③ 바이패스형 유량 조정 밸브
④ 온도 보상 붙이 직렬형 유량 조정 밸브

10. 유압 시스템에서 기름 탱크 내 유면이 낮을 때 발생하는 현상은? [13-2]
① 펌프의 흡입 불량
② 실린더의 추력 증대
③ 외부 누설의 증대
④ 토출 유량 감소

해설 토출 유량 감소 원인
 ㉠ 펌프 회전 방향의 오류
 ㉡ 구동축의 마모 또는 절손
 ㉢ 펌프의 늦은 회전 속도
 ㉣ 탱크 내 유면이 낮은 경우
 ㉤ 작동유의 점도가 높은 경우
 ㉥ 펌프 흡입 불량
 ㉦ 펌프 내 손상

11. PLC를 이용하여 시스템을 제어하는 과정에서 프로그램 에러를 찾아내어 수정하는 작업은? [08-3, 09-1, 11-3, 15-1]
① 코딩
② 디버깅
③ 모니터링
④ 프로그래밍

해설 래더도를 기본으로 프로그램을 작성하는 것을 코딩, 로더 등의 입력 장치로 프로그램을 입력하는 것을 프로그래밍 또

정답 6. ③ 7. ④ 8. ② 9. ④ 10. ④ 11. ②

는 로딩, 시스템의 동작 상태를 점검하는 것을 모니터링이라 한다.

12. 미분 시간 3분, 비례 이득 10인 PD 동작의 전달 함수는? [09-2, 15-2, 18-2]
① $1+3s$
② $5+2s$
③ $10(1+2s)$
④ $10(1+3s)$

해설 PD 동작의 전달 함수
$G(s) = K_p(1+T_D s)$
여기서, K_p : 비례 이득, T_D : 미분 시간

13. 육각 홈이 있는 둥근 머리 볼트를 체결할 때 사용하는 공구는? [20-2]
① 훅 스패너
② 육각 L-렌치
③ 조합 스패너
④ 더블 오프셋 렌치

해설 L-렌치 : 육각 홈이 있는 둥근 머리 볼트를 빼고 끼울 때 사용한다. 6각형 공구강 막대를 L자형으로 굽혀 놓은 것으로 크기는 볼트 머리의 6각형 대변 거리이며, 미터계는 1.27~32mm, 인치계는 1/16″~1/2″로 표시한다.

14. 4μF와 6μF의 콘덴서를 직렬로 접속했을 때 합성 정전 용량(μF)은 얼마인가?
① 2
② 2.4 [13-3]
③ 10
④ 24

해설 $C_S = \dfrac{C_1 \times C_2}{C_1 + C_2} = \dfrac{24}{10} = 2.4 \mu F$

15. 측정하려고 하는 전압원에 계측기를 접속하면, 전압원의 내부 저항으로 실제 전압보다 낮은 전압이 측정되는 현상을 무엇이라 하는가?

① 표피 효과
② 제어백 효과
③ 압전 효과
④ 부하 효과

해설 계측기 접속에 의한 부하 효과라 한다. 이 같은 오차를 줄이기 위해서는 계측기나 측정기를 입력 임피던스가 큰 것으로 사용해야 한다.

16. 전자 유도에 의한 잡음이 아닌 것은?
① 편도 케이블
② 실드 케이블
③ 트위스트 케이블
④ 습기, 수분 제거

해설 전자 유도 : 전력선, 모터 릴레이 등에 의한 자계를 신호 전송 라인이 통할 때 유도 전류가 흘러 노이즈로 된다.

17. 다음 중 수동형 센서(passive sensor)에 속하는 것은? [14-2, 19-3]
① 포토 커플러
② 포토 리플렉터
③ 레이저 센서
④ 적외선 센서

해설 ㉠ 수동형 센서(passive sensor) : 대상물에서 나오는 정보를 그대로 입력하여 정보를 감지 또는 검지하는 기기로 적외선 센서가 대표적이다.
㉡ 능동형 센서(active sensor) : 대상물에 어떤 에너지를 의식적으로 주고 그 대상물에서 나오는 정보를 감지 또는 검지하는 기기로 레이저 센서가 대표적이다.

18. 어떤 제어 시스템에서 0~5V를 4개의 2진 신호만을 사용하여 간격을 나눌 때 표시되는 최소값은? [17-3]
① 0.139V
② 0.313V
③ 0.625V
④ 1.250V

해설 조합의 개수 $=2^n$ (n은 이진 신호의 개수) → $2^4 = 16$
$\therefore \dfrac{5}{16} = 0.3125V$

정답 12. ④ 13. ② 14. ② 15. ④ 16. ③ 17. ④ 18. ②

19. 직류 전동기에서 자속을 감소시키면 회전수는? [09-1, 18-3]
① 증가 ② 감소
③ 정지 ④ 불변

해설 $N = \dfrac{E}{\phi} = K\dfrac{V - I_a R_a}{\phi}$ [rpm]

20. 다음 중 직류 전동기의 속도 제어와 관계없는 것은? [11-2]
① 전압 제어 ② 계자 제어
③ 저항 제어 ④ 전기자 제어

해설 ㉠ 전압 제어 : 전기자에 가한 전압을 변화시켜 회전 속도를 조정
㉡ 계자 제어 : 계자 저항기(R_f)로 계자 전류(I_f)를 조정하여 자속 Φ를 변화시키는 방법
㉢ 저항 제어 : 전기자 회로에 직렬로 가변저항을 넣어 회전 속도를 조정

2과목 설비 진단 및 관리

21. 정현파의 경우 평균값은 피크값의 몇 배인가? [06-3, 15-3]
① π ② 2π ③ $\dfrac{2}{\pi}$ ④ $\dfrac{\pi}{2}$

22. 진동 픽업(vibration pickup) 중 비접촉형에 해당하는 것은? [12-3]
① 압전형 ② 서보형
③ 동전형 ④ 와전류형

해설 변위 센서는 와전류식, 전자광학식, 정전 용량식 등이 있고 비접촉식이다.

23. 다음 현상 중 음의 간섭 현상에 속하지 않는 것은? [10-3]
① 보강 간섭 ② 소멸 간섭
③ 맥놀이 ④ 굴절 현상

해설 음의 간섭 : 보강 간섭, 소멸 간섭, 맥놀이

24. 내부에 형성되어 있는 하나 혹은 그 이상의 챔버(chamber)에 의해서 입사 소음 에너지를 반사하여 소멸시키는 장치는 무엇인가? [15-3, 19-3]
① 반사 소음기 ② 회전식 소음기
③ 흡음식 소음기 ④ 흡진식 소음기

해설 반사 소음기 : 내부에 형성되어 있는 하나 혹은 그 이상의 챔버(chamber)에 의해서 입사 소음 에너지를 반사하여 소멸시키는 장치

25. 기계 진동의 발생에 따른 문제점으로 가장 관련성이 적은 것은? [14-1, 17-1]
① 기계의 수명 저하
② 고유 진동수의 증가
③ 기계 가공 정밀도의 저하
④ 진동체에 의한 소음 발생

해설 기계 진동으로 인하여 진동체에 의한 소음 발산, 기계 가공 정도 문제 및 기계 수명에 영향을 준다.

26. 회전체 질량 중심의 불균형으로 인해 회전체의 회전 주파수가 가장 크게 나타나는 것은? [14-3]
① 미스얼라인먼트(misalignment)
② 언밸런스(unbalance)
③ 공진(resonance)
④ 윤활(lubrication) 부족

정답 19. ① 20. ④ 21. ③ 22. ④ 23. ④ 24. ① 25. ② 26. ②

해설 언밸런스 : 로터의 축심 회전의 질량 분포의 부적정에 의한 것으로 회전 주파수($1f$)가 발생한다.

27. 커플링으로 연결되어 있는 2개의 회전축의 중심선이 엇갈려 있을 경우로서 통상 회전 주파수 또는 고주파가 발생하는 이상 현상은? [12-2]
① 언밸런스 ② 미스얼라인먼트
③ 풀림 ④ 오일 휩

해설 미스얼라인먼트는 커플링 등에서 서로의 회전 중심선(축심)이 어긋난 상태로서 일반적으로는 정비 후에 발생하는 경우가 많다. 미스얼라인먼트 측정은 축 방향에 센서를 설치하여 측정되므로 진동 특성은 다음과 같다.
㉠ 항상 회전 주파수의 $2f$ 또는 $3f$의 특성으로 나타나며, 2차 진동 성분은 정렬 불량이 심한 경우에 1차 성분보다 커질 수 있다.
㉡ 높은 축 진동이 발생한다.

28. 접촉면 사이에 마찰제가 충분한 유막을 형성하고 마멸이나 발열이 미소하여 베어링으로서 가장 양호한 마찰 상태는? [03-3]
① 고체 마찰 ② 유체 마찰
③ 경계 마찰 ④ 복합 마찰

29. 다음 윤활유 급유 방식 중에서 비순환 급유법은? [10-3]
① 유욕 급유법 ② 원심 급유법
③ 적하 급유법 ④ 패드 급유법

해설 비순환 급유법 : 이 급유법은 윤활유의 열화가 쉽게 발생되는 경우나 고온으로 인하여 윤활유의 증발이 쉽게 생길 경우 또는 기계의 구조상 순환 급유법을 채용할 수 없는 경우 등에 사용된다. 급유법에는 손 급유법, 적하 급유법, 가시부상(可視浮上) 유적 급유법 등이 있다.

30. 미끄럼 베어링에 그리스를 사용할 경우 고려하지 않아도 될 사항은? [06-3, 10-1]
① 급유 방법 ② 하중
③ 재질 ④ 용도

해설 미끄럼 베어링에 그리스를 사용할 경우 온도, 하중, 급유 방법, 용도를 고려해야 한다.

31. 일반적으로 시스템을 구성하는 기본적 요소에 속하지 않는 것은? [14-2]
① 투입 ② 처리기구
③ 산출 ④ 품질

해설 시스템 구성 요소는 투입, 산출, 처리기구, 관리, 피드백이며, 제품 특성의 측정치가 피드백에 속한다.

32. 다음 중 설비 관리 기능과 가장 거리가 먼 것은? [11-1, 15-1, 18-3]
① 실행 기능 ② 기술 기능
③ 개발 기능 ④ 일반 관리 기능

해설 설비 관리 기능 : 일반 기능, 기술 기능, 실행 기능, 지원 기능

33. 설비 배치 계획이 필요하지 않은 경우는? [16-2]
① 새 공장의 건설 ② 작업장의 확장
③ 설비 개선 ④ 신제품의 제조

해설 설비 배치 계획이 필요한 경우 : 새 공장의 건설, 새 작업장의 건설, 작업장의 확장 및 축소, 작업장의 이동, 신제품의 제조, 설계 변경, 작업 방법의 개선 등

정답 27. ②　28. ②　29. ③　30. ③　31. ④　32. ③　33. ③

34. 설비의 고장률에 관한 설명으로 올바른 것은? [12-1, 19-1]
① 설비의 도입 초기에는 고장이 없다.
② 마모 고장기에서 예방 정비의 효과가 크다.
③ 설계 불량으로 인한 고장은 우발 고장기에 주로 발생한다.
④ 우발 고장기의 고장률 곡선은 고장 증가형이다.

해설 설비 도입 초기에는 고장률이 감소하고, 우발 고장기에는 고장률이 일정하며, 설계 불량으로 인한 고장은 초기 고장기에 주로 발생한다.

35. 다음은 내용 연수의 각 단위별로 감가되는 원가를 결정하는 기법이다. 시간을 기준으로 하는 감가 상각법이 아닌 것은? [09-3]
① 정액법 ② 정률법
③ 연수 합계법 ④ 생산량 비례법

36. 제조 원가는 크게 직접비와 간접비로 구분된다. 다음 중 직접비에 포함되지 않는 비용은 무엇인가? [16-1, 16-2, 20-3]
① 제품 재료비
② 기술 지원 인건비
③ 제품 생산 인건비
④ 외주 및 임가공 비용

해설 기술 지원 인건비는 간접 노무 비용으로 구분된다.

37. 다음은 설비 보전 조직의 기본형과 특징을 설명한 것이다. 맞는 것은? [06-3]
① 집중 보전은 공장의 작업 요구에 대하여 충분한 인원을 동원할 수 있다.
② 지역 보전은 대수리 작업 처리가 쉽다.
③ 부분 보전은 보전비의 획득과 관리가 쉽다.
④ 절충 보전은 일정 작성이 곤란하다.

해설 보전 조직의 분류

분류	조직상	배치상
집중 보전	집중	집중
지역 보전	집중	분산
부분 보전	분산	분산
절충 보전	조합	조합

38. 설비 정비 표준을 결정할 때 기술적인 면에 속하는 것은? [08-1]
① 규격, 사양서 ② 조직 규정
③ 관리 규정 ④ 책임 한계

해설 기술적인 표준을 규격 또는 표준이라 하며, 규격과 사양서는 준수하여야 할 표준이다.

39. 설비 열화를 방지하기 위한 대책으로 잘못된 것은? [06-1]
① 열화 방지 ② 열화 측정
③ 열화 회복 ④ 열화 개선

해설 설비 열화의 대책에는 열화 방지(일상 보전), 열화 측정(검사), 열화 회복(수리)이 있다.

40. 배관 교체, 기타 변경 공사 등 조업상의 요구에 의해서 하는 공사는? [17-2]
① 개수 공사
② 예방 수리 공사
③ 보전 개량 공사
④ 일반 보수 공사

해설 개수 공사 : 조업상의 요구에 의해서 하는 개량 공사(예 배관 교체, 기타 변경 공사 등)

정답 34. ② 35. ④ 36. ② 37. ① 38. ① 39. ④ 40. ①

3과목 기계 보전, 용접 및 안전

41. 볼트, 너트의 풀림 방지에 주로 사용되는 핀은? [09-2, 19-3]
① 평행 핀   ② 분할 핀
③ 스프링 핀   ④ 테이퍼 핀

해설 홈 달림 너트 분할 핀 고정에 의한 방법은 일반적으로 많이 쓰고 확실한 방법이다. 홈과 분할 핀 구멍을 맞출 때 너트를 되돌려 맞추지 말고, 규격에 적합한 분할 핀을 사용하고, 분할된 선단(先端)을 충분히 굽힐 것 등 확실한 시공을 하면 완벽하다. 보통 너트를 죈 다음 구멍을 내서 분할 핀을 끼우는 것은 볼트의 강도를 약하게 하고, 또 재사용할 경우에는 구멍이 어긋나기도 하므로 좋은 방법이라고 할 수 없다.

42. 플렉시블 커플링에 대한 설명으로 틀린 것은? [13-2, 17-3]
① 완충 작용이 필요한 경우 사용한다.
② 두 축이 일치하는 경우에 사용한다.
③ 고무 커플링은 방진 고무의 탄성을 이용한 커플링이다.
④ 그리드 플렉시블 커플링은 스틸 플렉시블 커플링이라고도 한다.

해설 플렉시블 커플링은 두 축이 정확히 일치하지 않는 경우, 급격히 힘이 변화하는 경우, 완충 작용과 전기 절연 작용이 필요한 경우에 사용한다.

43. 브레이크 장치에서 브레이크 드럼의 원주면에 1개 또는 2개의 브레이크면을 브레이크 레버에 의해 눌러서 그 마찰에 의하여 제동하는 것은?

① 밴드 브레이크   ② 블록 브레이크
③ 자동 브레이크   ④ 전자 브레이크

해설 블록 브레이크는 회전하는 브레이크 드럼을 브레이크 블록으로 누르게 한 것으로 브레이크 블록의 수에 따라 단식 블록 브레이크와 복식 블록 브레이크로 분류한다.

44. 유체가 일직선으로 흐르고 유체 저항이 가장 적으며, 유체 흐름에 대하여 수직으로 개폐하는 밸브? [11-2, 16-2]
① 앵글 밸브(angle valve)
② 글로브 밸브(globe valve)
③ 슬루스 밸브(sluice valve)
④ 스윙 체크 밸브(swing check valve)

해설 슬루스 밸브 : 칸막이 밸브라고도 하며, 밸브체는 밸브 박스의 밸브 자리와 평행으로 작동하고 흐름에 대해 수직으로 개폐하는 것이다. 펌프 흡입 쪽에 설치하여 차단성이 좋고 전개 시 손실 수두가 가장 적다.

45. 대형 송풍기의 V-벨트가 마모 손상되었을 때의 대책은? [11-3]
① 전체 세트로 교체한다.
② 손상된 벨트만 교체한다.
③ 손상된 벨트를 계속 사용한다.
④ 손상된 벨트를 수리한다.

해설 V-벨트가 마모 손상되었을 때는 전체 세트로 교체한다(1개만 교체하면 불균일하게 되기 쉽기 때문이다).

46. 다음 그림은 기어 감속기에 부착된 명판이다. 이 감속기의 출력 회전수는 약 얼마인가? [10-2, 14-2, 18-1]

정답 41. ② 42. ② 43. ② 44. ③ 45. ① 46. ②

```
┌─────────────────────────────────────┐
│        GEAR REDUCER                 │
│ TYPE   │ TE71    │ INPUT   │ 0.5kW  │
│        │         │ POWER   │        │
│ INPUT  │ 1720    │ RATIO   │ 1 : 30 │
│ RPM    │         │         │        │
│ SERIAL │ 2005050820                 │
│ NO.    │                            │
│     YOSUNG CORPORATION              │
│        MADE IN KOREA                │
└─────────────────────────────────────┘
```

① 27.3rpm ② 57.3rpm
③ 516rpm   ④ 860rpm

해설 $i = \dfrac{N_2}{N_1} = \dfrac{1}{30} = \dfrac{N_2}{1720}$

∴ $N_2 ≒ 57.3\,\text{rpm}$

47. 전동기의 고장 원인과 그 대책으로 적합 하지 않은 것은? [13-3]

① 시동 불능 : 단선-배선 등의 단선을 체크
② 과열 : 통풍 방해-냉각용 송풍기 설치
③ 진동, 소음 : 베어링 불량-베어링 교체
④ 절연 불량 : 코일 절연물의 열화-근본적 인 원인의 배제

해설 전동기의 과열 : 전동기의 용량 적정 여부, 릴리프 밸브의 설정 압력 적정 여 부 확인 등

48. SI 기본 단위계가 아닌 것은? [20-3]

① m   ② K
③ cd ④ rad

해설 국제단위계(SI) 기본 단위

양	명칭	기호	정의
길이	미터	m	빛이 진공에서 $\dfrac{1}{299,792,458}$초 동안 진행한 경로
질량	킬로그램	kg	국제 킬로그램 원기의 질량
시간	초	s	세슘 원자의 방사에 대한 9,192,631,770 주기의 계속 시간
전류	암페어	A	진공 중 평행 간격 1m, 도체의 길이 1m에 $2×10^{-7}$N의 힘이 미치는 일 정 전류
온도	켈빈	K	물의 3중점 열역학 온도의 $\dfrac{1}{273.16}$
광도	칸델라	cd	주파수 $540×10^{12}$Hz, 방사 강도 $\dfrac{1}{683}$W의 광도
물질량	몰	mol	0.012kg의 탄소 12 원자수와 같은 요소 입자 의 물질량

49. 노즈 반경이 크면 어떤 현상이 일어나는 가?

① 떨림 발생   ② 절삭저항 감소
③ 절삭 깊이 증가 ④ 날의 수명 감소

해설 노즈 반경이 크면 공구의 수명은 길어 지지만 절삭저항이 증가하고 떨림이 발생 할 수 있다.

50. 가열 끼움 작업 시 필요한 공구 및 기계 가 아닌 것은? [07-1]

① 래버린스(labyrinth)
② 체인 블록
③ 마이크로미터
④ 써모미터(thermometer)

51. 철강재 스프링 재료가 갖추어야 할 조건 으로 틀린 것은? [18-2, 19-4]

① 부식에 강해야 한다.

정답 47. ② 48. ④ 49. ① 50. ① 51. ②

② 피로강도와 파괴 인성치가 낮아야 한다.
③ 가공하기 쉽고, 열처리가 쉬운 재료이어야 한다.
④ 높은 응력에 견딜 수 있고, 영구 변형이 없어야 한다.

해설 피로강도와 파괴 인성치가 높아야 한다.

52. 연강용 피복 아크 용접봉의 종류에서 E 4303 용접봉의 피복제 계통은?
① 특수계　　② 저수소계
③ 일루미나이트계　④ 라임티타니아계

해설 E 4303은 산화타이타늄(TiO₂)을 30% 이상 함유한 슬래그 생성제로 피복이 다른 용접봉에 비해 두꺼운 것이 특징이며 비드의 외관이 곱고 작업성이 좋다.

종류	피복제 계통	용접 자세
E 4301	일미나이트계	F, V, O, H
E 4303	라임티타니아계	F, V, O, H
E 4311	고셀룰로오스계	F, V, O, H
E 4313	고산화 타이타늄계	F, V, O, H
E 4316	저수소계	F, V, O, H
E 4324	철분산화 타이타늄계	F, H-Fil
E 4326	철분저수소계	F, H-Fil
E 4327	철분산화철계	F, H-Fil
E 4340	특수계	AP 또는 어느 한 자세

53. 모재 표면 위로 전극 와이어보다 앞에 미세한 입상의 용제를 살포하면서 이 용제 속에 용접봉을 연속적으로 공급하여 용접하는 방법은?
① 서브머지드 용접
② 불활성 가스 용접
③ 탄산가스 아크 용접
④ 플러그 용접

해설 서브머지드 아크 용접은 용제 속으로 전극 심선을 연속적으로 공급하여 용접하는 자동 용접으로 아크나 발생 가스가 용제 속에 잠겨 보이지 않으므로 잠호 용접이라고도 한다.

54. TIG 용접에 사용되는 전극봉의 재료는 다음 중 어느 것인가?
① 알루미늄봉　② 스테인리스봉
③ 텅스텐봉　　④ 구리봉

해설 TIG 용접에 사용되는 전극봉은 보통 연강, 스테인리스강에는 토륨이 함유된 텅스텐봉, 알루미늄은 순수 텅스텐봉, 그 밖에 지르코늄 등을 혼합한 텅스텐봉이 사용된다.

55. MIG 용접법의 특징에 대한 설명으로 틀린 것은?
① 전자세 용접이 불가능하다.
② 용접 속도가 빠르므로 모재의 변형이 적다.
③ 피복 아크 용접에 비해 빠른 속도로 용접할 수 있다.
④ 후판에 적합하고 각종 금속 용접에 다양하게 적용시킬 수 있다.

해설 MIG 용접법은 전자세 용접이 가능하다.

56. 가늘고 긴 망치로 용접 부위를 계속적으로 두들겨 줌으로써 비드 표면층에 성질 변화를 주어 용접부의 인장 잔류 응력을 완화시키는 방법은?
① 피닝법　　② 역 변형법
③ 취성 경감법　④ 저온 응력 완화법

해설 피닝법 : 특수 구면상의 선단을 갖는 해머로 용접부를 연속적으로 타격해 용접

정답 52. ④　53. ①　54. ③　55. ①　56. ①

표면에 소성 변형을 주어 발생한 잔류 응력을 감소하는 방법

57. 저온 균열의 발생에 관한 내용으로 옳은 것은?

① 용융 금속의 응고 직후에 일어난다.
② 오스테나이트계 스테인리스강에서 자주 발생한다.
③ 용접 금속이 약 300℃ 이하로 냉각되었을 때 발생한다.
④ 입계가 충분히 고상화되지 못한 상태에서 응력이 작용하여 발생한다.

해설 저온 균열은 보통 수소에 의한 지연 균열로 열 영향부의 결정립 내 및 입계에서 주로 발생하여 진행된다. 300℃ 이하에서 발생되며 루트 균열, 비드 밑 균열, 지단 균열, 횡 균열 등이 있다. 또한 열 영향부의 조립부가 급열 급랭하고 소입 경화하여 발생하며 고강력강, 고탄소강, 저합금강 등에서 쉽게 발생하고 연강에서는 발생 빈도가 적다. 오스테나이트 스테인리스강이나 비철 합금에서는 거의 드물다.

58. 일반적으로 스패너 작업 시 가장 좋은 방법은?

① 몸 쪽으로 당겨서 사용한다.
② 몸 반대쪽으로 밀어서 사용한다.
③ 필요에 따라 임의로 양쪽 모두 사용한다.
④ 두 개를 잇거나 자루에 파이프를 이어서 사용한다.

59. 인체에 흐르면 치명적으로 사망하게 되는 전류값은 얼마인가?

① 10mA ② 20mA ③ 50mA ④ 100mA

해설 10mA는 조금 고통을 느끼는 정도이고, 20mA는 심한 고통을 느끼며 자기 의사대로 행동이 안 되고 근육 수축이 오며, 50mA 감전 시는 사망할 위험이 상당히 크다. 여기서, 1mA는 1/1000A이며 인체의 저항은 아주 커서 1.2~3kΩ까지이므로 사람에 따라 같은 전기라도 감전 감도가 다르다.

60. 고용노동부장관이 안전 보건 개선 계획을 수립 및 시행하여 명할 수 있는 사업장에 해당하지 않는 것은?

① 직업성 질병자가 연간 2명 발생한 사업장
② 95dB(A)의 소음이 2시간 발생하는 사업장
③ 사업주가 안전조치를 이행하지 않아 중대재해가 발생한 사업장
④ 산업 재해율이 같은 업종의 규모별 평균 산업 재해율보다 높은 사업장

해설 안전 보건 개선 계획의 수립 및 시행 명령 : 고용노동부장관은 대통령령으로 정하는 사업장의 사업주에게는 안전 보건 진단을 받아 안전 보건 개선 계획을 수립하여 시행할 것을 명할 수 있다.
㉠ 산업 재해율이 같은 업종의 규모별 평균 산업 재해율보다 높은 사업장
㉡ 사업주가 필요한 안전조치 또는 보건조치를 이행하지 아니하여 중대재해가 발생한 사업장
㉢ 직업성 질병자가 연간 2명 이상 발생한 사업장
㉣ 소음 노출 기준(충격 소음 제외)을 초과한 사업장

1일 노출 시간(H)	소음 강도[dB(A)]
8	90
4	95
2	100
1	105
1/2	110
1/4	115

정답 57. ③ 58. ① 59. ③ 60. ②

제24회 CBT 대비 실전문제

1과목 공유압 및 자동 제어

1. 면적이 10cm²인 곳을 50kgf의 무게로 누르면 작용 압력은? [06-3]
① 5kgf/cm² ② 10kgf/cm²
③ 58kgf/cm² ④ 5kgf/m²

해설 $P = \dfrac{F}{A}$

2. 다음 중 베인형 압축기의 특징이 아닌 것은? [20-3]
① 소음과 진동이 작다.
② 압력을 일정하게 공급한다.
③ 소형으로 제작이 가능하다.
④ 압축기 벽면에 냉각판을 부착하여야 한다.

해설 베인형 압축기는 실린더 역할을 하는 하우징 내에서 베인이 부착된 편심된 로터가 고속 회전한다. 하우징 내에 분사되는 오일은 베인과 케이싱 사이의 밀봉과 압축공기의 냉각을 돕는다.

3. 공압 실린더의 출력을 결정하는 요소 중 전진 시의 출력을 구하는데 필요 없는 요소는 어느 것인가? [10-3]
① 실린더의 튜브 안지름
② 피스톤 로드의 바깥지름
③ 사용 유체의 압력
④ 실린더의 추력계수

해설 ㉠ 전진 시 : $\dfrac{\pi D^2}{4} \times P$

㉡ 후진 시 : $\dfrac{\pi}{4} \times (D^2 - d^2) \times P$

여기서, D : 실린더 안지름, P : 사용 공기 압력, d : 로드 지름

4. 기호의 표시 방법과 해석에 관한 설명으로 틀린 것은? [20-3]
① 포트는 관로나 기호 요소의 접점으로 나타낸다.
② 기호는 기기의 실제 구조를 나타내는 것이 아니다.
③ 기호는 기능·조작 방법 및 외부 접속구를 표시한다.
④ 기호는 압력, 유량 등의 수치 또는 기기의 설정값을 표시한 것이다.

5. 관(튜브)의 끝을 원뿔형으로 넓힌 구조를 가진 관 이음쇠는? [05-1]
① 스위블 이음쇠
② 플레어드 관 이음쇠
③ 셀프 실 이음쇠
④ 플랜지 관 이음쇠

6. 자중에 의한 낙하 등을 방지하기 위한 배압을 생기게 하고, 역방향의 흐름이 자유롭도록 체크 밸브의 기능이 내장되어 있는 밸브는? [19-3]
① 방향 제어 밸브
② 유압 서보 밸브
③ 유량 제어 밸브
④ 카운터 밸런스 밸브

정답 1. ① 2. ④ 3. ④ 4. ④ 5. ② 6. ④

해설 카운터 밸런스 밸브(counter balance valve) : 회로의 일부에 배압을 발생시키고자 할 때 사용하는 밸브로, 조작 중 부하가 급속하게 제거되어 연직 방향으로 작동하는 램이 중력에 의하여 낙하하는 것을 방지하고자 할 경우에 사용한다.

7. 오일 탱크의 용도로 적합하지 않은 것은?
① 유압 에너지 축적 [15-3]
② 유온 상승의 완화
③ 기름 내의 기포 분리
④ 기름 내의 불순물 제거

해설 유압 장치는 모두 오일 탱크를 가지고 있다. 오일 탱크는 오일을 저장할 뿐만 아니라 오일을 깨끗하게 하고, 공기의 영향을 받지 않게 하며, 가벼운 냉각 작용도 한다.

8. 다음 그림은 유압 모터 회로이다. 옳은 것은?
[05-3]

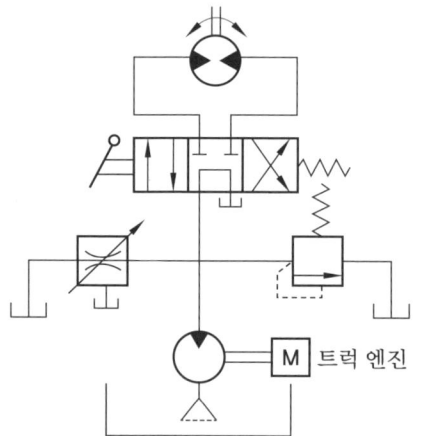

① 정출력 구동 회로
② 브레이크 회로
③ 일정 토크 구동 회로
④ 증압 회로

해설 ㉠ 일정 토크 회로 : 가변 체적형 펌프와 고정 체적형 유압 모터를 조합한 정역전 폐회로에서 유압 모터의 회전 속도는 펌프 송출량을 제어하고, 릴리프 밸브를 일정 압력으로 설정하여 토크를 일정하게 유지시킨다.
㉡ 일정 출력 회로 : 펌프의 송출 압력과 송출 유량을 일정하게 하고 정변위 유압 모터의 변위량을 변화시켜 유압 모터의 속도를 변환시키면 정마력 구동이 얻어진다.
㉢ 제동 회로(brake circuit) : 서지압 방지나 정지할 경우 유압적으로 제동을 부여하거나, 주된 구동기계의 관성 때문에 이상 압력이 생기거나 이상음이 발생되어 유압 장치가 파괴되는 것을 방지하기 위해 제동 회로를 둔다.

9. 다음 기호의 설명으로 적합한 것은 어느 것인가?
[09-1]

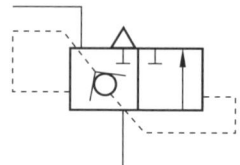

① 공압 장치의 배기 시 저항을 줄여 액추에이터의 속도를 증가시키게 한다.
② 공압 장치의 벤트 포트를 열어 무부하 운전이 용이하도록 한다.
③ 공압 장치의 맥동 현상을 방지하는 특수 밸브이다.
④ 공압 장치의 파일럿 작동에 의한 작은 힘으로 작동하여 작동 압력을 줄일 수 있다.

해설 급속 배기 밸브(quick release valve or quick exhaust valve) : 액추에이터의 배출 저항을 적게 하여 실린더의 귀환 행정 시 일을 하지 않을 경우 귀환 속도를 빠르게 하는 밸브로 가능한 액추에이터 가까

정답 7. ① 8. ③ 9. ①

이에 설치하며, 충격 방출기는 급속 배기 밸브를 이용한 것이다.

10. 제어(control)에 대한 설명 중 옳은 것은 어느 것인가? [07-1]
① 측정 장치, 제어 장치 등을 정비하는 것
② 어떤 목적에 적합하도록 대상이 되어 있는 것에 필요한 조작을 가하는 것
③ 어떤 양을 기준으로 하여 사용하는 양과 비교하여 수치나 부호로 표시하는 것
④ 입력 신호보다 높은 레벨의 출력 신호를 주는 것

해설 제어의 정의 : 시스템 내의 하나 또는 여러 개의 입력 변수가 약속된 법칙에 의하여 출력 변수에 영향을 미치는 공정

11. 다음 중 응답 속도가 빠르고 안정도가 가장 좋은 동작은? [07-3]
① 온 오프 동작
② 비례 미분 동작
③ 비례 적분 동작
④ 비례 적분 미분 동작

12. 다음 중 트랜지스터의 최대 정격으로 사용하지 않는 것은? [20-3]
① 접합 온도
② 최고 사용 주파수
③ 컬렉터 전류
④ 컬렉터-베이스 전압

해설 트랜지스터의 최대 정격으로는 컬렉터-베이스 간 전압, 이미터-베이스 간 전압, 컬렉터 전류, 컬렉터 손실, 접합부 온도, 주위 온도 등이 있다.

13. 내부 저항이 20 kΩ인 전압계에 40 kΩ의 배율기를 접속하여 어떤 전압을 측정하였더니 전압계의 지시가 50 V였다면 측정 전압(V)은? [14-2]
① 50 ② 100
③ 150 ④ 200

해설 ㉠ 배율 $m = 1 + \dfrac{R_m}{R_v} = 1 + \dfrac{40}{20} = 3$
㉡ 측정값 $= m \times V = 3 \times 50 = 150 V$

14. 연료전지 및 태양전지 모듈의 절연 내력 시험에서, 충전 부분과 대지 사이에 연속하여 몇 분간 가하여 절연 내력을 시험하였을 때에 이에 견디는 것이어야 하는가?
① 10 ② 25 ③ 50 ④ 60

15. 다음 중 서미스터에 대한 설명으로 맞지 않는 것은? [11-2]
① 온도 변화를 전압으로 출력한다.
② NTC는 부(-)의 온도계수를 갖는다.
③ PTC는 주로 온도 스위치로 사용한다.
④ CTR은 서미스터의 한 종류이다.

해설 서미스터(thermistor) : 온도 변화에 의해서 소자의 전기저항이 크게 변화하는 표적 반도체 감온 소자로 서미스터 자체가 기본적인 저항값을 갖고 있으며, 발열체로도 동작하기 때문에 전력 용량을 표시하는 등의 열에 민감한 저항체이다.

16. 전기식 조절 밸브의 구동 신호로 사용되는 전류 신호의 크기는 몇 [mA] DC인가? [06-3]
① 0.2~1.0 ② 0.4~2.0
③ 1.0~4.0 ④ 4.0~20

17. 다음 중 노이즈를 막기 위한 접지 방법으로 옳지 않은 것은? [07-3, 12-3]

정답 10. ② 11. ④ 12. ② 13. ③ 14. ① 15. ① 16. ④ 17. ③

① 실드 접지는 1점으로 접지한다.
② 가능한 굵은 도선(도체)을 사용한다.
③ 병렬 배선을 피하고 직렬로 한다.
④ 실드 피복이나 패널류는 필히 접지한다.

해설 접지 : 보통 패널이나 계기를 접지하는 것과 SN비의 개선으로 노이즈에 의한 장애를 막기 위한 접지가 있다. 접지할 때의 주의사항은 다음과 같다.
㉠ 1점으로 접지할 것
㉡ 가능한 굵은 도선(도체)을 사용할 것
㉢ 직렬 배선을 피하고 병렬로 할 것
㉣ 실드 피복, 패널류는 필히 접지할 것

18. 직류 전동기의 회전 방향을 바꾸는 방법으로 적합한 것은? [10-3, 10-4, 18-2]
① 콘덴서의 극성을 바꾼다.
② 정류자의 접속을 바꾼다.
③ 브러시의 위치를 조정한다.
④ 전기자 권선의 접속을 바꾼다.

해설 직류 전동기의 회전 방향을 반대로 하려고 할 때 전동기의 단자 전압의 극성을 바꾸어도 역전되지 않는다. 그 이유는 자속 Φ와 전기자 전류 I_a의 방향이 동시에 반대가 되기 때문이다. 따라서 자속 Φ와 전기자 전류 I_a 중 하나만 반대로 해야 한다. 즉, 계자 회로나 전기자 회로 중 어느 하나만 바꾸면 된다.

19. 유도 전동기의 속도 제어법이 아닌 것은? [07-3, 13-1, 15-3]
① 계자 제어
② 주파수 제어
③ 2차 저항 조정
④ 극수 변환

해설 직류 전동기의 회전 속도를 변화시키려면 전압 변화, 저항 제어, 계자 제어로 가능하다.

20. 단상 혹은 3상 전동기의 고장 중 전동기의 과열 원인과 거리가 먼 것은? [08-1]
① 과부하
② 축 조임의 과다
③ 퓨즈의 단선
④ 코일의 단락

해설 전동기 과열의 원인
㉠ 전동기 과부하
㉡ 베어링 불량 또는 축 조임 과다
㉢ 코일 단락 및 단상 운전
㉣ 회전자 움직임

2과목 설비 진단 및 관리

21. 다음 중 진동 주파수에 대한 설명으로 옳은 것은? [07-3, 10-2]
① 주기가 길면 주파수가 높다.
② 주기가 짧으면 주파수가 높다.
③ 회전수를 높이면 주파수는 낮아진다.
④ 회전수를 낮추면 주파수는 높아진다.

해설 $f=\dfrac{1}{T}$이므로 주기(T)가 짧으면 주파수(f)는 높아지고, $f=\dfrac{N}{60}$이므로 N을 높이면 f는 높아지고 N을 낮추면 f는 낮아진다.

22. 다음 중 회전수를 나타내는 의미가 아닌 것은? [07-3]
① rpm ② cpm ③ cps ④ ppm

23. 다음과 같은 가속도계의 설치 방법 중 가장 높은 주파수 응답 범위를 얻을 수 있는 것은? [08-3, 10-1]
① 손 고정
② 나사 고정
③ 접착제 고정
④ 자석 고정

해설 가속도 센서 부착 방법을 공진 주파수 영역이 넓은 순서로 나열하면 나사>에폭시 시멘트>밀랍>자석>손이다.

24. 사람이 가청할 수 있는 최대 가청음의 세기(W/m²)는? (단, W : 음향 출력, m² : 표면적) [11-2, 19-1]
① 10^{-12} ② 10 ③ 10^{10} ④ 20^{10}

해설 사람이 가청할 수 있는 최대 가청음의 세기는 $10 W/m^2$, 최소 가청음의 세기는 $10^{-12} W/m^2$이다.

25. 진동 방지 대책으로 스프링 차단기 위에 놓아 고유 진동수를 낮추는 역할을 하는 것은? [20-2]
① 거더 ② 고무
③ 패드 ④ 파이버 글라스

26. 팽창식 체임버(chamber)의 소음기 면적 비는? [18-1]

① $\dfrac{\text{팽창식 체임버의 단면적}}{\text{연결 길이}}$

② $\dfrac{\text{연결 길이}}{\text{팽창식 체임버의 단면적}}$

③ $\dfrac{\text{연결 덕트의 단면적}}{\text{팽창식 체임버의 단면적}}$

④ $\dfrac{\text{팽창식 체임버의 단면적}}{\text{연결 덕트의 단면적}}$

27. 진동 현상의 특징 중 저주파에서 발생되는 이상 현상이 아닌 것은? [06-1, 11-2]
① 언밸런스(unbalance)
② 캐비테이션(cavitation)
③ 미스얼라인먼트(misalignment)
④ 풀림

해설 캐비테이션은 고주파에서 나타난다.

28. 미끄럼 베어링에서 나타날 수 있는 진동 현상은? [07-1]
① 오일 휩(oil whip)
② 미스얼라인먼트(misalignment)
③ 압력 맥동
④ 공동(cavitation)

해설 오일 휩은 강제 윤활을 하고 있는 미끄럼 베어링에 반드시 있는 트러블로서 비교적 고속 운전하는 기계에 발생한다.

29. 다음 중 윤활유의 점도에 관한 설명이 잘못된 것은? [13-2]
① 점도란 윤활유가 유동할 때 나타나는 내부 저항의 크기를 나타낸 것이다.
② 동점도는 윤활유의 절대 점도에 윤활유의 밀도를 곱한 값으로 구할 수 있다.
③ 절대 점도를 표시할 때 푸아즈(poise)를 사용한다.
④ 동점도는 스토크스(stokes)를 사용하며 cm^2/s로 나타낸다.

해설 절대 점도=동점도×밀도로 계산한다.

30. 유(oil) 윤활과 비교한 그리스 윤활의 장점으로 옳은 것은? [09-1, 18-1]
① 누설이 적다.
② 냉각 작용이 크다.
③ 급유가 용이하다.
④ 이물질 혼입 시 제거가 용이하다.

해설 윤활유와 그리스 윤활의 비교

구분	윤활유	그리스
회전 속도	범위가 넓다	초고속에는 곤란하다
회전 저항	작다	초기 저항이 크다

정답 24. ② 25. ① 26. ④ 27. ② 28. ① 29. ② 30. ①

냉각 효과	크다	작다
누설	많다	적다
밀봉 장치	복잡	용이
순환 급유	용이	곤란
먼지 여과	용이	곤란
교환	용이	곤란

31. 설비를 관리하기 위해서는 생산 현장에서 보전 요원이나 엔지니어가 보전 업무를 실시하는 기능이 필요하다. 다음 중 설비 보전의 실시 기능과 관계가 가장 먼 것은?
① 고장 분석 방법 개발   [12-2]
② 점검 및 검사
③ 주유, 조정 및 수리 업무
④ 설비 개조를 위한 가공 업무

해설 고장 분석 방법 개발은 기술 기능(technical function)에 포함된다.

32. 설비 배치의 분류 중 제품별 배치의 특징으로 틀린 것은?   [18-2]
① 기계 대수가 많아지고 공구의 가동률이 저하된다.
② 작업자의 보전 간접 작업이 적어지므로 실질적 가동률이 향상된다.
③ 정체 시간이 길기 때문에 재공품이 많아지고 공정이 복잡해진다.
④ 작업의 흐름 판별이 용이하며 설비의 이상 상태 조기 발견, 예방, 회복 등을 쉽게 할 수 있다.

해설 제품별 배치의 장점
㉠ 공정 관리의 철저   ㉡ 분업 전문화
㉢ 간접 작업의 제거   ㉣ 정체 감소
㉤ 훈련의 용이성
㉥ 품질 관리의 철저
㉦ 공정 관리 사무의 간소화
㉧ 작업 면적의 집중
※ 한 공정의 작업물이 직접 다음 공정으로 공급되므로 재공품이 적어진다.

33. 기계를 가동하여 직접 생산하는 시간을 무엇이라 하는가?   [08-3, 20-2]
① 직접 조업 시간   ② 실제 생산 시간
③ 정미 가동 시간   ④ 실제 조업 시간

해설 ㉠ 정미 가동 시간 : 기계를 가동하여 직접 생산하는 시간
㉡ 정지 시간 : 준비 시간, 대기 시간, 수리 시간, 불량 수정 시간 등
㉢ 부하 시간 : 정미 가동 시간에 정지 시간을 부가한 시간
㉣ 무부하 시간 : 기계가 정지하고 있는 시간
㉤ 조업(操業) 시간 : 잔업을 포함한 실제 가동 시간
㉥ 캘린더 시간 : 공휴일을 포함한 1년 365일
㉦ 기타 시간 : 조업 시간 내에 전기, 압축기 등이 정지하여 작업 불능 시간이나 조회, 건강 진단 등의 시간

34. 설비의 정비 계획 시에 주간 보전 계획의 6S 활동이 아닌 것은?   [08-1]
① 정리   ② 의식화
③ 분석   ④ 청소

해설 정기 점검은 기계 정지 중에 주로 행해지며 각종 계측기를 사용하여 설비의 정도 유지, 부품의 사전 교환을 목적으로 정비원을 중심으로 행해진다. 각 설비마다 점검표(check list)를 작성하고 그 점검 결과를 자료로 저장하여 이 자료들을 해석하고 검토하여 교환 주기, 분해 점검 주기 등을 정확히 판단해서 정비 계획을

경제성이 높게 수립하는 것이 정비원에게 부여된 중요한 임무이다. 6S 활동은 정리, 정돈, 청소, 청결, 습관화, 안전 운동을 말한다.

35. 부분 보전과 집중 보전을 조합시킨 절충 보전에 대한 장단점으로 틀린 것은? [10-1]
① 집중 그룹의 기동성에 대한 장점
② 집중 그룹의 보행 손실에 대한 단점
③ 지역 그룹의 운전과의 일체감에 대한 장점
④ 지역 그룹의 노동 효율에 대한 장점

해설 지역 그룹의 노동 효율에 대한 단점

36. 기술면의 표준 중 목표가 되는 표준을 지칭하는 것은? [14-2]
① 규격
② 사양서
③ 지도서
④ 조직 규정

해설 목표가 되는 표준은 기술면의 표준으로 기준과 지도서 등을 의미한다. 규격과 사양서는 준수하여야 할 표준이며, 조직 규정은 경영 관리의 표준으로 조직의 표준이다.

37. A=1회에 소요되는 검사 비용, B=고장으로 인한 단위 기간당 손실, C=손실계수 $\frac{B}{A}$, γ=단위 기간당 장해 발생 빈도수일 때 설비의 최적 검사 주기를 구하는 식은? [09-1]
① $\sqrt{\frac{2}{C \times \gamma}}$
② $\sqrt{\frac{2C}{\gamma}}$
③ $\sqrt{\frac{2}{A \times \gamma}}$
④ $\sqrt{\frac{2}{B \times \gamma}}$

해설 최적 설비 검사(점검) 주기의 결정 방법
$T \fallingdotseq \sqrt{\frac{2 \times A}{\gamma \times B}} = \sqrt{\frac{2}{C \times \gamma}}$

38. 월간 사용량이 적고 단가가 높은 품목에 적용되는 보전 자재 관리법은? [12-1]
① 정량 발주법
② 정기 발주법
③ 2궤법
④ 불출 후 발주법

39. 종합적 생산 보전(TPM)에 대한 설명 중 틀린 것은? [09-1, 18-3]
① 전원이 참가하여 동기 부여 관리
② 작업자의 자주 보전 체계의 확립
③ 설비 효율을 최고로 높이기 위한 보전 활동
④ 생산 설비의 라이프 사이클만 관리하는 활동

해설 TPM은 설비의 효율을 최고로 높이기 위하여 설비의 라이프 사이클을 대상으로 한 종합 시스템을 확립하고, 설비의 계획 부문, 사용 부문, 보전 부문 등 모든 부문에 걸쳐 전 종업원이 참여한다.

40. PM 초기에 검사 주기를 결정하기 위해 선결되어야 하는 것은? [13-2]
① 설비 성능 표준 작성
② 프로세스 개선
③ 급유 개소 표시
④ 정확한 자료 축적

3과목 기계 보전, 용접 및 안전

41. 아래 그림과 같이 볼트를 체결할 때 필요한 조임 토크는 몇 kgf·m인가? [13-3]

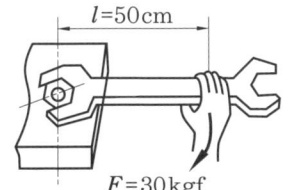

정답 35. ④ 36. ③ 37. ① 38. ④ 39. ④ 40. ④ 41. ④

① 300　② 150　③ 30　④ 15

해설 토크 $T = F \times l = 30 \times 0.5 = 15\,\text{kgf}\cdot\text{m}$

42. 장비 운전자가 매일 아침 오일러 스핀들을 세워서 1분 간격으로 5~10방울 정도 급유하는 체인 급유법은? [08-3]
① 적하 급유(저속용)
② 유욕 윤활(중·저속용)
③ 회전판에 의한 윤활(중·고속용)
④ 강제 펌프 윤활(고속, 중하중용)

해설 적하 급유법 : 비교적 고속 회전의 소형 베어링 등에 많이 사용되며, 기름통에 저장되어 있는 오일을 일정량으로 떨어지게 유량 조절을 하여 윤활하는 방식

43. 베어링 온도는 정상 운전 상태에서 주위 온도보다 얼마를 초과하지 말아야 하는가? [12-1]
① 5~10℃　② 20~30℃
③ 40~50℃　④ 60~70℃

해설 베어링 온도는 정상 상태에서 20~30℃를 초과하지 말아야 한다.

44. 펌프에 관한 설명 중 맞는 것은? [11-1]
① 다단 펌프는 유량을 증가시킨다.
② 양흡입 펌프는 양정을 증가시킨다.
③ 양흡입 펌프는 축추력이 발생되지 않는다.
④ 축 방향으로 유체를 흡입하고 반지름 방향으로 토출시키는 펌프는 축류식 펌프이다.

해설 임펠러, 축 등을 맞대게 해서 양흡입형으로 하여 사용함으로써 축추력을 제거하는 방식을 양흡입 펌프라 한다.

45. 일반적인 왕복식 압축기의 장점으로 옳은 것은? [06-3, 07-1, 10-1, 13-2, 18-2]

① 윤활이 어렵다.
② 설치 면적이 넓다.
③ 맥동 압력이 있다.
④ 고압을 발생시킬 수 있다.

해설 왕복식 압축기는 고압 발생이 가능한 장점이 있지만 설치 면적이 넓고, 윤활이 어려운 단점이 있다.

46. 다음 중 유도 전동기에서 회전수(N_S), 극수(P) 및 주파수(F)의 관계식이 옳은 것은? [09-3, 15-1, 20-2]
① $N_S = \dfrac{120F}{P}$　② $N_S = \dfrac{120P}{F}$
③ $N_S = \dfrac{120}{PF}$　④ $N_S = \dfrac{PF}{120}$

47. 아래의 그림에서 버니어 캘리퍼스의 측정값은 얼마인가? [12-1]

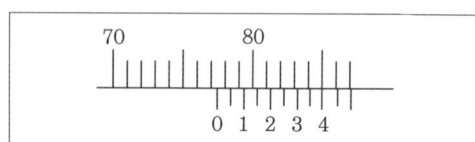

① 77.0 mm　② 77.4 mm
③ 7.04 mm　④ 77.14 mm

해설 측정값 = 77 + 0.4 = 77.4 mm

48. 드릴의 지름 6 mm, 회전수 400 rpm일 때, 절삭 속도는?
① 6.0 m/min　② 6.5 m/min
③ 7.0 m/min　④ 7.5 m/min

해설 $V = \dfrac{\pi D n}{1000} = \dfrac{\pi \times 6 \times 400}{1000} = 7.54\,\text{m/min}$

49. 초경 합금의 특성에 대한 설명 중 올바른 것은?

정답 42. ①　43. ②　44. ③　45. ④　46. ①　47. ②　48. ④　49. ①

① 고온 경도 및 내마멸성이 우수하다.
② 내마모성 및 압축강도가 낮다.
③ 고온에서 변형이 많다.
④ 상온의 경도가 고온에서 크게 저하된다.

해설 초경 합금은 탄화티타늄(TiC), 탄화탄탈럼(TaC), 탄화텅스텐(WC)과 같은 금속 탄화물을 Fe, Ni, Co 등의 철족 결합 금속으로 접합, 소결한 복합 합금을 말한다. 내마모성이 높고 고온에서 변형이 적으므로 절삭 공구, 금형 다이에 사용된다.

50. 축계 기계 요소의 도시 방법으로 옳지 않은 것은?

① 축은 길이 방향으로 단면 도시를 하지 않는다.
② 긴 축은 중간을 파단하여 짧게 그리지 않는다.
③ 축 끝에는 모따기 및 라운딩을 도시할 수 있다.
④ 축에 있는 널링의 도시는 빗줄로 표시할 수 있다.

해설 긴 축은 중간을 파단하여 짧게 그린다.

51. TIG 용접기의 일반적인 고장 방지 방법 중 틀린 것은?

① 1, 2차 전선의 결선 상태를 정확하게 체결하고 절연이 되도록 한다.
② 용접기의 용량에 맞는 안전 차단 스위치를 선택한다.
③ 용접기를 정격사용률 이하로 사용하고, 허용사용률을 초과해도 괜찮다.
④ 용접기 내부의 고주파 방전 캡, PCB 보드 등에 함부로 손대지 않도록 한다.

해설 ①, ②, ④ 외에 다음과 같다.
㉠ 용접기를 정격사용률 이하로 사용하고, 허용사용률을 초과하지 않도록 한다.
㉡ 용접기 내부에 먼지 등의 이물질을 수시로 압축공기를 사용하여 제거한다.

52. MIG 용접에 사용되는 실드 가스가 아닌 것은?

① 아르곤+헬륨
② 아르곤+탄산가스
③ 아르곤+수소
④ 아르곤+산소

해설 MIG 용접에 사용되는 실드 가스로 아르곤+(헬륨, 탄산가스, 산소, 탄산가스+산소)의 혼합 가스를 이용한다.

53. 플럭스 코어드 아크 용접의 특징으로 틀린 것은?

① 야외에서 용접할 때 풍속 10m/s 정도까지는 바람에 의한 영향이 적으므로 풍속 15m/s까지 적용이 가능하여 현장 용접에 적합하다.
② 보호 가스나 플럭스를 사용하지 않기 때문에 용접기와 와이어를 준비하면 좋고, 용접 준비가 간단하다.
③ 피복 아크 용접에 비해 아크 타임률이 향상되고, 와이어 돌출부가 줄열 가열에서 용착 속도가 빨라지며 피복 아크 용접의 1.5~3배 능률 향상을 기대할 수 있다.
④ 용입이 약간 깊고, 내균열성은 비교적 양호하며, 미세 와이어에서는 반자동 가스 보호 아크 용접과 같이 전체의 용접이 가능하다.

해설 용입이 약간 얕으며, 내균열성은 비교적 양호하고, 미세 와이어에서는 반자동 가스 보호 아크 용접과 같이 전체의 용접이 가능하다.

54. CO_2 용접에서 아크를 발생하는 방법이 아닌 것은?

정답 50. ② 51. ③ 52. ③ 53. ④ 54. ①

① 토치를 잡고 모재 위를 겨냥하여 진행각을 90°로 유지한다.
② 토치를 잡고 모재 위를 겨냥하여 작업각을 90°로 유지한다.
③ 와이어 돌출 길이는 10~15mm가 되도록 유지한다.
④ 토치에 있는 스위치를 누르면 용접 전류의 통전에 의해 아크가 발생되며, 스위치를 놓으면 소멸된다.

해설 토치를 잡고 모재 위를 겨냥하여 작업각을 90°, 진행각은 75~80°로 유지한다.

55. 맞대기 용접에서 변형이 가장 적은 홈의 형상은 무엇인가?
① V형 홈 ② U형 홈
③ X형 홈 ④ 한쪽 J형 홈

해설 변형이 가장 적은 것은 대칭 양면 V형인 X형이나 H형상이다.

56. 용접부의 기공 검사는 어느 시험법으로 가장 많이 하는가?
① 경도 시험 ② 인장 시험
③ X선 시험 ④ 침투 탐상 시험

해설 비파괴 시험으로 X선 투과 시험은 균열, 융합 불량, 슬래그 섞임, 기공 등의 내부 결함 검출에 사용된다.

57. 기계 조립 작업 시 주의사항으로 적절하지 않은 것은? [11-1, 15-2, 20-3]
① 볼트와 너트는 균일하게 체결할 것
② 무리한 힘을 가하여 조립하지 말 것
③ 정밀기계는 장갑을 착용하고 작업할 것
④ 접합면에 이물질이 들어가지 않도록 할 것

해설 정밀기계 작업에서는 장갑 착용을 금할 것

58. 아크 용접을 할 때 작업자에게 가장 위험한 부분은?
① 배전관
② 용접봉 홀더 노출부
③ 용접기
④ 케이블

해설 용접 작업 중 용접봉 홀더의 노출부가 있으면 작업자가 감전될 수 있다.

59. 유기 용제 구분의 표시사항이 틀린 것은?
① 제1종 유기 용제 : 적색
② 제2종 유기 용제 : 황색
③ 제3종 유기 용제 : 청색
④ 제4종 유기 용제 : 흑색

해설 제4종 유기 용제는 지정하지 않는다.

60. 건설물, 기계, 기구, 설비, 원재료, 가스, 증기, 분진, 근로자의 작업 행동 또는 그 밖의 업무로 인한 유해 위험 요인을 찾아내어 그 위험성의 크기가 허용 가능한 범위인지를 평가하는 것을 무엇이라고 하는가?
① 유해성 평가 ② 위험성 평가
③ 안전 보건 진단 ④ 작업 환경 측정

해설 위험성 평가의 실시 : 사업주는 건설물, 기계·기구·설비, 원재료, 가스, 증기, 분진, 근로자의 작업 행동 또는 그 밖의 업무로 인한 유해·위험 요인을 찾아내어 부상 및 질병으로 이어질 수 있는 위험성의 크기가 허용 가능한 범위인지를 평가하여야 하고, 그 결과에 따라 이 법과 이 법의 명령에 따른 조치를 하여야 하며, 근로자에 대한 위험 또는 건강 장해를 방지하기 위하여 필요한 경우에는 추가적인 조치를 하여야 한다.

정답 55. ③ 56. ③ 57. ③ 58. ② 59. ④ 60. ②

설비보전산업기사 필기

제25회 CBT 대비 실전문제

1과목 공유압 및 자동 제어

1. 공유압 회로 손실에 대한 설명으로 틀린 것은? [09-3]
① 층류와 난류의 경계는 $Re=1320$이다.
② 레이놀즈 수에 따라 층류와 난류로 구별된다.
③ 손실 수두는 유체의 운동 에너지에 비례한다.
④ 손실 수두는 마찰계수와 직접적인 관계가 있다.

해설 관을 흐르는 유체는 레이놀즈 수(Reynolds number)에 따라 층류와 난류로 구별되며 레이놀즈 수가 작은 경우, 즉 상대적으로 유속과 지름이 작거나 점성계수가 큰 경우에 층류가 되고, 레이놀즈 수가 큰 경우에는 난류가 된다. 그 경계값은 보통 $Re=2320$ 정도이다.

2. 그림에서 제시한 2압 밸브의 특성으로 옳지 않은 것은? [14-2]

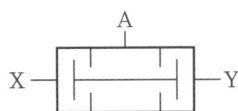

① AND의 논리를 만족한다.
② 먼저 들어온 고압 압력 신호가 출구 A로 나간다.
③ 압축공기가 2개의 입구 X, Y에 모두 작용할 때에만 출구 A에 압축공기가 흐른다.
④ 2개의 압력 신호가 다른 압력일 경우에는 낮은 압력 쪽의 공기가 출구 A로 출력된다.

해설 2압 밸브(two pressure valve) : 저압 우선형 셔틀 밸브, AND 밸브라고도 한다. AND 요소로서 두 개의 입구 X와 Y 두 곳에 동시에 공압이 공급되어야 하나의 출구 A에 압축공기가 흐르고, 압력 신호가 동시에 작용하지 않으면 늦게 들어온 신호가 A 출구로 나가며, 두 개의 신호가 다른 압력일 경우 낮은 압력 쪽의 공기가 출구 A로 나가게 되어 안전 제어, 검사 등에 사용된다.

3. 다음 공압 액추에이터 중 회전 각도의 범위가 가장 큰 것은? [10-1, 12-1, 15-2]
① 피스톤형 ② 크랭크형
③ 베인형   ④ 래크와 피니언형

해설 스크루형은 100~370°, 크랭크형은 110° 이내, 베인형에서 싱글형은 300° 이내, 더블형은 90~120°, 래크와 피니언형은 45~720°이다.

4. 공기압 조정 유닛에 대한 설명 중 잘못된 것은? [09-3]
① 윤활기에 공급되는 기름은 스핀들 오일이 적당하다.
② 에어 서비스 유닛이라고도 한다.
③ 공압 필터-압력 조절 밸브-윤활기 순서로 조립한다.
④ FRL 콤비네이션이라고도 한다.

정답 1. ① 2. ② 3. ④ 4. ①

해설 공기 조정 유닛(air control unit, air service unit)은 공기 필터, 압력계가 부착된 압축공기 조정기, 윤활기가 한 조로 이루어진 것으로 윤활유로는 터빈 오일을 권장한다.

5. 회로 설계를 하고자 할 때 부가 조건의 설명이 잘못된 것은 무엇인가? [10-1]
① 리셋(reset) : 리셋 신호가 입력되면 모든 작동 상태는 초기 위치가 된다.
② 비상 정지(emergency stop) : 비상 정지 신호가 입력되면 대부분의 경우 전기 제어 시스템에서는 전원이 차단되나 공압 시스템에서는 모든 작업 요소가 원위치된다.
③ 단속 사이클(single cycle) : 각 제어 요소들을 임의의 순서로 작동시킬 수 있다.
④ 정지(stop) : 연속 사이클에서 정지 신호가 입력되면 마지막 단계까지는 작업을 수행하고 새로운 작업을 시작하지 못한다.

해설 단속 사이클(single cycle) : 시작 신호가 입력되면 제어 시스템이 첫 단계에서 마지막 단계까지 1회 동작된다.

6. 240 kgf/cm²의 사용 압력으로 50000 kgf의 힘을 내고 0.5m의 행정 거리를 0.01m/s의 속도로 움직이는 유압 프레스를 설계할 때 필요한 실린더 지름 및 펌프의 토출 유량은 약 얼마인가? [07-1]
① 16.3mm, 11L/min
② 163mm, 12L/min
③ 17.3mm, 11L/min
④ 273mm, 12L/min

해설 ㉠ $P=\dfrac{F}{A}$에서
$A=\dfrac{F}{P}=\dfrac{50000}{240}≒208.3\,\text{cm}^2$

$A=\dfrac{\pi d^2}{4}=208.3\,\text{cm}^2$

∴ $d=\sqrt{\dfrac{4\times 208.3}{\pi}}≒16.3\,\text{cm}=163\,\text{mm}$

㉡ $Q=AV$
$=208.3\times 0.01\times 100\times 60$
$=12498\,\text{cm}^3/\text{min}≒12\,\text{L/min}$

7. 유압 펌프에서 강제식 펌프의 장점이 아닌 것은? [06-1]
① 비강제식에 비해 크기가 대형이며 체적 효율이 좋다.
② 높은 압력(70 bar 이상)을 낼 수 있다.
③ 작동 조건의 변화에도 효율의 변화가 적다.
④ 압력 및 유량의 변화에도 원활하게 작동한다.

해설 강제식 펌프의 특징
㉠ 체적 효율이 높다.
㉡ 조건에 따라 효율의 변화가 작다.
㉢ 높은 압력을 낼 수 있다.
㉣ 크기가 작다.

8. 압력 릴리프 밸브에서 압력 오버라이드는 어떻게 표현되는가? [13-1]
① 전유량 압력－크래킹 압력
② 크래킹 압력－전유량 압력
③ 크래킹 압력÷전유량 압력
④ 전유량 압력×크래킹 압력

해설 압력 오버라이드＝전체 공급 압력 － 크래킹 압력

9. 유압 모터의 종류가 아닌 것은? [12-2]
① 기어형　　② 베인형
③ 피스톤형　④ 나사형

해설 유압 모터의 종류에는 기어(gear)형, 베인(vane)형, 피스톤(piston)형이 있다.

정답 5. ③　6. ②　7. ①　8. ①　9. ④

10. 다음 기호의 명칭으로 옳은 것은? [19-3]

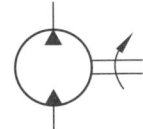

① 공기압 모터
② 요동형 액추에이터
③ 정용량형 펌프·모터
④ 가변 용량형 펌프·모터

11. 유압 펌프의 고장 중 소음이 증대되는 원인이라고 할 수 없는 것은? [12-1]
① 흡입관이 가늘거나 혹은 막혀 있다.
② 탱크 안에 기포가 있다.
③ 흡입 필터를 설치하지 않았다.
④ 전동기 축과 펌프 축의 중심이 잘 맞지 않았다.

해설 흡입 필터가 막히거나 또는 용량이 부족하면 소음 발생의 원인이 되며, 이 경우 필터를 청소하거나 용량이 큰 것으로 교체한다.

12. PLC에서 내장된 프로그램에 따라 입력 신호가 만족되면 해당 출력 신호를 발생하기 위해 연속적으로 프로그램을 진행하는 기능은? [06-3, 10-3]
① 스캐닝   ② 인출 사이클
③ ALU   ④ 실행 사이클

13. 단락 보호와 과부하 보호에 사용되는 기기는? [16-3]
① 전자 개폐기   ② 한시 계전기
③ 전자 릴레이   ④ 배선용 차단기

14. 다음 중 회로 시험기를 사용하여 측정할 때 주의할 점 중 잘못된 것은? [03-1]

① 측정할 양에 알맞은 계기를 사용한다.
② 직류용 계기의 단자에 표시되어 있는 극성과 전원의 극성에 주의한다.
③ 측정 시 지침은 최대 측정 범위를 넘도록 조정한다.
④ 배율 선택 스위치는 측정값에 알맞게 조절한다.

해설 계기를 사용하여 측정할 때 주의할 점
㉠ 측정할 양에 알맞은 계기를 사용, 동작 및 원리상의 분류에 따라 계기를 사용, 측정 전에 정격 사항을 검토하고, 지침은 0점으로 조정한다.
㉡ 직류용 계기를 사용할 때는 계기의 단자에 표시되어 있는 극성과 전원의 극성이 같도록 연결하여 측정한다.
㉢ 측정 시 지침은 최대 눈금의 1/3 이상 움직이도록 하고, 최대 측정 범위를 넘지 않도록 주의한다.
㉣ 배율 선택 스위치는 측정값에 알맞게 조절한다.
㉤ 건전지가 내장된 계기는 반드시 건전지를 검사한다.
㉥ 감전이 되지 않도록 주의한다.
㉦ 측정 결과는 측정 시의 온도, 사용계기, 사용기구 등을 기록한다.

15. 다음 중 변환기에서 노이즈 대책이 아닌 것은? [06-3, 11-2, 15-3, 19-2]
① 실드의 사용   ② 비접지
③ 접지   ④ 필터의 사용

해설 ㉠ 노이즈의 발생 원인 : 전도, 정전 유도, 전자 유도, 중첩, 접지 루프, 접합 전위차
㉡ 보통 판넬이나 계기를 접지하는 것과 SN비의 개선으로 노이즈에 의한 장애를 막기 위한 접지가 있다.

정답 10. ③　11. ③　12. ①　13. ④　14. ③　15. ②

16. 측온 저항체의 특징이 아닌 것은? [10-2]
① 출력 신호는 전압이다.
② 최고 사용 온도가 600℃ 정도이다.
③ 전원을 공급하여야 한다.
④ 백금 측온 저항체는 표준용으로 사용한다.

해설 측온 저항체는 백금 측온 저항체가 가장 안전하고 온도 범위가 넓으며 높은 정확도가 요구되는 온도 계측에 많이 사용된다. 측온 저항체는 백금, 니켈, 구리 등의 순금속을 사용하며, 표준 온도계나 공업 계측에 널리 이용되고 있는 것은 고순도(99.999% 이상)의 백금선이다. 가격이 비싸고 응답 속도가 느리며, 충격 진동에 약하고 출력 신호는 저항이다.

17. 출력 특성이 좋고 사용하기 쉬우므로 기계 및 지반 진동에 가장 많이 사용되는 진동 센서는? [13-1]
① 압전형 가속도 센서
② 동전형 속도 센서
③ 서보형 가속도 센서
④ 와전류형 변위 센서

해설 가속도 센서 중 회전수 및 진동 측정에 가장 많이 사용되고 있는 것은 주파수 범위의 광대역, 소형 경량화, 사용 온도 범위가 넓은 압전형(piezo electric type)이다. 동전형은 속도 검출, 와전류형은 변위 측정, 서보형은 가속도 검출에 사용되고 있다.

18. 어느 제어계에서 0~10V 아날로그 신호를 센서를 통하여 읽어 들이기 위하여 8비트 A/C 변환기를 사용한다면 아날로그 신호를 몇 V 간격으로 읽어 들일 수 있는가?
① 1.25   ② 0.625   [13-2]
③ 0.078   ④ 0.039

해설 ㉠ 8bit 사용 시 분해능 = 2^8 = 256
㉡ 최소 범위 = 10/256 = 0.039V

19. 다음 중 직류 전동기의 주요 구성 요소가 아닌 것은? [20-2]
① 계자   ② 격자
③ 전기자   ④ 정류자

해설 ㉠ 정류자 : 주 전류를 통하게 하며 회전력을 발생시키는 부분
㉡ 전기자 : 토크를 발생하여 회전력을 전달하는 요소
㉢ 계자 : 자속을 발생시키는 부분

20. 직류 전동기의 속도 제어법이 아닌 것은? [14-1, 16-1, 19-2]
① 저항 제어   ② 극수 제어
③ 계자 제어   ④ 전압 제어

해설 ㉠ 전압 제어 : 전기자에 가한 전압을 변화시켜 회전 속도를 조정
㉡ 계자 제어 : 계자 저항기(R_f)로 계자 전류(I_f)를 조정하여 자속 Φ를 변화시키는 방법
㉢ 저항 제어 : 전기자 회로에 직렬로 가변저항을 넣어 회전 속도를 조정

2과목 설비 진단 및 관리

21. 주기(T), 주파수(f), 각진동수(ω)의 관계가 옳은 것은? [12-2, 17-1]
① $\omega = 2\pi T$ ② $\omega = 2\pi f$
③ $\omega = \pi T$ ④ $\omega = \pi f$

해설 $f = \dfrac{1}{T} = \dfrac{\omega}{2\pi}$ 에서 $\omega = 2\pi f$ 이며 $\omega = \dfrac{2\pi}{T}$ 이다.

정답 16. ① 17. ① 18. ④ 19. ② 20. ② 21. ②

22. 정현파 진동에서 진동의 상한과 하한의 거리를 무엇이라 하는가? [10-3, 17-2]
① 변위 ② 속도
③ 가속도 ④ 진동수

해설 변위(displacement) : 진동의 변위량 상한과 하한의 거리(양진폭 혹은 변위 P-P) 혹은 중립점에서 상한 또는 하한까지의 거리(편진폭 : P)

23. 진동 측정기기의 검출단 설치 방법 중 주파수 특성이 가장 넓은 것은? [10-2]
① 접착제
② 비왁스(bee wax)
③ 마그네틱(magnetic)
④ 손 고정

해설 주파수 영역 : 나사 고정 31 kHz, 접착제 29 kHz, 비왁스 28 kHz, 마그네틱 7 kHz, 손 고정 2 kHz

24. 다음 중 소음의 크기를 나타내는 단위로 맞는 것은? [13-2]
① Hz ② dB ③ ppm ④ fc

25. 기초와 진동 보호 대상 물체 사이에 스프링형 진동 차단기를 설치하였더니 진동 보호 대상 물체에 진동이 발생하여 그림과 같이 진동 보호 대상 물체와 스프링 사이에 블록을 설치하였다. 블록을 설치한 이유로 옳은 것은? [18-2]

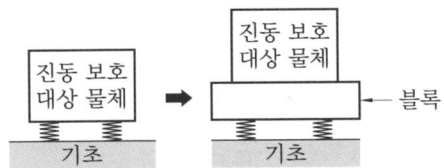

① 강성을 높이기 위해
② 진동을 차단하기 위해
③ 고유 진동수를 낮추기 위해
④ 고유 진동수를 높이기 위해

해설 블록과 같은 거더는 진동 방지 대책으로 스프링 차단기 위에 놓아 고유 진동수를 낮추는 역할을 한다.

26. 진동 차단기의 외부에서 들어오는 진동 주파수와 시스템 고유 주파수의 비가 1에 근접할 때 진동 차단 효과는? [12-1]
① 증폭 ② 낮음 ③ 보통 ④ 높음

해설 외부에서 들어오는 진동 주파수와 시스템 고유 주파수의 비가 1에 근접하면 공진이 발생하므로 진동이 증폭된다.

27. 회전기계에서 발생하는 이상 현상 중 유체기계에서 국부적 압력 저하에 의하여 기포가 생기며 일반적으로 불규칙한 고주파 진동 음향이 발생하는 현상은? [18-3]
① 공동 ② 풀림
③ 언밸런스 ④ 미스얼라인먼트

28. 고유 진동수와 강제 진동수가 일치할 경우 진동이 크게 발생하는 현상을 무엇이라 하는가? [17-2]
① 울림 ② 공진
③ 외란 ④ 상호 간섭

해설 공진(resonance) : 물체가 갖는 고유 진동수와 외력의 진동수가 일치하여 진폭이 증가하는 현상이며, 이때의 진동수를 공진 주파수라고 한다.

29. 실린더 내의 분사 가스가 누설되지 않게 한다든가 외부로부터의 물이나 먼지 등의 침입을 막아 주는 윤활유의 작용은 다음 중 어느 것인가? [03-1, 04-1]

정답 22. ① 23. ① 24. ② 25. ③ 26. ① 27. ① 28. ② 29. ②

① 냉각 작용　　② 밀봉 작용
③ 청정 작용　　④ 방진 작용

해설 ㉠ 밀봉 작용 : 기계의 활동 부분을 밀봉하는 것으로 실린더 내의 분사 가스가 누설되지 않게 한다든가 또는 외부로부터의 물이나 먼지 등의 침입을 막아 주는 작용
㉡ 청정 작용 : 윤활 개소의 혼입 이물을 무해한 형태로 바꾸든가 외부로 배출하여 청정하게 해 주는 작용

30. 다음 급유법 중 가장 이상적인 급유법은 어느 것인가? [07-1]
① 유욕 급유법　　② 적하 급유법
③ 강제 순환 급유법　④ 수 급유법

해설 강제 순환 급유법(forced circulation oiling) : 고압 고속의 베어링에 윤활유를 기름 펌프에 의해 강제적으로 밀어 공급하는 방법으로 고압(1~4 kgf/cm²)으로 몇 개의 베어링을 하나의 계통으로 하여 기름을 강제 순환시키는 것이다. 즉, 배출된 기름은 다시 기름 탱크에 모이고 여과 냉각 후에 다시 기어 펌프로 순환된다. 내연기관 특히 고속도의 비행기, 자동차 엔진, 증기 터빈, 공작기계 등의 고급기관에 사용된다.

31. 시스템을 구성하는 요소 중 피드백에 속하는 것은? [15-1]
① 원료
② 제품
③ 제품 특성의 측정치
④ 설비 시스템

해설 구성 요소는 투입, 산출, 처리기구, 관리, 피드백이며, 제품 특성의 측정치가 피드백에 속한다.

32. 설비 관리의 기능 분업 방식 중 직접 기능에 속하지 않는 것은? [16-1]
① 조립　　② 설계
③ 건설　　④ 수리

해설 ㉠ 직접 기능 : 설계, 건설, 수리 등을 직접 수행하는 실무적인 기능
㉡ 관리 기능 : 직접 기능을 수행하기 위한 계획, 통제, 조정 등과 같은 관리적인 기능

33. 컴퓨터를 이용한 설비 배치 기법이 아닌 것은? [10-1, 14-1]
① PERT/CPM　② CRAFT
③ CORELAP　　④ ALDEP

해설 PERT/CPM은 일정 관리 기법이다.

34. 설비의 돌발적 고장이 발생하였을 때의 손실이 아닌 것은? [07-1]
① 제품의 불량에 의한 손실
② 품질 저하에 따른 손실
③ 열화로 인한 손실
④ 돌발 고장의 수리비 지출

해설 돌발 고장으로 인한 손실
㉠ 돌발 고장의 수리비 지출
㉡ 가동 중 원재료의 손실
㉢ 제품 불량에 의한 손실
㉣ 품질 저하에 따른 손실
㉤ 생산 정지 시간의 감산(減産)에 의한 손실
㉥ 정지 기간 중 작업자의 작업이 없어서 기다리는 시간
㉦ 고장 수리 후부터 평상 생산에 들어가기까지의 복구 기간 중의 저능률 조업에 따른 복구 손실
㉧ 생산 계획 착오로 인한 납기 연장, 신용의 저하 등에서 오는 유형, 무형 손실

정답 30. ③　31. ③　32. ①　33. ①　34. ③

35. 경제안의 평가를 위한 방법으로 자본 사용의 여러 가지 방법에 대하여 창출되는 수입 액수를 기준으로 평가하는 기법이다. 즉, 미래의 모든 비용의 현재 가치와 미래의 모든 수입의 현재 가치를 같게 하는 방법은? [13-3]
① 현가액법 ② 연차 등가액법
③ 회수 기간법 ④ 수익률법

36. 설비 보전 조직의 직접 기능이 아닌 것은? [12-1, 17-3]
① 일상 보전
② 원가 보전
③ 사후 보전
④ 예방 보전 검사

해설 설비 보전의 직접 기능은 예방 보전 검사, 일상 보전, 사후 보전, 개량 보전, 예방 수리, 검수 등이 있다.

37. 보전 요원의 각 보전 작업에 대한 표준화로 수리 표준 시간, 준비 작업 표준 시간 또는 분해 검사 표준 시간을 결정하는 것은? [10-3, 12-3, 15-3]
① 보전 작업 표준
② 설비 성능 표준
③ 설비 점검 표준
④ 일상 점검 표준

해설 보전 작업 표준 : 표준화하기 가장 어려우나 가장 중요한 표준으로 수리 표준 시간, 준비 작업 표준 시간, 분해 검사 표준 시간을 결정하는 것, 즉 검사, 보전, 수리 등의 보전 작업 방법과 보전 작업 시간의 표준이다.

38. 설비는 사용 기간이 길면 길수록 자본 회수비는 감소하나 열화에 의한 보전비와 운영비는 증가한다. 이 두 비용의 총 비용이 최소가 되는 수명은? [14-2]
① 경제 수명 ② 실질 유효 수명
③ 내용 연수 ④ 운전 수명

39. 수리 공사의 목적에 따른 분류 중 설비 검사를 하지 않은 생산 설비의 수리를 무슨 공사라고 하는가?
① 개수 공사 ② 사후 수리 공사
③ 예방 수리 공사 ④ 보전 개량 공사

해설 사후 수리 공사 : 설비 검사를 하지 않은 생산 설비의 수리

40. 일반적으로 가공 및 조립형 산업에서 설비의 효율을 저해하는 6대 로스(loss)와 거리가 가장 먼 것은? [11-3]
① 시가동 로스
② 고장 로스
③ 순간 정지 로스
④ 속도 저하 로스

해설 시가동 로스는 프로세스형 설비 로스로 구분된다. 가공 및 조립형 설비 로스에 관한 6대 로스에는 고장 로스, 준비·교체·조정 로스, 속도 저하 로스, 순간 정지 로스, 수율 저하 로스 그리고 공정 불량 로스가 포함된다.

3과목 기계 보전, 용접 및 안전

41. 기어의 표면 피로에 의한 손상으로 가장 적합한 것은? [12-3, 17-1]
① 습동 마모 ② 피닝항복
③ 파괴적 피팅 ④ 심한 스코어링

정답 35. ④ 36. ② 37. ① 38. ① 39. ② 40. ① 41. ③

해설 습동 마모는 마모, 피닝항복은 소성항복, 심한 스코어링은 용착 현상이다.

42. 축의 중심내기에 대한 설명으로 잘못된 것은? [13-2]
① 침형 커플링의 경우 스트레이트 에지를 이용하여 중심을 낸다.
② 체인 커플링의 경우 원주를 4등분한 다음 다이얼 게이지로 측정해서 중심을 맞춘다.
③ 플렉시블 커플링은 중심내기를 하지 않는다.
④ 플랜지의 면간 편차를 측정하여 중심 맞추기를 한다.

해설 플렉시블 커플링도 중심맞추기를 한다.

43. 압력 배관용 탄소 강관에서 스케줄 번호(schedule no)는 무엇을 나타내는가? [13-2]
① 관의 바깥지름 ② 관의 안지름
③ 관의 길이 ④ 관의 두께

44. 펌프는 기동하지만 물이 안 나오는 원인으로 맞는 것은? [07-3]
① 공기가 흡입되고 있다.
② 마중물을 하지 않았다.
③ 웨어링이 마모되어 있다.
④ 토출 양정이 높다.

해설 원인
㉠ 마중물을 하지 않는다.
㉡ 제수 밸브가 닫힌다.
㉢ 양정이 지나치게 높다.
㉣ 회전 방향이 반대이다.
㉤ 임펠러가 매여 있다.
㉥ 흡입 양정이 높다.
㉦ 스트레이너, 흡입관이 꽉 막혀 있다.
㉧ 회전수가 저하된다.

45. 다음 중 용적형 공기기계의 종류는 무엇인가? [09-3]
① 터보 블로어
② 루츠 블로어
③ 레이디얼 팬
④ 프로펠러 팬

해설 루츠 블로어(root blower)
㉠ 2개의 고리형 회전자를 90° 위상으로 설치하고 미소한 틈을 유지하며, 역방향으로 회전한다.
㉡ 비접촉형이므로 무급유, 소형, 고압 송풍 등에 사용된다.
㉢ 토크 변동이 크고, 소음이 큰 단점이다.

46. 공기 압축기의 흡입 관로에 설치하는 스트레이너(strainer)의 설치 목적으로 맞는 것은? [13-2, 20-3]
① 빗물이 스며들어 압축기에 들어가지 않도록 차단해 준다.
② 배관의 맥동으로 소음이 발생하는 것을 방지하기 위한 장치이다.
③ 나뭇잎 등의 큰 이물질이 압축기에 들어가지 않도록 차단해 준다.
④ 공기 중의 수분이 응축되어 압축기에 들어가지 않도록 제거하는 장치이다.

해설 스트레이너는 나뭇잎 등의 큰 이물질이 압축기에 들어가지 않도록, 돌 등이 펌프에 혼입되지 않도록 차단해 주는 장치이다.

47. 다음 중 미세한 측정 조건의 변동으로 인한 오차는? [11-3]
① 과실 오차
② 우연 오차
③ 개인 오차
④ 계기 오차

정답 42. ③ 43. ④ 44. ② 45. ② 46. ③ 47. ②

해설 우연 오차(random error) : 계측기 운동 부분의 마찰, 미세한 측정 조건의 변화, 측정자의 부주의 등에 의한 오차

48. 드릴의 각부 명칭과 역할을 설명한 것으로 잘못 짝지어진 것은?

① 섕크(shank) - 드릴을 드릴 머신에 고정하는 부분
② 사심(dead center) - 드릴 끝에서 절삭날이 이루는 각도
③ 홈 나선각(helix angle) - 드릴의 중심축과 홈의 비틀림이 이루는 각
④ 마진(margin) - 드릴의 홈을 따라서 나타나는 좁은 날이며, 드릴을 안내하는 역할

해설 ㉠ 사심 : 드릴 끝에서 절삭날이 만나는 점
㉡ 드릴 끝각 : 드릴 끝에서 절삭날이 이루는 각

49. 절삭 공구 수명에 대한 설명 중 틀린 것은?

① 절삭 속도가 느리면 길어진다.
② 이송이 느리면 길어진다.
③ 공구 경도가 높으면 짧아진다.
④ 공구 수명의 판정은 날끝의 마멸 정도로 정한다.

해설 공구 경도가 높으면 수명이 연장된다.

50. 열박음 가열 작업 시 주의사항으로 틀린 것은? [17-1]

① 조립 후 냉각할 때는 급랭해서는 안 된다.
② 중심에서 둘레로 서서히 균일하게 가열한다.
③ 대형 부품을 열박음할 때는 기중기를 사용한다.
④ 250℃ 이상으로 가열하면 재질의 변화와 변형이 발생한다.

해설 둘레에서 중심으로 서서히 균일하게 가열하여야 한다.

51. 축의 도시 방법으로 틀린 것은? [09-4]

① 축이나 보스의 끝 구석 라운드 가공부는 필요시 확대하여 기입하여 준다.
② 축은 일반적으로 길이 방향으로 절단하지 않으며 필요시 부분 단면은 가능하다.
③ 긴 축은 단축하여 그릴 수 있으나 길이는 실제 길이를 기입한다.
④ 원형 축의 일부가 평면일 경우 일점 쇄선을 대각선으로 표시한다.

해설 원형 축의 일부가 평면일 경우 가는 실선을 대각선으로 표시한다.

52. 다음 중 정비용 측정기에 해당되는 것은? [11-3]

① 파이프 렌치(pipe wrench)
② 오스터(oster)
③ 베어링 체커(bearing checker)
④ 플레어링 툴 세트(flaring tool set)

해설 ①, ②, ④는 배관용 공구이며, 정비용 측정기 종류에는 베어링 체커, 진동 측정기, 지시 소음계, 표면 온도계 등이 있다.

53. 다음 중 용접의 목적 달성 조건이 아닌 것은?

① 금속 표면에 산화피막 제거 및 산화 방지를 한다.
② 금속 표면을 충분히 가열하여 요철을 제거하고 인력이 작용할 수 있는 거리로 충분히 접근시킨다.

정답 48. ② 49. ③ 50. ② 51. ④ 52. ③ 53. ④

③ 금속 원자가 인력이 작용할 수 있는 Å = 10^{-8}cm의 거리로 접근시킨다.
④ 금속 표면의 전자가 원활히 움직여 거리와 관계없이 접합된다.

해설 금속 표면을 충분히 가열하여 요철을 제거하고 인력이 작용할 수 있는 거리로 충분히 접근시켜야 한다.

54. 용접 결함 중 언더컷(under cut)의 발생 현상 중 틀린 것은?
① 전류가 너무 높을 때
② 아크 길이가 너무 길 때
③ 용접 속도가 너무 늦을 때
④ 용접봉 선택 불량

해설 언더컷 발생 원인
㉠ 전류가 높을 때
㉡ 아크 길이가 너무 길 때
㉢ 용접 속도가 너무 빠를 때
㉣ 운봉이 잘못되었을 때
㉤ 용접봉 취급의 부적당

55. 다음 중 서브머지드 아크 용접에서 두 개의 와이어를 똑같은 전원에 접속하며 비드의 폭이 넓고 용입이 깊은 용접부가 얻어져 능률이 높은 다전극 방식은?
① 횡직렬식   ② 종직렬식
③ 횡병렬식   ④ 탠덤식

해설 다전극 용접기에는 탠덤식(tandem process), 횡병렬식(parallel transuerse process), 횡직렬식(series transuerse process)이 있다.
㉠ 탠덤식 : 다전극 서브머지드 아크 용접에서 두 개의 전극 와이어를 각각 독립된 전원에 연결하는 방식으로 비드의 폭이 좁고 용입이 깊다.
㉡ 횡직렬식 : 두 개의 와이어에 전류를 직렬로 흐르게 하여 아크 복사열에 의해 모재를 가열 용융시켜 용접하는 방식으로 용입이 매우 얕고 자기불림이 생길 수 있다.
㉢ 횡병렬식 : 두 개의 와이어를 똑같은 전원에 접속하는 방식으로 비드의 폭이 넓고 용입이 깊은 용접부가 얻어져 능률이 높다.

56. 플라스마 아크 용접에 적당한 재료가 아닌 것은?
① 알루미늄 합금   ② 스테인리스강
③ 탄소강   ④ 니켈 합금

해설 알루미늄 합금은 불활성 가스 아크 용접(TIG)법으로 용접한다.

57. 용접 금속의 파단면에 매우 미세한 주상정(柱狀晶)이 서릿발 모양으로 병립하고, 그 사이에 현미경으로 보이는 정도의 비금속 개재물이나 기공을 포함한 조직이 나타나는 결함은?
① 선상 조직   ② 은점
③ 슬래그 혼입   ④ 용입 불량

해설 선상 조직은 아크 용접부에 생기는 결함이다. 용접 금속의 냉각 속도가 빠르고 이것을 파단시켰을 때 조직의 일부가 아주 미세한 주상정으로 보이는 것으로 모재의 재질 불량 등의 원인이 된다.

58. 피복 아크 용접 시 안전 홀더를 사용하는 이유로 옳은 것은?
① 고무장갑 대용
② 유해 가스 중독 방지
③ 용접 작업 중 전격 예방
④ 자외선과 적외선 차단

정답 54. ③ 55. ③ 56. ① 57. ① 58. ③

해설 용접 작업 중이나 휴식 시간에도 전격(감전) 예방을 위해 노출부가 절연되어 있는 안전 홀더를 사용한다.

59. 근로자가 상시 정밀 작업을 하는 장소의 작업면 조도는 몇 럭스(lux) 이상이어야 하는가?
① 75 lux
② 150 lux
③ 300 lux
④ 750 lux

해설 근로자가 상시 작업하는 장소의 작업면 조도(照度)
㉠ 초정밀 작업 : 750 lux 이상
㉡ 정밀 작업 : 300 lux 이상
㉢ 보통 작업 : 150 lux 이상
㉣ 그 밖의 작업 : 75 lux 이상

60. 재해 사고의 보고는 어디에 하는가?
① 고용노동부장관
② 국토교통부장관
③ 보건복지부장관
④ 기획재정부장관

해설 ㉠ 사업주는 산업재해가 발생하였을 때에는 고용노동부령으로 정하는 바에 따라 재해 발생 원인 등을 기록·보존하여야 한다.
㉡ 사업주는 제1항에 따라 기록한 산업재해 중 고용노동부령으로 정하는 산업재해에 대하여는 그 발생 개요·원인 및 보고 시기, 재발 방지 계획 등을 고용노동부령으로 정하는 바에 따라 고용노동부장관에게 보고하여야 한다.

정답 59. ③   60. ①

2025년 제1회 CBT 복원문제

1과목 공유압 및 자동 제어

1. 공기압 시스템에 부착된 압력 게이지의 눈금이 0.5MPa을 나타낼 때 절대 압력은 몇 MPa인가?

① 0.3　② 0.4　③ 0.5　④ 0.6

해설 절대압＝게이지압＋대기압
＝0.5＋0.1＝0.6MPa

2. 왕복형 공기 압축기의 특징으로 맞는 것은?

① 진동이 적다.　② 고압에 적합하다.
③ 소음이 적다.　④ 맥동이 적다.

해설 왕복식 공기 압축기는 고압용이다.

3. 공압 실린더 직경의 크기가 제한되어 있는 경우보다 큰 힘을 내기 위해 사용되는 실린더는?

① 탠덤형 실린더
② 다위치형 실린더
③ 양로드형 실린더
④ 텔레스코프형 실린더

해설 탠덤형 실린더 : 길이 방향으로 연결된 복수의 복동 실린더를 조합시킨 것으로 2개의 피스톤에 압축공기가 공급되기 때문에 실린더의 출력은 실린더 출력의 합이 되므로 큰 힘이 얻어진다. 또한 단계적 출력의 제어도 할 수 있어 직경은 한정되고, 큰 힘이 필요한 곳에 사용된다.

4. 공기압 장치 부속 기기에서 배수기를 나타내는 기호는?

① 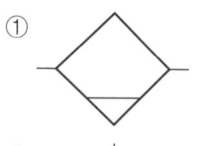　②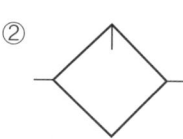

③ 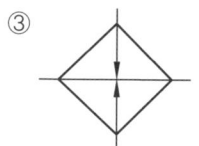　④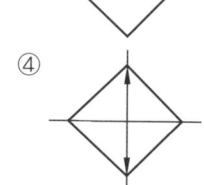

해설 ②는 윤활기, ③은 가열기 ④는 에어 드라이어

5. 공압 실린더의 고장을 예방하기 위한 방법이 아닌 것은?

① 실린더의 압력강하를 방지하기 위해 가능한 최저속으로 운전한다.
② 실링 교체 시 실린더의 내부를 깨끗이 청소한 후 새 윤활유를 주입한다.
③ 피스톤 로드는 먼지나 퇴적물로부터 손상을 받지 않도록 주기적으로 청소한다.
④ 급유형 실린더의 경우 윤활된 공기를 사용하고 윤활량은 너무 과하지 않도록 한다.

해설 실린더에서의 고장 : 행정 거리가 길고 무거운 하중을 달고 운동하는 경우에는 로드 실의 마모가 발생되고 로드의 윤활유가 고착되어 실린더의 불안정한 운전이 되므로, 실린더 피스톤 로드에 윤활유 피막이 형성되어 있는가를 점검하여야 한다.

※ 실린더의 이상을 예방하기 위한 방법
㉠ 보수 유지 및 실링을 교체할 때에는 실

정답 1.④　2.②　3.①　4.①　5.①

린더 내부를 청결하게 하여 오일과 이물질을 제거한 후 새 그리스를 주입한다.
ⓒ 레이디얼 하중이 작용하지 않도록 한다. 이 하중이 작용하면 피스톤 로드 베어링이 쉽게 마모되어 내구 수명이 단축된다.
ⓒ 윤활된 공기를 사용하고 과도한 윤활은 피한다.

6. 유압 펌프의 동력(L_P)을 구하는 식으로 맞는 것은? (단, P=펌프 토출압(kgf/cm²), Q=이론 토출량(L/min), η=전효율이다.)

① $L_P = \dfrac{P \times Q}{450\eta}$ [kW]

② $L_P = \dfrac{P \times Q}{612\eta}$ [kW]

③ $L_P = \dfrac{P \times Q}{7500\eta}$ [kW]

④ $L_P = \dfrac{P \times Q}{10200\eta}$ [kW]

7. 사축식과 사판식으로 분류되며 고압 출력에 적합한 유압 펌프는?
① 기어 펌프
② 나사 펌프
③ 베인형 펌프
④ 피스톤 펌프

해설 피스톤 펌프(piston pump, plunger pump) : 사축형과 사판형 두 형태가 있으며, 피스톤을 실린더 내에서 왕복시켜 흡입 및 토출을 하는 것으로 고정 체적형이나 가변 체적형 모두 할 수 있다. 효율이 매우 좋고 균일한 흐름을 얻을 수 있어 성능이 우수하며 고속, 고압에 적합하나 복잡하여 수리가 곤란하고 값이 비싸다.

8. 유압 베인형 요동 모터 중 더블 베인형의 출력 축의 회전 각도 범위는 얼마 이내인가?
① 280°
② 100°
③ 60°
④ 360°

해설 ⊙ 싱글 베인 : 280° 이내
ⓒ 더블 베인 : 100° 이내
ⓒ 트리플 베인 : 60° 이내

9. 다음 그림은 어떤 실린더를 나타내는 기호인가?

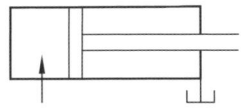

① 다이어프램형 실린더
② 복동 실린더
③ 쿠션 장착 실린더
④ 단동 실린더

해설 단동 실린더 : 클램핑, 프레싱, 이젝팅, 이송 등에 사용되며 실린더와 밸브 사이의 배관이 하나로 족하다.

10. 유압 펌프에서 소음이 나는 원인은?
① 에어브리더의 막힘
② 이종유 사용
③ 장시간 저압에서의 운전
④ 회로가 국부적으로 교축

해설 펌프의 소음 결함의 원인
⊙ 펌프 흡입 불량
ⓒ 공기 흡입
ⓒ 필터 막힘
ⓔ 펌프 부품의 마모, 손상
ⓜ 이물질 침입
ⓗ 작동유 점성 증대
ⓢ 구동 방식 불량
ⓞ 펌프 고속 회전
ⓩ 외부 진동

정답 6. ② 7. ④ 8. ② 9. ④ 10. ①

11. 하나의 제어 변수에 ON/OFF와 같이 두 가지의 값으로 제어하는 제어계는?
① 2진 제어계
② 동기 제어계
③ 디지털 제어계
④ 아날로그 제어계

[해설] 2진 제어계 : 사이클링이 있는 제어로 하나의 제어 변수에 2가지의 가능한 값인 신호의 유/무, ON/OFF, YES/NO, 1/0 등과 같은 2진 신호를 이용하여 제어하는 시스템을 의미한다.

12. 일상 용어와 가까운 니모닉으로 작성한 소스 프로그램을 기계어로 바꾸는 번역기(번역 프로그램)를 무엇이라 하는가?
① 파스칼   ② 베이직
③ 어셈블러   ④ 에디터

[해설] 베이직과 파스칼은 소스 프로그램을 작성하기 위한 언어이며, 에디터는 일종의 프로그램 편집기이다.

13. 다음 중 복합 루프 제어계가 아닌 것은?
① 캐스케이드 제어   ② 선택 제어
③ 비율 제어   ④ 비례 적분 제어

[해설] 비례 적분 제어는 복합 루프 제어계가 아닌 제어로 잔류 편차를 제거하기 위해 사용한다.

14. 연산 증폭기(op-amp)의 특징으로 틀린 것은? (단, 연산 증폭기는 이상적인 연산 증폭기이다.)
① 전압 이득이 무한대이다.
② 단위 이득 대역폭은 0이다.
③ 입력 저항이 무한대이다.
④ 출력 저항이 0이다.

[해설] 주파수 대역폭, 동상 신호 제거비(CMRR), 입력 임피던스, 전압 이득은 무한대, 출력 임피던스는 0이다.

15. 최대 눈금 5mA의 직류 전류계로 50A 까지의 전류를 측정하려면 약 몇 Ω의 분류기가 필요한가? (단, 직류 전류계의 내부 저항은 10Ω이다.)
① 0.001   ② 0.01   ③ 0.1   ④ 0.2

[해설] $R_S = \dfrac{R_A}{M-1} = \dfrac{10}{\dfrac{50}{5 \times 10^{-3}} - 1}$
$\fallingdotseq 0.001\,\Omega$

16. 전류 검출용 센서로 사용되는 클램프형에 대한 설명으로 옳은 것은?
① 분류 저항기의 전압강하에 따라 전류를 검출하는 것이다.
② 간단한 구조로 직류와 교류를 검출할 수 있다.
③ 피측정 전로와 절연이 되지 않기 때문에 고압 전로 등에서는 안전성에 문제가 있다.
④ 전로의 절단 없이 검출하는 방식으로 교류 센서로 많이 사용된다.

[해설] 클램프형 : 전로의 절단 없이 검출하는 방식으로 구조가 비교적 간단하기 때문에 수 [mA]~수천 [A]까지 교류 센서로서 많이 사용되고 있으며 용도에 따라 여러 가지 형태가 있다.

17. 외부 압력에 대한 탄성체의 기계적 변위를 이용한 압력 검출기에 해당되지 않는 것은?
① 벨로스(bellows)
② 다이어프램(diaphragm)
③ 부르동관(bourdon tube)

정답 11. ① 12. ③ 13. ④ 14. ② 15. ① 16. ④ 17. ④

④ 스트레인 게이지(strain gauge)

해설 스트레인 게이지 : 금속체를 잡아당기면 늘어나면서 전기저항이 증가하며, 반대로 압축하면 줄어 전기저항은 감소한다. 이러한 전기저항의 변화 원리를 이용한 것이다.

18. 신호 전송의 노이즈 대책의 방법 중 정전 유도의 제거에 효과가 있는 것은?

① 필터 사용　② 연선 사용
③ 관로 사용　④ 실드선 사용

해설 실드(shield)선의 사용 : 강(steel)으로 된 실드선이나 구리로 된 실드선은 정전 유도의 제거에 대한 효과를 얻을 뿐, 전자 유도계에 대한 효과는 거의 없다.

19. 유도 전동기의 Y-Δ 기동과 관계없는 것은?

① 전동기의 기동 전류를 제한한다.
② 정격 전압을 직접 전동기에 가해 기동한다.
③ 기동 시 전동기의 고정자 권선을 Y로 결선한다.
④ 기동 전류가 감소하면 Δ로 전환한다.

해설 Y로 결선하여 기동시키고, 회전 속도가 가속되면 결선을 Δ로 전환한다.

20. 직류 전동기 회전 시 소음이 발생하는 원인과 가장 거리가 먼 것은?

① 코일 단락
② 축받이의 불량
③ 정류자 면의 거침
④ 정류자 면의 높이 불균일

해설 직류 전동기 소음의 원인
㉠ 베어링 불량
㉡ 정류자 면의 거침
㉢ 정류자 면의 높이 불균일

2과목　설비 진단 및 관리

21. 설비 진단 기술을 이용한 결과로 볼 수 있는 것은?

① 인위적 고장 증가
② 돌발 고장 감소
③ 정비 비용의 증가
④ 점검 개소의 증가

22. 외력이나 외부 토크가 연속적으로 가해짐으로써 생기는 진동은?

① 공진　② 강제 진동
③ 고유 진동　④ 자유 진동

23. 진동의 크기를 알아내는데 필요한 진폭 표시의 파라미터에 속하지 않는 것은?

① 변위　② 속도
③ 가속도　④ 위상

해설 진폭 표시의 파라미터는 변위, 속도, 가속도이다.

24. 공장 내에서의 가청 주파수 범위로 가장 적합한 것은?

① 20Hz~20kHz
② 20Hz~40kHz
③ 10Hz~10kHz
④ 10Hz~40kHz

25. 진동 차단 효과는 고유 진동수인 값에 따라 다르다. 진동 차단 효과가 가장 큰 값으로 맞는 것은? (단, R=외부 진동 주파수/시스템 고유 진동수)

① R=1.4 이하　② R=3~6
③ R=6~10　④ R=10 이상

정답 18. ④　19. ②　20. ①　21. ②　22. ②　23. ④　24. ①　25. ④

26. 진동 차단기로 이용되는 패드의 재료로서 적합하지 않은 것은?

① 스펀지 고무
② 파이버 글라스
③ 코르크
④ 알루미늄 합금

해설 진동 차단기 재료 : 강철 스프링, 천연 고무 혹은 합성고무 절연재, 패드(스펀지 고무, 파이버 글라스, 코르크)

27. 주파수, 진폭 및 위상이 같은 두 진동 파형이 합성되면 진동 형태는 어떻게 변화되는가?

① 주파수, 진폭 및 위상이 두 배로 증가한다.
② 주파수와 진폭은 변하지 않고 위상이 변한다.
③ 주파수와 위상은 변동이 없고 진폭만 두 배로 증가한다.
④ 진폭과 위상은 변동이 없고 주파수만 두 배로 증가한다.

해설 주파수, 진폭 및 위상이 같은 두 진동이 합성되면 진폭만 두 배로 증가한다.

28. 주로 베어링 등 동일 부위에서 측정한 값을 판정 기준과 비교하여 양호/주의/위험을 판정하는 것을 무엇이라 하는가?

① 절대 판정 기준
② 상대 판정 기준
③ 상호 판정 기준
④ 0점 판정 기준

29. 그리스(grease) 윤활이 유(oil) 윤활에 비해 나쁜 점은?

① 냉각 작용
② 누설
③ 급유 간격
④ 먼지 침입

해설 윤활유와 그리스 윤활의 비교

구분	윤활유	그리스
회전 속도	범위가 넓다	초고속에는 곤란하다
회전 저항	작다	초기 저항이 크다
냉각 효과	크다	작다
누설	많다	적다
밀봉 장치	복잡	용이
순환 급유	용이	곤란
먼지 여과	용이	곤란
교환	용이	곤란

30. 윤활제의 급유법 중 순환 급유법에 속하는 것은?

① 수 급유법
② 비말 급유법
③ 적하 급유법
④ 사이펀 급유법

해설 순환 급유법에는 패드 급유법, 체인 급유법, 유륜식 급유법, 원심 급유법, 나사 급유법, 비말 급유법, 중력 순환 급유법, 강제 순환 급유법 등이 있다.

31. 다음 중 설비의 체질 개선을 위하여 실시하는 보전 활동은?

① 예방 보전
② 생산 보전
③ 개량 보전
④ 고장 보전

해설 개량 보전 : 설비 자체의 체질 개선으로 수명이 길고, 고장이 적으며, 보전 절차가 없는 재료나 부품을 사용할 수 있도록 개조, 갱신을 해서 열화 손실 혹은 보전에 쓰이는 비용을 인하하는 방법

32. 다음 중 설비의 범위에 속하지 않는 것은 어느 것인가?

① 생산 설비
② 원자재
③ 운반기계
④ 냉동기

정답 26. ④ 27. ③ 28. ① 29. ① 30. ② 31. ③ 32. ②

해설 설비는 계속적·반복적으로 사용할 수 있는 것이며, 원자재는 설비에 포함되지 않는다.

33. 제품별 배치의 장점에 속하지 않는 것은?
① 1회의 대규모 사업에 많이 이용된다.
② 정체 시간이 짧기 때문에 재공품(在工品)이 적다.
③ 공정이 단순화되고 직접 확인 관리를 할 수 있다.
④ 작업을 단순화할 수 있으므로 작업자의 훈련이 용이하다.

해설 설비의 제품별 배치는 소품종 대량 생산에 적합하다.

34. 설비 투자의 경제성 평가를 위하여 중요한 비용 개념으로서 주어진 상황에서 회수할 수 없는 과거의 원가로서 고려 대상이 되는 어떠한 대안에도 부과할 수 없는 비용은?
① 기회 비용 ② 매몰 비용
③ 대체 비용 ④ 생애 비용

35. 보전 조직의 기본 형태를 분류한 것 중 틀린 것은?
① 집중 보전 ② 지역 보전
③ 설비 보전 ④ 부문 보전

해설 보전 조직을 집중 보전, 지역 보전, 부분 보전 및 절충 보전으로 분류한다.

36. 보전 비용을 들여 설비를 안정된 상태로 유지하기 위하여 발생되는 생산 손실은?
① 기회 원가 ② 매몰 손실
③ 이익 손실 ④ 차액 손실

해설 기회 손실 : 보전비를 사용하여 설비를 만족한 상태로 유지하여 막을 수 있었던 생산성의 손실로, 기회 원가(opportunity cost)라고도 한다.

37. 공사의 완급도에 따라 구분할 때 예비적으로 직장이 전표를 보관하고 있다가 한가할 때 착공하는 공사는?
① 계획 공사 ② 긴급 공사
③ 예비 공사 ④ 준급 공사

해설 예비 공사 : 한가할 때 착수하는 공사로 예비적으로 직장이 전표를 보관하고 있다가 한가할 때 착공한다.

38. 보전 효과 측정 방법에서 항목에 따른 공식이 잘못된 것은?
① 설비 가동률 $= \dfrac{\text{가동 시간}}{\text{부하 시간}} \times 100$

② 고장 강도율 $= \dfrac{\text{고장 정지 시간}}{\text{부하 시간}} \times 100$

③ 고장 도수율 $= \dfrac{\text{고장 건수}}{\text{부하 시간}} \times 100$

④ 예방 보전 수행률 $= \dfrac{\text{고장 수리 시간}}{\text{예방 보전 건수}} \times 100$

해설 예방 보전 수행률
$= \dfrac{\text{예방 보전 건수}}{\text{예방 보전 계획 건수}} \times 100$

39. 가공 및 조립형 설비의 6대 로스에 속하지 않는 것은?
① 고장 로스
② 속도 저하 로스
③ 순간 정지 로스
④ 계획 정지 로스

정답 33. ① 34. ② 35. ③ 36. ① 37. ③ 38. ④ 39. ④

해설 계획 정지 로스는 프로세스형 설비의 9대 로스에 속한다.

40. 자주 보전을 설명한 것 중 틀린 것은?
① 작업자에게 가장 중요한 것은 "이상을 발견할 수 있는 능력"이다.
② 자주 보전이란 "작업자 개개인이 자기 설비는 자신이 지킨다."이다.
③ 자주 보전을 하기 위해서는 "설비에 강한 작업자"가 되어야 한다.
④ 작업자는 단순한 운전 조직원의 구성원으로 "설비 보전 업무는 설비 요원"만 하도록 한다.

3과목 기계 보전, 용접 및 안전

41. 다음 체결용 기계 요소 중 볼트의 이완 방지법이 아닌 것은?
① 절삭 너트에 의한 방법
② 로크 너트에 의한 방법
③ 테이퍼 핀에 의한 방법
④ 홈 달림 너트에 의한 방법

해설 볼트 너트의 이완 방지 : 홈 달림 너트에 의한 방법, 분할 핀 고정에 의한 방법, 절삭 너트에 의한 방법, 로크 너트에 의한 방법, 특수 너트에 의한 방법, 철사로 죄어 매는 방법 등

42. 608C2P6으로 표시된 베어링의 호칭 번호의 설명 중 틀린 것은?
① 60 : 베어링 계열 번호
② 8 : 치수 기호
③ C2 : 틈새 기호
④ P6 : 등급 기호

해설 ㉠ 베어링의 호칭 번호 배열

기본 기호					보조 기호			
베어링 형식 기호	베어링 계열 기호	안지름 번호	접촉각 기호	리테이너 기호	밀봉 기호 또는 실드 번호	레이스 형상 기호	복합 표시 기호	틈새 기호	등급 기호

㉡ 롤링 베어링의 기본 기호

형식 번호	치수 기호 (폭 기호 + 지름 기호)	안지름 번호	접촉각 기호

• 첫 번째 기호 : 형식 번호
 1 : 자동 조심 볼 베어링, 2 : 구면 롤러 베어링, 3 : 테이퍼 롤러 베어링, 5 : 스러스트 베어링, 6 : 단열 홈형 볼 베어링, 7 : 단열 앵귤러 콘택트 볼 베어링, N : 원통 롤러형
• 두 번째 숫자 : 치수 기호(폭 기호 + 지름 기호)
 0,1 : 특별 경하중형, 2 : 경하중형, 3 : 중간 하중형, 4 : 중하중형
• 세 번째 숫자 : 안지름 번호
• 네 번째 기호 : 접촉각 기호(생략 가능) 또는 보조 기호(생략 가능)

43. 삼각형 모양의 다리가 있는 특수한 형태의 강판을 여러 장 연결한 체인으로, 소음이 작아 고속 정숙 회전이 필요할 때 사용하는 체인은?
① 링크 체인(link chain)
② 오프셋 링크(offset link)
③ 사일런트 체인(silent chain)

정답 40. ④ 41. ③ 42. ② 43. ③

④ 스프로킷 휠(sprocket wheel)

해설 사일런트 체인 : 삼각형 모양의 다리로 운전이 원활하고, 전동 효율이 높으며 소음이 적어 정숙 운전이 가능하나 제작이 어렵고 무거우며 가격이 비싸다.

44. 밸브에 대한 설명 중 옳지 않은 것은?

① 밸브의 크기는 호칭경으로 나타내며 강관이나 이음쇠의 호칭경 치수와 일치한다.
② 호칭경을 mm로 나타낸 것을 A열, 인치(inch) 단위로 나타낸 것을 B열이라고 한다.
③ 관과의 접속 끝이나 밸브 시트부의 유로경을 구경이라고 한다.
④ 대형, 고압, 선박용 밸브는 호칭경보다 구경을 약간 크게 한다.

해설 해당 밸브의 설계에 따라 다르다.

45. 송풍기 운전 중 점검사항이 아닌 것은?

① 베어링의 온도
② 베어링의 진동
③ 임펠러의 부식 여부
④ 윤활유의 적정 여부

해설 임펠러의 부식 여부는 정지 중에 한다.

46. 압축기 플레이트 교환에 관한 내용으로 틀린 것은?

① 두께가 0.3mm 이상 마모되면 교체한다.
② 마모된 플레이트는 뒤집어서 재사용한다.
③ 교환 시간이 되면 사용 한계의 기준치 내에서도 교환한다.
④ 마모 한계에 달하였을 때는 파손되지 않아도 교환한다.

해설 밸브 플레이트
㉠ 마모 한계에 달하였을 때는 파손되지 않았어도 교환한다.
㉡ 교환 시간이 되었으면 사용 한계의 기준치 내라 할지라도 교환한다.
㉢ 마모된 플레이트는 뒤집어서 사용해서는 안 된다(두께가 0.3mm 이상 마모되면 교체한다).

47. 벨트식 무단 변속기의 정비에 관한 사항으로 옳지 않은 것은?

① 벨트를 이동시킴에 있어서 무리가 발생될 수 있다.
② 가변 피치 풀리의 습동부는 윤활 불량이 되기 쉽다.
③ 광폭 벨트는 특수하므로 예비품 관리를 잘 해두어야 한다.
④ 벨트의 수명은 표준 벨트를 표준적인 사용 방법으로 운전할 때의 1~2배 정도이다.

해설 벨트의 수명은 표준적인 사용 방법으로 운전할 때의 1/3~2배 정도이다.

48. 마이크로미터 나사의 피치가 p[mm], 나사의 회전각이 α[rad]일 때, 스핀들의 이동거리 x[mm]는?

① $p\dfrac{\alpha}{2\pi}$
② $\dfrac{\alpha}{2\pi p}$
③ $\dfrac{2\pi p}{\alpha}$
④ $p\dfrac{\alpha}{\pi}$

49. 바이트에서 경사각을 크게 하면 전단각과 칩은 어떻게 되는가?

① 전단각은 작아지고 칩은 두껍고 짧다.
② 전단각은 커지고 칩은 얇게 된다.
③ 전단각과 칩이 모두 커진다.
④ 전단각과 칩이 얇아진다.

해설 경사각과 전단각은 서로 비례한다. 그

림과 같이 바이트로 절삭을 하는 경우 칩은 경사각이 클수록 두께가 얇아진다.

50. 정비용 공구 중 집게에 속하며 쥐면 고정된 채 놓지 않는 것은?

① 조합 플라이어
② 롱 노즈 플라이어
③ 라운드 노즈 플라이어
④ 콤비네이션 바이스 플라이어

해설 ㉠ 조합 플라이어(combination plier) : 일반적으로 말하는 플라이어로 재질은 크롬강이고 규격은 전체 길이로서 150, 200, 250mm 등이 있다.
㉡ 롱 노즈 플라이어(long nose plier) : 끝이 가늘어 전기 제품 수리나 좁은 장소에서 작업이 적합한 것으로 규격은 전체 길이로 표시한다.
㉢ 라운드 노즈 플라이어(round nose plier) : 전기 통신기 배선 및 조립 수리에 사용하며 규격은 전체 길이로 표시한다.
㉣ 콤비네이션 바이스 플라이어(combination vise plier) : 쥐면 고정된 채 놓질 않도록 되어 있는 것으로 사용 범위가 넓다. 또한 물건을 집는 턱의 옆날을 이용해서 와이어를 절단할 수도 있다. 크기는 몸통의 크기에 따른 대소 이외에 두꺼운 것과 얇은 것이 있다.
㉤ 워터 펌프 플라이어(water pump plier) : 이빨이 파이프 렌치처럼 파여져 둥근 것을 돌리기에 편리하다.
㉥ 와이어 로프 커터(wire rope cutter) : 와이어 로프 절단에 사용하며, 규격은 전체 길이로 표시한다.

51. 조립 정밀도에 의한 고장으로 볼 수 없는 것은?

① 부착 기준면 불량에 의한 고장
② 연결부의 연결 상태 불량
③ 결합 부품의 편심으로 진동 발생
④ 열에 의해 부품의 마모

해설 열에 의한 부품의 마모는 설비 가동 중에 발생한다.

52. 일반적인 저항 용접의 특징으로 옳은 것은?

① 산화 및 변질 부분이 크다.
② 다른 금속 간의 결합이 용이하다.
③ 대전류를 필요로 하고 설비가 복잡하다.
④ 열손실이 크고, 용접부에 집중열을 가할 수 없다.

해설 저항 용접의 특징
㉠ 산화 및 변질 부분이 적다.
㉡ 다른 금속 간의 접합이 곤란하다.
㉢ 대전류를 필요로 하고 설비가 복잡하며 값이 비싸다.
㉣ 열손실이 적고, 용접부에 집중열을 가할 수 있다.

53. 아크 용접기의 위험성으로 틀린 것은?

① 피복 금속 아크 용접봉이나 배선에 의한 감전 사고의 위험이 있으므로 항상 주의한다.
② 용접 시 발생하는 흄(fume)이나 가스를 흡입 시 건강에 해로우므로 주의한다.
③ 용접 시 발생하는 흄으로부터 머리 부분을 멀리하고 흄 흡입 장치 및 배기 가스 설비를 한다.
④ 인화성 물질이나 가연성 가스가 작업장에서 3m 내에 있을 때에는 용접 작업을 해도 된다.

해설 인화성 물질이나 가연성 가스 근처에서 용접을 금할 것(보통 용접 시 비산하는 스패터가 날아가 화재를 일으키는 거리가 5m 이상으로 5m 이내에는 위험이 있는 인화성 물질이나 유해성 물질이 없어야 하며 화재의 위험이 있어 가까운 곳에 소화기를 비치하여 화재에 대비할 것)

54. 다음은 서브머지드 아크 용접기를 전류 용량으로 구별한 것이다. 틀린 것은?

① 400A
② 900A
③ 1200A
④ 2000A

해설 용접기를 전류 용량으로 구별하면 최대 전류 900A, 1200A, 2000A, 4000A 등의 종류가 있다.

55. 용접부의 잔류 응력 측정 방법 중에서 응력 이완법에 대한 설명으로 옳은 것은?

① 초음파 탐상 실험 장치로 응력 측정을 한다.
② 와류 실험치로 응력 측정을 한다.
③ 만능 인장 시험 장치로 응력 측정을 한다.
④ 저항선 스트레인 게이지로 응력 측정을 한다.

해설 잔류 응력 측정법에는 정성적 방법(부식법, 응력 와니스법, 자기적 방법)과 정량적 방법(응력 이완법, X선 회절법 등)이 있으며, 스트레인 게이지는 응력 센서의 한 종류이다.

56. 용접 결함의 종류에 따른 원인과 대책이 바르게 묶인 것은?

① 기공 : 용착부가 급랭되었을 때-예열 및 후열을 한다.
② 슬래그 섞임 : 운봉 속도가 빠를 때-운봉에 주의한다.
③ 용입 불량 : 용접 전류가 높을 때-전류를 약하게 한다.
④ 언더컷 : 용접 전류가 낮을 때-전류를 높게 한다.

해설 ② 슬래그 섞임 : 운봉 속도가 빠를 때-운봉 속도를 조절한다.
③ 용입 불량 : 용접 전류가 낮을 때-전류를 적당히 높인다.
④ 언더컷 : 용접 전류가 높을 때-낮은 전류를 사용한다.

57. 회전하는 압연 롤러 사이에 물리는 것에 해당하는 재해 형태는?

① 깔림
② 맞음
③ 끼임
④ 압박

해설 용어
㉠ "깔림·뒤집힘(물체의 쓰러짐이나 뒤집힘)"이라 함은 기대어져 있거나 세워져 있는 물체 등이 쓰러져 깔린 경우 및 지게차 등의 건설기계 등이 운행 또는 작업 중 뒤집어진 경우를 말한다.
㉡ "맞음(날아오거나 떨어진 물체에 맞음)"이라 함은 기계 등에 고정되어 있던 물체가 중력, 원심력, 관성력 등에 의하여 고정부에서 이탈하거나 또는 설비 등으로부터 물질이 분출되어 사람을 가해하는 경우를 말한다.
㉢ "끼임(기계설비에 끼이거나 감김)"이라 함은 두 물체 사이의 움직임에 의하여 일어난 것으로 직선 운동하는 물체 사이의 끼임, 회전부와 고정체 사이의 끼임, 롤러 등 회전체 사이에 물리거나 또는 회전체·돌기부 등에 감긴 경우를 말한다.

정답 54. ① 55. ④ 56. ① 57. ③

58. 감전(感電 : electric shock)을 나타내는 것 중 틀린 것은?
① 전기 흐름의 통로에 인체 등이 접촉되어 인체에서 단락 또는 단락 회로의 일부를 구성하여 감전되는 것을 직접 접촉이라 한다.
② 전선로에 인체 등이 접촉되어 인체를 통하여 지락 전류가 흘러 감전되는 것을 말한다.
③ 누전 상태에 있는 기기에 인체 등이 접촉되어 인체를 통하여 지락 또는 섬락에 의한 전류로 감전되는 것을 직접 접촉이라고 한다.
④ 전기의 유도 현상에 의하여 인체를 통과하는 전류가 발생하여 감전되는 것 등으로 분류한다.

해설 누전 상태에 있는 기기에 인체 등이 접촉되어 인체를 통하여 지락 또는 섬락에 의한 전류로 감전되는 것을 간접 접촉이라고 한다.

59. 우리나라에서 가장 바람직한 상대 습도는 얼마인가?
① 40~50%   ② 50~60%
③ 60~70%   ④ 70~80%

60. 산업재해를 예방하기 위하여 잠재적 위험성을 발견하고 그 개선 대책을 수립할 목적으로 조사·평가하는 것을 무엇이라고 하는가?
① 작업환경측정   ② 위험성 평가
③ 안전보건진단   ④ 건강진단

해설 "안전보건진단"이란 산업재해를 예방하기 위하여 잠재적 위험성을 발견하고 그 개선 대책을 수립할 목적으로 조사·평가하는 것을 말한다.

2025년 제2회 CBT 복원문제

1과목 공유압 및 자동 제어

1. 다음 중 표준 대기압에 해당되지 않는 것은?

① 760mmHg
② 10.33mAq
③ 14.7mbar
④ 1.033kgf/cm²

해설 표준 대기압=1atm=760mmHg(수은주)=10.33mAq(물기둥)=1.033kgf/cm²
※ 1bar=1.01972kgf/cm²

2. 압축기 설치 장소에 관한 설명으로 옳지 않은 것은?

① 통풍이 양호한 장소에 설치한다.
② 옥외 설치 시 직사광선을 피한다.
③ 쿨링 타워 부근에 설치하여야 한다.
④ 건축물과는 벽면에 30cm 이상 떨어져 있어야 한다.

해설 압축기의 설치 조건
 ㉠ 저온, 저습 장소에 설치하여 드레인 발생을 억제한다.
 ㉡ 지반이 견고한 장소에 설치한다(5t/m²를 받을 수 있어야 되고, 접지 설치).
 ㉢ 유해 물질이 적은 곳에 설치한다.
 ㉣ 압축기 운전 시 진동을 고려한다(방음, 방진벽 설치).
 ㉤ 우수, 염풍, 일광의 직접 노출을 피하고 흡입 필터를 부착한다.

3. 공압 제어 밸브의 연결구 표시 방법이 틀린 것은?

① 압축공기 공급 라인 : P 또는 1
② 작업 라인 : A, B, C 또는 1, 2, 3
③ 배기 라인 : R, S, T 또는 3, 5, 7
④ 제어 라인 : Y, Z, X 또는 10, 12, 14

해설 밸브의 기호 표시법

라인	ISO 1219	ISO 5509/11
작업 라인	A, B, C -	2, 4, 6 -
공급 라인	P	1
배기구	R, S, T	3, 5, 7
제어 라인	Y, Z, X	10, 12, 14

4. 다음 중 서비스 유닛의 구성 요소에 포함되지 않는 것은?

① 필터
② 소음기
③ 압력 조절기
④ 드레인 배출기

해설 서비스 유닛의 구성 요소 : 필터, 압력 조절기, 윤활기

5. 제어 시스템에서 신호 발생 요소의 작동 상태를 알 수 있으며 시퀀스 상의 간섭 유무를 판별할 수 있는 것은?

① 논리도
② 제어 선도
③ 내부 결선도
④ 변위 단계 선도

해설 제어 선도(control diagram) : 신호 발생 요소의 신호 영역을 프로그램 플로 차트의 기호 ON-OFF 표시 방식으로 표현함으로써 각 신호 발생 요소의 작동 상태

정답 1.③ 2.③ 3.② 4.② 5.②

를 알 수 있으며, 각 신호 발생 요소 간의 신호 간섭 현상을 예측할 수 있다. 이 선도는 제어 시스템에 발생되는 신호 간섭의 원인 파악이 가능하여 간섭 해결의 방안을 모색할 수 있다.

6. 두 개의 실린더를 동조시키는 데 사용되며, 정확도가 크게 요구되지 않는 경우에 사용되는 밸브는?

① 감속 밸브
② 감압 밸브
③ 체크 밸브
④ 분류 및 집류 밸브

해설 분류 및 집류 밸브 : 공급되는 유량을 분류 또는 집류하며 10% 내에서 균등하게 분배되는 것으로 두 개의 실린더를 동조시키는 데 사용되며, 정확도가 크게 요구되지 않는 경우에 사용되는 밸브

7. 건설 기계 중 굴삭기는 붐 실린더나 버킷 실린더가 정지된 상태에서 굴삭기가 회전하는 경우가 있다. 4/3-way 밸브를 사용한다면 중간 정지가 가능한 중립 위치의 형식은?

① 펌프 클로즈드 센터형(pump closed center type)
② 오픈 센터형(open center type)
③ 클로즈드 센터형(closed center type)
④ 오픈 탠덤 센터형(open tandem center type)

해설 중립 위치에서 모든 포트가 막힌 형식은 클로즈드 센터형이다.

8. 어큐뮬레이터의 사용 목적이 아닌 것은?

① 일정 압력 유지
② 충격 및 진동 흡수
③ 유압 에너지의 저장
④ 실린더 추력의 증가

해설 실린더 추력이 증가하려면 압력이 높아져야 하는데 이는 어큐뮬레이터 사용과 관계가 없다.

9. 다음과 같은 밸브를 사용하는 목적으로 옳은 것은?

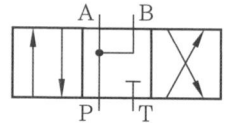

① 중립 위치에서 펌프의 부하를 줄이기 위해 사용된다.
② 중립 위치에서 실린더의 힘을 증대시키기 위해 사용된다.
③ 중립 위치에서 실린더의 후진 속도를 제어하기 위해 사용된다.
④ 중립 위치에서 실린더의 전진 속도를 빠르게 하기 위해 사용된다.

해설 PAB 접속으로 P포트와 실린더 전진 및 후진 포트가 서로 연결되어 있어 후진할 때 P에서 공급되는 유량과 실린더 후진측 B에서 공급되는 유량이 더해져 실린더의 전진이나 후진 속도가 빠르게 된다.

10. 유압 모터를 급정지하고자 할 때, 관성으로 인한 과부하를 방지하는 회로는?

① 직렬 회로
② 브레이크 회로
③ 일정 출력 회로
④ 일정 토크 회로

해설 브레이크 회로 : 유압 모터의 동작 시 회전 운동 중 정지하거나 역회전 운동을 하려고 할 때 모터 내에 발생되는 서지 압력을 제거할 수 있는 회로

정답 6. ④ 7. ③ 8. ④ 9. ④ 10. ②

11. 되먹임 제어(feed back control)에서 반드시 필요한 장치는?
① 구동기 ② 조작기
③ 검출기 ④ 비교기

[해설] 피드백 제어에서 반드시 필요한 장치는 입·출력 비교 장치이며 비교기는 기준량과 출력량을 비교하여 편차를 가려내는 장치이다.

12. 적분 요소의 전달 함수는?
① Ts ② $\dfrac{1}{Ts}$
③ $\dfrac{K}{1+Ts}$ ④ K

[해설] 비례 요소는 K, 미분 요소는 T_Ds, 1차 지연 요소는 $\dfrac{1}{1+Ts}$, 2차 지연 요소는 $\dfrac{1}{(1+T_1s)(1+T_2s)}$, 불감 시간 요소는 e^{-Ls}이다.

13. PLC의 구성 중 입력(input) 측에 해당되지 않는 것은?
① 광센서
② 전자 접촉기
③ 리밋 스위치
④ 푸시 버튼 스위치

14. 다음 ( )에 알맞은 것으로 나열한 것은 어느 것인가?

전류의 측정 범위를 늘리기 위하여 (㉠)와 (㉡)로 저항을 접속하여 사용한다. 이때 사용되는 저항을 (㉢)라 한다.

① ㉠ : 전압계, ㉡ : 직렬, ㉢ : 배율기
② ㉠ : 전류계, ㉡ : 병렬, ㉢ : 분류기
③ ㉠ : 전압계, ㉡ : 병렬, ㉢ : 배율기
④ ㉠ : 전류계, ㉡ : 직렬, ㉢ : 분류기

15. 계장 제어 시스템의 제어 밸브 조작부의 구비 조건으로 틀린 것은?
① 제어 신호에 정확하게 동작할 것
② 히스테리시스 현상이 클 것
③ 현장의 환경 조건에 충분히 견딜 것
④ 보수 점검이 용이할 것

[해설] 히스테리시스가 작을 것

16. 온도가 변화함에 따라 저항값이 변화하는 특성을 이용하여 온도를 검출하는 데 사용되는 반도체는?
① 발광 다이오드
② CdS(황화카드뮴)
③ 배리스터(varistor)
④ 서미스터(thermistor)

[해설] 서미스터(thermistor) : 온도 변화에 의해서 소자의 전기 저항이 크게 변화하는 표적 반도체 감온 소자로 열에 민감한 저항체(thermal sensitive resistor)이다.

17. 자동화 기기는 센서, 제어 장치, 액추에이터 등의 전원선 입력선, 출력선을 경유하여 들어오는 전기적 잡음에 대하여 대책을 세워야 한다. 다음 설명 중 틀린 것은?
① 기계적 접점의 개폐에 의한 전기적 잡음인 경우는 부하 혹은 기계적 접점과 병렬로 다이오드 혹은 RC 회로를 부가한다.
② 전원으로부터 유입되는 전기적 잡음은 노이즈 필터를 사용하여 제거한다.
③ 낙뢰에 의해 인가되는 서지 전압은 산화 아연 배리스터나 피뢰관을 사용하여 기기를 보호한다.

[정답] 11. ④ 12. ② 13. ② 14. ② 15. ② 16. ④ 17. ④

④ 정전기에 의한 전기적 잡음은 케이블을 모두 차폐선으로 교체하여 제거한다.

해설 정전기에 의한 전기적 잡음은 접지를 통해 제거한다.

18. 센서 선정 시 고려해야 할 기본사항으로 틀린 것은?
① 정밀도
② 응답 속도
③ 검출 범위
④ 폐기 비용

19. 스텝 전동기를 여자 상태로 하여 출력축을 외부에서 회전시키려고 했을 때, 이 힘에 대항하여 발생하는 최대 토크는?
① 탈출 토크(pull out torque)
② 홀딩 토크(holding torque)
③ 풀 인 토크(pull in torque)
④ 디텐트 토크(detent torque)

해설 탈출 토크 : 동기 전동기에서 정격 전압, 정격 주파수 조건에서 여자를 일정하게 유지하고 부하를 서서히 증가할 경우 견딜 수 있는 최대 부하 토크

20. 3상 유도 전동기의 기본적인 회로 구성품 중 과부하 발생 시 전동기의 코일 소손 방지 목적의 안전 장치는 무엇인가?
① MCCB
② MC
③ THR
④ PBS

해설 3상 유도 전동기의 기본적인 회로 구성은 저압 배선 보호 및 동력 차단 목적의 배선용 차단기(MCCB)와 부하 개폐 목적의 유도형 계전기(MC), 과부하 발생 시 전동기의 코일 소손 방지 목적의 부하 보호기(THR) 등의 과부하 보호 장치를 사용하거나 경보를 발생시키는 장치를 사용해야만 안전하다.

2과목 설비 진단 및 관리

21. 시스템의 고유 진동 주파수 f를 2배로 증가시키기 위한 정적 처짐량 δ의 값은?
① 2배로 증가시킨다.
② $\dfrac{1}{2}$로 감소시킨다.
③ 4배로 증가시킨다.
④ $\dfrac{1}{4}$로 감소시킨다.

해설 고유 진동 주파수 $(f) = \dfrac{1}{2\pi}\sqrt{\dfrac{k}{m}}$
$= \dfrac{1}{2\pi}\sqrt{\dfrac{k}{\delta}}$ 이므로 δ를 $\dfrac{1}{4}$로 감소시키면 2배로 증가하게 된다.

22. 강철 시스템의 고유 진동수와 차단기의 정적 변위와의 관계가 올바른 것은?
① 고유 진동수 = $\dfrac{15\pi}{\sqrt{정적 변위}}$
② 고유 진동수 = $\dfrac{10\pi}{\sqrt{정적 변위}}$
③ 고유 진동수 = $\dfrac{\sqrt{동적 변위}}{15\pi}$
④ 고유 진동수 = $\dfrac{\sqrt{동적 변위}}{10\pi}$

23. 기계의 공진을 제거하는 방법으로 맞지 않는 것은?
① 우발력을 없앤다.
② 기계의 질량을 바꾸어 고유 진동수를 변화시킨다.
③ 기계의 강성을 바꾸어 고유 진동수를 변화시킨다.

정답 18. ④ 19. ① 20. ③ 21. ④ 22. ② 23. ④

④ 우발력의 주파수를 기계의 고유 진동수와 같게 한다.

[해설] 공진 현상이란 고유 진동수와 강제 진동수가 일치할 때 진폭이 크게 발생하는 현상이며, 공진 상태를 제거하는 방법은 다음과 같다.
㉠ 우발력의 주파수를 기계의 고유 진동수와 다르게 한다(회전수 변경).
㉡ 기계의 강성과 질량을 바꾸어 고유 진동수를 변화시킨다(보강 등).
㉢ 우발력을 없앤다(실제로는 밸런싱과 센터링으로는 충분치 않은 경우 고유 진동수와 우발력의 주파수는 되도록 멀리한다).

24. 진동 현상을 표현할 때 진폭 파라미터가 아닌 것은?

① 변위 ② 속도 ③ 위상 ④ 가속도

[해설] 진동에 의한 진폭의 파라미터는 변위, 속도, 가속도이다.

25. 진동 시스템에 대한 댐핑 처리의 효과가 크지 않은 것은?

① 시스템이 그의 고유 진동수에서 강제 진동을 하는 경우
② 시스템이 많은 주파수 성분을 갖는 힘에 의해서 강제 진동되는 경우
③ 시스템이 충격과 같은 힘에 의해서 진동되는 경우
④ 시스템을 지지한 댐핑(damping) 재료가 공진할 경우

[해설] 공진이 발생되면 댐핑 효과가 없는 것이다.

26. 회전 기계 정밀 진단 시 진동 방향 분석으로 잘못 짝지어진 것은?

① 언밸런스-수평 방향
② 풀림-수직 방향
③ 미스얼라인먼트-축 방향
④ 캐비테이션-회전 방향

[해설] 언밸런스의 경우는 수평 방향(H), 풀림의 경우는 수직 방향(V), 미스얼라인먼트의 경우는 축 방향(A)으로 특징적인 진동이 발생한다.

27. 음에 관한 설명으로 틀린 것은?

① 음은 파장이 작고, 장애물이 작을수록 회절이 잘된다.
② 방음벽 뒤에서도 들을 수 있는 것은 음의 회절 현상 때문이다.
③ 음파가 한 매질에서 타 매질로 통과할 때 구부러지는 현상을 음의 굴절이라 한다.
④ 음파가 장애물에 입사되면 일부는 반사되고, 일부는 장애물을 통과하면서 흡수되고, 나머지는 장애물을 투과하게 된다.

[해설] 음은 파장이 크고, 장애물이 작을수록 회절이 잘된다.

28. 덕트(duct) 소음이나 배기 소음을 방지하기 위해 사용되는 장치는?

① 모터 ② 방진구
③ 소음기 ④ 유도형 센서

[해설] 소음기(muffler, silencer)란 내연 기관이나 환기 장치로부터 나오는 소음을 줄이기 위한 장치이다.

29. 고속 고하중 기어 이면의 유막이 파단되면 국부적인 금속 접촉 마찰에 의한 용융으로 뜯겨 나가는 현상이 발생되는데 이러한 기어의 이면 손상은?

① 리징(ridging)
② 긁힘(scratching)

정답 24. ③ 25. ④ 26. ④ 27. ① 28. ③ 29. ③

③ 스코어링(scoring)
④ 정상 마모(normal wear)

해설 스코어링은 급유량 부족, 윤활유 점도 부족, 내압 성능 부족일 때 발생한다.

30. 파라핀계 윤활유의 특징으로 틀린 것은?
① 점도 지수가 낮다.
② 산화 안정성이 양호하다.
③ 냉동기용으로 적합하다.
④ 경유의 품질은 우수하나 휘발유의 옥탄가는 낮다.

해설 냉동기유는 나프텐계를 주로 사용한다.

31. 설비 관리 기능 중 지원 기능으로 가장 거리가 먼 것은?
① 부품 대체(교체) 분석
② 보전 자재 선정 및 구매
③ 보전 인력 관리 및 교육 훈련
④ 포장, 자재 취급, 저장 및 수송

해설 지원 기능
㉠ 보전 요원 인력 관리
㉡ 교육 및 훈련 지원
㉢ 보전 자재 선정 및 구매
㉣ 보전 자재 포장 및 취급과 저장 및 수송
㉤ 측정 장비 및 보전용 설비

32. 대부분의 설비는 어느 기간 동안 수명을 유지한다. 그러다 어느 기간이 지나면 설비가 고장나기 시작한다. 다음 중 초기 고장기와 우발 고장기가 지난 후, 마모 고장기에 발생하는 고장 원인과 가장 거리가 먼 것은?
① 불충분한 오버홀
② 부품들 간의 변형
③ 열화에 의한 고장
④ 부적절한 설비의 설치

해설 부적절한 설비의 설치에 의한 고장은 초기 고장기에서 나타난다.

33. 설비의 신뢰성 정도를 측정하는 기준이 아닌 것은?
① 고장률
② 관리도
③ 평균 고장 간격 시간
④ 평균 고장 수리 시간

해설 설비의 신뢰성 평가 척도 : 신뢰도, 고장률, 평균 고장 간격 시간, 평균 고장 수리 시간

34. 안전계수가 낮거나 스트레스가 기대 이상인 경우에 발생하며, 설비의 열화 패턴에서 개선 개량과 예비품 관리가 중요시되는 기간으로 유효 수명이라고도 하는 것은?
① 우발 고장기
② 초기 고장기
③ 돌발 고장기
④ 마모 고장기

해설 우발 고장기 : 예측할 수 없는 고장률 일정형으로 유효 수명이라고 한다. 설비 보전원의 고장 개소의 감지 능력을 향상시키기 위한 교육 훈련과 고장률을 저하시키기 위한 개선, 개량이 절대 필요하며, 예비품 관리가 중요하다.

35. 보전 작업 표준을 설정하고자 할 때 사용하지 않는 방법은?
① 경험법
② 공정 실험법
③ 실적 자료법
④ 작업 연구법

해설 보전 작업 표준을 설정하기 위해 경험법, 실적 자료법, 작업 연구법 등이 사용된다.

정답 30. ③ 31. ① 32. ④ 33. ② 34. ① 35. ②

36. 설비를 주기적으로 검사하여 유해한 성능 저하 상태를 미리 발견하고 성능 저하의 원인을 제거하거나 원상태로 복구시키는 보전은?

① 보전 예방 ② 개량 보전
③ 생산 보전 ④ 예방 보전

해설 주기적인 점검으로 이상 상태를 발견하고 복구시키는 보전 기법은 예방 보전이다.

37. 정비 자재 보충 방식에서 일정 시기에 재고 조사를 해서 발주하는 방식은?

① 개별 구입 방식
② 정량 발주 방식
③ 정기 발주 방식
④ 정수 발주 방식

해설 정량 발주 방식은 필요시마다 일정량을 발주하고 정기 발주 방식은 일정 시기에 재고 조사를 해서 필요량을 발주한다.

38. 다음 설명 중에서 TPM 특징이 아닌 전통적 관리에 해당하는 것은?

① INPUT 지향, 원인 추구 시스템
② 현장 사실에 입각한 관리
③ 사전 활동, 로스 측정
④ 상벌 위주의 동기 부여

39. 신규 설비가 설치, 시운전, 양산에 이르기까지의 기간, 즉 안전 가동에 들어가기까지의 기간을 최소로 하기 위한 활동을 무엇이라 하는가?

① 복원 관리
② 로스 관리
③ 자주 보전 관리
④ 초기 유동 관리

40. 로스 계산 방법에 대한 내용으로 틀린 것은?

① 시간가동률 = $\dfrac{\text{가동시간}}{\text{부하시간}}$

② 성능가동률 = $\dfrac{\text{실질가동률}}{\text{속도가동률}}$

③ 시간가동률 = $\dfrac{\text{부하시간} - \text{정지시간}}{\text{부하시간}}$

④ 성능가동률 = 속도가동률 × 실질가동률

해설 성능가동률은 속도가동률과 실질가동률의 곱이다.

3과목 기계 보전, 용접 및 안전

41. 두 축의 중심선이 일치하지 않거나, 토크의 변동으로 충격 하중이 발생하거나, 진동이 많은 곳에 주로 사용하는 축이음은?

① 머프 커플링 ② 셀러 커플링
③ 올덤 커플링 ④ 플렉시블 커플링

해설 플렉시블 커플링 : 두 축의 중심선을 일치시키기 어렵거나, 또는 전달 토크의 변동으로 충격을 받거나, 고속 회전으로 진동을 일으키는 경우 고무, 강선, 가죽, 스프링 등을 이용하여 충격과 진동을 완화시켜 주는 커플링

42. 기중기 등에서 물체를 내릴 때 하중 자신에 의하여 브레이크 작용을 행하여 속도를 억제하는 것은?

① 블록 브레이크
② 밴드 브레이크
③ 자동 하중 브레이크
④ 축압 브레이크

정답 36. ④ 37. ③ 38. ④ 39. ④ 40. ② 41. ④ 42. ③

해설 자동 하중 브레이크는 정회전에는 저항이 없고, 역회전에는 자동적으로 브레이크가 걸린다.

43. 펌프 운전 시 캐비테이션(cavitation) 발생 없이 펌프가 안전하게 운전되고 있는가를 나타내는 척도로 사용되는 것은 어느 것인가?
① 비속도
② 유효 흡입 수두
③ 전양정
④ 수동력

해설 유효 흡입 수두(NPSH) : 펌프 임펠러 입구 직전의 압력이 액체의 포화 증기압보다 어느 정도 높은가를 나타내는 값이며, 펌프 설치 위치에 따라 변한다.

44. 다음 원심식 압축기에 대한 설명 중 관계없는 것은?
① 설치 면적이 비교적 작다.
② 윤활이 쉽다.
③ 압력 맥동이 없다.
④ 고압 발생이 쉽다.

해설 원심식 압축기는 저압 대용량이며, 피스톤 압축기는 고압 저용량용이다.

45. 1kW 이상의 3상 유도 전동기에서 가장 많이 사용되는 급유 형태는?
① 적하 급유
② 유욕 급유
③ 그리스 급유
④ 사이펀 급유

해설 1kW 이하의 소형에는 그리스, 그 이상의 것은 유욕 급유 윤활 방법이 사용된다.

46. 마이크로미터의 나사 피치가 0.5mm이고, 딤블(thimble)의 원주를 50등분하였다면 최소 측정값은 몇 mm인가?
① 0.1
② 0.01
③ 0.001
④ 0.0001

해설 $0.5\,\text{mm} \times \dfrac{1}{50} = \dfrac{1}{100} = 0.01\,\text{mm}$

47. 일반적으로 요구되는 절삭 공구의 조건으로 틀린 것은?
① 가공 재료보다 경도가 클 것
② 인성과 내마모성이 작을 것
③ 고온에서도 경도를 유지할 것
④ 성형성이 좋을 것

해설 인성과 내마모성 및 내마멸성이 커야 한다.

48. 벨트 전동 장치 중 미끄럼을 방지하기 위하여 안쪽 표면에 이가 있으며, 정확한 속도가 요구되는 경우에 사용하는 것은?
① 보통 벨트
② 링크 벨트
③ 타이밍 벨트
④ 레이스 벨트

해설 타이밍 벨트(timing belt)는 미끄럼을 방지하기 위하여 안쪽 표면에 이가 있는 벨트로서, 정확한 속도가 요구되는 경우의 전동 벨트로 사용된다.

49. 용접법 분류에서 융접에 속하지 않는 것은?
① 아크 용접
② 가스 용접
③ MIG 용접
④ 마찰 용접

해설 마찰 용접은 압접에 해당된다.

정답 43. ② 44. ④ 45. ② 46. ② 47. ② 48. ③ 49. ④

50. 피복 아크 용접에서 피복제의 주된 역할이 아닌 것은?

① 전기 절연 작용을 한다.
② 탈산 정련 작용을 한다.
③ 아크를 안정시킨다.
④ 용착 금속의 급랭을 돕는다.

해설 피복제는 용착 금속의 급랭을 방지한다.

51. TIG 용접기 설치를 위한 장소에 대한 설명 중 틀린 것은?

① 휘발성 가스나 기름이 있는 곳을 피한다.
② 습기 또는 먼지 등이 많은 장소는 용접기 설치를 피한다.
③ 벽에서 5cm 이상 떨어지고, 바닥면이 견고하고 수평인 곳을 선택한다.
④ 비, 바람이 치는 옥외 또는 주위 온도가 -10℃ 이하인 곳은 피한다.

해설 벽에서 30cm 이상 떨어지고, 바닥면이 견고하고 수평인 곳을 선택한다.

52. 다음은 TIG 용접에 사용되는 토륨-텅스텐 전극에 대한 설명이다. 틀린 것은?

① 저전류에서도 아크 발생이 용이하다.
② 저전압에서도 사용이 가능하고 허용 전류 범위가 넓다.
③ 텅스텐 전극에 비해 전자 방사 능력이 현저하게 뛰어나다.
④ 교류 전원 사용 시 불평형 직류분이 작아 바람직하다.

해설 토륨-텅스텐 전극은 교류 전원 사용 시 불평형 직류 전류가 증대하여 바람직하지 못하다.

53. 용접 이음 설계상 주의사항으로 옳지 않은 것은?

① 용접 순서를 고려해야 한다.
② 용접선이 가능한 집중되도록 한다.
③ 용접부에 되도록 잔류 응력이 발생되지 않도록 한다.
④ 두께가 다른 부재를 용접할 경우 단면의 급격한 변화를 피하도록 한다.

해설 용접 이음을 한 곳으로 집중되지 않게 설계하고, 맞대기 용접에는 양면 용접을 할 수 있도록 하여 용입 부족이 없게 한다.

54. 용접 수축에 의한 굽힘 변형 방지법으로 틀린 것은?

① 개선 각도는 용접에 지장이 없는 범위에서 작게 한다.
② 판 두께가 얇은 경우 첫 패스 측의 개선 깊이를 작게 한다.
③ 후퇴법, 대칭법, 비석법 등을 채택하여 용접한다.
④ 역변형을 주거나 구속 지그로 구속 후 용접한다.

해설 용접 변형의 방지 대책 중 용접 물체를 구속하고 용접하는 방법
㉠ 클램프, 두꺼운 밑판, 튼튼한 뒷받침, 용접 지그 등을 이용하여 용접물을 단단하게 고정시킨다.
㉡ 가접을 튼튼하게 한다.
㉢ 패스 중간마다 냉각시킨다.

55. CO_2 용접에서 일반적으로 허용되지 않는 풍속은 얼마 이상일 때 방풍막으로 바람을 차단하여야 하는가? (단, 단위는 m/s이다.)

① 2.0   ② 1.5
③ 1.0   ④ 0.8

해설 풍속이 2m/s 이상일 때에는 방풍막으로 바람을 차단하여 용접을 해야 한다.

정답 50. ④ 51. ③ 52. ④ 53. ② 54. ② 55. ①

56. 일반적으로 용융 금속 중에서 기포 응고 시 빠져나가지 못하고 잔류하여 용접부에 기계적 성질을 저하시키는 것은?
① 편석 ② 은점 ③ 기공 ④ 노치

해설 기공은 용착 금속 속의 가스로 인하여 남아 있는 구멍이다.

57. 연삭 숫돌 바퀴에 부시를 끼울 때 주의해야 할 점 중 틀린 것은?
① 부시의 구멍과 숫돌의 바깥둘레는 동심원이어야 한다.
② 부시의 구멍은 축 지름보다 1mm 크게 해야 한다.
③ 부시의 측면과 숫돌의 측면은 일치해야 한다.
④ 부시의 빌릿 두께가 고른 것을 사용한다.

해설 연삭기의 숫돌을 축에 고정할 때 숫돌의 안지름은 축의 지름보다 0.05~0.15mm 크게 한다.

58. 다음 중 누전 차단기 설치 방법으로 틀린 것은?
① 전동기계, 기구의 금속제 외피 등 금속 부분은 누전 차단기를 접속한 경우에 가능한 접지한다.
② 누전 차단기는 분기 회로 또는 전동기계, 기구마다 설치를 원칙으로 할 것. 다만 평상시 누설 전류가 미소한 소용량 부하의 전로에는 분기 회로에 일괄하여 설치할 수 있다.
③ 서로 다른 누전 차단기의 중성선은 누전 차단기의 부하 측에서 공유하도록 한다.
④ 지락 보호 전용 누전 차단기(녹색 명판)는 반드시 과전류를 차단하는 퓨즈 또는 차단기 등과 조합하여 설치한다.

해설 서로 다른 누전 차단기의 중성선이 누전 차단기의 부하 측에서 공유되지 않도록 한다.

59. 조명 장치 설계 시 고려하여야 할 요소가 아닌 것은?
① 가급적 많은 광도
② 광원이나 작업 표면의 광도
③ 손놀림에 적당한 광도
④ 과업에 대해 균일한 광도

해설 작업에 따라 알맞은 광도가 좋다.

60. 다음은 보호 안경 재질의 구비 조건을 설명한 것이다. 잘못된 것은?
① 면체는 규격 기준에 의한다.
② 핸드 클립은 전기 도체로 비난연성이어야 한다.
③ 필터 플레이트 및 커버 플레이트는 차광 안경과 같다.
④ 면체 이외의 플라스틱 부품은 실용상 지장이 없는 강도이어야 한다.

해설 핸드 클립은 전기 부도체로 난연성이어야 한다.

정답 56. ③ 57. ② 58. ③ 59. ① 60. ②

2025년 제3회 CBT 복원문제

1과목 공유압 및 자동 제어

1. 공기의 체적과 온도의 관계를 표현한 것은?
① 보일의 법칙 ② 샤를의 법칙
③ 베르누이의 법칙 ④ 파스칼의 법칙

해설 샤를의 법칙 : 압력이 일정하면 일정량의 체적은 그 절대 온도에 비례한다.

2. 유량 제어 밸브가 아닌 것은?
① 스로틀 밸브 ② 시퀀스 밸브
③ 급속 배기 밸브 ④ 속도 제어 밸브

해설 시퀀스 밸브는 압력 제어 밸브이다.

3. 다음 중 2개의 복동 실린더가 1개의 실린더의 형태로 조립되어 실린더 출력이 2배로 큰 힘을 얻는 것은?
① 충격 실린더
② 탠덤 실린더
③ 양 로드 실린더
④ 다위치 실린더

해설 탠덤형 실린더 : 길이 방향으로 연결된 복수의 복동 실린더를 조합시킨 것으로 2개의 피스톤에 압축공기가 공급되기 때문에 실린더의 출력은 각 실린더 출력의 합이 되므로 큰 힘이 얻어진다. 또 단계적 출력의 제어도 할 수 있어 직경은 한정되고, 큰 힘이 필요한 곳에 사용된다.

4. 다음 조작 방식의 명칭은?

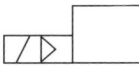

① 유압 2단 파일럿
② 전자·유압 파일럿
③ 전자·공기압 파일럿
④ 공기압·유압 파일럿

해설 이 기호는 공압 간접 작동 솔레노이드 밸브이다.

5. 공압 모터의 설치 및 유의사항에 대한 설명으로 틀린 것은?
① 윤활기를 반드시 설치하여야 한다.
② 저온에서의 사용할 경우 빙결(氷結)에 주의한다.
③ 배관 및 밸브는 될 수 있는 한 유효 단면적이 큰 것을 사용한다.
④ 밸브는 될 수 있는 한 공압 모터에서 멀리 떨어지도록 설치한다.

해설 공압 모터의 사용상의 주의사항
㉠ 배관과 밸브는 되도록 유효 단면적이 큰 것을 사용하고, 밸브는 공압 모터 가까이에 설치한다.
㉡ 루브리케이터를 반드시 사용하고, 윤활유 부족 등으로 토크 저하, 융착, 내구성 저하, 소결 등을 일으키지 않도록 한다.
㉢ 공압 모터의 내부는 압축공기의 단열 팽창으로 냉각되므로 빙결에 주의하고, 공기 건조기를 사용하도록 한다.

정답 1. ② 2. ② 3. ② 4. ③ 5. ④

㉣ 실제 사용 공압의 70~80%의 토크 출력, 공기 소비율은 최대 출력의 70~80% 정도로 하며 회전수 영역도 같은 방법으로 용량을 선정한다.

㉤ 공압 모터에 사용되는 소음기는 연속 배기이므로 큰 유효 단면적을 가진 것을 사용하며, 브레이크를 같이 사용하여 로킹이 되도록 한다.

㉥ 공기 압축기는 이론 토출량에 효율을 곱한 실토출량으로 선정하고, 장시간 무부하 운전 시 수명이 단축되므로 가급적 피한다.

㉦ 공압 모터의 출력 축에 발생된 하중은 허용 용량값 이내로 사용하며 필요에 따라 적당한 커플링을 사용한다.

㉧ 관로 내부를 깨끗이 청소한 후 배관하고 필터를 반드시 사용하며, 저속 사용 시 스틱 슬립 현상으로 최소 사용 회전수가 제한되어 있으므로 확인한 후 사용한다.

㉨ 베인형 공기 모터는 시동할 때나 저속 회전 시에 공기 누설로 인한 토크 저하를 시동 특성에 비교하여 확인한 후 설치하여 사용한다.

6. 다음의 조건으로 유압 펌프를 선정하고자 할 때 적합하지 않은 펌프는?

- 사용 압력 : 120 bar
- 토출량 : 250 L/min

① 나사 펌프
② 회전 피스톤 펌프
③ 왕복동 펌프
④ 베인 2단 펌프

해설 일반적으로 나사 펌프는 토출량은 200L/min 이상이 가능하나 70bar 이하의 압력을 쓰고자 할 때 사용한다. 회전 피스톤 펌프, 왕복동 펌프, 베인 2단 펌프는 70~140bar의 압력과 200L/min 이상의 토출량이 가능하다. 나사 펌프는 3개의 정한 스크루가 꼭 맞는 하우징 내에서 회전하며 매우 조용하고 효율적으로 유체를 배출한다. 안쪽 스크루가 회전하면 바깥쪽 로터는 같이 회전하면서 유체를 밀어내게 된다.

7. 다음 중 유압 신호를 전기 신호로 전환시키는 기기는?
① 압력 스위치
② 유압 실린더
③ 방향 제어 밸브
④ 압력 제어 밸브

해설 압력 스위치는 유압 신호를 전기 신호로 전환시키는 일종의 스위치이다.

8. 밸브에 조작력이 작용하고 있을 때의 위치를 나타내는 용어는?
① 과도 위치   ② 노멀 위치
③ 작동 위치   ④ 초기 위치

해설 작동 위치(actuated position) : 조작력이 걸려 있을 때의 밸브 몸체의 최종 위치

9. 실린더에 적용된 사양이 다음과 같을 때 실린더의 전진 추력(N)은 얼마인가? (단, 배압은 작용하지 않는다.)

- 피스톤 지름 : 10 cm
- 공급 압력 : 1000 kPa
- 로드 지름 : 2 cm

① 250π ② 500π
③ 2500π ④ 5000π

정답 6. ① 7. ① 8. ③ 9. ③

해설 $F = P_1 A_1$에서
$P_1 = 1000\,\text{kPa} = 1,000,000\,\text{Pa}$
$\quad = 1,000,000\,\text{N/m}^2 = 100\,\text{N/cm}^2$
$A_1 = \dfrac{\pi}{4} \times 10^2\,\text{cm}^2$
$\therefore F = 100 \times \dfrac{\pi}{4} \times 10^2 = 2500\pi\,[\text{N}]$

10. 유압 펌프의 소음 발생 원인으로 적절하지 않은 것은?

① 이물질의 침입
② 펌프 흡입 불량
③ 작동유 점성 증가
④ 펌프의 저속 회전

해설 유압 펌프의 소음 발생 원인 : 펌프 흡입 불량, 작동유 점성 증대, 필터 막힘, 이물질 침입, 펌프의 고속 회전

11. 유량 제어 밸브를 사용해서 실린더 속도를 제어하는 다음 그림의 회로 명칭은?

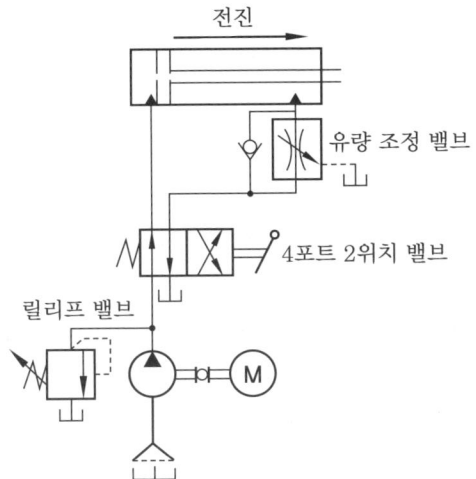

① 미터 아웃 방식 회로
② 미터 인 방식 회로
③ 블리드 오프 방식 회로
④ 블리드 온 방식 회로

해설 미터-아웃은 실린더 출구 측에 유량 제어 밸브를 설치한다.

12. 제어를 행하는 과정에 따라 제어 시스템을 분류한 것 중 설명이 틀린 것은?

① 메모리 제어-출력에 영향을 줄 반대되는 입력 신호가 들어올 때까지 이전에 출력된 신호는 유지된다.
② 시퀀스 제어-이전 단계 완료 여부를 센서를 이용하여 확인 후 다음 단계의 작업을 수행한다.
③ 조합 제어-요구되는 입력 조건에 관계없이 그에 관련된 모든 신호가 출력된다.
④ 파일럿 제어-메모리 기능이 없고 이의 해결을 위해 불(boolean) 논리 방정식을 이용한다.

해설 조합 제어(coordinated motion control) : 목표치(command variable)가 캠축이나 프로그래머에 의해 주어지나 그에 상응하는 출력 변수는 제어계의 작동 요소에 의해 영향을 받는다.

13. 1차 지연 요소의 스텝 응답이 시정수 τ를 경과했을 때, 그 값의 최종 도달값에 대한 비율은 약 몇 %인가?

① 50 ② 63 ③ 90 ④ 98

해설 $t=0$에서 응답 곡선에 접선을 그리고 그것이 최종값에 도달하기까지의 시간이 시정수 τ가 된다. 또한 시정수 τ를 경과했을 때의 값은 최종 도달값의 63.2%가 된다.

14. 콘덴서에 대한 설명으로 옳은 것은?

① 단위로는 F가 사용된다.
② 발열 작용을 하므로 전구로도 사용된다.
③ 자기 작용을 하므로 전자석으로 사용된다.

정답 10. ④ 11. ① 12. ③ 13. ② 14. ①

④ 직렬연결은 가능하나 병렬연결은 할 수 없다.

해설 콘덴서 : 전하를 축적할 목적으로 두 개의 도체 사이에 절연물 또는 유전체를 삽입한 것으로 회로에 가해진 전기 에너지를 정전 에너지로 변환하여 축적하는 소자

15. 절연 저항계의 용도가 아닌 것은?
① 감전 재해 조사 시 재해 발생 기인물의 절연 저항 측정
② 각종 저압 전로, 조명 전로, 전동기 권선 등의 절연 성능 확인
③ 컨베이어, 호퍼, 로더 등 절연 손상 가능성이 높은 설비의 절연 저항 측정
④ 이동식 전기설비 핸드 그라인더, 핸드 드릴 등의 합성 저항 측정

해설 이동식 전기설비 핸드 그라인더, 핸드 드릴 등의 절연 저항 측정

16. 물체에 직접 접촉하지 않고 그 위치를 검출하여 전기적 신호를 발생시키는 장치는?
① 리드 스위치   ② 인터럽터
③ 바이메탈   ④ 리밋 스위치

17. 2Kbit에 대한 설명이다. 맞는 것은?
① 1024 bit   ② 2000 bit
③ 125 byte   ④ 256 byte

해설 1Kbit는 1024bit이고, 8bit가 1byte이므로 2Kbit는 256byte이다.

18. 3상 유도 전동기의 회전 속도 제어와 관계없는 요소는?
① 전압   ② 극수
③ 슬립   ④ 주파수

19. 스핀들 리드가 20mm이고, 회전각이 180°인 스텝 모터의 이송거리(mm)는?
① 5   ② 10
③ 15   ④ 20

해설 이송거리 S
$= \dfrac{h}{360°} \times \alpha = \dfrac{20}{360°} \times 180° = 10$

여기서, h : 스핀들 리드, α : 회전각

20. 60Hz 4극 유도 전동기의 회전자 속도계가 1710rpm일 때 슬립은 약 얼마인가?
① 5%   ② 8%
③ 10%   ④ 14%

해설 $N_s = \dfrac{120f}{P}$

$N = N_s(1-s) = \dfrac{120f}{P}(1-s)$

$N = \dfrac{120f}{P}(1-s)$

$1710 = \dfrac{120 \times 60}{4}(1-s)$

$\therefore s = 0.05 = 5\%$

2과목   설비 진단 및 관리

21. 일정한 정점에 대하여 다른 정점의 순간적인 위치 및 시간의 지연을 나타내는 것은?
① 변위   ② 위상
③ 댐핑   ④ 주기

해설 위상이란 일정한 정점(부품)에 대하여 다른 정점의 순간적인 위치 및 시간의 지연(time delay)이다.

정답 15. ④ 16. ① 17. ④ 18. ① 19. ② 20. ① 21. ②

22. 실효값으로 적합한 것은?

① $X_{rms} = \int_0^T X(t)dt$

② $X_{rms} = \frac{1}{T}\int_0^T X(t)dt$

③ $X_{rms} = \sqrt{\frac{1}{T}\int_0^T X(t)dt}$

④ $X_{rms} = \sqrt{\frac{1}{T}\int_0^T X^2(t)dt}$

23. 진동 차단기의 변위가 걸리는 힘에 비례할 때 시스템의 고유 진동수(ω)와 정적 변위(δ)의 관계식으로 옳은 것은?

① $\omega = \frac{5\pi}{\delta}$ ② $\omega = 5\pi\delta$

③ $\omega = \frac{10\pi}{\delta}$ ④ $\omega = \frac{5\pi}{\sqrt{\delta}}$

24. 소음원으로부터 거리를 2배 증가시키면 음압도(dB)는 어떻게 변하는가?

① 2배 증가한다.
② 1/2로 감소한다.
③ 6dB 증가한다.
④ 6dB 감소한다.

해설 음압 레벨(음압도, sound pressure level, SPL)

$$SPL = 20\log\left(\frac{P}{P_0}\right) = 20\log\left(\frac{1}{2}\right)$$
$$\fallingdotseq -6.02 dB$$

25. 공장 내의 회전기계 간이 진단 대상 설비 중 주요 진단 대상으로 가장 거리가 먼 것은?

① 생산과 직접 관련된 설비
② 부대 설비인 경우라도 고장이 발생하면 큰 손해가 예측되는 설비
③ 고장 발생 시 2차 손실이 예측되는 설비
④ 정비비가 낮은 설비

해설 정비비가 낮은 설비는 사후 보전하는 것이 효과적이며, 설비 진단은 예방 보전에 속한다.

26. 롤링 베어링에 발생하는 진동의 종류가 아닌 것은?

① 다듬면의 굴곡에 의한 진동
② 베어링 구조에 기인하는 진동
③ 베어링의 손상에 의한 진동
④ 베어링 선형성에 의한 진동

해설 롤링 베어링에서 발생하는 진동
㉠ 베어링의 구조에 기인하는 진동
㉡ 베어링의 비선형성에 의하여 발생하는 진동
㉢ 다듬면의 굴곡에 의한 진동
㉣ 베어링의 손상에 의하여 발생하는 진동

27. 구름 베어링의 상태 감시 수단으로 적절한 진동 측정 변수(parameter)는?

① 변위   ② 속도
③ 가속도 ④ 위상

해설 구름 베어링은 높은 주파수가 발생하므로 가속도 파라미터를 사용한다.

28. 다음 중 소음의 중첩 원리가 적용되지 않는 것은?

① 굴절   ② 맥놀이
③ 보강 간섭 ④ 소멸 간섭

해설 중첩의 원리 : 보강 간섭, 소멸간섭, 맥놀이 3가지가 있다.

정답 22. ④ 23. ④ 24. ④ 25. ④ 26. ④ 27. ③ 28. ①

29. 윤활 관리의 실시 방법 중 급유 관리에 속하지 않는 것은?
① 저점도유 사용으로 누유 방지
② 올바른 급유량과 급유 간격의 결정
③ 점검을 통한 급유관의 누설 여부
④ 급유구 및 급유통에 이물질 혼입 방지

[해설] 점도는 적당해야 하고 점도지수는 높아야 한다.

30. 일반적인 그리스 윤활의 특징으로 틀린 것은?
① 밀봉 효과가 크다.
② 냉각 효과가 낮다.
③ 이물질 혼합 시 제거가 곤란하다.
④ 내수성이 약하고 적하 유출이 많다.

[해설] 그리스는 윤활유에 비해 내수성이 강하고, 적하 유출이 적다.

31. 구입 또는 설치된 설비가 사용자의 환경 변화나 또는 요구를 효율적 및 경제적 측면으로 만족시켜 주지 못할 때 설계 또는 부품의 일부를 공학적 또는 기술적인 방법으로 개조시키는 설비 보전 활동은?
① 개량 보전   ② 사후 보전
③ 예방 보전   ④ 보전 예방

[해설] 개량 보전 : 설비 자체의 체질 개선으로 수명이 길고 고장이 적으며, 보전 절차가 없는 재료나 부품을 사용할 수 있도록 개조, 갱신을 하여 열화 손실 또는 보전에 쓰이는 비용을 인하하는 방법

32. 제품별 설비 배치에 대한 특징이 아닌 것은?
① 하나 또는 소수의 표준화된 제품을 대량으로 반복 생산하는 라인 공정에 적합함
② 작업 흐름은 미리 정해진 패턴을 따라가며, 각 작업장은 소품종 작업을 수행함
③ 하나의 기계 고장 시에도 유연하게 생산을 수행하며 고임금 기술자를 필요로 함
④ 작업 흐름이 원활하고, 생산 기간이 짧고, 작업장 간 거리 축소로 재고 감소, 비용 감소, 생산 통제가 용이함

[해설] 제품별 설비 배치는 하나의 기계 고장 시에도 전체 공정에 영향을 주며 작업을 단순화할 수 있으므로 작업자의 훈련이 용이하다.

33. 설비 관리의 시스템을 구성하는 기본적 요소 중 기계 장치나 설비에 해당하는 것은 어느 것인가?
① 투입   ② 처리 기구
③ 관리   ④ 피드백

[해설] 시스템 구성 요소는 투입, 산출, 처리 기구, 관리, 피드백이며, 설비는 처리 기구에 속하고 제품 특성의 측정치는 피드백에 속한다.

34. 어느 공장의 월 가동 수가 20일인 장비가 설비 고장과 작업 고장에 의한 설비 휴지 시간이 1개월에 10시간이 걸리면 실제 가동률은 몇 %인가? (단, 1일 가동 시간은 8시간이다.)
① 93.75   ② 96.25
③ 95.3   ④ 91.8

[해설] $\dfrac{20 \times 8 - 10}{20 \times 8} = 0.9375 = 93.75\%$

35. 보전 작업의 낭비를 제거하여 효율성을 증시키기 위한 것으로 보전 작업 측정, 검사 및 일정 계획을 위해서 반드시 필요한 것은?

[정답] 29. ① 30. ④ 31. ① 32. ③ 33. ② 34. ① 35. ①

① 설비 보전 표준
② 설비 효율 측정
③ 로스(loss) 관리
④ 설비 경제성 평가

해설 설비 보전 표준 : 설비 열화 측정(점검 검사), 열화 진행 방지(일상 보전) 및 열화 회복(수리)을 위한 조건의 표준이다.

36. 돌발 고장으로 인한 설비의 열화(劣化) 현상은?

① 과부하로 인한 축의 절단
② 장기간 사용에 의한 기어의 백래시(back-lash) 증가
③ 녹 발생, 부품의 마모 등으로 인한 열화(劣化)
④ 윤활 불량으로 인한 베어링의 온도 상승

37. 공사의 완급도에 따라 구분할 때 설비 검사 및 공사 실시 시기가 충분한 여유를 가지고 지정된 공사로서 일정 계획을 세워서 통제하는 예방 보전 공사는 무엇인가?

① 긴급 공사   ② 준급 공사
③ 계획 공사   ④ 예비 공사

해설 계획 공사 : 일정 계획을 수립하여 통제하는 공사

38. 설비 보전 자재 관리의 활동 영역과 거리가 먼 것은?

① 보전 자재 범위 결정
② 보전 자재 재고 관리
③ 설비 손실(loss) 관리
④ 구매 또는 제작 의사 결정

39. TPM(total productive maintenance)의 활동으로 볼 수 없는 것은?

① 설비의 효율화를 위한 개선 활동
② 작업자의 자주 보전 체제의 확립
③ 계획 보전 체제의 확립
④ 사후 보전(BM : breakdown maintenance) 설계와 초기 유동 관리 체제의 확립

해설 TPM : MP 설계와 초기 유동 관리 체제의 확립

40. 돌발적, 만성적으로 발생하는 설비의 효율에 악영향을 미치는 6대 로스(loss)가 아닌 것은?

① 속도 로스   ② 불량 로스
③ 양품 로스   ④ 정지 로스

3과목 기계 보전, 용접 및 안전

41. 핀(pin)에 대한 설명 중 잘못된 것은?

① 핀은 주로 인장력이나 압축력으로 파괴된다.
② 종류에는 평행 핀, 스프링 핀, 분할 핀 등이 있다.
③ 분할 핀은 코터 이음 및 너트의 풀림 방지용으로 사용된다.
④ 경하중의 기계 부품을 결합하거나 위치 결정용에도 사용된다.

해설 핀은 주로 전단력으로 파괴된다.

42. 기어의 이 부분이 파손되는 주원인이 아닌 것은?

① 균열
② 마모
③ 피로 파손
④ 과부하 절손

정답 36. ① 37. ③ 38. ③ 39. ④ 40. ③ 41. ① 42. ②

해설 이의 파손 원인
  ㉠ 과부하 절손(over load breakage)
  ㉡ 피로 파손
  ㉢ 균열
  ㉣ 소손

43. 다음 중 주철관에 대한 설명으로 틀린 것은?
① 내식성이 풍부하다.
② 내수성이 우수하다.
③ 강관보다 가볍고 강하다.
④ 수도, 가스, 배수 등의 배설관으로 사용된다.

해설 주철관은 강관에 비해 무겁다.

44. 다음 밸브 중 밸브 박스가 구형으로 만들어져 있으며, 구조상 유로가 S형이고 유체의 저항이 크고 압력 강하가 큰 결점은 있지만, 전개까지의 밸브 리프트가 적어 개폐가 빠르고 구조가 간단한 밸브는?
① 체크 밸브
② 글로브 밸브
③ 플러그 밸브
④ 버터플라이 밸브

해설 글로브 밸브는 관 접합에 따라 나사 끼움형과 플랜지형이 있고, 밸브 디스크의 모양은 평면형, 반구형, 반원형 등이 있으며, 구조상 폐쇄(閉鎖)의 확실성을 장점으로 한다.

45. 송풍기(blower)의 중심 맞추기(centering)에 일반적으로 사용되는 측정기는?
① 센터 게이지
② 게이지 블록
③ 높이 게이지
④ 다이얼 게이지

해설 다이얼 게이지 : 래크와 기어의 운동을 이용하여 작은 길이를 확대하여 표시하는 비교 측정기

46. 기어 감속기의 분류 중 평행 축형 감속기가 아닌 것은?
① 스퍼 기어
② 헬리컬 기어
③ 더블 헬리컬 기어
④ 스트레이트 베벨 기어

해설 베벨 기어는 두 축이 서로 만나는 교쇄 축형 감속기이다.

47. 키 맞춤을 위해 보스의 구멍 지름을 포함한 홈의 깊이를 측정할 때 적합한 측정기는 무엇인가?
① 강철자
② 마이크로미터
③ 틈새 게이지
④ 버니어 캘리퍼스

48. 구멍을 넓히거나 구멍을 깨끗하게 가공할 때 사용하는 기계는?
① 드릴링 머신   ② 보링 머신
③ 브로칭 머신   ④ 성형 롤러

49. 기계 조립 작업 시 주의사항으로 적절하지 않은 것은?
① 볼트와 너트는 균일하게 체결할 것
② 무리한 힘을 가하여 조립하지 말 것
③ 정밀 기계는 장갑을 착용하고 작업할 것
④ 접합면에 이물질이 들어가지 않도록 할 것

해설 정밀기계 작업에서는 장갑 착용을 금할 것

정답 43. ③ 44. ② 45. ④ 46. ④ 47. ④ 48. ② 49. ③

50. 스퍼 기어의 제도에서 요목표에 없어도 되는 항목은?
① 기어의 치형
② 기어의 모듈
③ 기어의 재질
④ 기어의 압력각

해설 기어의 재질은 부품표에 기입된다.

51. 배관용 파이프에 나사를 가공하기 위하여 사용하는 공구는?
① 오스터(oster)
② 파이프 벤더(pipe bender)
③ 파이프 렌치(pipe wrench)
④ 플레어링 툴 세트(flaring tool set)

해설 오스터는 파이프에 나사를 내는 공구이다.

52. 용접 자세에서 사용되는 기호 중 "F"가 나타내는 것은?
① 아래보기 자세
② 수직 자세
③ 위보기 자세
④ 수평 자세

해설 아래보기 자세(F), 수직 자세(V), 위보기 자세(O), 수평 자세(H), 전자세(AP)

53. 서브머지드 아크 용접법의 설명 중 잘못된 것은?
① 용접 속도와 용착 속도가 빠르며 용입이 깊다.
② 비소모식이므로 비드와 외관이 거칠다.
③ 모재 두께가 두꺼운 용접에 효율적이다.
④ 용접선이 수직인 경우 적용이 곤란하다.

해설 소모식이며 비드와 외관이 아름답다.

54. 불활성 가스 금속 아크 용접에서 이용하는 와이어 송급 방식이 아닌 것은?
① 풀 방식
② 푸시 방식
③ 푸시-풀 방식
④ 더블-풀 방식

해설 MIG나 MAG 용접에서 와이어 송급 방식에는 풀, 푸시, 푸시-풀 방식 3가지가 있다.

55. MIG 용접 시 용접 전류가 적은 경우 용융 금속의 이행 형식은?
① 스프레이형
② 글로뷸러형
③ 단락 이행형
④ 핀치 효과형

해설 MIG 용접 시에 전극 용융 금속의 이행 형식은 주로 스프레이형(사용할 경우는 깊은 용입을 얻어 동일한 강도에서 작은 크기의 필릿 용접이 가능하다)으로 아름다운 비드가 얻어지나 용접 전류가 낮으면 구적 이행(globular transfer)이 되어 비드 표면이 매우 거칠다.

56. 자체 보호 플럭스 코어드 아크 용접의 특징 중 틀린 것은?
① 혼합 가스(예 : 75% Ar과 25% CO_2)를 사용할 때 언더컷이 축소되고, 모재 결합부 가장자리를 따라 균일한 용융이 일어나는 웨팅 작용(wetting action)이 증가하고, 아크가 안정되며 스패터가 감소된다.
② 플럭스 코어드 와이어에는 탈산제와 탈질제(denitrify)로 알루미늄을 함유하고 있어 용접 금속 중에 알루미늄이 포함되면 연성과 저온 충격강도를 저하시키므로 덜 중요한 용접에만 일반적으로 사용한다.

정답 50. ③ 51. ① 52. ① 53. ② 54. ④ 55. ② 56. ③

③ 사용이 간편하지 않고 적용성이 작으나, 용접부 품질이 균일하다.
④ 용접 작업자가 용융지를 볼 수 있고 용융 금속을 정확하게 조정할 수 있다.

해설 사용이 간편하고 적용성이 크며, 용접부 품질이 균일하다.

57. CO_2 와이어 돌출 길이를 짧게 하면 발생하는 현상으로 틀린 것은?
① 아크 길이가 조금 길어진다.
② 용접 전류가 증가한다.
③ 와이어가 용융지 속으로 돌입한다.
④ 아크가 불안정하게 된다.

해설 아크 길이가 조금 짧게 되어 용접 전류가 증가한다.

58. 잔류 응력 완화법이 아닌 것은?
① 기계적 응력 완화법
② 도열법
③ 저온 응력 완화법
④ 응력 제거 풀림법

해설 도열법은 용접열이 모재로 흡수되는 것을 막아 변형을 방지하는 방법이다.

59. 용접 작업에서 전격 방지책으로 틀린 것은?
① 무부하 전압이 높은 용접기를 사용한다.
② 작업을 중단하거나 완료 시 전원을 차단한다.
③ 안전 홀더 및 완전 절연된 보호구를 착용한다.
④ 습기 찬 작업복 및 장갑 등은 착용하지 않는다.

해설 전격 방지책 : 무부하 전압이 낮은 용접기를 사용한다.

60. 산업안전보건법령상 중대 재해가 아닌 것은?
① 사망자가 2명 발생한 재해
② 부상자가 동시에 10명 발생한 재해
③ 직업성 질병자가 동시에 5명 발생한 재해
④ 3개월의 요양이 필요한 부상자가 동시에 3명 발생한 재해

해설 중대 재해의 범위
㉠ 사망자가 1명 이상 발생한 재해
㉡ 3개월 이상의 요양이 필요한 부상자가 동시에 2명 이상 발생한 재해
㉢ 부상자 또는 직업성 질병자가 동시에 10명 이상 발생한 재해

정답 57. ① 58. ② 59. ① 60. ③

2026 설비보전산업기사 필기 과년도 출제문제

2025년 5월 20일 1판 1쇄
2026년 1월 20일 2판 1쇄

저자 : 설비보전시험연구회
펴낸이 : 이정일

펴낸곳 : 도서출판 **일진사**
www.iljinsa.com

(우) 04317 서울시 용산구 효창원로 64길 6
대표전화 : 704-1616, 팩스 : 715-3536
이메일 : webmaster@iljinsa.com
등록번호 : 제1979-000009호(1979.4.2)

값 20,000원

ISBN : 978-89-429-2035-8

* 이 책에 실린 글이나 사진은 문서에 의한 출판사의
  동의 없이 무단 전재·복제를 금합니다.